Horst Bannwarth / Bruno P. Kremer

Vom Stoffaufbau zum Stoffwechsel

Erkunden – Erfahren – Experimentieren

Schneider Verlag Hohengehren GmbH

Die Autoren

Prof. Dr. Horst **Bannwarth**, Studium der Biologie, Chemie und Physik; Diplom (Biologie) 1968, Staatsexamen (Lehramt an Gymnasien) 1969, Promotion zum Dr.rer.nat. 1973, seit 1980 an der Universität zu Köln im Institut für Biologie und ihre Didaktik
Veröffentlichungen zur Zellbiologie sowie zu Themen der Umweltanalytik und der Umwelterziehung.

Dr. Bruno P. **Kremer**, Studium der Biologie, Chemie und Geologie; Diplom (Biologie) 1971, Staatsexamen (Lehramt an Gymnasien) 1972, Promotion zum Dr.rer.nat. 1973, Tätigkeit in der Forschung und als Wissenschaftsjournalist, seit 1980 Akademischer Rat an der Universität zu Köln im Institut für Biologie und ihre Didaktik
Zeitschriften- und Buchveröffentlichungen zu Themen der ökologischen Biochemie sowie zu biologisch-ökologischen Sachthemen und zur Naturerlebnispädagogik.

Die Autoren danken Frau Helga **Theurer** für stets zuverlässige Laborassistenz, Frau Alexa und Herrn Marco **Hain** für systemtechnische Hilfe sowie Frau Bianca **Hövel** für die kritische Manuskriptsichtung.

Gedruckt auf umweltfreundlichem Papier (chlor- und säurefrei hergestellt).

Bibliografische Information der Deutschen Nationalbibliothek

Die Deutsche Nationalbibliothek verzeichnet diese Publikation in der Deutschen Nationalbibliografie; detaillierte bibliografische Daten sind im Internet über ›http://dnb.d-nb.de‹ abrufbar.

ISBN: 978-3-8340-0231-0

Schneider Verlag Hohengehren, 73666 Baltmannsweiler

Alle Rechte, insbesondere das Recht der Vervielfältigung sowie der Übersetzung, vorbehalten. Kein Teil des Werkes darf in irgendeiner Form (durch Fotokopie, Mikrofilm oder ein anderes Verfahren) ohne schriftliche Genehmigung des Verlages reproduziert werden.
© Schneider Verlag Hohengehren, Baltmannsweiler 2007.
Printed in Germany. Druck: Hofmann, Schorndorf

Inhalt

Verführung zum Experiment.. 7

1 Dem Leben auf der Spur... 13
  1.1 Reizbarkeit und Bewegung – Beispiele und Sonderfälle............... 13
  1.2 Organismen atmen: Basisprozess des Lebens........................ 15
  1.3 Ein Kreislauf wie in der Natur: Atmung und Photosynthese......... 17
  1.4 Sonne und Leben – vom Licht getriebener Protonentransport..... 18
  1.5 Osmose – Gewichtsveränderung in Wasser und in Salz-Lösung 19
  1.6 Vitalitätstest: Plasmolyse oder das Cytoplasma hebt ab............... 20
  1.7 Diffusion: Alles, was nicht fest ist, bewegt sich...................... 22
  1.8 Transpiration: Ohne Verluste geht es nicht............................ 24
  1.9 Quellung: Volumenzunahme mit Sprengkraft......................... 25
  1.10 Kohäsion und Adhäsion: Weshalb Wasser nach oben fließt........ 27
  1.11 Lotus-Effekt: Abstoßende Oberflächen schützen..................... 29
  1.12 Energie, Verbrennung und Entfärben von Kalium-permanganat.. 30

2 Atome, Moleküle und Ionen.. 33
  2.1 Elektrische Ladung: Kann man Atome auseinander nehmen?........ 34
  2.2 Elektrostatische Gesetze: Gegensätze ziehen sich an................ 35
  2.3 Elektronenbewegung in Metallen:
      Ladung, Strom und Spannung... 37
  2.4 Wasser – ein Stoff mit zwei Ladungen 39

3 Aggregatzustände und Lösungen.. 41
  3.1 Verräterischer Schmelzpunkt: Welche Substanz ist es?............ 42
  3.2 Sieden: Zustandsänderung mit gewaltiger Volumenzunahme...... 44
  3.3 Sublimation: Den flüssigen Zustand überspringen.................... 46
  3.4 Viskosität: Zähigkeit gibt Aufschluss über die Moleküllänge......... 47
  3.5 Exotherme Wasseranlagerung und endotherme Dissoziation....... 49
  3.6 Umkehrbar: Hydratisierung und Dehydratisierung................... 50
  3.7 Gesättigte Lösungen: Nichts geht mehr!............................... 51
  3.8 Temperatur und Lösevorgang: Mit Wärme geht es besser........... 52
  3.9 Löslichkeit organischer Stoffe im Wasser:
      Die Gruppe entscheidet.. 53

4 Chemische Bindung... 55
  4.1 Nachweis von Ionen und ihrer Ladung................................ 56
  4.2 Elektrolyse von Wasser... 58
  4.3 Ladung oder Wertigkeit von Ionen: Die FARADAY-Konstante........ 60

5 Säuren, Basen, Salz: Reaktionen mit Ionen 65
5.1 Ionen-Nachweise: Das Unsichtbare sichtbar machen 56
5.2 Wasser ist nicht gleich Wasser 70
5.3 Kohlenstoffdioxid und Carbonat: Fällung von Kalk 73
5.4 Kalk in Stein- und Bodenproben 74
5.5 Salze werden sichtbar – ohne Wasser 75
5.6 Photometrische Konzentrationsbestimmung: Wie viel ist drin?.. 77

6 Gleichgewichtsreaktionen 79
6.1 Umkehrbarkeit chemischer Reaktionen: einmal hin – einmal her... 79
6.2 Elektrolyse einer Kupfersalz-Lösung
– mit anderen Augen gesehen 81
6.3 Elektrische Spannung ohne Steckdose 83
6.4 Der BAUMANN-Versuch – Modell für ein Fließgleichgewicht 85
6.5 Manchmal geht es schlagartig: LANDOLTscher Zeitversuch 87
6.6 Modell biologischer Oszillationen:
BELOUSOV-ZHABOTINSKII-Reaktion 89

7 Redox- und Säure/Base-Reaktionen 91
7.1 Metalle und ihre Salz-Lösungen: 92
Ein erster Schritt zur Spannungsreihe ....
7.2 Der pH-Wert von Salz-Lösungen: Das Starke setzt sich durch... 95
7.3 Der pH-Wert von Bodenproben: Zu sauer oder zu basisch? 97
7.4 Titrimetrische Bestimmung (Maßanalyse): 99
Wie sauer, wie basisch? ....
7.5 Pufferung durch die Ionen schwacher Säuren und Basen 101

8 Zucker und andere Kohlenhydrate 103
8.1 Elementaranalyse: Kohlenstoff im Kohlenhydrat 103
8.2 Zucker enthalten gebundene Energie 104
8.3 Qualitativer Nachweis von Zuckern: MOLISCH-Test 105
8.4 Empfindlichkeit der MOLISCH-Reaktion 106
8.5 Nachweis freier und gebundener Pentosen: BIAL-Test 107
8.6 Nachweis freier und gebundener Pentosen: TOLLENS-Test 108
8.7 Nac hweis von Desoxyribose: DISCHE-Reaktion 108
8.8 Nachweis freier und gebundener Ketohexosen:
SELIWANOFF-Test 109
8.9 Nachweis freier und gebundener Ketohexosen:
ZEREWITINOW-Test 110
8.10 Nachweis reduzierender Zucker: FEHLING-Test 111
8.11 Nachweis reduzierender Zucker: BENEDICT-Test 113
8.12 Nachweis reduzierender Zucker: TROMMERsche Probe 114
8.13 Nachweis reduzierender Zucker: Silberspiegel-Test 114
8.14 Nachweis reduzierender Zucker mit Methylenblau 115

8.15 Mono- und Disaccharide: BARFOED-Test.................... 116
8.16 Glucose-Nachweis mit Teststreifen: GOD-Test.......... 117
8.17 Dünnschichtchromatographische Trennung von Zuckern....... 118
8.18 Demonstration der optischen Aktivität einer Zucker-Lösung.... 122
8.19 Säurehydrolyse der Glykosidbindung der Saccharose........... 123
8.20 Nachweis pflanzlicher Stärke mit LUGOLscher Lösung............ 124
8.21 Säurehydrolyse von Stärke... 126
8.22 Nachweis von Cellulose an Pflanzenteilen und Pflanzenprodukten... 127
8.23 Säurehydrolyse der Glykosidbindung der Saccharose........... 128

9 Aminosäuren und Peptide.. **129**
9.1 Elementaranalyse: Aminosäuren enthalten Stickstoff............. 129
9.2 Visualisierung von Aminosäuren und Peptiden...................... 131
9.3 Nachweis der Peptid-Bindung: Biuret-Reaktion..................... 133
9.4 Protein-Nachweis mit COOMASSIE-Reagenz......................... 134
9.5 Aromatische Aminosäuren: Xanthoprotein-Probe.................. 135
9.6 Nachweis von Tyrosin: FOLIN-CIOCALTEU-Reaktion................ 136
9.7 Nachweis von Tryptophan: HOPKINS-COLE-Test..................... 137
9.8 Nachweis schwefelhaltiger Aminosäuren: NPN-Test.............. 138
9.9 Nachweis schwefelhaltiger Aminosäuren: Bleiacetat-Test....... 139
9.10 Nachweis von gebundenem Arginin: SAKAGUCHI-Test............ 139
9.11 Aminosäurespektrum von Gewebeextrakten......................... 140
9.12 Papierchromatographie von Aminosäuren: Rundfilter-Verfahren.. 144
9.13 Aminosäure-Lösungen zeigen verschiedene pH-Werte.......... 145
9.14 Demonstration des isoelektrischen Punktes........................... 146
9.15 Titration einer Aminosäure... 148
9.16 Photometrische Konzentrationsbestimmung von Tyrosin....... 149
9.17 Makromoleküle mit Kolloidcharakter: FARADAY-TYNDALL-Effekt 150
9.18 Quantitative Proteinbestimmung: Biuret-Verfahren................ 151
9.19 Proteine lassen sich ausfällen... 152
9.20 Proteine tragen beeinflussbare elektrische Ladungen............ 154
9.21 Papierelektrophorese von Proteinen..................................... 155

10 Lipide.. **157**
10.1 Lipophil und lipophob.. 158
10.2 Gewinnung von Pflanzenfetten.. 159
10.3 Einfache Elementaranalyse... 160
10.4 Es riecht brenzlig: Acrolein-Probe.. 161
10.5 Fettes oder ätherisches Öl?... 162
10.6 Verseifung von Pflanzenfetten... 163
10.7 Nachweis ungesättigter Fettsäuren...................................... 164
10.8 Fettverdauung im Reagenzglas: Modellversuch.................... 166
10.9 Chromatographie von Membranlipiden................................. 167

11 Nucleinsäuren und Nucleotide ... 170
11.1 Löslichkeitsverhalten von RNA und DNA ... 170
11.2 Isolierung von RNA aus Bäckerhefe ... 171
11.3 Isolierung von DNA aus der Küchen-Zwiebel ... 172
11.4 Nachweis freier Phosphorsäure ... 174
11.5 Nachweis von Ribose und Desoxyribose ... 175
11.6 DNA-Nachweis im Zellkern: 175
FEULGEN-Reaktion mit SCHIFFS Reagenz ...
11.7 Nachweis der Purin-Basen ... 177
11.8 Fettverda Dünnschichtchromatographische Trennung von DNA-Basen ... 177
11.9 Unterscheidung von Ribo- und 2'-Desoxyribonucleotiden ... 179

12 Pigmente und andere Naturstoffe ... 180
12.1 Trennung von Blattpigmenten im Zweiphasensystem ... 180
12.2 Zerlegung des Chlorophyll-Moleküls durch Verseifung ... 182
12.3 Papierchromatographische Trennung lipophiler Blattpigmente ... 185
12.4 Dünnschichtchromatographie lipophiler Blattpigmente ... 187
12.5 Säulenchromatographie im kleinen Stil: Tafelkreide und Glasstab ... 188
12.6 Dünnschichtchromatographie hydrophiler Blattpigmente ... 190
12.7 Papierchromatographische Trennung von Blüten- und Fruchtpigmenten ... 191
12.8 Elektrophoretische Trennung von Anthocyanen und Betalainen ... 192
12.9 Anthocyane sind pH- und Redox-Indikatoren ... 195
12.10 Chromatographische Trennung ätherischer Öle ... 196
12.11 Papierchromatographische Trennung von Alkaloiden ... 198
12.12 Mikrosublimation von Coffein ... 200
12.13 Nachweis von Vitamin C ... 201
12.14 Vitamin C in Brausetabletten ... 202

13 Enzyme und Enzymwirkungen ... 204
13.1 Proteinnatur der Enzyme ... 205
13.2 Katalase-Aktivität in Pflanzengewebe (in vivo-Test) ... 205
13.3 Nachweis pflanzlicher Phenoloxidasen (Mikro-Nachweis) ... 206
13.4 Pepsin verdaut Protein ... 208
13.5 Proteasen in Waschmitteln ... 209
13.6 Enzymatischer Nachweis von Glucose: GOD-Test ... 210
13.7 Bestimmung der Wechselzahl am Beispiel der Katalase ... 211
13.8 Enzymkinetik: Substratsättigung der Katalase ... 213
13.9 Anthocyane sind pH- und Redox-Indikatoren ... 214
13.10 Amylasen bauen pflanzliche Stärke enzymatisch ab ... 215
13.11 Amylase-Aktivität von Getreidekeimlingen ... 217

13.12 Carboanhydrase: Die Katalyse beschleunigt beträchtlich...... 218
13.13 Spaltung von Milchfett durch Pankreas-Lipase.................... 219
13.14 Enzymhemmung und Enzymspezifität:
Harnstoffabbau durch Urease.. 221
13.15 Exoenzyme: Carnivore Pflanzen verdauen Filme................. 224
13.16 Succinat-Dehydrogenase: Kompetitive Hemmung............... 226
13.17 Nachweis der Malat-Dehydrogenase: Optischer Test........... 227
13.18 Kinetik der Alkohol-Dehydrogenase...................................... 229

14 Photosynthese.. 232
14.1 Blattpigmente absorbieren Licht.. 233
14.2 Chlorophylle und ihre Rotfluoreszenz................................... 235
14.3 Vom Licht angeregtes Chlorophyll reduziert Farbstoffe....... 236
14.4 Photosynthese setzt Sauerstoff frei: Indigoblau-Nachweis..... 238
14.5 Photosynthese im Wasser:
Sauerstoffnachweis mit Pyrogallol... 239
14.6 Sauerstoff erleichtert: Die Bojen-Methode............................ 241
14.6 Photochemisch aktive Chloroplasten:
Die HILL-Reaktion.. 242
14.8 Photosynthese verbraucht CO_2.. 244
14.9 CO_2-Kompensationspunkte bei C_3- und C_4-Pflanzen............. 246
14.10 Der Lichtkompensationspunkt der Photosynthese................ 247
14.11 Das Blatt bildet im Licht Stärke.. 249
14.12 Pflanzen benötigen für die Photosynthese Kohlenstoffdioxid. 251
14.13 Messung der O_2-Entwicklung: Bläschen-Zählmethode.......... 252

15 Atmung... 255
15.1 Blatt Veratmung ist Substanzverlust..................................... 256
15.2 Bei der Atmung entsteht Wärme... 256
15.3 Elektronenfluss bei Atmungsprozessen................................ 257
15.4 Unsere Atemluft enthält CO_2... 258
15.5 CO_2 als Atmungsprodukt... 260
15.6 Atmen in der Petrischale... 262
15.7 Sauerstoffverbrauch bei der Atmung – der Kerzentest.......... 263
15.8 Atmen auch grüne Pflanzen?.. 264
15.9 Die Atmung verbraucht O_2: Ein volumetrischer Nachweis..... 265
15.10 Quantitative CO_2-Bestimmung in der Atemluft des
Menschen.. 268
15.11 Respiratorischer Quotient des Menschen............................. 269
15.12 Respiratorischer Quotient keimender Samen oder Früchte... 271
15.13 Im Citrat-Zyklus wird Wasserstoff übertragen
(Modellversuch)... 272
15.14 Chromatographie von Carbonsäuren aus dem Citrat-Zyklus 274
15.15 Rhythmisch sauer – die CAM-Pflanzen................................. 275
15.16 Redoxzustände mitochondrialer Cytochrome....................... 277

16 Gärung... 279

16.1 Auf dem Weg zur Gärung: Glykolytischer Hexose-Abbau... 279
16.2 CO_2-Abgabe bei der ethanolischen Gärung... 281
16.3 Umschalten können – der PASTEUR-Effekt... 282
16.4 Vergärbarkeit verschiedener Substrate... 283
16.5 Induktion der Glucose-Epimerase... 285
16.6 Hefe spaltet Saccharose... 287
16.7 Ethanal ist Zwischenverbindung der ethanolischen Gärung... 288
16.8 Destillation von Ethanol... 289
16.9 Nachweis von Ethanol: Iodoform-Probe... 291
16.10 Ethanol ist brennbar... 292
16.11 Ethanol-Nachweis mit Chromverbindungen... 293
16.12 Milchsäure-Gärung... 293
16.13 Betont anrüchig: Die Buttersäure-Gärung... 295
16.14 Energetik der alkoholischen Gärung... 296

Zum Weiterlesen... 299

Register... 302

Verführung zum Experiment

Mit der Einführung des Experiments in die Betrachtung der Natur beginnt die moderne Naturwissenschaft. Zeitlich lässt sich dieser Ausgangspunkt ziemlich genau festlegen: Im Herbst 1583, als Student im zweiten Studienjahr, maß der junge GALILEO GALILEI (1564–1642) während einer offenbar recht langweiligen Predigt im Dom von Pisa mit Hilfe seines Pulsschlags die langsamen Schwingungen eines Leuchters und leitete daraus erste wichtige Erkenntnisse zur Formulierung der Pendelgesetze ab. So jedenfalls berichtet es Galileis Schüler und erster Biograph VINCENZO VIVIANI, und das gleiche Szenario zeigt ein im Museum für Wissenschaftsgeschichte in Florenz ausgestelltes zeitgenössisches Gemälde von LUIGI SABATELLO. Seither gilt die empirische Untersuchung oder Anfrage an die Natur als eines der Grundmerkmale der (Natur-)Wissenschaft: Das Experiment als gezielter Eingriff in das Naturgeschehen erlaubt es, das Verhalten eines Systems unter der Kontrolle seiner konstanten oder variablen Zustandsgrößen zu kennzeichnen. Bereits im 13. Jahrhundert hatte der englische Theologe und Naturphilosoph ROGER BACON (ca. 1214–1292) Experimente zum Erfassen der Natur gefordert: "Wer die Wahrheit über die den Erscheinungen zu Grunde liegenden Gesetze wissen will, muss sich des Experiments bedienen". Spätestens mit JOHANNES KEPLER (1571–1630) und ISAAC NEWTON (1643–1727) hielten als zweites Fundament die mathematischen Methoden Einzug in die nunmehr experimentell arbeitende Wissenschaft. Ihre dritte Säule, die aus dem empirischen Befund abgeleitete Theoriebildung, ist dagegen nicht linienscharf an Einzelpersonen oder zeitlich genau fixierten Ereignissen festzumachen, sondern entwickelte sich als logische Folgerung aus dem Experiment und der rechnerischen Behandlung experimenteller Daten.

Die Anfänge der Experimentalwissenschaft gerade in der Physik erklären sich wohl daher, dass die zunächst analysierten Naturerscheinungen im Rahmen einer überschaubaren Mechanik untersucht werden konnten. Die Betrachtungsgegenstände der Chemie und Biochemie entziehen sich dagegen einer einfachen mechanistischen Kausalität. Daher haben Experimentieren und Theoriebildung in diesem Teilbereich der Naturwissenschaften erst deutlich später eingesetzt. Auch in der Biologie – begrifflich so übrigens erstmals 1797 eher beiläufig verwendet im Vorwort eines Buches des herzoglich-braunschweigischen Hofrates THEODOR GEORG AUGUST ROOSE – wurden Experimente als wissenschaftliche Erkenntnismethode im Wesentlichen erst in der ersten Hälfte des 18. Jahrhunderts bedeutsam. In den Naturwissenschaften stellt das Experiment heute das wichtigste Verfahren zur Erkenntnisgewinnung dar.

Zum Stellenwert des Experimentierens

Es ist unstrittig, dass sich das Experimentieren auch in Lehre und Unterricht als wesentliches Element sowohl der Wissensvermittlung als auch der Einführung in die naturwissenschaftlichen Denk- und Arbeitsweisen außerordentlich bewährt hat. Experimentieren ist somit an allen Lehr- und Lernfronten schlicht unentbehrlich. Diese Erkenntnis ist im Prinzip nicht neu: „Sage es mir, und ich werde es vergessen. Zeige es mir, und ich werde mich daran erinnern. Beteilige

mich, und ich werde es verstehen", zitiert man gerne den historisch nicht recht fassbaren chinesischen Philosophen LAO-TSE (ca. 4.–3. Jahr. v. Chr.). Entsprechend dieser Aussage überzeugt die praktische Erfahrung auch mit folgenden Tatsachen: Durchschnittlich behält der Mensch vom Gehörten etwa 20%, vom Gesehenen bzw. Gelesenen ungefähr 30%, aus der Kombination Sehen/Lesen/Hören rund 50%, vom Sprechen etwa 70% und rund 90% dessen, was er selbst macht. Somit sind Experimente in der aktuellen und lernend-nachvollziehenden Wissenschaft unentbehrliche Schritte auf dem Weg zu objektiver Erkenntnis. Schlagwortartig fasst man diesen wichtigen Sachverhalt in den Formeln „learning by doing" bzw. „problem-based learning" zusammen oder entsprechend einer bekannten Grundthese PESTALOZZIS vom „Lernen mit Kopf und Hand".
Sowohl an den Hochschulen als auch in den verschiedenen Schularten ist das Experiment oftmals nur Anschauungsmittel: Zur Visualisierung eines komplexen Sachverhaltes oder Vorganges gibt man dem praktischen Versuch den Vorrang vor der verbalen oder medialen Demonstration. Ein Einführungsexperiment dient der Motivation. Ein vermittelndes Experiment kann über die Veranschaulichung zu neuen Erkenntnissen führen (Induktion), während das bestätigende Experiment den Beweise für die Richtigkeit einer schon bekannten Schlussfolgerung liefert (Deduktion).
Gerade die Biologie ist eine Naturwissenschaft, in der sich Sehen und Staunen, Lernen und Begreifen, Wissen und Verstehen gewiss nicht nur auf das Lesen von Zeitschriften und Büchern oder das Betrachten von Fotos, Filmen oder Folien beschränken darf. Gefragt ist in jedem Fall der praktische Umgang mit den Phänomenen des Lebens, auch wenn deren Fülle und Vielfalt oft nur in bescheidenen Ausschnitten der tatsächlichen Bandbreite erlebbar werden. So gesehen übersetzt man den Begriff *Experiment* vielleicht nicht unbedingt mit *Versuch*, sondern eher mit Erfahrung oder Verfahren, das zu Erkenntnissen führt. Auch Experimente haben sehr viel mit der zu Recht geforderten Originalbegegnung zu tun, die der Cyberspace nicht bieten kann.

Auswahl der Versuche
Dieses Buch ist kein Lehrbuch der Chemie, Biochemie oder Physiologie, sondern arbeitet auf dem Weg des praktischen Tuns und Experimentierens schrittweise in die naturwissenschaftlichen Grundlagen der Biologie bzw. der Lebensvorgänge ein. Innerhalb der einzelnen Lerneinheiten, die mit dem Aufbau der Materie beginnen und mit der Betrachtung wichtiger organismischer Stoffwechselleistungen abschließen, sind die vorgeschlagenen Versuche gestaffelt nach Material- und Zeitaufwand: Die meisten Versuchsanregungen sind mit einer durchschnittlichen Laborbasisausstattung durchzuführen, und nur für wenige – eher für den Hochschulbereich gedachten – Experimentalvorschläge ist ein etwas aufwändigerer Gerätebestand (Elektrophorese, Spektralphotometer) erforderlich.
Die erprobten, bewährten und in gemeinsamen Kursen an der Universität zu Köln optimierten Versuche verwenden jeweils nur die minimal erforderlichen Mengen an Chemikalien und vermeiden generell hochgiftige Problemabfälle. Das beschränkt den kostenaufwändigen Chemikalienverbrauch und verringert

zudem die Umweltbelastung. Für jedes Experiment werden Hinweise zur Entsorgung der entstehenden Abfälle gegeben. In vielen Fällen stellen die verwendeten oder entstehenden Materialien keine Gefahrstoffe dar. Alle anderen werden entsprechend den jeweils angeführten Entsorgungshinweisen behandelt. Die nachfolgend empfohlenen Versuche verwenden entweder Mikroorganismen (Hefe-Suspensionen) oder Pflanzen(teile). Wir verzichten aus nachvollziehbaren Gründen auf Tierversuche.

Sicherheitsaspekte
Die wenigsten in einem Chemielabor vorhandenen Substanzen bzw. Reagenzien sind für die menschliche Ernährung gedacht und stellen daher zumindest potenzielle Gefahrstoffe dar. Wir gehen daher davon aus, dass die Benutzer dieses Buches die Risikosätze (R-Sätze) und Sicherheitsratschläge (S-Sätze) kennen und beachten. Die R- und S-Sätze sind codierte Warnhinweise zu den Gefahrstoffen unter den chemischen Elementen, ihren Verbindungen und daraus hergestellten Zubereitungen. Zusammen mit den international üblichen Gefahrstoffsymbolen dienen sie der innerhalb der EU vorgeschriebenen Gefahrstoffkennzeichnung. Die Liste der R- und S-Sätze ist im Internet abrufbar (beispielsweise unter http://de.wikipedia.org/wiki/R-_und_S-Sätze).

Schreibweise von Verbindungsnamen
Die Namengebung (Nomenklatur) von chemischen Elementen und ihren Verbindungen unterliegt aus Gründen der Einheitlichkeit und Eindeutigkeit besonderen und allgemein verbindlichen Regeln, die von der *International Union of Pure and Applied Chemistry* (IUPAC) in Genf entwickelt und empfohlen wurden. Danach spricht man auch von der Genfer Nomenklatur. Deren Details sind in den Lehrbüchern der Chemie bzw. Biochemie nachzulesen.
Wir folgen in diesem Buch selbstverständlich diesem Regelwerk, insbesondere der Empfehlung, wonach ein Großbuchstabe nur am Anfang des Substanznamens steht und alle weiteren Bauglieder a) in Kleinbuchstaben geschrieben und b) durch einen Bindestrich getrennt werden. Das erleichtert die Lesbarkeit und das Verständnis komplexerer Bezeichnungen organischer Verbindungen erheblich, wie die Beispiele D,L-Amino-β-(4-methyl-thiazol-5)-propionsäure oder $\Delta^{1,4}$-Pregnadien-17α,20β, 21-triol-3,11-dion zeigen.
Analog verfahren wir auch bei den Bezeichnungen anorganischer Verbindungen: Eisen(III)-oxid und Ammonium-molybdato-phosphat sind in der gliedernden Bindestrich-Schreibweise zumal für Anfänger einfacher zu lesen. Diese Schreibweise wurde daher aus didaktischen Gründen auch bei relativ einfacheren Verbindungsnamen wie Kalium-permanganat oder Natrium-chlorid gewählt.

Umgang mit Größen
Seit 1960 ist das in allen Ländern sowie in allen Sprachen geltende *Système International d'Unités* verbindlich, kurz Système International oder SI genannt. Es verwendet zur Quantifizierung der Natur nur sieben Basisgrößen. Dafür wurden die entsprechenden Einheiten und ihre Symbole (Einheitenzeichen) festgelegt-

Für die Volumenangabe (V) in Liter hat die IUPAC in Übereinstimmung mit dem SI das Einheitenzeichen L (Großbuchstabe) festgelegt. Zu Grunde liegende SI-Einheit ist der Kubikmeter, wobei gilt 1 L = 10^{-3} m^3. Die gelegentlich zu lesenden Bezeichnungen ccm (für Kubikzentimeter) oder ml (für Milliliter) sind nicht mehr üblich.

Tabelle 0-1. SI-Basisgrößen und Basiseinheiten

Basisgröße	Symbol der Basisgröße	Basiseinheit	Symbol der Basiseinheit (Einheitenzeichen)
Länge	l	Meter	m
Masse	m	Kilogramm	kg
Zeit	t	Sekunde	s
Stromstärke	I	Ampere	A
Temperatur	T	Kelvin	K
Stoffmenge	n	Mol	mol
Lichtstärke	I	Candela	cd

Teile und Vielfache von Einheiten
Durch besondere Vorsätze (Präfixe) zu den Einheitenzeichen lassen sich von allen Einheiten dezimale Vielfache oder Teile bilden. Diese Präfixe setzt man ohne Zwischenraum an das zugehörige Einheitenzeichen: 1 ms = 1 Millisekunde, 5 µg = 0,005 mg = 5 Mikrogramm.
- Ein Einheitenzeichen darf man allerdings nie mit zwei Präfixen versehen, um besonders kleine oder große Teiler zu kennzeichnen: Die Schreibweise 1 mµm („Millimikrometer") für 10^{-9} m ist also unzulässig.
- Zwischen Zahlenangabe (Multiplikator) und Einheitenzeichen steht immer ein einfacher Zwischenraum 5 mm, 3 d, 125 Ci, 27 ha, 1,035 hPa.
- Durch die Kombination eines dezimalen Präfixes mit dem Einheitenzeichen entsteht gleichsam ein neues Symbol, das man ohne Klammer zur Potenz erheben kann: km^2, $µL^3$, ns^{-2}.

Für die eindeutige und korrekte Schreibweise von Einheiten und Maßangaben sind folgende Hinweise zu beachten:
- Hinter Einheitenzeichen steht niemals ein Punkt. Ausnahme ist das reguläre Satzzeichen, wenn ein Symbol der letzte Buchstabe in einem Satz ist.
- Bei Einheitenprodukten setzt man zwischen den Einzelangaben einen Zwischenraum: N m
- Divisionen gibt man mit Schrägstrich oder – vorzugsweise – negativem Exponenten an: m/s oder m s^{-1}.
- Bei mehr als zwei Divisionen wie Milligramm pro Kilogramm pro Stunde verwendet man immer die Exponentialangabe: statt mg/kg/h grundsätzlich mg · kg^{-1}· h^{-1}oder wegen der besseren Lesbarkeit auch mg × kg^{-1} × h^{-1}.
- Bei Divisionen der Einheitenprodukten setzt man die zusammengehörenden Ausdrücke gegebenenfalls in eine Klammer entsprechend dem folgenden Beispiel: W/(m · K) oder W · (m × K)$^{-1}$

- Messwertangaben wählt man möglichst so, dass der zu benennende Zahlenwert zwischen 0,1 und 1000 liegt und die Einheit an Stelle ihres dezimalen Teilers oder Vielfachen verwendet werden kann: 0,7 L statt 70 cL oder 700 mL, 5 ml statt 0,005 L, 3 µL statt 0,003 mL.

Tabelle 0-2. Vorsätze für dezimale Vielfache und Teile von Einheiten

Vorsatz	Zeichen	Zahlenwert des Multiplikators	
Mega	M	1 000 000	10^6
Kilo	k	1 000	10^3
Hekto	h	100	10^2
Deka	da	10	10^1
		1	10^0
Dezi	d	0,1	10^{-1}
Zenti	c	0,01	10^{-2}
Milli	m	0,001	10^{-3}
Mikro	µ	0,000 001	10^{-6}
Nano	n	0,000 000 001	10^{-9}

Massen und Mengen

Als SI-Einheit für die Stoffmenge verwendet man das Mol mit dem Einheitenzeichen mol. Der Stoffmenge ordnet man den Kleinbuchstaben n zu. Für 5 mol Kohlenstoff (C) gilt also

$$n(C) = 5 \text{ mol}$$

Von der Stoffmenge (Bruchteile oder Vielfaches eines Mols) ist begrifflich die Stoffportion zu trennen: Die Stoffportion m(X) ist die Grammangabe des betreffenden Stoffes X. Zur Angabe einer Stoffportion gehört die qualitative Bezeichnung des Stoffes und die quantitative Bezeichnung durch Masse, Volumen, Teilchenanzahl oder Stoffmenge. Für 5 mol C schreibt man entsprechend:

$$5 \text{ mol C} = m(C) = 60 \text{ g}$$

Für die Atommasse eines Stoffes X, die man um den Kleinbuchstaben a zu $m_a(X)$ ergänzt, schreibt man für das gewählte Beispiel Kohlenstoff

$$m_a(X) = 60/5 = 12$$

Man drückt sie in der atomaren (molaren) Masseneinheit u (g mol^{-1}) aus, lässt aber aus Gründen der Vereinfachung das Symbol u oft auch weg. Entsprechend gilt

$$g = u \times \text{mol bzw. } 1 \text{ u} = 1 \text{ g} \times \text{mol}^{-1}$$

Früher bezeichnete man die atomare Masse vereinfachend als Atomgewicht, was heute nicht mehr üblich ist, weil Masse und Gewicht unterschiedliche Größen darstellen. Die ebenfalls mit m_a bezeichnete und in der Einheit u angegebene Molekülmasse ist die Summe der Atommassen aller Atome in einer Verbindung. Die früher übliche Bezeichnung Molekulargewicht ist veraltet.

Die Stoffmenge 1 mol enthält immer die gleiche Teilchenanzahl (Atome, Moleküle, Ionen u.a.). Diese Anzahl benennt die AVOGADROsche Konstante N_A, auch AVOGADRO-Zahl oder (in Deutschland) LOSCHMIDTsche Zahl genannt:

$$N_A = 6{,}0220943 \times 10^{23} \text{ Teilchen} \quad (\text{meist vereinfacht auf } 6{,}022 \times 10^{23})$$

Auch Angaben wie Mol-%, Gewichts-% (Gew.-% bzw. % g/g) oder Volumen-% (Vol.-% bzw. % v/v) sind im modernen Begriffsgebrauch unzulässig. Die Stoffmengenkonzentration c(X) eines Stoffes X in einer Lösung ist der Quotient aus der Stoffmenge n(X) und dem Volumen V der betreffenden Lösung. Man gibt sie vorzugsweise in mol L^{-1} bzw. mol/L an. Eine Kochsalz-Lösung mit der Stoffmengenkonzentration c(NaCl) = 0,2 mol L^{-1} enthält mithin 0,2 mol NaCl in 1 L Lösung.

Früher war für die Stoffmengenkonzentration in 1 L Lösung die Bezeichnung Molarität (abgekürzt M) verbreitet.

1 Dem Leben auf der Spur

Die Physiologie beschäftigt sich mit der Erforschung von Lebensvorgängen. Diese kann man unter verschiedenen Aspekten betrachten. Beispiele sind etwa Stoff- und Energieumwandlung, Anpassung und Regulation, Wachstum und Entwicklung, Reizbarkeit und Bewegung, Fortpflanzung und Vererbung, Informationsverarbeitung und Organisation in lebenden Systemen. Die Biologie kann heute viele Erscheinungen der lebenden Natur nicht nur beschreiben, sondern auch weitgehend erklären. Immer dort, wo es möglich geworden ist, die Funktionsweise biologischer Vorgänge und Abläufe aufgrund von stofflichen, energetischen oder informellen Grundlagen zu verstehen, haben sich deshalb auch zugehörige Teildisziplinen wie Stoffwechsel-, Reiz- und Entwicklungsphysiologie etabliert. ==Wenn es um biologisches Verständnis für lebende Organismen in der belebten und unbelebten Natur – den Menschen eingeschlossen – geht, müssen wir uns mit Physiologie befassen.==

Zahlreiche Probleme unseres täglichen Lebens lassen sich nur auf der Basis physiologischer Kenntnisse einigermaßen erklären, beispielsweise Fragen der richtigen Ernährung, der Nahrungsmittelproduktion und Düngung, des Umgangs mit Arzneimitteln, Genussmitteln und Drogen, des ökologischen Gleichgewichts, der Energieversorgung, aber auch Fragen nach dem Verständnis für Krankheiten wie Stoffwechselstörungen, Infektionen, Überreizung und Stress, Arbeit und Ermüdung, der Steuerung der Sexualität, der frühen Keimesentwicklung bei Pflanze und Tier, des Alterns und nicht zuletzt auch aktuelle thematische Schwerpunkte der Biologie wie die Gentechnologien.

Die folgenden Experimente befassen sich mit den Phänomenen des Lebens selbst oder mit seinen wichtigen Begleiterscheinungen. Dabei steht als wichtigste Leitfrage das Problem im Vordergrund, ob ein System lebt oder nicht. Im ersten Versuchsblock befassen wir uns daher mit der Erkundung und Qualifizierung von Lebensprozessen.

1.1 Reizbarkeit und Bewegung – Beispiele und Sonderfälle

Fragestellung: Dass sich Lebewesen etwa durch Anfassen reizen lassen und darauf mit Bewegung reagieren, ist durch den Umgang mit Haustieren wie Katze, Hund und Meerschweinchen bekannt. Alle Lebewesen, selbstverständlich auch die Pflanzen, zeigen mehr oder weniger deutlich sichtbar Reizbarkeit und Bewegung. Weil dies bei Pflanzen im Allgemeinen nicht erwartet wird, ist durchaus mit Überraschungseffekten zur Motivation zu rechnen. Wie lassen sich Reizbarkeit und Bewegung an Pflanzen demonstrieren?

- **Geräte**
  - Pinzette
  - Geo-Dreieck
  - Zündhölzer

- Stoppuhr
- Objektkamera (Flex Cam-Kamera, z.B. EuroCam, Lehrmittel Müller, 20205 Hamburg)

- **Chemikalien**
  - Essig (Haushaltsessig)

- **Versuchsobjekte**
  - Topfpflanzen von Mimose (*Mimosa pudica*), Venusfliegenfalle (*Dionaea muscipula*) oder Sonnentau (*Drosera* spp.) aus dem Gartenfachhandel
  - Zweig einer blühenden Berberitze (*Berberis* spp.) oder Mahonie (*Mahonia aquifolium*)
  - Spross mit Früchten von Springkraut (*Impatiens* spp.)
  - kleine Fleisch- oder Käsestückchen, tote kleine Fliegen, z.B. Frucht- bzw. Taufliegen (*Drosophila* spp.).

Durchführung: Die Mimose wird durch heftiges Aufsetzen der Pflanze im Blumentopf auf die Unterlage gereizt (Seismonastie). Das darauf folgende Absenken der Blattstiele, das Zusammenrücken der Blattfiedern und das Zusammenklappen der Blattfiederchen werden notiert und aufgezeichnet. Alle 5 min wird der Winkel zwischen Blattstiel und Sprossachse mit einem Geo-Dreieck gemessen und die Werte in einem Diagramm eingezeichnet. Anschließend kann die Blattspitze durch festes Anfassen mit einer Pinzette, durch Berühren mit einem Wasser- oder Essigtropfen und schließlich mit einem brennenden Zündholz gereizt werden. Die Geschwindigkeit der Erregungsleitung wird durch Verfolgen des Zusammenklappens der Blattfiederchen abgeschätzt.
Die reifen Früchte des Springkrauts werden zwischen Daumen und Zeigefinger gefasst.
Die Staubblätter der Berberitzenblüten werden an der Basis mit der Spitze eines Bleistifts, einer Präpariernadel oder der Pinzette berührt. Auf die Blätter der Venusfliegen-falle oder des Sonnentaus bringt man tote Fliegen bzw. winzige Fleisch- oder Käsestückchen (ca. 1 mm^3) und beobachtet auf dem Overheadprojektor oder mit Hilfe einer Objektkamera.

Beobachtung: In allen Fällen lassen sich auffällige sichtbare Veränderungen in Form von Bewegungen beobachten. Diese werden notiert und protokolliert. Die Blätter der Mimose bewegen sich wie bereits beschrieben. Die reifen Fruchtblätter (Carpelle) des Springkrauts springen auf und rollen sich nach innen. Die Staubblattstiele von Berberitze oder Mahonie krümmen sich zur Blütenmitte. Die Fangblätter der Venusfliegenfalle schließen sich, und die Fangtentakel des Sonnentaus krümmen sich auf die Beute zu.

Erklärung: Die hier ausgewählten Beispiele sind Paradebeispiele und Sonderfälle. Sie stellen deshalb Ausnahmen dar, weil Landpflanzen in der Regel keine sichtbaren aktiven Bewegungen aufweisen.

In allen Fällen folgt auf die Reizung eine Bewegung. Der Reiz wird in eine Erregung umgesetzt, die dann fortgeleitet werden kann wie bei der Mimose (Erregungsleitung). Diese erfolgt wie im Nervensystem des Menschen und der Tiere durch Potenzialänderungen an den äußeren Zellmembranen sowie von Zelle zu Zelle mit Hilfe von Transmittersubstanzen oder Bewegungshormonen. Beim Springkraut löst das Berühren einen Rollschleudermechanismus aus, da die Fruchtblätter unter Spannung stehen und sich die Verbindung zwischen diesen bei der Reife schlagartig löst. In allen Fällen ändert sich der Innendruck (Turgor) der Zelle, so dass abhängig von den jeweiligen anatomischen Voraussetzungen eine entsprechende Reaktion einsetzt (Turgorbewegung).

1.2 Organismen atmen: Basisprozess des Lebens

Fragestellung: Die wichtigsten Lebensprozesse oder Stoffwechselvorgänge etwa Atmung, Photosynthese oder Transport- und Ausscheidungsprozesse laufen im Verborgenen ab. Sie sind nicht sichtbar und nur in den seltensten Fällen durch unsere Sinne erfassbar. Die Physiologie kennt aber aufschlussreiche Experimente, die es erlauben, wichtige Aspekte solcher Lebensvorgänge sichtbar zu machen. Wie kann man zeigen, dass etwas lebt und atmet? Steckt Leben in Zweigstücken von Sträuchern im Winter? Leben Pflanzenwurzeln?

- **Geräte**
  - 2 Messzylinder 250 mL
  - Erlenmeyerkolben, 50 mL und 250 mL
  - kurze Reagenzgläser
  - Trinkhalme

- **Chemikalien**
  - Testlösung: Gesättigte Lösung (1 L) von Gips (Calcium-sulfat $CaSO_4$), gefärbt mit Bromthymolblau (0,1% in 20% Ethanol) oder Phenolphthalein (1% in Ethanol). Den pH-Wert-Wert mit einer verdünnten Natronlauge, $c(NaOH) = 0,01$ mol L^{-1} so einstellen, dass der Farbumschlag gerade nach blau oder rot erfolgt, damit bei der geringsten Säure-Zugabe sofort ein Farbwechsel eintritt. Lösungen daher tropfenweise zugeben!

- **Versuchsobjekte**
  - Pflanzen mit Wurzeln der Wildkrautflora aus Gärten, z.B. Grasbüschel, Garten-Wolfsmilch (*Euphorbia peplus*) oder Einjähriges Bingelkraut (*Mercurialis annua*). Die Pflanzen werden mit Wurzel mit Hilfe einer kleinen Grabschaufel vorsichtig aus dem Boden gelöst und anschließend mit Leitungswasser abgewaschen.
  - Fingerlange graue, braune oder rote Zweigstücke von Schwarzem Holunder (*Sambucus nigra*), Forsythie (*Forsythia* spp.), Rotem Hartriegel (*Cornus sanguinea*) mit Rindenporen (Lenticellen) sowie grüne

Zweige von Ranunkelstrauch (*Kerria japonica*), Brombeere (*Rubus fruticosus*) oder Rose (*Rosa* spp.) ohne Rindenporen (Lenticellen). Alle Zweigstücke vor dem Versuch gut mit Leitungswasser abwaschen!

Durchführung: Die Pflanzen werden mit den Wurzeln in die mit Testlösung gefüllten Messzylinder gegeben. Die Zweigstücke werden in Reagenzgläser mit Testlösung gestellt. Als Kontrolle dient ein Messzylinder mit Testlösung ohne Pflanze. Man kann auch erkennbar tote Zweigstücke bzw. Wurzeln in die Vergleichslösungen stellen.

Die Ergebnisse mit den Zweigstücken werden in einer Tabelle festgehalten, in der die Farbe der Zweige, das Vorhandensein von Rindenporen oder Lenticellen und die Zeitdauer bis zum Farbumschlag eingetragen wird. Anschließend kann man die Vergleichslösungen in Erlenmeyer-Kolben geben und mit Hilfe eines Trinkhalms vorsichtig Ausatmungsluft in die Lösungen pusten.

Beobachtung: Innerhalb 1 h, oft bereits nach etwa 20 min, ist ein deutlicher Farbumschlag von blau nach gelb bei Bromthymolblau und von rot nach farblos bei Phenolphthalein in unmittelbarer Nähe der Wurzeln oder der Zweigstücke zu beobachten. Bei den grünen Zweigen (Ranunkelstrauch, Rose oder Brombeere) erfolgt der Farbumschlag deutlich später als bei Zweigen mit Rindenporen. Wesentlich schneller erfolgt der Farbumschlag, wenn man mit einem Trinkhalm Atemluft in die Lösungen gibt.

Erklärung: In allen Fällen wird von den lebenden Pflanzenteilen über die Oberflächen Säure abgegeben. Dabei handelt es sich zum großen Teil um Kohlensäure bzw. Kohlenstoffdioxid, die durch die Atmung frei gesetzt wird. Zusätzlich werden in den Lösungen von Calcium-sulfat Ca^{2+}-Ionen gegen H^+-Ionen ausgetauscht. Dadurch erfolgt der Farbumschlag rascher als in Lösungen ohne Salz (Gips). Die grünen Zweige geben weniger Kohlenstoffdioxid (CO_2) ab als die anderen Zweige, da die Photosynthese der Atmung entgegen gesetzt verläuft und die Rindenporen (Lenticellen) als Strukturen im Zusammenhang mit der Atmung und dem Gasaustausch zu deuten sind (Struktur-Funktions-Zusammenhänge in der Biologie).

Weil Atmung und Ionenaustausch physiologische Vorgänge sind, eignen sich diese Versuche zur Demonstration von Lebensäußerungen.

Der Anschlussversuch mit der Ausatmungsluft stellt den Vergleich mit der pflanzlichen Atmung her und zeigt die Bedeutung der Atmung für alle atmenden Organismen einschließlich des Menschen auf.

Entsorgung: Die Lösungen mit Indikatoren können in Vorratsflaschen für weitere Versuche aufbewahrt oder in entsprechenden Sammelbehältern für organische Abfälle der Entsorgung zugeführt werden.

1.3 Ein Kreislauf wie in der Natur: Atmung und Photosynthese

Fragestellung: Atmung und Photosynthese sind die wichtigsten Lebensprozesse in der Natur. Sie laufen entgegengesetzt ab, so dass sie sich zu einem Stoffkreislauf zusammenfügen lassen. So werden bei der Atmung Oxidationsmittel (O_2) verbraucht und bei der Photosynthese wieder frei gesetzt (vgl. Kapitel 14 und 15). Die Gegenläufigkeit beider Prozesse kann man mit Hilfe von Indikatoren (vgl.Versuch 1.2) oder mit Hilfe einer Potenzialmessung in folgendem Experiment aufzeigen, das auf Verbrauch und Bildung von Oxidationsmitteln (Sauerstoff) fußt.

- **Geräte**
  - Spannungsmessgerät (Voltmeter)
  - Abgreifklammern (Krokodilklemmen) mit Kabeln
  - U-Rohr mit Fritte
  - Graphit-Elektroden
  - Lampe (200–250 Watt)

- **Chemikalien**
  - sulfatreiches Mineralwasser (Sprudelwasser, z. B. Steinsieker)

- **Versuchsobjekte**
  - Atmungsansatz: vorgekeimte Samen (z.B. Erbsen/*Pisum sativum*) in Mineralwasser oder alternativ Hefe-Suspension (*Saccharomyces cerevisiae*) in 1%iger Glucose-Lösung
  - Photosyntheseansatz: Wasserpflanze (z.B. Wasserpest/*Elodea* spp.) in Mineralwasser

Durchführung: In den linken Schenkel des U-Rohrs wird der Atmungsansatz, in den rechten der Photosyntheseansatz gegeben. Spannungsmessgerät anschließen und die Spannungswerte aufzeichnen. Nach 10 min belichtet man den Photosyntheseansatz mit einer Lampe.

Beobachtung: Zwischen beiden Ansätzen ist eine Spannung festzustellen, die sich aufgrund der in den Versuchsorganismen ablaufenden Lebensprozesse ändert. Beim Einsetzen der Photosynthese erfolgt eine deutlich stärkere Änderung der gemessenen Spannung.

Erklärung: Zunächst wird durch die Atmung der Sauerstoff auf beiden Seiten unterschiedlich verbraucht. Deshalb ändert sich die Ausgangsspannung. Mit Einsetzen der Photosynthese wird Sauerstoff frei gesetzt, so dass auf der Seite des Photosyntheseansatzes ein Plus-Pol entsteht. Im Atmungsansatz wird der wenige im Wasser gelöste Sauerstoff verbraucht; es kommt zu Gärprozessen, und es können unter Umständen sogar Reduktionsmittel (H_2S, NH_3) frei gesetzt werden. Somit bildet sich ein Minus-Pol. Die Änderungen der Potenziale sind unmittelbare Folgen von physiologischen Abläufen. Sie beruhen auf Lebensäußerungen wie Sauerstoffverbrauch und Sauerstoffproduktion.

1.4 Sonne und Leben – vom Licht getriebener Protonentransport

Fragestellung: Das Leben bezieht die notwendige Energie von der Sonne. Diese Energie wird zunächst von Pflanzen aufgenommen. Der primäre Schritt ist die Umwandlung von Lichtenergie in elektrische Energie in bestimmten Membranen, die Photorezeptoren (Chlorophyll) enthalten.
Durch die bewegten Elektronen werden Protonenpumpen betrieben, die H^+-Ionen nach außen in das Milieu transportieren, in welchem sich die Zellen befinden. Diesen Vorgang bezeichnet man als lichtgetriebenen Protonentransport. Der dadurch an den Außenmembranen entstehende Protonengradient wird zur Synthese von ATP genutzt (Chemiosmose).
Wie lässt sich dieser Effekt – der durch Licht bewirkte Export von H^+-Ionen ins Außenmedium – experimentell nachweisen?

- **Geräte**
    - pH-Wert-Messgerät mit Elektrode zur automatischen Aufzeichnung (z.B. Cassy-System, pH-Box Nr. 524035, Leybold/Hürth)
    - 250 mL Erlenmeyer-Kolben
    - Messpipette (5, 10 mL)

- **Chemikalien**
    - Kochsalz-Lösung, $c(NaCl) = 4$ mol L^{-1}, 1L

- **Versuchsobjekte**
    - Suspensionskultur von Halobakterien (*Halobacterium halobium*) in Lösung von Kochsalz NaCl der Konzentration $c = 4$ mol L^{-1} oder alternativ Suspensionskultur von Blaubakterien (Blau"algen", Cyanobakterien) in Leitungswasser.
    Beschaffungshinweis: Halobakterien können nicht nur von Reisen an Salzseen (z.B. Totes Meer) mitgebracht, sondern auch von Forschungsinstituten bezogen werden (Internet!).

Durchführung: Von der Halobakterien-Stammkultur wird mit einer Pipette soviel Material in einen mit Kochsalz-Lösung gefüllten Erlenmeyerkolben gegeben, dass gerade alles einfallende Licht absorbiert wird. Der Kolben wird mit einer Lampe bestrahlt. Die pH-Wert Messelektrode wird eingetaucht und mit dem Messgerät verbunden. Die Messwerte werden aufgezeichnet und die Mess-kurve an die Wand projiziert.

Beobachtung: Am Kurvenverlauf ist erkennbar, dass der pH-Wert bei Belichtung im Laufe von 1 h deutlich abfällt.

Erklärung: Unter Einwirkung der Lichtenergie werden Elektronen bewegt (vgl. Solar-Taschenrechner). Bewegte Elektronen stellen einen Strom dar. Mit Hilfe der Energie dieses Stromes werden Protonen aus den Zellen der Halobakterien

exportiert (Lichtgetriebener Protonentransport). Dadurch steigt die Konzentration an Wasserstoff-Ionen im Medium an und der pH-Wert sinkt.
Für das Verständnis ist es wichtig zu beachten, dass der pH-Wert im Außenmedium bei der Photosynthese von eukaryotischen grünen Pflanzen und Algen wegen des Verbrauchs von Kohlenstoffdioxid bzw. Kohlensäure und eventuell anderer Säuren ansteigt (vgl. Kapitel 7 und 14).Den Licht getriebenen Protonen-Transport gibt es aber auch in Eukaryoten. Nur werden dort die Protonen in den Zwischenraum zwischen den beiden Membranen der Chloroplasten (Thylakoidlumen) gepumpt und können deshalb nicht im Außenmedium nachgewiesen werden.

1.5 Osmose – Gewichtsveränderung in Wasser und in Salz-Lösung

Fragestellung: Unter Osmose versteht man den Transport von Wasser durch eine semipermeable (semiselektive) Membran in Richtung der höher konzentrierten Lösung. Solange die Einströmgeschwindigkeit von Wasser durch die Zellmembranen größer ist als die Ausströmgeschwindigkeit, nimmt der Zellinnendruck (Turgor) zu. Während Wassermoleküle aus reinem Wasser ungehindert in die Zelle eindringen können, ist das Ausströmen durch die polaren Anziehungskräfte zwischen Wasser und Ionen bzw. Zuckermolekülen innerhalb der Zelle behindert. Deshalb strömt mehr Wasser in die Zelle als heraus, wenn sie innen eine höhere Konzentration an gelösten Stoffen aufweist. Wie verändert sich demnach das Gewicht, wenn man Scheiben von Rettich, Möhre, Kartoffel oder Gurke in reines Wasser und zum Vergleich in eine Salz-Lösung legt?

- **Geräte**
    - Präzisionswaage
    - Bechergläser 250 mL
    - Küchenmesser
    - Küchenpapier
    - Aluminium-Folie

- **Chemikalien**
    - 1 L Lösung von Kalium-chlorid KCl, $c(KCl) = 3$ mol L^{-1}
    - 1 L destilliertes Wasser (Aqua dest.)

- **Versuchsobjekte**
    - Speicherwurzel von Rettich (*Raphanus sativus*) oder Möhre (*Daucus carota*), Sprossknolle von der Kartoffel (*Solanum tuberosum*), Beerenfrucht der Gurke (*Cucumis sativus*)

Durchführung: Mit einem Küchenmesser schneidet man von Rettich, Möhre, Kartoffel und Gurke jeweils gleich große Scheiben, trocknet diese auf Küchenpapier kurz ab und bestimmt durch Wägung das Ausgangsgewicht. Anschlie-

ßend werden jeweils zwei Scheiben in Bechergläser mit Wasser und Kaliumchlorid-Lösung gelegt.
Im Abstand von 15 min werden die Scheiben heraus genommen, kurz auf Papier getrocknet, gewogen und wieder in das Wasser und die Salz-Lösung zurück gelegt. Die Ergebnisse der Gewichtsmessungen werden in eine Tabelle in Abhängigkeit von der Zeit eingetragen.

Beobachtung: In allen Fällen nimmt das Gewicht in reinem Wasser zu und in der Salz-Lösung ab.

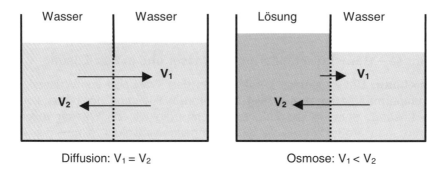

Abb. 1-1. Permeation und Osmose unterscheiden sich in der Diffusionsgeschwindigkeit der beteiligten Teilchen.

Erklärung: Wasser bewegt sich immer in Richtung der konzentrierteren Lösung, denn das Ausströmen von Wasser wird abhängig von der Konzentration der gelösten Stoffe mehr oder weniger behindert oder erschwert. Weil die Biomembranen Salz und Zucker nicht oder kaum durchlassen, kommt es durch die Bewegung von Wassermolekülen nicht zu einer Gleichverteilung der gelösten Stoffe, sondern zu einer Erhöhung des Turgors, wenn Wasser aus einer verdünnten Lösung oder reinem Wasser (hypotonische Lösung) einströmt. Eine Erniedrigung des Turgors ist die Folge, wenn Wasser an eine konzentrierte Salz-Lösung (hypertonische Lösung) abgegeben wird. Dies funktioniert nur so lange, wie die Biomembranen funktionstüchtig sind. Das ist wiederum nur der Fall, wenn die Zelle lebt. Die Osmose ist deshalb eine Lebenserscheinung und ein Vitalitätskriterium.

Entsorgung: Die Salz-Lösung kann lange aufbewahrt oder ohne Probleme in das Abwasser entsorgt werden.

1.6 Vitalitätstest: Plasmolyse oder das Cytoplasma hebt ab

Fragestellung: Zellen sind die kleinsten Struktur- und Funktionseinheiten des Lebens. Nach den vorangehenden Ausführungen müsste man an den osmotischen Erscheinungen erkennen können, ob eine Zelle lebt oder nicht. Einen solchen Vitalitätstest stellt der Nachweis der Plasmolyse dar. Wie kann man zeigen, ob einzelne Zellen leben?

- **Geräte**
  - Mikroskop
  - Mikroskopiezubehör (Objektträger, Deckgläser)
  - Pasteurpipette
  - Pinzette
  - Rasierklinge
  - Diaprojektor
  - Dia-Rähmchen mit Glas

- **Chemikalien**
  - 5 mL Lösung von Kochsalz NaCl, $c(NaCl) = 1$ mol L^{-1}: 0,3 g Kochsalz in 5 mL Leitungswasser lösen
  - 5 mL Zucker-Lösung: 1 g Haushaltszucker (Saccharose) in 5 mL destilliertem Wasser lösen

- **Versuchsobjekte**
  - unterseits rote Blätter der Bootslilie (*Rhoeo spathacea = Rh. discolor*), einer häufigen und beliebten Zimmerpflanze
  - Schalen einer rot gefärbten Küchen-Zwiebel (*Allium cepa*)
  - rot oder blau gefärbte Kronblätter

Durchführung: Mit einer Rasierklinge und einer Pinzette entnimmt man durch Flächenschnitte kleine Stücke aus der unteren Epidermis der Bootslilie und bringt sie entweder in einen Tropfen Wasser auf einen Objektträger oder in einen Wassertropfen auf das Glas eines Dia-Rähmchens. Kleine Stücke der roten Zwiebelhaut oder von Kronblättern werden analog präpariert. Darauf gibt man auf das Objekt jeweils einen zweiten Wassertropfen und deckt mit Deckglas oder dem zweiten Glas des Dia-Rähmchens ab. Unter dem Mikroskop oder in der Diaprojektion beobachtet man und protokolliert. Anschließend wiederholt man den Versuch, ersetzt aber das Wasser durch die konzentrierten Salz- oder Zucker-Lösungen.

Beobachtung: In der unteren Epidermis des Bootslilienblattes lassen sich nicht nur die rot gefärbten Vakuolen erkennen, sondern auch die beiden grünen bohnenförmigen Schließzellen der Spaltöffnungen. In den Salz- und Zucker-Lösungen erkennt man, dass sich die roten Vakuolen von den Zellwänden abheben und kleiner werden. Im Falle der roten Küchen-Zwiebel klappt das nur, wenn die Zellen noch leben, also nicht bei den trockenen Schalen (Vitalitätstest!).

Erklärung: Plasmolyse tritt nur ein, wenn die Zellmembranen funktionstüchtig sind, weil es ohne diese Barrierewirkung der semipermeablen Membranen sonst sofort für gelöste Stoffe zu einem Ausgleich der Salz- und Zucker-Konzentrationen kommen würde. Ein Abheben des Protoplasten von der Zellwand (Plasmolyse) wäre wegen des Ausbleibens der Osmose nicht möglich.

Hinweis: Das Experiment kann auch im Zusammenhang mit anderen Themenschwerpunkten, etwa der Entdeckung von Zellen und der Schließzellen, eingesetzt werden. Methodisch interessant ist der Vergleich der beiden Methoden Mikroskopische Untersuchung und Dia-Projektion. Die erste ist viel leistungsfähiger und aussagekräftiger, weil die Vergrößerung stärker ist, die zweite ist weniger leistungsfähig aber auch weniger aufwändig. Man muss nicht für jeden Schüler ein Mikroskop bereitstellen. Die Plasmolyse ist mit beiden Methoden zu demonstrieren. Der Vergleich ist schließlich ein wichtiges Verfahren der Erkenntnisgewinnung in den Naturwissenschaften!

1.7 Diffusion: Alles, was nicht fest ist, bewegt sich

Fragestellung: In Gasen und in Flüssigkeiten bewegen sich die Teilchen (Moleküle und Ionen) und verlassen ständig ihren Aufenthaltsort. Je höher die Temperatur ist, desto schneller läuft diese spontane Bewegung ab. Man nennt diesen Vorgang Diffusion. Sie ist ein rein physikalischer Vorgang. Er hat zwar für lebende Organismen große Bedeutung und hat insofern mit Leben zu tun, ist jedoch selbst kein physiologischer Prozess.
Wie lässt sich angesichts der Kleinheit und Unsichtbarkeit der Einzelteilchen diese Bewegung der kleinsten Teilchen dennoch zeigen?

- **Geräte**
    - 2 Standzylinder, 250 mL
    - Messpipette, 1 mL
    - 2 Erlenmeyerkolben oder Bechergläser, 25 mL
    - Glasrohr, etwa 5 cm Durchmesser, 0.5 m lang, mit zwei Stopfen verschließbar
    - Flasche mit Parfüm oder andere Duftquelle
    - schwarzer Hintergrund (Pappe, Plakat oder Tuch)

- **Chemikalien**
    - konzentrierte Lösung von Kochsalz NaCl, 2 g in 10 mL Wasser
    - konzentrierte Lösung von Ammoniak NH_3
    - konzentrierte Salzsäure HCl
    - Farblösung: blaue oder rote Tinte, Saft von Kirschen, Heidelbeeren, Holunderfrüchten, Rotwein oder Lösung von Kalium-permanganat $KMnO_4$: eine Spatelspitze in 1 mL Wasser lösen

Durchführung: 1. Je einen Standzylinder füllt man auf gleiche Höhe mit kaltem Leitungswasser bzw. mit kochend heißem Wasser. Dann mischt man die ausgewählte Farblösung so mit konzentrierter Kochsalz-Lösung, dass das entstehende Gemisch intensiv gefärbt ist. Die farbige Salz-Lösung wird vorsichtig mit Hilfe einer Pipette in die mit Wasser gefüllten Standzylinder pipettiert, so dass die Farblösung zu Boden sinkt (unterschichten!).

2. Je 1 mL konzentrierte NH$_3$ und 1 mL konzentrierte HCl füllt man in zwei kleine Erlenmeyerkolben.

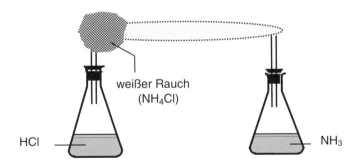

Abb. 1-2. Die schneller diffundierenden NH$_3$-Teilchen verbinden sich mit den wesentlich langsameren HCl-Teilchen zu einem weißen Rauch.

In Ergänzung dazu kann man im Nebenraum oder verdeckt eine Parfümflasche öffnen, Weihnachtsgebäck auspacken oder Bratenduft etwa durch ein frisches Grillhähnchen verbreiten.

Beobachtung: Die Farbe im Standzylinder beginnt sich gleichmäßig zu verteilen. Im heißen Wasser läuft die Verteilung schneller ab als im kalten. In der unmittelbaren Umgebung der Salzsäure erscheint plötzlich weißer Rauch.
Die Düfte von Parfüm, Gebäck oder Braten lassen sich in beträchtlicher Entfernung von der Quelle wahrnehmen.

Erklärung: Sämtliche Beobachtungen lassen sich durch die freie Bewegung der Teilchen erklären. Die Gesamtbewegung erfolgt immer in Richtung der gleichmäßigen Verteilung, weil dies der wahrscheinlichste Zustand ist.
In heißen Lösungen erfolgt die Gleichverteilung schneller, weil sich die Einzelteilchen schneller bewegen, das heißt, mehr Bewegungsenergie haben. Wärme ist Bewegungsenergie der Teilchen!
Aus den Ammoniak- und Salzsäurelösungen steigen gasförmige NH$_3$- und HCl-Moleküle auf und verteilen sich in der Umgebung. Weil die Ammoniak-Moleküle beweglicher sind als die HCl-Moleküle und die zwischenmolekularen Anziehungskräfte geringer sind (polare Anziehungskräfte!), kommt es in der Umgebung der Salzsäure zur Bildung eines weißen Rauches von Ammonium-chlorid NH$_4$Cl aufgrund des Zusammentreffens von NH$_3$- und HCl-Molekülen.
Die Diffusion spielt in Verbindung mit Lebensvorgängen eine wichtige Rolle. Mit der Atmung und mit der Aufnahme von Nährstoffen in die Wurzel sind Stoffaufnahme und Stoffabgabe verbunden (vgl. Versuch 1.2). So wird Sauerstoff O$_2$ beim Atmen aufgenommen und Kohlenstoffdioxid CO$_2$ abgegeben. Dabei diffundieren die Teilchen entweder von den Oberflächen weg oder zu diesen hin.

Entsorgung: Die Reste von Ammoniak und Salzsäure werden in die Sammelbehälter für Säuren bzw. Laugen entsorgt.

1.8 Transpiration: Ohne Verluste geht es nicht

Fragestellung: Auch die Transpiration von Wasser ist ein rein physikalischer Vorgang und kein physiologischer Prozess. Wie alle feuchten Flächen verlieren auch die Oberflächen von Lebewesen durch Verdunstung Wasser. Lebende Organismen sind zwar durch Häute oder Epidermen nach außen abgeschlossen, jedoch nicht vollständig isoliert, denn Lebewesen sind offene Systeme. Alle lebenden Zellen atmen. Deshalb ist der Gasaustausch niemals vollständig durch Isolierungen unterbunden. Der Gasaustausch führt jedoch andererseits unweigerlich zu Wasserverlusten, die jedoch mehr oder weniger eingeschränkt sind und reguliert werden können – etwa durch die Schließzellen der Spaltöffnungen. Die Wasserverluste der Blätter lösen einen Transpirationsstrom aus, der den Transport von Wasser aus der Wurzel bis in die Blätter bewirkt. Wie lässt sich nachweisen, dass Blätter Wasser verlieren?

- **Geräte**
    - Präzisionswaage
    - 2 Messzylinder, 20 mL
    - Konservenglas oder leeres Marmeladenglas mit Deckel

- **Chemikalien**
    - Salatöl

- **Versuchsobjekte**
    - Zweige der Eibe (*Taxus baccata*), frische Blätter von Kopfsalat (*Lactuca sativa*), frisch gepflückte Blätter vom Springkraut oder Fleißigen Lieschen (*Impatiens* spp.)

Durchführung: 1. Die Blätter werden unter Zimmerluftbedingungen auf die Waage gelegt und alle Viertelstunde ihr Gewicht bestimmt. Die Gewichtsverluste werden in Abhängigkeit von der Zeit graphisch aufgezeichnet. In einem verschließbaren Glas werden Blätter bei geschlossenem Deckel in die Sonne auf die Fensterbank oder die Heizung gestellt und stehen gelassen.
2. Die beiden Messzylinder füllt man auf gleiche Höhe mit Leitungswasser und stellt einen Eibenzweig mit Nadelblättern in den einen, in den anderen einen entnadelten. Schließlich tropft man etwas Salatöl auf die Wasseroberflächen in den Messzylindern, um die Verdunstung (Evaporation) zu unterbinden.
Die Wasserverluste werden am Wasserstand in den Messzylindern abgelesen und die Werte in mL in ein Diagramm in Abhängigkeit von der Zeit eingezeichnet.

Beobachtungen: Bereits innerhalb einer 1 h lassen sich Gewichtsabnahmen durch Wasserverluste feststellen. Führt man die Wägung solange durch, bis die Blätter vertrocknet sind und kein weiteres Wasser mehr abgeben, kann man den prozentualen Wassergehalt ermitteln. In den geschlossenen Gläsern sind Wassertropfen an der Glaswand zu sehen.
In den beiden Messzylindern sind in beiden Fällen Wasserverluste zu verzeichnen. Während diese jedoch bei dem Zweig ohne Blätter gleichmäßig erfolgen, zeigt der Zweig mit Blättern tagsüber bei Belichtung eine deutlich stärkere Transpiration an als nachts im Dunkeln.

Erklärung: Die Versuche zeigen, dass Blätter eventuell in beträchtlichem Maße Wasser abgeben. Das Ausmaß der Wasserverluste hängt unter anderem von der Beschaffenheit der Oberflächen ab. Blätter von Pflanzen aus Trockengebieten mit xeromorphen Anpassungen wie dicker Cuticula und stark eingesenkten Spaltöffnungen geben weit weniger und langsamer Wasser ab. Durch den Vergleich mit den Eibenzweigen wird deutlich, dass die Blätter die Wasserverluste in Abhängigkeit von der Belichtung regulieren können. Während die Wasserabgabe an sich von allen feuchten Oberflächen aus erfolgt und kein Kennzeichen von Leben ist, stellt jedoch die Funktion der Schließzellen, die Regulation der Wasserabgabe und die Steuerung durch Außenfaktoren (Licht) in Anpassung an die Umweltverhältnisse sehr wohl ein Kennzeichen des Lebendigen dar.

1.9 Quellung: Volumenzunahme mit Sprengkraft

Fragestellung: Die Quellung ist wie die Diffusion und die Transpiration ein rein physikalischer Vorgang, der jedoch für die Lebewesen eine wichtige Rolle spielt, etwa im Fall der Samenquellung bei der Keimung. Verschiedene organische (Stärke, Cellulose, Protein) und anorganische Stoffe (Baugips) können erhebliche Mengen an Wasser binden und dadurch ihr Volumen beträchtlich vergrößern. Dieses können sie oft nur unter Zufuhr von viel Wärmeenergie nach und nach wieder abgeben (trocknen). Der Wasserverlust bei der Samenreifung ermöglicht das Überdauern bei Trockenheit und Frost beispielsweise im Winter (Anabiose). Welche Beispiele zeigen die Quellung besonders eindrucksvoll?

- **Geräte**
  - Waage
  - Schieblehre (Messschieber) mit Nonius-Ablesung
  - Kochtopf
  - Reagenzgläser (RG), Reagenzglasständer
  - Kochbeutel, gebraucht, oder Leinen-Säckchen
  - Messzylinder, 50 mL
  - Bechergläser, 250 mL
  - Plastikbecher oder kleine Plastikeimer (z.B. aus dem Supermarkt)
  - Baumaterialien: Baugips, Zement und Sand

- **Versuchsobjekte**
  - trockene Kiefernzapfen (*Pinus* spp.)
  - Falsche Rose von Jericho (*Selaginella lepidophylla*) – über den Versandhandel, Gartencenter, Spezialgeschäfte oder auf Weihnachtsmärkten erhältlich
  - trockene Samen von Hülsenfrüchtlern (Fabaceae) wie Erbsen (*Pisum*) oder Bohnen (*Phaseolus, Vicia*), Reis (*Oryza sativa*)
  - Nudeln, Gummibärchen, trockene Holzstücke oder Holzkeile

Durchführung:
1. Die maximale Breite von trocken gelagerten Kiefernzapfen wird mit einer Schieblehre gemessen. Anschließend werden sie in einen Kochtopf mit kochend heißem Wasser gelegt. Alle 5 Minuten wird ihre Breite erneut bestimmt. Die Messungen erfolgen solange, bis sich die Zapfen vollständig geschlossen haben. Die Messwerte werden notiert und in ein Diagramm eingezeichnet.
2. Außerdem bringt man eine zuvor trocken gelagerte Falsche Rose von Jericho in heißes Wasser.
3. Je ein größerer Löffel Erbsen, Bohnen, Reis, Nudeln oder Gummibärchen wird in einen mit Wasser halb gefüllten Messzylinder gebracht und das Volumen durch den Anstieg des Wasserspiegels bestimmt. Anschließend werden sie getrennt in Kochbeutel oder Leinensäckchen gegeben. Diese werden mit Heftklammern verschlossen und etwa 15 min in siedendem Wasser erhitzt. Anschließend wird das Volumen erneut wie oben durch Wasserverdrängung im Messzylinder bestimmt.
Ein RG wird mit trockenen Erbsen gefüllt, anschließend Wasser zugegeben, mit einem Korken verschlossen und über Nacht quellen gelassen.
In Plastiktrinkbechern oder kleinen Eimern werden 3 Esslöffel Erbsen mit Baugips und Wasser verrührt (Wasser – Gips = 1:2) und auf der Heizung stehen gelassen.
Holzstücke werden mit Zement und Sand im Verhältnis 1:2 nach und nach mit Wasser angerührt, so dass eine breiige Masse entsteht. Man lässt das Gemisch aushärten. Nach dem Abbinden und Trocknen wird das Holz durch Überschichten mit Wasser zum Quellen gebracht. Zum Vergleich werden Ansätze ohne Erbsen oder Holz vorbereitet.

Beobachtung: Nach Einbringen in heißes Wasser schließen sich die Zapfen rasch – ihre Breite verringert sich augenfällig. Die Falsche Rose von Jericho öffnet und entfaltet sich hingegen in heißem Wasser. Erbsen, Bohnen, Reis Nudeln und Gummibärchen vergrößern ihr Volumen erheblich. Die in Wasser im RG eingeschlossenen Erbsen sprengen das Glas! Nasse Erbsen sprengen auch den Gips. Einzementierte Holzkeile können das erhärtete Zement-Sand-Gemisch sprengen, wenn das Holz Wasser aufnimmt und quillt.

Erklärung: In allen Fällen ist die Aufnahme von Wasser der Grund für die Volumenvergrößerung und die daraus resultierende Sprengkraft. Wasser wird von quellbaren Stoffen angezogen und festgehalten. Die dabei wirksamen Kräfte sind polare Dipolkräfte oder Wasserstoffbrückenbindungen (vgl. Kapitel 2). Stärke und Cellulose sind polymere Makromoleküle, die als funktionelle Gruppen viele Hydroxyl-Gruppen besitzen. Diese lagern die Wassermoleküle als Hydrathülle an, wobei das Volumen größer wird. Die Gesamtheit der molekularen Anziehungskräfte kann sich sogar so summieren, dass man mit nassen, quellenden Holzkeilen selbst Felsen auseinander sprengt.

1.10 Kohäsion und Adhäsion: Weshalb Wasser nach oben fließt

Fragestellung: Abgesehen von der Transpiration haben viele für Lebewesen relevante Effekte mit der Oberfläche von Wasser zu tun. Warum bildet das Wasser überhaupt Tropfen? Warum schwimmt Staub auf der Wasseroberfläche, selbst wenn er schwerer ist als Wasser? Warum kann der Wasserläufer über das Wasser laufen? Warum saugen Papier oder Watte Wasser auf und werden nass und schwer? Warum können wir mit einem Trinkhalm Wasser ansaugen? Alle diese Erscheinungen haben mit dem Zusammenhalt der Wassermoleküle untereinander, der Kohäsion, oder mit deren Anziehung an Wasser anziehenden Oberflächen, der Adhäsion, zu tun. In den folgenden Versuchen werden diese Effekte experimentell erfasst.

- **Geräte**
  - Mikroskop
  - Mikroskopiezubehör (Objektträger, Deckgläser, Pinzette, Rasierklinge)
  - Pasteurpipette
  - Reagenzglas (RG), Reagenzglasständer
  - Diaprojektor
  - Dia-Rähmchen mit Glas
  - Löschpapierstreifen oder abgeschnittene Ränder einer Zeitung und einer Illustrierten. Mit Hilfe eines Lineals bringt man Markierungen an, um die Geschwindigkeit des Flüssigkeitsanstiegs messen zu können.
  - Bechergläser, 100 mL
  - Erlenmeyerkolben, 250 mL
  - Tafelkreide
  - Holzstücke, länglich geformt

- **Chemikalien**
  - Farblösung: Wasser mit Eosin, Tinte, rotem oder blauem Fruchtsaft aus Früchten von Heidelbeere, Kirsche, Holunder oder Liguster
  - 5 mL konzentrierte Lösung von Haushaltszucker (Saccharose), durch Schütteln mit Wasser im RG bis zur Sättigung herstellen
  - 5 mL konzentrierte Lösung von Kochsalz NaCl, durch Schütteln von Kochsalz mit Wasser im RG hergestellt

- **Versuchsobjekte**
  - Sprossteile vom Fleißigen Lieschen oder Springkraut (*Impatiens* spp.)
  - Sporangien von Wurmfarn (*Dryopteris filix-mas*) oder Mauerraute (*Asplenium ruta-muraria*)

Durchführung: 1. Sprossteile vom Fleißigen Lieschen oder Springkraut werden in Erlenmeyerkolben oder Flaschen mit Farblösungen gestellt.
2. Die Papierstreifen, Holzstücke und die Tafelkreide werden in Bechergläsern mit Farbstofflösung getaucht. Die Geschwindigkiet des Flüssigkeitsanstiegs wird bestimmt.
3. Von Farnblättern werden von der Unterseite die braunen Sporangien mit einer Rasierklinge abgeschabt und sowohl in der Dia-Projektion als auch im Mikroskop einmal in Wasser, einmal in konzentrierten Salz- und Zucker-Lösungen untersucht (vgl. Versuch 1.6.).

Beobachtung: Das Aufsteigen der Farblösung in den Zweigen vom Fleißigen Lieschen und Springkraut ist wegen der transparenten Sprosse in wenigen Stunden gut zu verfolgen. Auch in Papierstreifen und in Tafelkreide steigt das gefärbte Wasser weit über die Wasseroberfläche hinaus nach oben – allerdings in Illustriertenpapier meist schlechter als in Lösch- oder Zeitungspapier. Das Wasser steigt nicht weiter, wenn ein Gleichgewicht zwischen Wasserverdunstung und Wassernachlieferung an der Front erreicht ist.
Die Farnsporangien öffnen sich in Zucker-Lösungen. Nur in der Salz-Lösung kommt es neben dem Öffnen auch wieder zum Zurückschlagen des
Anulus in die Ausgangsposition.

Erklärung: Wasser steigt in Papier, Holz und Kreide nach oben, weil es sich in diesen Materialien gleichmäßig verteilt. Die gleichmäßige Verteilung ist nach dem Entropie-Gesetz das wahrscheinlichste Ereignis. Dabei wird das Wasser von den Oberflächen der Stoffe mehr oder weniger gut angezogen, je nachdem wie viele hydrophile Gruppen (Hydroxyl- oder OH-Gruppen) vorhanden sind. Das Material wird feucht und nass.
In Pflanzen kommt es durch die Trockenheit der Luft (negative Dampfspannung) in den Blättern zu einem Entzug von Wasser, der durch Nachfließen nach oben ständig ausgeglichen wird (Transpirationssog). Dabei zieht ein nach oben bewegtes Wasserteilchen das nachfolgende durch Kohäsion nach. Auch hier verteilen sich die Wassermoleküle gleichmäßig. Weil es oben trocken und unten feucht ist, steigt das Wasser entsprechend nach oben. Auch der Xylem-Transport von Wasser aus der Wurzel in die Blätter ist ein rein physikalischer Vorgang und kein Lebensprozess! Nur in Ausnahmefällen kann es zum Abreißen der Wasserfäden in den Leitbahnen des Xylems kommen (Cavitation), wenn der durch den Wasserentzug bedingte Sog zu stark wird (Mammutbäume, Mangroven).
Ein Rechenbeispiel zeigt, welche enormen Drücke überwunden werden müssen, um das Wasser in solche Höhen zu transportieren. Die höchsten Bäume erreichen sogar bis zu 130 m (*Eucalyptus*-Arten Australiens):

$$1 \text{at} = 1 \text{kp cm}^{-2} = 9{,}81 \text{N cm}^{-2} = 0{,}981 \text{ bar.}$$

Weil 1 L Wasser etwa die Gewichtskraft von 1 kp besitzt und 1 L = 1000 cm^3 sind, ergeben diese 1000 Kubikzentimeterwürfelchen übereinander geschichtet gerade die Höhe von 1000 cm = 100 dm = 10 m. Um das Wasser in die Blätter eines 10 m hohen Baumes zu bringen, muss demnach der Druck von 1 at überboten werden. Der Druck der Wassersäule bei einem 100 m hohen Baum beträgt deshalb etwa 10 kp cm^{-2} = 10 at = 9,81 bar.

Beim Reifen der Farnsporangien wird dem Verschlussring der Sporenkapsel soviel Wasser entzogen, dass er aufreißt und nach dem Abreißen der Wasserfäden, dem Überwinden der Kohäsionskräfte, in die Ausgangslage zurück schnellt. Dabei werden die Sporen in die Umgebung verstreut.

Das Experiment zeigt nun, dass ähnlich wie die Luft auch die konzentrierte Salz-Lösung soviel Wasser entzieht, dass es zum Abreißen der Wasserfäden und zum Überwinden der Kohäsion kommt. Da die konzentrierte Zucker-Lösung osmotisch weniger wirksam ist als die Salz-Lösung, weil darin weniger Teilchen gelöst sind (Dissoziation der Salze in Ionen!), kommt es hier nur zu einem Öffnen des Rings der Sporangien, aber nicht zu einem Abreißen der Wasserfäden. Die Kohäsionskräfte werden in diesem Fall nicht überwunden. Der osmotische Wert der konzentrierten Zucker-Lösung entspricht etwa 220 bar, derjenige der konzentrierten Salz-Lösung sogar 370 bar!

1.11 Lotus-Effekt: Abstoßende Oberflächen schützen

Fragestellung: Warum perlt Wasser von Blättern ab (Lotus-Effekt)? Warum kann die Ente auf dem Wasser schwimmen, ohne nass zu werden? Warum sind die Oberflächen von Pflanzen und Tieren wie Seeottern, Robben, Vögeln, Käfern und Schmetterlingen nicht benetzbar?

- **Geräte**
  - kleine Gießkanne oder Spritzflasche
  - Pasteurpipette
  - Becherglas, 1 L

- **Chemikalien**
  - Salatöl
  - Flüssigkleber
  - dünnflüssiger Honig (während Robinienblüte!)

- **Versuchsobjekte**
  - beblätterte Zweige von Bäumen mit Blättern
  - Zimmerpflanzen z.B. Weihnachtsstern (*Poinsettia pulcherrima*) oder Gummibaum (*Ficus elastica* bzw. *F. benjamina*)
  - Blatt der Lotus-Pflanze (*Nelumbo*) aus Gartenzentren
  - Federn von Haushuhn, Ente, Taube, Krähe, Truthahn, Pfau
  - Tierfell z.B. von Katze oder vom Kaninchen

Durchführung: 1. Über die Blätter von Zimmerpflanzen, Zweigen, über Federn und Fell lässt man Wasser aus einer Gießkanne, Spritzflasche oder Pasteurpipette perlen.
2. Die Blätter und Federn werden kurz in ein mit Wasser gefülltes Becherglas getaucht. 3. Über die Blätter des Weihnachtssterns und, falls verfügbar der Lotus-Pflanze, lässt man außerdem Tropfen von Öl, Flüssigkleber und Honig laufen.

Beobachtung: Wasser perlt von allen Blattoberflächen, aber auch von Federn oder Fell ab. Die Versuchobjekte werden nicht nass. Taucht man Blätter oder Federn kurz in Wasser ein, so werden diese ebenfalls nicht nass. Es bleiben höchstens an einigen Stellen Tropfen hängen. Andere Flüssigkeiten wie Öl, Flüssigkleber und Honig ergeben abhängig von den Blattoberflächen unterschiedliche Beobachtungen.

Erklärung: Die Oberflächen der Blätter und Federn enthalten Wasser abstoßende, hydrophobe Substanzen. Zusätzlich besitzen Blätter auf ihrer Oberfläche kleinste noppenartige Mikrostrukturen (nur mit dem Raster-Elektronenmikroskop nachzuweisen), die eine intensive oder flächige Berührung verhindern. So bleibt die Kohäsion der Flüssigkeiten stets größer als die Adhäsion an die Oberflächen, und es kommt im Ergebnis zum Abstoßen und Abtropfen (Lotus-Effekt). Auch Haare oder Federn erlauben aufgrund ihrer Struktur nur eine Berührung an wenigen Punkten, so dass das Wasser nicht die ganze Fläche benetzt, sondern in Tropfenform verbleibt. Auch hier ist die Kohäsion größer als die Adhäsion. Obwohl sich diese Erscheinungen an Lebewesen beobachten lassen, sind sie wiederum rein physikalischer Art und keine eigentlichen Lebensprozesse. Allerdings haben auch sie für Lebewesen erhebliche Bedeutung (Schutzfunktion!). Ihre Prinzipien können wie der Lotus-Effekt von der Natur abgeschaut und in der Technik genutzt werden (Bionik).

1.12 Energie, Verbrennung und Entfärben von Kalium-permanganat

Fragestellung: Alle Lebewesen benötigen Energie. Die grünen Pflanzen nutzen die Sonnenenergie direkt und sind deswegen photoautotrophe Organismen. Dagegen sind Bakterien, Pilze, Tiere und Menschen heterotrophe Lebewesen und ebenso wie alle nicht grünen Pflanzenteile (Wurzeln) auf die Zufuhr organischer und damit brennbarer Nährstoffe (Kohlenhydrate, Fette, Proteine) angewiesen. Diese werden bei der Atmung in einem der Verbrennung ähnlichen Prozess unter Sauerstoffverbrauch in den Zellen umgesetzt (1.2 und 1.3, vgl. auch Kapitel 14ff.). Dabei wird Energie chemisch gebunden in Form von ATP gewonnen.

Weil die Reaktionen mit Sauerstoff in den Zellen nicht direkt beobachtbar sind, führt man Modellexperimente durch, die das Wesentliche besser zeigen, beispielsweise die Tatsache, dass die der Ernährung dienenden organischen Stoffe ausnahmslos Reduktionsmittel sind und zur Energiegewinnung mit Oxi-

dationsmitteln umgesetzt werden können. Reduktionsmittel geben Elektronen ab, und Oxidationsmittel nehmen Elektronen auf. Weil sich diese lebenswichtigen Redox-Prozesse (vgl. Kapitel 7) mit Aufnahme und Abgabe von Elektronen nicht mit Sauerstoff demonstrieren lassen, verwendet man stattdessen einen farbigen Stellvertreter wie das Permanganat-Anion MnO_4^-, das genauso wie der Sauerstoff Elektronen aufnehmen kann, aber besser wasserlöslich ist. MnO_4^- ist zudem ein Oxidationsmittel und deshalb ein guter Stellvertreter für den Sauerstoff.
Wie lässt sich nun der Zusammenhang zwischen Verbrennung und Oxidation zeigen?

- **Geräte**
  - Bürette, 50 mL mit Bürettenhalter
  - Stativmaterial
  - Bunsenbrenner
  - Erlenmeyerkolben, 25 mL
  - Reibschale (Mörser) mit Pistill
  - Pasteurpipette
  - Esslöffel (EL)

- **Chemikalien**
  - Lösung von Kalium-permanganat $KMnO_4$ der Äquivalentkonzentration 0,1 eq L^{-1}, $c(KMnO_4) = 0,02$ mol L^{-1}. Das entspricht bei einer molaren Masse $M(KMnO_4) = 158$ g mol^{-1} einer Konzentration von 3,16 g L^{-1}. In 1 mL sind demnach 0,1 meq enthalten.
  - Salzsäure, $c(HCl) = 2$ mol L^{-1}
  - Zucker-Lösung 2g 100 mL^{-1}
  - 1%ige Lösung von Ethanol
  - 1%ige Lösung von Glycerin
  - ferner Glycerin, Ethanol, Haushaltszucker (Saccharose), Mehl, Knäckebrot, Zigarettenasche
  - Gewässerproben aus verschmutztem Gewässer, durch ein Tuch filtriert.

Durchführung: 1. Ein EL Haushaltszucker wird mit Zigarettenasche vermischt und auf dem Löffel mit dem Bunsenbrenner angezündet (vgl. Versuch 8.2). Ein halber EL Ethanol wird anschließend ebenfalls auf dem Löffel mit dem Bunsenbrenner entflammt, schließlich wird etwas Mehl und Knäckebrot verbrannt.
2. Man verreibt einen Löffel Kalium-permanganat in einem Mörser mit Pistill und lässt auf das fein zerriebene Salz Glycerin tropfen.
3. Schließlich titriert man je 10 mL der Zucker-Lösung, der Ethanol- und Glycerin- Lösungen und der Gewässerproben unter Zusatz von einigen Tropfen Salzsäure bis zur Entfärbung. Man errechnet, wie viel Milli-Äquivalente (meq) Reduktionsmittel in den Proben enthalten waren.
Die Äquivalent-Konzentration n_1 der Probe wird in eq L^{-1} angegeben und errechnet sich dann nach

$n_1 = n_2 \times V_2/V_1$

V_1: Volumen der Probe in der Vorlage (10 mL)
V_2: durch Titration (Ablesen an der Bürette) ermitteltes Volumen der Permanganat-Lösung.
n_2: Äquivalent-Konzentration der Permanganat-Lösung hier 0,1 eq/L.

Beobachtung: Zucker, Ethanol, Mehl und Knäckebrot lassen sich verbrennen. Glycerin entflammt sofort, wenn es auf fein geriebenes Kalium-permanganat getropft wird.
Die Lösung von Kalium-permanganat entfärbt sich, wenn sie zu Zucker, Alkohol oder auch zu Wasserproben aus überdüngten oder eutrophierten Gewässern gegeben wird. Je verschmutzter das Wasser, desto mehr Permanganat wird bis zur Entfärbung verbraucht. Sauberes Wasser entfärbt kein Permanganat.

Erklärung: Alle organischen Nährstoffe entstehen bei der Photosynthese mit Hilfe des Sonnenlichtes unter Energieaufwand durch Reduktion. Sie sind wie jede Biomasse Reduktionsmittel, die sich deshalb mit Oxidationsmitteln, sei es Sauerstoff oder Permanganat, oxidieren lassen. Das gilt auch für die Bakterien und Mikroalgen sowie organischen Stoffe, die nicht Bestandteile von Lebewesen sind etwa Detritus.
Die hier durchgeführten Versuche sind keine physiologischen Reaktionen in lebenden Zellen, sondern exergonische chemische Redox-Reaktionen. Sie haben aber viel mit den biologischen Oxidationen in den Mitochondrien der lebenden Zellen gemeinsam und sind dafür Modellbeispiele. Die quantitativen Bestimmungen der Gehalte an Reduktionsäquivalenten, die Titrationen von zuckerhaltigen Lösungen, können Aufschluss geben über versteckte Kalorien etwa in süßen Limonaden im Rahmen der praktischen Gesundheiterziehung und Ernährungslehre. In der Gewässerökologie weisen sie auf den Verschmutzungsgrad, die Eutrophierung von Gewässern, hin.

Entsorgung: Reste von Kalium-permanganat sind in den Sammelbehälter für Schwermetalle, Glycerin und Ethanol in den für organische Lösungsmittel zu entsorgen.

2 Atome, Moleküle und Ionen

Die unbelebte und belebte Natur besteht aus Stoffarten. Stoffe, die uns umgeben, können aus einer Stoffart oder mehreren Stoffarten aufgebaut sein. Während Kochsalz – eine typische Ionen-Verbindung – nur aus der Stoffart Natriumchlorid NaCl besteht, setzt sich Granit aus den Stoffarten Feldspat (braun, undurchsichtig), Quarz (hart, glasartig) und Glimmer (metallisch glänzend) zusammen. Die Stoffarten haben jeweils einheitliche physikalische und chemische Eigenschaften. Solche Stoffe nennt man daher Reinstoffe.

Luft ist dagegen ein Gemisch aus verschiedenen Reinstoffarten, vor allem Stickstoff N_2 (78%), Sauerstoff O_2 (20%) und Kohlenstoffdioxid CO_2 (0,035%) Milch stellt ebenfalls ein Reinstoffgemisch aus Fetten, Kohlenhydraten und Proteinen in Wasser dar (Emulsion). Prinzipiell können Gemische mit physikalischen Methoden in ihre Komponenten aufgetrennt werden. Reine Stoffe lassen sich jedoch nur mit chemischen oder physikalischen Methoden in die Grundstoffe oder chemischen Elemente zerlegen.

Die meisten Elemente (vgl. Periodisches System der Elemente, PSE) kommen in der Natur nur in Form ihrer Verbindungen vor. In einer Verbindung können entweder verschiedene Elemente zusammentreten (Wasser H_2O, Kohlenstoffdioxid CO_2) oder gleiche Elemente (Wasserstoff H_2, Stickstoff N_2 oder Sauerstoff O_2).

Elemente bestehen aus gleichen Teilchen, den Atomen. Die Atome des Kohlenstoffs (Graphit, Diamant), des Schwefels oder Sauerstoffes werden in charakteristischer Weise durch Atom-Bindungen zu Molekülen oder größeren Molekülver-bänden zusammengehalten. Dagegen liegen die Edelgase Helium He, Neon Ne oder Argon Ar unverbunden als Einzelatome in der atomaren Form vor. Beim Stickstoff N_2 und Sauerstoff O_2 sind die Atome paarweise miteinander zu einem Molekül verbunden (Abbildung 2-1).

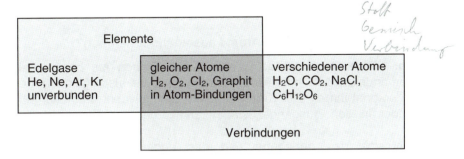

Abb. 2-1. Elemente und Verbindungen

Atome bestehen aus einem Atomkern und einer Hülle. Im Atomkern befinden sich Protonen und Neutronen (= Nucleonen), die etwa gleich schwer sind und die Masse 1 besitzen. Protonen tragen eine positive Ladung. Neutronen sind dagegen nicht geladen. Die Schale (Hülle) besteht aus negativ geladenen Elektronen. Ihre Masse ist sehr gering und beträgt lediglich 1/1836 eines Protons.

Wenn die Atome elektrisch neutral = ungeladen sind, entspricht die Zahl der Protonen der Zahl der Elektronen.

Atome haben einen Durchmesser von etwa 10^{-10} m. Die Atomkerne, worin fast die ganze Atommasse konzentriert ist, messen nur etwa 10^{-15} m und weisen damit in etwa das Größenverhältnis einer Fliege in einer Kathedrale auf. Die Masse des Wasserstoff-Atoms beträgt etwa $1{,}7 \times 10^{-24}$ g und für schwere Atome, wie z.B. das Gold- oder Blei-Atom das rund 200-fache. Als Bezugselement hat man den Kohlenstoff ausgewählt. Definitionsgemäß gibt die Atommasse an, um wie viel schwerer das betreffende Atom ist als 1/12 des Kohlenstoff-Atoms mit der Masse 12. Diese dimensionslose Zahl bezeichnet man im internationalen Sprachgebrauch als Dalton; sie hat etwa die ==Masse eines Wasserstoff-Atoms:==

$$1 \text{ Dalton} = 1{,}6605 \times 10^{-24} \text{ g}$$

Diese Masse ist so klein, dass man damit nicht praktisch arbeiten kann. Deshalb hat man hat eine ==neue SI-Basiseinheit für die Stoffmenge definiert, das Mol.== Sie enthält soviel Gramm eines Stoffes, wie seine Atom- oder Molekülmasse angibt. Ein Mol Wasserstoff der Atommasse 1,008 sind deshalb 1,008 g Wasserstoff:

$$M(H) = 1{,}008 \text{ g mol}^{-1}$$

und ein Mol Wasser der Molekülmasse 18,02 sind folglich 18,02 g Wasser:

$$M(H_2O) = 18{,}02 \text{ g mol}^{-1}.$$

Wegen der unvorstellbaren Winzigkeit der Atome und Atommassen sind Experimente mit einzelnen Atomen im Rahmen des Unterrichts kaum möglich. Dagegen sind mit sehr einfachen Mitteln Versuche zur elektrischen Ladung möglich, die Aufschluss über den Aufbau der Atome geben.

2.1 Elektrische Ladung: Kann man Atome auseinander nehmen?

Fragestellung: Einige Gegenstände werden durch Reiben mit bestimmten Dingen in einen anderen Zustand versetzt, den man als elektrisch geladen bezeichnet. Man erkennt ihn an den Kraftwirkungen. Der geladene Zustand geht allmählich wieder in den Ausgangszustand zurück, den wir als ungeladen bezeichnen.

Wie verhalten sich das geriebene und das ungeriebene Ende eines Kunststoffstabes gegenüber kleinen Papierschnipseln? Wie sind die Effekte zu erklären? Wie kann man durch Reibungsversuche Auskunft über die Beschaffenheit der Materie gewinnen? Was ändert sich bei der Reibung an den Oberflächen?

- **Geräte**
    - Kunststoffstab
    - Woll- oder Ledertuch

- Papierschnipsel

Durchführung: Der Kunststoffstab wird mit einem Woll- oder Ledertuch gerieben. Dann nähert man das geriebene und das ungeriebene Ende kleinen Papierstückchen. Notieren Sie Ihre Beobachtungen.

Beobachtung: Die Papierstückchen werden angezogen, bleiben eine Weile haften und fallen nach einiger Zeit wieder ab.

Erklärung: Der geladene Zustand unterscheidet sich erkennbar vom Ausgangszustand, da er andere Eigenschaften zeigt. Nach dem Reiben zeigen sich anziehende oder abstoßende, auf Ladung zurückgehende Kräfte, die im Ausgangszustand nicht wirkten. Was Ladung eigentlich ist, können wir aus dem Versuch nicht entnehmen. Man kann jedoch davon ausgehen, dass die Ladung eines Körpers nur an der Oberfläche der Stoffe durch Veränderung der Lage und Verteilung der kleinsten Oberflächenteilchen der Materie, der Elektronen, entstehen kann, denn bei der Reibung wirken nur Oberflächen aufeinander.
Im Ausgangszustand waren die Elektronen auf den Körpern gleichmäßig so verteilt, dass sich die negativen Ladungen der Atomschalen und die positiven Ladungen der Atomkerne gerade ausgleichen. Nach dem Reiben waren jedoch Elektronen offensichtlich von dem Körper, an dem sie lockerer gebunden waren, auf den anderen übergegangen. Weil Elektronen definitionsgemäß stets negative Ladungsträger sind, muss der Körper, der Elektronen abgegeben hat, positiv sein. Der andere, der die Elektronen aufgenommen hat, ist negativ geworden. Wir können auch sagen, auf dem einen herrscht Elektronenmangel (positiv), auf dem anderen Elektronenüberschuss (negativ).
Da Atome aus einem Kern und aus einer Elektronen-Schale bestehen, sind bei diesen Reibungsversuchen lediglich Teile der Atomschalen entfernt und nicht etwa die Atome voneinander getrennt wurden: Die Atome selbst sind also partiell „auseinander genommen" worden.

Fragen zum Versuch
1. Wie könnte man den Begriff Ladung definieren?
2. Welche Möglichkeiten gibt es?
3. Wie lässt sich das Anziehen und wie das spätere Abfallen der Papierstückchen erklären?

2.2 Elektrostatische Gesetze: Gegensätze ziehen sich an

Fragestellung: Beim vorherigen Versuch wurde lediglich nach Beobachtungen gefragt, und es war nur zu beschreiben, was man sieht. Jetzt fragen wir: Wie verhalten sich die durch Reibung elektrisch geladenen Körper zu nicht geladenen, gleichartig und ungleichartig geladenen? In diesem Fall muss man bereits wissen, was unter Ladung zu verstehen ist. Darüber hinaus wird nach allgemeingültigen Gesetzmäßigkeiten gefragt. Dies erfordert abstraktes Denken.

- **Geräte**
  wie Versuch 2.1, zusätzlich
    - Styroporstückchen am Faden
    - kleines Stück Glasrohr
    - Stativ mit Muffe und Klemme

Durchführung: Man bindet ein Styroporstückchen mit einem etwa 15 cm langen Seidenfaden an ein kleines Stück Glasrohr und befestigt dieses so an einem Stativ, dass das Styropor frei herab hängt. Dann wird ein Kunststoffstab durch heftiges Reiben mit einem Ledertuch (Wolltuch bzw. Pullover) elektrisch aufgeladen. Der so geladene Stab wird dem hängenden Styroporstückchen genähert. Danach wird dem Styroporstückchen ein kräftig geriebener Glasstab genähert. Die Abfolge Ihrer Beobachtungen wird protokolliert.

Beobachtung: Beim Nähern eines Kunststoffstabes zeigt sich zunächst eine Anziehung, dann eine rasche Abstoßung. Bringt man einen Glasstab nahe an das Styroporstückchen, das zuvor vom Kunststoffstab abgestoßen wurde, erfolgt wiederum Anziehung.
Die Beobachtung soll wiederholbar, d.h. reproduzierbar sein. Vor einem erneuten Versuchs muss man die Ladung von dem Styroporstückchen durch Anfassen mit der Handinnenfläche abnehmen.

Erklärung: Das Ergebnis soll stets eine sinnvolle Antwort auf die gestellte Frage darstellen. Im Unterschied zu Versuch 2.1 sind die Antworten nicht konkrete Beobachtungen, sondern gedanklich hergeleitete Gesetzmäßigkeiten (Elektrostatische Gesetze), also etwa folgende Aussagen:
- Geladene und ungeladene Körper ziehen sich an.
- Gleich geladene Körper stoßen sich ab.
- Entgegen gesetzt geladene Körper ziehen sich an.

Weitere Versuche mit anderen Materialien haben ergeben, dass es nur zwei Arten elektrischer Ladung gibt: Der Ladungszustand, in dem sich der geriebene Plastikstab (oder auch Bernstein, griechisch: *elektron*) befindet, wurde willkürlich als negativ, der, in dem sich der geriebene Glasstab befindet, als positiv bezeichnet. Damit hatte man den Elektronenüberschuss – und die Elektronen überhaupt – mit negativen, den Elektronenmangel und die Atomkerne automatisch mit positivem Vorzeichen versehen.
Glas und Kunststoff unterscheiden sich erheblich in ihrer Molekülstruktur (Abbildung 2-2). Im Kunststoff sind alle Elektronen von Wasserstoff und Kohlenstoff an der Bindung beteiligt. Die aufgewendete Reibungsenergie ist zu gering, um Bindungselektronen zu lösen. Der Kunststoffstab kann daher nur Elektronen aufnehmen. Im Glas besitzt der Sauerstoff dagegen freie Elektronenpaare, die nicht an einer Bindung beteiligt sind. Diese lassen sich im Gegensatz zu Bindungselektronenpaaren durch Zuführen von Reibungsenergie

ablösen und auf einen anderen Körper übertragen, der dann einen Elektronenüberschuss (negative Ladung) erhält, während das Glas einen Elektronenmangel (positive Ladung) erfährt.

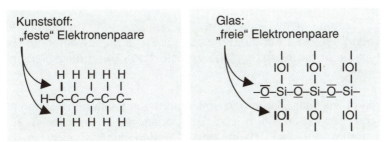

Abb. 2-2. Molekülausschnitte von Kunststoff und Glas

Fragen und Aufgaben zum Versuch
1. Wie lauten die elektrostatischen Gesetze?
2. Welche Definition ist für diesen Versuch zur Herleitung der Elektrostatischen Gesetze besser brauchbar:
    a) Ein geladener Körper ist ein Körper, der sich nach dem Reiben von einem ungeladenen Körper dadurch unterscheidet, dass er sichtbare Kraftwirkungen auf leichte Gegenstände (Papier, Styropor) ausübt.
    b) Ein geladener Körper ist ein Körper, der entweder Elektronenmangel oder Elektronenüberschuss hat.
3. Leiten Sie aufgrund eines Reibungsversuchs das elektrostatische Gesetz ab, wonach sich entgegengesetzt geladene Körper anziehen.

2.3 Elektronenbewegung in Metallen: Ladung, Strom und Spannung

Fragestellung: In den bisher betrachteten Nichtleitern sind die Elektronen wenig beweglich und können nicht beliebig transportiert werden. Von Metallen können die Elektronen jedoch besonders gut geleitet werden, weil sie darin leicht beweglich sind. Der folgende einfache Versuch zeigt ohne Verwendung von Spannungsquellen, dass Metalle den Transport elektrischer Ladung und damit das Fließen von Elektronen ermöglichen. Wird elektrische Ladung in Metallen bewegt?

- **Geräte**
  wie Versuch 2.1, zusätzlich
  - Marmeladenglas mit durchbohrtem Deckel, in den ein mit Siegellack isolierter Kupferdraht eingearbeitet wurde
  - Streifen Zinnfolie

Durchführung: In einem Glas (Marmeladenglas) mit durchbohrtem Deckel, hängt an einem zu einem Haken gebogenen Kupferdraht ein gefalteter Streifen

Zinnfolie. Der Kupferdraht ist gegen den Schraubdeckel mit Siegellack isoliert. Ein geriebener Kunststoffstab (Füllfederhalter oder Kugelschreiber) wird dem Drahtende angenähert ohne das Drahtende zu berühren. Anschließend wird das Drahtende berührt. Was ändert sich? Wiederholen Sie das Experiment!

Beobachtung: Schon beim Annähern des geriebenen Kunststoffstabes weichen die Enden der Zinnfolie, die am Kupferdraht hängt, auseinander. Beim Entfernen gehen sie in die Ausgangslage zurück. Nach Berührung bleiben sie länger auseinander.

Erklärung: Schon vor der Berührung mit einem aufgeladenen Gegenstand muss elektrische Ladung in Form von Elektronen durch den Draht in die Streifenenden geflossen sein, denn beide Enden stoßen sich je nach Ladungsstärke mehr oder weniger ab. Daraus ist aufgrund der Ergebnisse von Versuch 2.2 zu schließen, dass die beiden Streifenenden gleichartige Ladung tragen. Das äußere elektrische Feld des geriebenen Kunststoffstabes erzeugte eine Ladungsverschiebung oder Spannung. Diese Erscheinung, wonach man ohne Berührung eine Spannung erzeugt, nennt man Influenz. Hierbei werden die Elektronen durch die negative Ladung des Stabes bis in die Streifenenden hinab gedrängt. Beim Berühren gehen schließlich außerdem Elektronen vom Stab auf das Metall über und werden ebenfalls nach unten in die Zinnfolie transportiert. Wird elektrische Ladung in einem Leiter bewegt oder transportiert, so nennt man dies Strom.

Durch dieses einfache Experiment ohne eine äußere Spannungsquelle (Steckdose) können die in Naturwissenschaft und Technik wichtigen Begriffe Ladung, Spannung und Strom definiert werden: Unter Ladung versteht man eine (hier durch Reiben hervorgerufene) Veränderung der Oberflächen der Materie, die auf Elektronenmangel (positive Ladung) oder Elektronenüberschuss (negative Ladung) beruht. Unter Spannung versteht man eine ungleichmäßige Verteilung von Ladungen. Unter Strom versteht man bewegte elektrische Ladung. Außer Elektronen können auch Ionen Ladungsträger sein wie im Leitungswasser.

Fragen und Aufgaben zum Versuch
1. Geben Sie mit Hilfe einer Versuchsskizze an, wie die Elektronen beim Nähern des geriebenen Stabes transportiert und neu verteilt werden. Benutzen Sie dabei für die negative Ladung der Elektronen das minus-Zeichen (−) und für die positive das plus-Zeichen (+).
2. Was wäre zu beobachten, wenn man statt eines geriebenen Kunststoffstabes einen geriebenen Glasstab verwenden würde und wie wäre in diesem Fall die Ladungsverschiebung?
3. Definieren Sie die Begriffe Spannung und Strom aufgrund der in diesem Experiment erworbenen Kenntnisse.
4. Warum spielen Metalle in der elementaren ungeladenen Form nur in der Technik, nicht aber in lebenden Systemen eine Rolle?

2.4 Dipol Wasser – ein Stoff mit zwei Ladungen

Fragestellung: Obwohl reines Wasser ohne Salz-Ionen und Luft den elektrischen Strom schlecht leiten und durch mechanische Reibung nicht so einfach elektrisch geladen werden kann wie in den vorigen Versuchen, zeigt es dennoch elektrische Eigenschaften. Der folgende Versuch geht der Frage nach, wie sich Wasser gegenüber elektrisch geladenen Gegenständen verhält.

- **Geräte**
  wie Versuch 2.1, zusätzlich
  - Wasserstrahl aus der Wasserleitung

Durchführung: Ein Wasserhahn wird so weit aufgedreht, dass gerade ein dünner Wasserstrahl abfließt. Dann wird ein geriebener Kunststoffstab – nach erfolgter Reaktion ein geriebener Glasstab – dem Wasserstrahl angenähert.

Beobachtung: In beiden Fällen erfolgt Anziehung, gleichgültig ob es sich um einen geriebenen Kunststoffstab oder Glasstab handelt.

Erklärung: Die elektrische Ladung des Kunststoffstabes übt auf die Wasserteilchen eine Anziehung aus. Das Wasser hat nämlich Dipolcharakter: Die Ladungen im einzelnen Wassermolekül sind nicht gleichmäßig verteilt, sondern die negative (δ^-) mehr auf der Seite des Sauerstoff-Atoms, die positive (δ^+) mehr auf der Seite der Wasserstoff-Atome verlagert, weil der stärker elektronegative Sauerstoff die Bindungselektronen der Wasserstoffatome auf seine Seite zieht (vgl. Abbildung 2-3).

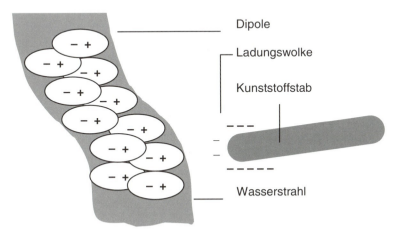

Abb. 2-3. Orientierung von Dipolmolekülen in Nichtleitern durch ein äußeres elektrisches Feld

Beim Annähern eines negativ geladenen Kunststoffstabes richten sich die Wasserteilchen-Dipole daher so aus, dass sie mit dem positiven Pol (δ^+) zum Stab, mit dem negativen (δ^-) vom Stab weisen.
Da die Kräfte umso größer sind, je geringer ihr Abstand voneinander ist, muss die anziehende Kraft zwischen den unterschiedlichen Ladungen größer sein als die abstoßende zwischen den gleichen Ladungen, so dass es insgesamt zur Anziehung kommt. Wasser wird somit ebenso von elektrischen Ladungen angezogen wie andere nicht leitende Gegenstände, etwa Papier- und Styroporstückchen.
Die Dipolkräfte haben beträchtliche Konsequenzen. Sie bedingen nämlich den Zusammenhalt der Wassermoleküle untereinander, die Kohäsion, und das Anhaften von Wasser an Stoffe, die wie Cellulose ebenfalls OH-Gruppen (Hydroxyl-Gruppen) besitzen. Diese Sachverhalt nennt man Adhäsion.

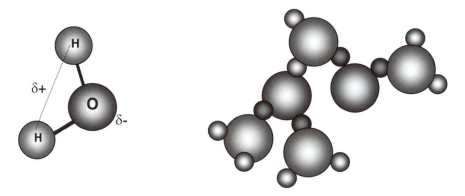

Abb. 2-4. Dipol Wasser und elektrostatisch bedingte Kohäsion von Wassermolekülen

Dipole können wie beim Wasser bereits vor der Annäherung eines geladenen Gegenstandes vorhanden sein oder aber erst durch den Einfluss der äußeren Ladung gebildet werden. Dann spricht man von einem induzierten Dipol. Die Existenz solcher ungleicher Ladungsverteilungen in Nichtleitern erklärt, warum auch neutrale oder ungeladene Körper angezogen werden (Versuch 2.1). Das geschieht deshalb, weil die entgegen gesetzten Ladungen (Anziehung) immer etwas näher liegen als die gleichartigen (Abstoßung).
Obwohl reines Wasser und Luft den elektrischen Strom nicht oder schlecht leiten, können beide doch Elektronen aufnehmen und sich somit elektrisch aufladen. Wird die Luft und die in ihr vorhandenen Wasserteilchen zu stark aufgeladen, kann es zu elektrischen Entladungsvorgängen kommen, die uns etwa als Blitz bekannt sind.

Fragen und Aufgaben zum Versuch
1. Stellen Sie in einer Versuchsskizze die Dipolmoleküle stark vergrößert in der richtigen Orientierung dar.
2. Welche biologische Bedeutung haben die Dipolkräfte des Wassers?

3 Aggregatzustände und Lösungen

Aggregatzustände sind durch Bewegung und Anordnung der Moleküle und Atome zueinander gekennzeichnet (Abbildung 3-1). Dabei ist zu beachten, dass die Teilchen nicht nur in Gasen, sondern auch in Flüssigkeiten durch die BROWNsche Bewegung ständig ihre Raumlage verändern. Selbst in Feststoffen führen sie Schwingungen aus. Die Bewegungen sind umso heftiger, je höher die Tem-peratur ist (mechanische oder kinetische Wärmetheorie).

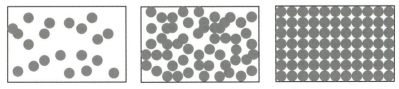

Abb. 3-1. Atome bzw. Moleküle im gasförmigen, flüssigen und festen Aggregatzustand

Der gasförmige Zustand ist durch freie und ungeordnete Bewegung der Atome und Moleküle charakterisiert. Im flüssigen Zustand stehen die Teilchen zwar noch miteinander in Berührung, jedoch ist ihre für den festen Zustand kennzeichnende Ordnung aufgelöst und sie haben keinen festen Platz wie im Kristallgitter eines Feststoffes. Der jeweils vorliegende Aggregatzustand hängt von bestimmten Außenbedingungen wie Druck und Temperatur ab. Gase können durch Druck zu Flüssigkeiten verdichtet werden, Flüssigkeiten können gefrieren oder erstarren. Umgekehrt können feste Stoffe schmelzen und Flüssigkeiten verdampfen. Der Wechsel des Aggregatzustandes erfolgt mit steigender Temperatur nicht allmählich, sondern sprunghaft. Vier verschiedene Übergänge

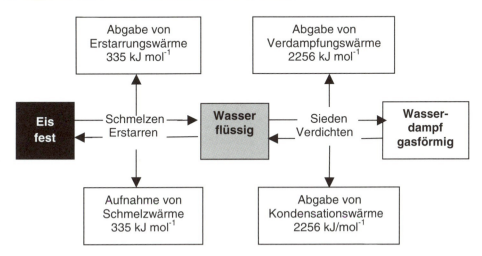

Abb. 3-2. Änderungen des Aggregatzustands von Wasser und Wärmeprozesse

sind dabei von Bedeutung. Die Temperatur, bei der ein Aggregatzustand in einen anderen übergeht, ist für jeden Stoff anders.

Die Umwandlung der Aggregatzustände ist immer mit Wärmeenergie verbunden (vgl. Abbildung 3-2). Werden etwa Gase zu Flüssigkeiten oder diese zu Feststoffen verdichtet, findet eine Wärmeabgabe (Kondensationswärme, Erstarrungswärme) statt. Werden umgekehrt Feststoffe zu Flüssigkeiten oder Gasen aufgelockert, erfolgt jeweils eine Wärmeaufnahme (Schmelzwärme, Verdampfungswärme). Flüssigkeiten können auch unterhalb des Siedepunktes in den gasförmigen Zustand übergehen. Diesen Vorgang bezeichnet man als Transpiration. Das geschieht etwa beim Trocknen von Wäsche oder beim Verdunsten von Schweiß auf der Haut. Dabei verlassen die energiereichsten Teilchen die Flüssigkeit zuerst. Die Verdampfungswärme wird der Haut entzogen. Die Folge ist Abkühlung. Ein Beispiel ist die Temperaturregulation durch Schwitzen.

3.1 Verräterischer Schmelzpunkt: Welche Substanz ist es?

Fragestellung: Ob ein Stoff gasförmig, flüssig oder fest ist, kann der Chemiker meistens schon an der Formel erkennen. So sind reine Molekülverbindungen wie Wasserstoff H_2, Stickstoff N_2, Sauerstoff O_2, Chlor Cl_2, Methan CH_4 oder Kohlenstoffdioxid CO_2 bei Zimmertemperatur und Normaldruck ausnahmslos Gase. Um zu verstehen, dass Wasser H_2O trotz seiner geringen Molekülmasse eine Flüssigkeit sein kann, muss man die zwischenmolekularen Bindungen, die Dipol-Bindungen oder Wasserstoffbrückenbindungen, beachten, welche den Zusammenhalt des Wassers, die Kohäsion, bedingen.

Auch Feststoffe haben sehr unterschiedliche Fixpunkte abhängig von ihren chemischen Eigenschaften. Salze sind in der Regel schwer und erst bei sehr hoher Temperatur (Kochsalz bei 800 °C) zur Schmelze zu bringen (z.B. Schmelzflusselektrolyse), Traubenzucker (Schmelzpunkt 146 °C) schon deutlich leichter und organische Feststoffe wie Fette, Paraffin, Campher und Naphthalin (Schmelzpunkt 80,3 °C) relativ leicht. Im folgenden Versuch geht es um die Ermittlung der Stoffeigenschaft Schmelztemperatur. Um welche Substanz handelt es sich: Kochsalz, Traubenzucker oder Naphthalin?

- **Geräte**
    - Bunsen- oder Teclubrenner
    - Schmelzpunktbestimmungsgerät
    - Kapillarröhrchen mit Naphthalin
    - Gummistopfen mit Thermometer
    - Zellstoffwatte

- **Chemikalien**
    - Glycerin
    - Testsubstanzen, z.B. Naphthalin (giftig!), Kochsalz, Traubenzucker

Hinweis: Chemikalien können giftig sein! Niemals unbekannte Substanzen durch Schmecken oder Riechen identifizieren! Keine Dämpfe einatmen!

Durchführung: In das bereitgestellte Schmelzpunktbestimmungsgerät wird als Badflüssigkeit Glycerin bis zum Ansatz der Seitenröhren eingefüllt. Anschließend wird es mit einem aufgeschlitzten Stopfen, durch den ein Thermometer geführt wird, verschlossen. Ein mit der Testsubstanz etwa 5 mm hoch beschicktes Kapillarröhrchen wird ausgehändigt. Dieses Röhrchen wird mit Zellstoffwatte so in der Seitenröhre der Bestimmungsapparatur befestigt, dass sein unteres (gefülltes) Ende die Spitze des Thermometers berührt.
Die Badflüssigkeit (Glycerinfüllung) wird mit der Bunsenbrennerflamme vorsichtig um etwa 10 °C pro Minute erwärmt. Der Schmelzpunkt der Substanz ist erreicht, wenn sie sich am unteren Ende des Kapillarröhrchens verflüssigt.

Beobachtung: Die Substanz sollte bei etwa 80 °C schmelzen. Notieren Sie die von Ihnen ermittelte Schmelztemperatur. Werden mehrere Ergebnisse erzielt, etwa durch verschiedene Arbeitsgruppen, so werden die Ergebnisse notiert und graphisch ausgewertet, indem die Häufigkeit in Abhängigkeit von den Temperaturwerten um 80 °C herum eingetragen wird. In der Regel streuen sie um einen Wert von 80 °C.

Ionenverbindung Kochsalz, Schmp. 800 °C

Kohlenhydrat Glucose (Traubenzucker), Schmp. 146 °C

Aromatischer Kohlenwasserstoff Naphthalin, Schmp. 80,3 °C

Abb. 3-3. Mögliche Strukturen von Feststoffen

Erklärung: Die polaren Kräfte im Kochsalz sind viel zu groß, um sich unter den gegebenen Bedingungen bis zum Schmelzen auflockern zu lassen. Die Dipolbindungen oder Wasserstoffbrückenbindungen zwischen den Traubenzuckermolekülen bedingen stärkere intermolekulare Kräfte und damit einen festeren Molekülzusammenhalt als beim Naphthalin. Dort sind die zwischenmolekularen Kräfte (VAN-DER-WAALS-Kräfte) aufgrund der Massenanziehung der Moleküle vergleichsweise gering. Naphthalin geht deshalb auch ganz allmählich in den gasförmigen Zustand über (Vorsicht: Giftig! Geruch nach Mottenkugeln!). Auf jeden Fall muss erheblich Energie aufgewendet werden, um die Bindungen zwischen den Molekülen oder Ionen zu trennen.

Umgekehrt wird die Energie beim Übergang von flüssigen in den festen Aggregatzustand, beim Erstarren, Verfestigen und Auskristallisieren, wieder frei. Das macht man sich zunutze, indem man Obstbaumkulturen durch Beregnen vor dem Frost schützt. Die bei der Eisbildung frei werdende Wärmeenergie verhindert so Frostschäden.

Hinweis: Das Freiwerden von Wärme durch den Übergang vom flüssigen in den festen Zustand kann man auch eindrucksvoll mit Natrium-acetat zeigen (vgl. firebag, www.pearl.de).

Fragen und Aufgaben zum Versuch
1. Wie lauten die elektrostatischen Gesetze? Formulieren Sie eine Antwort auf die Fragestellung dieses Versuchs und begründen Sie diese.
2. Warum ist Glycerin als Badflüssigkeit besser geeignet als Wasser, Chloroform ($CHCl_3$), Diethyl-ether (CH_3-CH_2-O-CH_2-CH_3)
3. Würde sich der Schmelzpunkt ändern – erniedrigen oder erhöhen – wenn die Testsubstanz nicht rein wäre? Begründen Sie!
4. Versuchen Sie Ihre Erkenntnisse durch Skizzen über die molekularen Verhältnisse zu erklären!

3.2 Sieden: Zustandsänderung mit gewaltiger Volumenzunahme

Fragestellung: Mit Siedevorgängen sind wir im Zusammenhang mit Küche und Kochen vertraut. Wenn das Wasser kocht, dann siedet es. Manchmal setzt der Siedevorgang auch plötzlich und schlagartig ein. Der Chemiker spricht dann von Siedeverzug. Man kann ihn gewöhnlich durch Rühren mit einem Glasstab oder durch Siedesteinchen verhindern. Niemals unbeaufsichtigt und ohne Kontrolle kochen! Beim Erhitzen das Reagenzglas grundsätzlich so halten, dass seine Öffnung nicht zum eigenen Gesicht oder das der Nachbarn weist! Genauso wie der Schmelzpunkte sind auch die Siedepunkte von Art und Beschaffenheit der Flüssigkeiten abhängig. In diesem Versuch gehen wir der Frage nach, um welche Flüssigkeit es sich handelt.

- **Geräte**
  - Bunsenbrenner
  - Fraktionierkolben (Destillierkolben)
  - Gummistopfen mit Thermometer

- **Chemikalien**
  - Testflüssigkeiten, z.B. Wasser, Salz- oder Zucker-Lösungen

Durchführung: Für diesen Versuch erhalten Sie 100 mL einer unbekannten Flüssigkeit. In einem Fraktionierkolben wird diese Flüssigkeit über kleiner Bunsenbrennerflamme vorsichtig und gleichmäßig erwärmt (Abbildung 3.7). Das Kontrollthermometer sollte dabei soweit in den Kolben eingeführt werden, dass sich sein unteres Ende etwa 2–3 cm unterhalb des seitlichen Ableitungsrohres im Gasraum *über der Flüssigkeit* befindet. Wenn ein Tropfen das Ableitungsrohr verlässt, ist der Siedepunkt der Flüssigkeit erreicht.

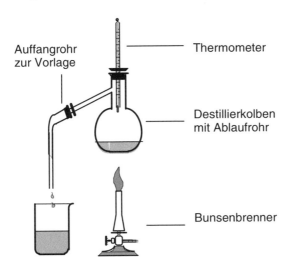

Abb. 3-4. Einfache Bestimmung des Siedepunktes

Beobachtung: Die Flüssigkeit siedet bei 100 °C oder etwas tiefer. Im Fall von wässrigen Salz- oder Zucker-Lösungen liegt die Siedetemperatur etwas höher. Notieren Sie die auf 1 °C genau abgelesene Siedetemperatur.

Tabelle 3.3. Schmelz- und Siedepunkt von Wasser im Vergleich mit anderen Chalkogen-Wasserstoffen

Verbindung	Molare Masse g mol^{-1}	Schmelzpunkt °C	Siedepunkt °C
H_2O	18	0	100
H_2S	34	-85,6	-60,8
H_2Se	81	-60,4	-41,5
H_2Te	128	-51,0	-1,8

Erklärung: Wasser ist eine einzigartige Flüssigkeit. Sein Siedepunkt ist angesichts seiner geringen Molekülmasse beachtlich hoch. Dies ist auf die starken intermolekularen Kräfte, die Dipolkräfte oder Wasserstoffbrückenbindungen, zurückzuführen (vgl. Abbildung 2-4). Die Versuchsbedingungen sprechen dafür, dass es sich eigentlich nur um Wasser oder eine wässrige Lösung handeln kann. Sämtliche organische Lösungsmittel wie Ethanol, Ether, Petrolether, Chloroform, Benzol sind entweder brennbar oder giftig. Man darf mit ihnen nur unter einem gut funktionierenden Abzug hantieren.

Fragen und Aufgaben zum Versuch
1. Formulieren Sie eine Antwort auf die Fragestellung des Versuchs und begründen Sie diese.
2. Warum darf man die hier eingesetzte Methode der Siedepunktbestimmung nicht für alle Flüssigkeiten anwenden? Diskutieren Sie Flüchtigkeit, Giftigkeit, Brennbarkeit und Explosivität!
3. Ändert sich der Siedepunkt, wenn man in der Flüssigkeit etwas löst? Wenn ja, wie würde sich der Siedepunkt ändern? Begründen Sie! Versuchen Sie Ihre Erkenntnisse über die molekularen Verhältnisse durch Skizzen zu erklären!
4. Warum siedet reines Wasser nicht immer genau bei 100 °C?

3.3 Sublimation: Den flüssigen Zustand überspringen

Fragestellung: In seltenen Fällen vollzieht sich der Wechsel der Zustandsform von fest nach gasförmig, ohne dass die betreffende Substanz sich zunächst verflüssigt hätte (Abbildung 3-5). Diese Erscheinung bezeichnet man als Sublimation. Sie kommt bei organischen Stoffen (z.B. Campher) und auch bei anorganischen wie Iod vor. In diesem Versuch soll am Beispiel von Iod beobachtet werden, dass ein Stoff direkt vom festen in den gasförmigen Zustand übergeht.

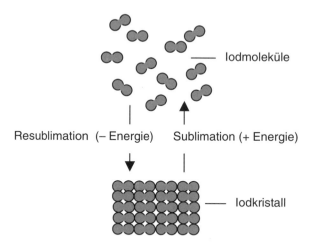

Abb. 3-5. Sublimation und Resublimation am Beispiel von Iod

- **Geräte**
  - Bunsenbrenner
  - Reagenzglashalter
  - Reagenzglas
  - Objektträger (kalt)

- **Chemikalien**
  - Elementares Iod (kristallin)

Durchführung: Einige Iodkristalle werden in ein Reagenzglas (RG) gegeben und mit aufgelegtem Objektträger über der Bunsenbrennerflamme trocken erhitzt. Nach dem Erhitzen wird das RG mit der Öffnung nach unten rasch umgekehrt, so dass das gasförmige violette Iod mit dem kalten Objektträger in Kontakt kommt. Ioddämpfe nicht einatmen!

Beobachtung: Iod geht beim Erhitzen vom kristallinen Zustand direkt in den gasförmigen Zustand über und bildet dabei violette Dämpfe. Von diesem geht es wieder in den kristallinen Aggregatzustand über, ohne dass dazwischen eine flüssige Phase in Erscheinung tritt.

Erklärung: Die Iodmoleküle I_2 haben nur geringe Neigung, im flüssigen Zustand zu verharren und gehen direkt in den gasförmigen über. Der flüssige Zustand wird gleichsam übersprungen, wenn man festes Iod durch Erhitzen in Ioddampf überführt. Umgekehrt verfestigt sich der violette Ioddampf direkt zu festen Iodkristallen, ohne dass eine "Iodflüssigkeit" in Form von Tropfen zu sehen wäre. Dies ist dadurch begründet, dass die kompakten Iodmoleküle oberhalb der Schmelztemperatur zu geringe zwischenmolekulare Anziehungskräfte aufeinander ausüben.

Fragen und Aufgaben zum Versuch
1. Geben Sie die Antwort auf die oben gestellte Frage, in dem Sie Ihre Beobachtungen genau beschreiben!
2. Warum sublimiert Iod?
3. Was hat die Sublimation mit der Molekülform zu tun?

Entsorgung: Iodreste können mit wenig Kaliumiodid-Lösung gelöst und dann in das Abwasser entsorgt werden.

3.4 Viskosität: Zähflüssigkeit gibt Aufschluss über die Moleküllänge

Fragestellung: Der Vergleich von Sirup, Honig und Zuckerguss zeigt, dass wässrige Lösungen immer zähflüssiger und klebriger werden, je mehr Zucker sie enthalten. Auch das Cytosol, die Grundflüssigkeit aller Zellen, und das Blut sind mit ihren vielen gelösten Stoffen viskose Flüssigkeiten. Darüber hinaus hängt die Viskosität von der Molekülgröße ab. So sind Flüssigkeiten bei gleicher Konzentration (Gramm pro Liter) zähflüssiger oder viskoser, wenn die Molekülketten länger sind. Viskositätsmessungen können also dazu beitragen, die Moleküllängen von Nucleinsäuren und Proteinen zu ermitteln. Wie lässt sich nun die Viskosität von Flüssigkeiten messen und worüber kann sie Aufschluss geben?

- **Geräte**
    - 2 Auslaufbüretten
    - 2 kleine Stahlkugeln
    - 2 Stoppuhren
    - 2 Bechergläser (100 mL)

- **Chemikalien**
    - Triton X-100
    - Wasser

Durchführung: Eine Auslaufbürette wird mit Wasser, eine weitere mit dem nichtionischen Detergenz Triton X-100 (vgl. Abbildung 3-6). gefüllt. Mit der Stoppuhr wird die Zeit gemessen, welche eine kleine Stahlkugel braucht, um durch die Flüssigkeit in der Bürette zu fallen. Zusätzlich wird die Zeit gemessen, welche eine mit Wasser und eine mit Triton X-100 gefüllte Bürette zum Leerlaufen braucht.

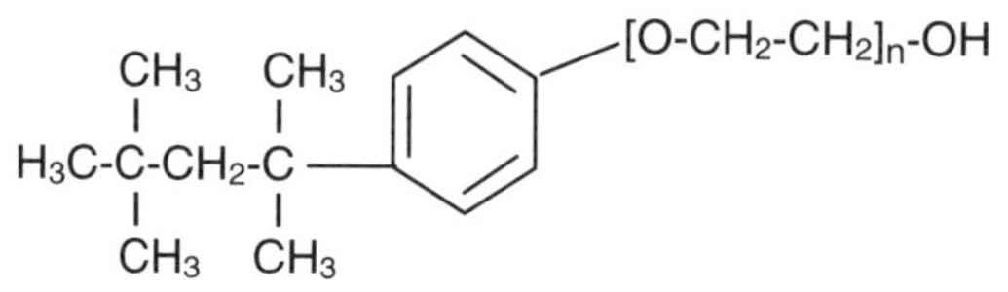

$$H_3C-\underset{\underset{CH_3}{|}}{\overset{\overset{CH_3}{|}}{C}}-CH_2-\underset{\underset{CH_3}{|}}{\overset{\overset{CH_3}{|}}{C}}-\text{C}_6\text{H}_4-[O-CH_2-CH_2]_n-OH$$

Abb. 3-6. Formelbild von Polyethylenglycol-p-(1,1,3,3-tetramethyl-butyl)-phenylether (=Triton X-100)

Beobachtung: Die Stahlkugel fällt in etwa einer Sekunde durch das Wasser, während sie durch Trition X-100 messbar länger braucht (5 Sekunden). Die mit Wasser gefüllte Bürette läuft in kurzer Zeit leer (32 s), während die mit Triton X 100 nahezu eine halbe Stunde braucht. Notieren Sie die gemessenen Zeiten und tragen Sie die Messwerte in eine Tabelle ein!

Erklärung: Offenbar ist das Detergenz Triton X-100 wesentlich viskoser als Wasser. An der Konzentration kann es in diesem Fall nicht liegen, da in jedem Fall reine Flüssigkeiten und keine Lösungen verglichen werden. Die Molekülgröße oder -länge ist bei beiden Flüssigkeiten sehr verschieden, und die gegenseitigen Anziehungskräfte der Moleküle sind erheblich größer bei dem langkettigen Molekül, das sich vom Wasser dadurch unterscheidet, dass es einen langen organischen Rest an der Hydroxyl-Gruppe trägt.
Triton X-100 macht Biomembranen komplett permeabel und wird in der biochemischen Analytik zur Isolierung von Membranproteinen und von DNA verwendet. Industriell nutzt man es als Bestandteil von Reinigungspasten.

Entsorgung: Die Reste des Detergenz werden in den Sammelbehälter für organische Lösungsmittel gegeben.

3.5 Exotherme Wasseranlagerung und endotherme Dissoziation

Fragestellung: Beim Auflösen von Substanzen, die aus Ionen zusammengesetzt sind, kann Wärme abgegeben (exotherm) oder verbraucht (endotherm) werden. Je nach der Größe von Gitterenergie und Hydratationswärme wird sich die resultierende Lösung erwärmen oder abkühlen. Die dabei auftretenden Temperaturunterschiede können erheblich sein.
Wie verändert sich nun die Temperatur, wenn man in Wasser das wasserfreie Salz $CaCl_2$ und wie wenn man das Hydrat $CaCl_2 \cdot 6\,H_2O$ löst?

- **Geräte**
    - Reagenzgläser (RG), Reagenzglasständer
    - Alkoholthermometer oder anderes Thermometer

- **Chemikalien**
    - $CaCl_2$
    - $CaCl_2 \cdot 6\,H_2O$

Durchführung: Bestimmen Sie zunächst möglichst genau die Temperatur des zu verwendenden Lösemittels Wasser (früher Lösungsmittel genannt). Dann werden etwa 1 g $CaCl_2$ bzw. 1 g $CaCl_2 \cdot 6\,H_2O$ in je 10 mL Wasser in je einem RG gelöst. Bestimmen Sie unmittelbar die Temperatur der Lösungen.

Beobachtung: Beim Lösen des wasserfreien Salzes $CaCl_2$ erhöht sich die Temperatur erheblich, während sie im Fall des Salzes mit Hydratwasser $CaCl_2 \cdot 6\,H_2O$ leicht abfällt. Notieren Sie die Ausgangstemperatur des Wassers, die Temperatur der Lösung des wasserfreien Salzes $CaCl_2$ und diejenige der Lösung der hydratisierten Form $CaCl_2 \cdot 6\,H_2O$.

Erklärung: Nur beim Lösen des wasserfreien Salzes ist eine Hydratbildung möglich:

$$CaCl_2 + 6\,H_2O \rightarrow CaCl_2 \cdot 6\,H_2O + \text{Wärme}$$

Es handelt sich um eine exotherme Reaktion, bei der Energie frei wird. Die Lösung erwärmt sich. Beim Lösen des Hydrates $CaCl_2 \cdot 6\,H_2O$ muss Arbeit aufgewendet werden, um das Kristallgitter aufzulösen. Die hierzu benötigte Wärmeenergie wird der Lösung entzogen – sie kühlt sich folglich ab (endotherme Reaktion). Die Dissoziation benötigt also Energie zur Trennung der Ionen.

Fragen und Aufgaben zum Versuch
1. Welcher der beiden Vorgänge ist endotherm (= Wärme verbrauchend), welcher exotherm (= Wärme liefernd)?
2. Erklären Sie das Ergebnis des Versuchs.

3.6 Umkehrbar: Hydratisierung und Dehydratisierung

Fragestellung: Chemische Reaktionen sind im Prinzip reversibel, d. h. umkehrbar. So kann die Energie frei setzende Bildung von Wasser (exergonische Reaktion) aus Wasserstoff H_2 und Sauerstoff O_2 unter Energieaufwand (endergonische Reaktion) wieder rückgängig gemacht werden (Elektrolyse von Wasser). Die ebenfalls exergonische Reaktion von Kupfer mit Chlor zu Kupferchorid lässt sich unter Energieaufwand umkehren. Atmung und Photosynthese sind zwar keine einfachen Reaktionen, sondern Fließgleichgewichte. Auch sie verlaufen gegenläufig, und zwar ist die Atmung ein exergonischer, die Photosynthese ein endergonischer Prozess (vgl. Kapitel 1, 7,14 und 15).
Wie kann man nun die Umkehrbarkeit und Energieabhängigkeit von chemischen Reaktionen in einem einfachen Modellversuch zeigen? Wie ändert sich die Farbe, wenn man blaues, wasserhaltiges Kupfer-sulfat $CuSO_4 \cdot 5\ H_2O$ erhitzt und anschließend Wasser zugibt? Wie ist dies zu verstehen?

- **Geräte**
  - Reagenzgläser (RG), Reagenzglasständer
  - Bunsenbrenner

- **Chemikalien**
  - $CuSO_4 \cdot 5\ H_2O$

Durchführung: Eine Spatelspitze blaues Kupfer-sulfat $CuSO_4 \cdot 5\ H_2O$ (Hydrat) wird in einem RG über der Bunsenbrennerflamme erhitzt. Dabei ändert sich seine Farbe. Nach kurzem Abkühlen wird mit der Spritzflasche etwas Wasser zugegeben.

Beobachtung: Beim Erhitzen der blauen hydratisierten Form geht diese in das farblose (wasserfreie) Salz über. Tropfen einer Flüssigkeit sind an der Glaswand des Reagenzglases zu sehen. Nach Zugabe von Wasser zum farblosen Salz erhält man wieder die blaue Farbe. Notieren Sie Ihre Beobachtungen.

Erklärung: Das Verschwinden der blauen Farbe des Hydrats beruht darauf, dass das farbgebende Kristallwasser des Hydrates durch das Erwärmen ausgetrieben wird. Dabei wird das Salz dehydratisiert: Hydratisierung und Dehydratisierung sind demnach gegenläufige und umkehrbare Reaktionen.
Die Dehydratisierung ist ein endergonischer und endothermer Vorgang

$$CuSO_4 \cdot 5\ H_2O + \text{Wärme} \rightarrow CuSO_4 + 5\ H_2O$$
$$\text{blau} \qquad\qquad\qquad\qquad \text{farblos}$$

Nach dem Abkühlen und der Zugabe von Wasser wird der Vorgang wieder rückgängig gemacht. Die Hydratisierung ist ein exergonischer und exothermer Vorgang:

→ Energie wird in Form von Wärme abgegeben

$$CuSO_4 + 5\ H_2O \rightarrow CuSO_4 \cdot 5\ H_2O + \text{Wärme}$$
farblos   blau

Fragen und Aufgaben zum Versuch
1. Wo läuft in diesem Versuch eine Hydratisierung, wo eine Dehydratisierung ab?
2. Was scheidet sich beim Erhitzen über der Flamme an den kalten Teilen des Glases ab? Begründen Sie.
3. Wie könnte man bei einer Flüssigkeit mit Hilfe einer Farbreaktion nachprüfen, ob es sich um Wasser bzw. um eine wässrige Lösung handelt?
4. Wobei ist Energie erforderlich und wobei wird sie frei – bei der Hydratisierung oder bei der Dehydratisierung? Begründen Sie.
5. Warum ist es zur Herstellung einer Salz-Lösung bestimmter Konzentration, etwa einer Natriumcarbonat (Soda)-Lösung $c(Na_2CO_3) = 0,1$ mol L^{-1}, wichtig zu wissen, wie viel Kristallwasser das Salz enthält?

3.7 Gesättigte Lösungen: Nichts geht mehr!

Fragestellung: Substanzen lösen sich in verschiedenen Lösemitteln unterschiedlich gut. Eine Lösung, die trotz heftigen Umrührens eine zu lösende Substanz nicht über eine bestimmte Höchstkonzentration hinaus aufzunehmen vermag, ist gesättigt. Unter der Löslichkeit eines Feststoffes versteht man diejenige Menge, die in 100 g des Lösemittels bei einer Temperatur von 18 °C gerade eine gesättigte Lösung ergibt. Die Löslichkeit wird in Gramm angegeben. Sie hängt wesentlich von der Temperatur der Lösung ab, was im folgenden Versuch gezeigt werden soll.
Wie erkennt man, dass eine Lösung gesättigt ist? Welcher Zusammenhang besteht zwischen der Löslichkeit eines Salzes und der Temperatur der gesättigten Lösung?

- **Geräte**
    - Reagenzgläser (RG), Reagenzglasständer
    - Bunsenbrenner
    - Spatel

- **Chemikalien**
    - Kalium-chlorid, KCl

Durchführung: In einem Reagenzglas wird in 5 mL Wasser soviel Kaliumchlorid KCl, gelöst, bis nach ausreichendem Schütteln ein Bodensatz erhalten bleibt. Zum Überstand wird erneut eine Spatelspitze KCl gegeben und über der Bunsenbrennerflamme gleichmäßig erhitzt. Nach dem Erhitzen wartet man ab, bis sich noch ungelöstes Salz absetzt. Dann wird der Überstand abgegossen und unter Leitungswasser gekühlt.

Beobachtung: Die (kalt)gesättigte Lösung nimmt noch weiter Salz auf, wenn man sie erhitzt. Beim Abkühlen fällt das Salz unter Bildung sichtbarer Kristalle wieder aus.

Erklärung: Salze lösen sich meistens in warmem Wasser besser als in kaltem. Dies beruht auf den heftigeren Teilchenbewegungen bei höherer Temperatur (BROWNsche Bewegung) in Lösungen und den Dipolkräften des Wassers. Bewegung und anziehende polare Kräfte zwischen positiven und negativen Ladungen der Ionen und Wasserdipole bringen das Salz in Lösung. Beim Abkühlen wird die Lösungswärme wieder entzogen und das Salz kristallisiert unter Umkehrung des Lösungsvorgangs wieder aus:
- Lösen
  Salz + Lösemittel (Wasser) + Wärme → Lösung (Reaktion endotherm)
- Auskristallisieren
  Lösung − Wärme → Salz + Lösemittel (Wasser) oder
  Lösung → Salz + Lösemittel (Wasser) + Wärme (Reaktion exotherm)

Fragen und Aufgaben zum Versuch
1. Welche Lösung enthält mehr Salz, die warme oder die kalte? Begründen Sie durch die Versuchsbeobachtungen.
2. Was geschieht beim Abkühlen von gesättigten Lösungen? Begründen Sie!

3.8 Temperatur und Lösevorgang: Mit Wärme geht es besser

Fragestellung: Welche Unterschiede stellt man fest, wenn man ein farbiges Salz durch heißes und durch kaltes Wasser sinken lässt? Wie sind diese zu erklären?

- **Geräte**
  - Reagenzgläser (RG), Reagenzglasständer, Reagenzglashalter
  - Bunsenbrenner

- **Chemikalien**
  - Kalium-permanganat $KMnO_4$

Durchführung: Je ein violetter Kristall Kalium-permanganat $KMnO_4$, wird in je ein RG mit 10 mL heißem und 10 mL kaltem Wasser gegeben. Kaltes Wasser direkt aus der Wasserleitung nehmen, heißes nach Erhitzen über der Bunsenbrennerflamme bis kurz vor dem Sieden bringen! Stehen lassen und vergleichen. Das heiße RG mit der Reagenzglasklammer festhalten.

Beobachtung: Im heißen Wasser ist die Spur des farbigen Salzes gut zu erkennen, während dies im Fall des kalten Wassers kaum sichtbar ist. Am Reagenzglasboden breitet sich die violette Farbe des Salzes besser aus als im kalten.

Erklärung: Auch hier wird wie im vorhergehenden Versuch 3.7 bestätigt, dass warme Lösungen mehr Salz aufnehmen oder dass die Lösungsgeschwindigkeit bei höherer Temperatur größer ist. Nur so lässt sich die intensivere Farbe der heißen Lösung erklären. Das gilt nicht nur für Salze, sondern für alle polaren Verbindungen.
Die Löslichkeit von Gasen mit unpolaren Bindungen wie Sauerstoff nimmt mit der Temperatur jedoch ab. Dieser Sachverhalt ist für das Leben in Gewässern besonders bedeutsam.

Tab. 3-4. Löslichkeit von Sauerstoff in Wasser bei verschiedenen Temperaturen

Parameter								
Temperatur °C	0	10	20	30	40	50	60	70
O_2-Löslichkeit mg L^{-1}	14,6	11,3	9,1	7,5	6,4	5,5	4,7	3,8

Entsorgung: Reste von Permanganat werden in dem Sammelbehälter für Schwermetalle entsorgt.

Fragen und Aufgaben zum Versuch
1. Was wird in diesem Versuch erkennbar, der Lösungsvorgang, die Diffusion oder beides?
2. Notieren Sie die Beobachtungen und versuchen Sie die Unterschiede im kalten und heißen Wasser zu erklären.

3.9 Löslichkeit organischer Stoffe in Wasser: Die Gruppe entscheidet

Fragestellung: Was gilt für die Löslichkeit organischer Stoffe (Flüssigkeiten) in Wasser? Welche Gesetzmäßigkeiten sind hierbei erkennbar?

- **Geräte**
    - 4 Reagenzgläser (RG), Reagenzglasständer, Reagenzglashalter

- **Chemikalien**
    - Essigsäure
    - Ethanol
    - *n*-Butanol
    - Öl (Salatöl) oder durch Erwärmen verflüssigtes Fett

Durchführung: Es werden in 2 mL Wasser in je einem RG unter Schütteln gelöst: a) 1 mL Essigsäure, b) 1 mL Ethanol, c) 1 mL *n*-Butanol, d) 1 mL Öl (Fett).
Sollten sich zwei Phasen bilden, wird noch jeweils 1 mL Ethanol dazu gegeben.

Beobachtung: Essigsäure und Ethanol bilden mit Wasser homogene Mischungen, während *n*-Butanol und Öl mit Wasser jeweils zwei Phasen bilden. Die untere Phase bildet das Wasser. Nach Zugabe von Ethanol lösen sich die Phasen auf. Stellen Sie in einer Tabelle zusammen, in welchem Fall es zu einer echten (homogenen) Lösung kommt und in welchem sich die Lösungen entmischen.

Erklärung: Zur Erklärung der Beobachtungen ist es hilfreich, die Formelbilder der betreffenden Substanzen zu vergleichen (vgl. Kapitel 8ff). Besitzen Substanzen polare Gruppen, sind sie in der Regel gut in Wasser löslich, ist eine Substanz unpolar, ist sie unlöslich in Wasser.
Alkohole können als Wasser mit organischem Rest (alkyliertes Wasser) aufgefasst werden. Je länger der Alkyl-Rest (z.B. CH_3-CH_2-), desto weniger löslich ist Alkohol in Wasser. Den für die Löslichkeit in Wasser verantwortlichen Molekülteil bezeichnet man als hydrophil, den unlöslichen Teil als hydrophob. Wasserlösliche Substanzen sind dementsprechend hydrophil, wasserunlösliche Substanzen hydrophob oder lipophil. Für die Löslichkeit von Substanzen in Flüssigkeiten gilt: "*Similia similibus solvuntur*" – Ähnliches löst sich in Ähnlichem.

Entsorgung: Essigsäure, Ethanol und Butanol werden im Sammelbehälter für organische Lösungsmittel entsorgt.

Fragen und Aufgaben zum Versuch
1. Geben Sie eine Antwort auf die Fragestellung dieses Versuchs!
2. Warum sind niedermolekulare Alkohole gute Lösungsvermittler?
3. Was haben Alkohole mit Tensiden, Detergentien und Emulgatoren gemeinsam?
4. Welche biologische Bedeutung haben Stoffe, die gleichzeitig hydrophile und lipophile Gruppen tragen?
5. Welchen Versuch könnte man als Modellversuch zur Demonstration der zerstörerischen Wirkung von Alkohol auf lebende Zellen verwenden? Was sind die Gemeinsamkeiten und Unterschiede?

4 Chemische Bindung

Ziel der Atomtheorien ist es unter anderem, die Bindungen von Atomen und Ionen zu erklären. Dadurch sollte die Verbindung gleichartiger Atome untereinander, etwa im Sauerstoff, Schwefel, Kohlenstoff oder Eisen sowie verschiedener Atome und Ionen, z.B. im Kochsalz, Traubenzucker und Wasser, verstanden werden können. Die Verbindung gleichartiger Atome, wie sie im Wasserstoff (H_2-Molekül) oder zwischen den Kohlenstoff-Atomen im Ethanol oder Traubenzucker besteht, wird *Atom-Bindung, Elektronenpaar-Bindung* oder auch *homöopolare Bindung* genannt. Man spricht auch von kovalenter Bindung, wenn beide Bindungspartner gleichen oder annähernd gleichen Anteil an der Bindung haben. Für die meisten Elemente gilt jedoch, dass sie nicht in elementarer, d.h. ungeladener Form vorkommen, sondern in ihren Bindungen eine bestimmte Ladung besitzen. Sie sind als geladene Teilchen, als Ionen, in der Natur vorhanden. Die Ionen-Bindung (*heteropolare Bindung*) beruht auf der elek-trostatischen Anziehung der entgegen gesetzten Ladungen.

Die Ionen-Bildung ist die Voraussetzung der Ionen-Bindung. Allerdings kommen die meisten Elemente schon weitaus länger auf der Erde in der Ionen-Form vor, als es Leben gibt. Es bedarf also nicht des Menschen, um die Ionen aus ihren Elementen, die er künstlich gewinnt, entstehen zu lassen. Umgekehrt benötigt man allerdings menschliche Technik, um die Elemente aus den in der Natur vorkommenden Ionen-Formen herzustellen (Verhüttung).

Die LEWIS-Theorie der Atom-Bindung vermag nur einen Teil der chemischen Bin-dungen zu erklären. Die zweite Bindungstheorie, die sich auf stark polare oder ionische Verbindungen wie Säuren, Basen, Salze anwenden lässt, hat KOSSEL im Zusammenhang mit den Erkenntnissen über die Erstehung der Ionen aus den Atomen entwickelt. Ionen kann man sich nach KOSSELS Theorie dadurch entstanden denken, dass die links im PSE stehenden Elemente ihre Elektronen an Elemente abgegeben haben, die rechts im PSE stehen. Die entgegen gesetzte elektrische Ladung der Ionen, die Plusminus-Anziehung, bindet nun beide aneinander. Diese Ionenbindung ist bei leicht löslichen Salzen oft gut in Wasser löslich. Sie kann von den ständig in Bewegung befindlichen Dipolmolekülen des Wassers (BROWNsche Bewegung) leicht getrennt werden. Manchmal ist die Bindung jedoch so fest, dass dies – wie bei schwerlöslichen Salzen – nicht möglich ist (vgl. Kapitel 5).

Ionen können nie getrennt nur als positive Kationen oder negative Anionen gewonnen werden. Sie sind immer als Salze (Metall-Ion und Säurerest-Ion), Säuren (Wasserstoff-Ion mit Säurerest-Ion) und Basen (Metall-Ion mit Hydroxid-Ion) vorhanden. Stets sind darin anzahlmäßig gleich viel Kationen- und Anionen-Ladungen vorhanden. Positive und negative Ladungen gleichen sich aus.

Leider ist nicht immer so eindeutig vorherzusagen, welche Ladung oder Ionen-Wertigkeit bestimmte Ionen aufweisen. So können für ein Element durchaus mehrere Möglichkeiten auftreten: Kupfer-Ionen können einfach oder zweifach, Eisen-Ionen zwei- oder dreifach positiv geladen sein. Stickstoff und Schwefel kommen sogar in mehreren Oxidationsstufen vor.

4.1 Nachweis von Ionen und ihrer Ladung

Fragestellung: Säuren, Basen und Salze sind in wässrigen Lösungen jeweils in für sie charakteristische Teilchen (Ionen) getrennt. Diesen Vorgang bezeichnet man als Dissoziation. Bei den dissoziierten Teilchen der Säuren, Basen und Salze kann es sich nicht um ungeladene Atome handeln, denn aus einer Salzsäure-Lösung steigt weder elementarer Wasserstoff noch elementares Chlor auf, noch wird etwa in den Lösungen von Kupfersalzen elementares Kupfer frei. Der Zustand der Ionen muss also von dem der neutralen Atome verschieden sein. Nach unseren Kenntnissen über die elektrische Natur aller Materieteilchen liegt aber die Annahme nahe, dass bei der Dissoziation in Wasser elektrisch geladene Teilchen voneinander getrennt werden.

Wenn diese Annahme richtig ist, müssten Ionen im elektrischen Feld wandern, denn für alle geladenen Teilchen gilt: Entgegengesetzte Ladungen ziehen sich an (Elektrostatische Gesetze, Kapitel 2). Umgekehrt können wir die Ionen als geladene Teilchen daran erkennen, dass sie wandern. Das Wort *Ion* kommt aus dem Griechischen und bedeutet nichts anderes als das "Wandernde" (Die Ionier waren ein Wandervolk). Durch die "wandernde" Bewegung im elektrischen Feld ist also die Existenz von Ionen nachzuweisen.

Zudem können wir aus der Wanderungsrichtung auf die Art, das Vorzeichen, der Ionen-Ladung schließen. Wandert nämlich ein Ion zur Kathode (negativer Pol) muss es positiv geladen sein, wandert es zur Anode (positiver Pol), muss es negativ geladen sein. Über die Anzahl der Ladungen eines Ions, die Ionen - Wertigkeit, können wir allerdings auf diese Weise nichts erfahren.

Die Fragestellung des folgenden Versuch lautet somit, Ionen und ihre Ladung zu visualisieren und ihre Wanderung im elektrischen Feld zeigen. Dazu ist es wichtig, farbige, d.h. in ihrer Gesamtheit sichtbare Ionen wie das gelbe hydratisierte Fe^{3+}-Ion und das rotviolette MnO_4^--Ion, zu verwenden.

- **Geräte**
    - Doppel-U-Rohr (dreischenklig) mit Fritten
    - Gleichspannungsnetzgerät (Stromquelle)
    - Abgreifklammern (Krokodilklemmen) und Verbindungskabel
    - Kupferelektroden
    - Bechergläser, 150 mL
    - Spatel
    - Stativ mit Muffen und Klammern

- **Chemikalien**
    - Kalium-sulfat, K_2SO_4
    - Eisen(III)-sulfat, $Fe_2(SO_4)_3$ (hydratisiert) oder $Fe_2(SO_4)_3 \cdot n\ H_2O$
    - Kalium-permanganat $KMnO_4$
    - verdünnte Schwefelsäure, $c(H_2SO_4) = 1\ mol\ L^{-1}$

Durchführung: 2 g Eisen(III)-sulfat werden zusammen mit einer Spatelspitze Kalium-permanganat $KMnO_4$ (etwa 0,1 g) in einem 150 mL-Becherglas mit 25 mL Wasser und 1 mL verdünnte H_2SO_4 gelöst. In einem zweiten Becherglas

setzt man 50 mL einer ungefähr gesättigten Kaliumsulfat-Salzlösung an. Diese farblose K_2SO_4-Salzlösung wird zuerst je zur Hälfte in den rechten und linken Schenkel eines Doppel-U-Rohres gefüllt. Den gefärbten klaren Überstand der anderen Lösung füllt man danach in den mittleren Schenkel. Die Füllung der drei Schenkel sollte rasch nacheinander erfolgen und in allen drei Schenkeln gleich hoch sein. Die Schenkel des Glasrohres müssen offen bleiben! In die beiden äußeren Schenkel stellt man mit Hilfe von Abgreifklammern Kupferelektroden und legt daran eine Gleichspannung von 24 V etwa 10 bis 15 min an. Notieren Sie Ihre Beobachtungen.
Für diesen Versuch keine Graphitelektroden verwenden, da diese von der Schwefelsäure zersetzt werden!

Beobachtung: Die violette Farbe bewegt sich zur Anode (+Pol) und die gelbe Farbe zur Kathode (–Pol). Außerdem entstehen an den Polen feine Gasbläschen, an der Kathode mehr als an der Anode.

Erklärung: Wenn wir die Salze und ihre Ionen kennen, können wir die Dissoziationsgleichungen aufschreiben:
$Fe_2(SO_4)_3$ und $KMnO_4$ dissoziieren in Wasser in folgende Ionen:

	Kationen	Anionen
$Fe_2(SO_4)_3 \rightarrow$	$2\ Fe^{3+}$	$+\ 3\ SO_4^{2-}$
	gelb	farblos
$KMnO_4 \rightarrow$	K^+	$+\ MnO_4^-$
	farblos	rotviolett

Das Eisen-Ion liegt in wässriger Lösung dabei stets in hydratisierter Form als Hexa-Aqua-Eisen(III)-Ion, $[Fe(H_2O)_6]^{3+}$-Ion, vor (Kapitel 3), worauf seine gelbe Färbung beruht. Wir können die Beobachtungen folgendermaßen deuten: Durch das Lösen in Wasser dissoziieren die Salze, d.h. die Ionen werden voneinander getrennt und verteilen sich gleichmäßig in der Lösung. Nach dem Anlegen einer Gleichspannung werden die Kationen, die K^+- und Fe^{3+}-Ionen von der Kathode (-Pol) und die SO_4^{2-}-Ionen und MnO_4^--Ionen von der Anode (+Pol) angezogen und bewegen sich an die Pole, welche entgegengesetzt geladen sind. Da die K^+-Ionen und SO_4^{2-}-Ionen farblos sind, lässt sich die gelbe Farbe der Eisen-Ionen und die rotviolette Farbe der Permanganat-Ionen gut verfolgen.

Entsorgung: Reste der Salze werden im Sammelbehälter für Schwermetall-Ionen entsorgt.

Fragen und Aufgaben zum Versuch
1. Geben Sie eine Antwort auf die Eingangsfragestellung, indem Sie herausstellen, über welche Eigenschaft von Ionen der Versuch Auskunft gibt und über welche er keine Auskunft geben kann.
2. Angenommen Sie würden diesen Versuch statt mit Eisen(III)-sulfat und Kalium-permanganat mit einer ammoniakalischen Lösung eines Salz-

gemisches aus blauem Kupfersulfat $CuSO_4$ und orangefarbenem Kaliumdichromat $K_2Cr_2O_7$ durchführen. Welche Ionen würden dann bei der Dissoziation getrennt und zu welchen Polen würden sie unter gleichen Versuchsbedingungen wandern? ==Errechnen Sie die Wertigkeit oder Ladung des Chrom-Ions im Kaliumdichromat!==

3. Welche Nachteile hätte dieser Versuch im Hinblick auf die Belastung des Abwassers? Begründen Sie!

$$CuSO_4 \longrightarrow Cu^+ \; SO_4^-$$
$$K_2Cr_2O_7 \longrightarrow 2K^+ \; 2CrO^-$$

4.2 Elektrolyse von Wasser

Fragestellung: Beim experimentellen Arbeiten erlaubt ein bestimmter Versuch nicht nur, die gestellten Fragen zu beantworten, sondern wirft auch interessante neue Fragen auf. So ist als Nebeneffekt in Versuch 4.1 zu beobachten, dass sich an beiden Polen farblose Gase bilden, die als feine Bläschen aufsteigen, und dass am Minuspol deutlich mehr davon entsteht als am Pluspol. Es lässt sich nachweisen, dass sich am Pluspol Sauerstoff und am Minuspol in der doppelten Menge Wasserstoffgas bildet. Es ist zu vermuten, dass Wasserstoff und Sauerstoff aus der Zersetzung des Wassers stammen. Entstanden Wasserstoff- und Sauerstoffgas aus den Ionen, den H^+ bzw. H_3O^+- und OH^--Ionen des Wassers?

- **Geräte**
    - Gleichspannungsnetzgerät (Stromquelle)
    - 2 Kabel mit Graphitklammern
    - 2 Graphitelektroden
    - Becherglas, 100 mL
    - Spatel
    - Glasstab
    - U-Rohr mit Glasfritte oder HOFMANNscher Zersetzungsapparat (Abbildung 4-1)
    - Stativ mit Klemmen und Muffen

- **Chemikalien**
    - 5%ige Lösung von Kalium-sulfat K_2SO_4
    - Lackmus-Lösung, 0,5 g in 100 mL 90%igem Ethanol

Durchführung: 50 mL einer 5%igen K_2SO_4-Lösung werden mit Lackmus-Lösung angefärbt und zu gleichen Teilen in ein U-Rohr gefüllt. In jedem Schenkel des U-Rohres wird eine Graphitelektrode angebracht und mit dem Netzgerät (Spannungsquelle) verbunden. Es wird etwa 5 min bei 12 Volt elektrolysiert.

Beobachtung: An der Kathode wechselt die Farbe des Lackmus-Farbstoffes schon nach einer Minute nach blau und an der Anode nach rot. Wiederum bildet sich an der Kathode deutlich mehr Gas als an der Anode.

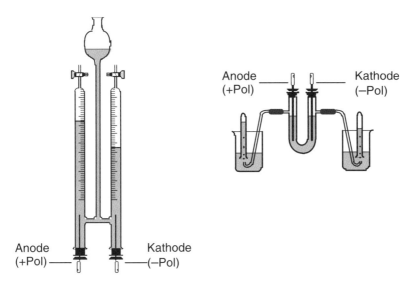

Abb. 4-1. Elektrolyse von Wasser mit dem HOFMANNschen Apparat (links) oder mit einem U-Rohr

Erklärung: Lösungen von Säuren, Basen oder Salzen sind Elektrolyte. Sie leiten den elektrischen Strom, weil sie Ladungsträger, nämlich die Ionen, enthalten. Die beim Anlegen eines Gleichstroms in solchen Lösungen bewirkte chemische Zersetzung nennt man Elektrolyse. Zersetzt wurde in diesem Fall das Wasser, das – wenn auch wenig – in H^+- und OH^--Ionen dissoziiert. Folglich sollten aufgrund ihrer entgegen gesetzten Ladung die positiv geladenen Wasserstoff-Ionen (H^+-Ionen) vom Minuspol (Kathode) und die negativ geladenen Hydroxid-Ionen (OH^--Ionen) vom Pluspol (Anode) angezogen werden. Dieser Vorgang ist nicht zu sehen. Jedoch ist gut zu beobachten, dass am Minuspol (Kathode) die Lackmus-Farbe nach blau und am Pluspol (Anode) nach rot umschlägt. Da der Farbwechsel nach blau das Verschwinden von Säure (H^+-Ionen) und der Farbwechsel nach rot das Verschwinden von Base (OH^--Ionen) signalisiert, müssen an der Kathode aus H^+-Ionen Wasserstoff und an der Anode aus OH^--Ionen Sauerstoff entstanden sein (vgl. Kapitel 5 und 7). Außerdem haben sich die Bestandteile des Wassers, der Wasserstoff und der Sauerstoff, als Gase gebildet. Offenbar wurden die Ionen des Wassers H^+ und OH^- in die ungeladenen elementaren Bestandteile Wasserstoff (H_2) und Sauerstoff (O_2) gewandelt. Dazu war es notwendig, das Wasser elektrolytisch zu zersetzen. Dabei spielen sich an den Elektroden folgende Umsetzungen ab:

- Kathode (–Pol): $4 H^+ + 4 e^- \rightarrow 2 H_2$
- Anode (+Pol): $4 OH^- - 4 e^- \rightarrow O_2 + 2 H_2O$

An der Kathode werden demnach Elektronen zugeführt. Die Kathode wirkt also als Elektronen-Donator und somit stets als Reduktionsmittel. Das positiv geladene Wasserstoff-Ion wird in ungeladenen elementaren Wasserstoff gewandelt. Die einzelnen Wasserstoff-Atome schließen sich dabei sofort zum molekularen zweiatomigen Wasserstoff zusammen.

Dem Sauerstoff werden unter Energieaufwand pro Atom 2 Elektronen von der Anode entzogen. Die Anode wirkt demnach als Elektronen-Akzeptor, also als Oxidationsmittel. Auch hier schließen sich zwei Sauerstoff-Atome unter Bildung einer doppelten Atom-Bindung oder Elektronenpaar-Bindung zu zweiatomigem Sauerstoff zusammen. Die Bereitstellung einer Ladung von 4 Elektronen erzeugt an der Kathode jedoch zwei Moleküle Wasserstoff H_2, während der Entzug von 4 Elektronen an der Anode nur ein Molekül Sauerstoff O_2 erzeugt, weil Wasserstoff im Wasser nur eine einfache (positive) Ladung trägt, Sauerstoff hingegen eine zweifache (negative). Es muss also doppelt so viel Ladung eingesetzt bzw. entzogen werden, wenn das Ion zweifach geladen ist, als wenn es einfach geladen ist, um elektrolytisch dieselbe Gasmenge wie mit dem einwertigen Ion zu erzeugen.

Fragen und Aufgaben zum Versuch
1. Geben Sie eine Antwort auf die Eingangsfragestellung und begründen Sie diese!
2. Vergleichen Sie die Elektrolyse von Wasser mit der Synthese von Wasser aus Wasserstoffgas und Sauerstoffgas (Knallgasreaktion). Wo wird Energie frei und wo muss sie aufgewendet werden?
3. Warum werden bei der Elektrolyse Ionen in Atome und nicht umgekehrt verwandelt? Nennen Sie Beispiele!
4. Was könnte der Grund dafür sein, dass sich bei der Elektrolyse einer wässrigen Kaliumsulfat-Lösung nicht Kalium oder Sulfat abscheidet?
5. Wie könnte man das Experiment abändern, dass man die gebildeten Gasvolumina auffangen und messen kann? Fertigen Sie eine Skizze an!
6. Wie könnte man den Wasserstoff und den Sauerstoff nachweisen?

4.3 Ladung oder Wertigkeit von Ionen: Die FARADAY-Konstante

Fragestellung: Die bisher durchgeführten Experimente der Versuche 4.1 und 4.2 stehen im Einklang mit der Hypothese, dass die Dissoziations-Produkte von Säuren, Basen und Salze elektrisch geladen sind. Sie zeigten weiterhin, welche Teilchen positiv und welche negativ geladen sind. Derartige qualitative Experimente geben jedoch keinen Aufschluss darüber, wie groß die jeweilige Ladung der einzelnen Teilchen, ihre formale Ladung oder Ionen-Wertigkeit, ist, beispielsweise wie groß die Ladung eines Wasserstoff-Ions oder Eisen-Ions ist oder in welchem Verhältnis die Ladung eines Eisen-Ions zu der des Wasserstoff-Ions steht.

Um diese Fragen zu beantworten, muss man quantitative Experimente durchführen. Im folgenden Versuch wird die FARADAY-Konstante (Ladung F) ermittelt, deren Kenntnis die Ermittlung von Ionen-Ladungen durch Elektrolyse-Versuche gestattet. Wie groß ist nun diese Ladung F, die gerade die molare Masse eines Äquivalents in Gramm eines bestimmten Stoffes abscheidet?

- **Geräte**
    - Gleichspannungsnetzgerät (Stromquelle)
    - Strommessinstrument (Galvanometer, Amperemeter)
    - U-Rohr mit zwei Gummistopfen und luftdicht eingesetzten Graphit-Elektroden
    - Abgreifklammern (Krokodilklemmen) mit Verbindungskabeln
    - Kolben- Prober mit Ableseskala zur Gasvolumenbestimmung (50 mL)
    - T-Stück mit drei Schlauchstücken
    - Schlauchklemme
    - Stativ mit Muffen und Klemmen
    - Stoppuhr
    - Filzschreiber
    - Messpipette

- **Chemikalien**
    - verdünnte Schwefelsäure $c(H_2SO_4) = 2$ mol L^{-1}
      Vorsicht: Stark ätzend!

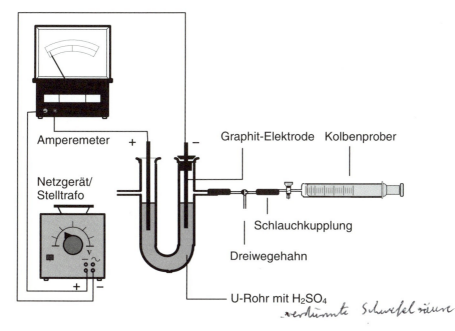

Abb. 4-2. Versuchsaufbau zur Bestimmung der FARADAY-Konstanten

Durchführung: Wir bestimmen die Ladungsmenge Q, die man braucht, um eine beliebige Masse m an Wasserstoffgas zu erhalten, und schließen auf die Ladungsmenge, die benötigt wird, um 1 g Wasserstoff abzuscheiden. Dies ist gerade die gesuchte Ladung F, die FARADAY-Konstante.

- Messung der Ladung Q: Da man die elektrische Ladung Q bei der Elektrolyse schlecht direkt messen kann, drückt man sie durch die messbaren Größen Stromstärke I und Zeit t aus. Es gilt: $Q = I \times t$
Die Ladung Q ist gleich dem Produkt aus Stromstärke und Zeit. Da die Stromstärke I in Ampere A und die Zeit t in Sekunden s gemessen wird, gibt man die Ladung Q in Amperesekunden (A × s) oder auch in COULOMB C an (1 As = 1 C). Die Zeit wird mit der Stoppuhr gemessen, die Stromstärke mit einem Amperemeter.
- Bestimmung der Masse an Wasserstoffgas: Ebenso wenig wie die Ladung ist auch die Masse des abgeschiedenen Wasserstoffs auf einfache Weise direkt zu ermitteln. Wir können sie aber aufgrund des Zusammenhanges zwischen Masse m, Volumen V und Dichte D bestimmen, wenn wir die Dichte kennen. Dazu müssen wir nur das Volumen messen und können die Masse wie folgt berechnen. Für die Volumenmessung benutzen wir einen Kolben- Prober und ermitteln, welches Volumen dem Abstand zweier Teilstriche entspricht: Für Wasserstoff können wir, ohne einen großen Fehler zu machen, mit einer Dichte von 0,08 g Wasserstoff pro Liter rechnen. Zur Durchführung des Versuchs müssen wir somit dreierlei messen:
  - Stromstärke I (in Ampere, A)
  - Zeit t (in Sekunden, s)
  - Volumen V des Wasserstoffs (in Milliliter, mL)

Führen Sie die folgenden Schritte hintereinander durch:
1. Setzen Sie die Apparatur nach der Skizze (Abbildung 4-2) zusammen. An der Seite des negativen Pols wird über einen Dreiwegehahn ein Kolben-Prober zur Volumenmessung angeschlossen.
2. Füllen Sie das U-Rohr etwa bis zur Hälfte mit Schwefelsäure 2 mol L^{-1}. Vorsicht: Säure! Auf Haut und Kleider achten! Sauber arbeiten!
3. Verschließen Sie die beiden Schenkel dicht mit den Gummistopfen, in denen Graphitelektroden stecken. Die Elektroden sollen mindestens 1 cm tief in die Lösung tauchen.
4. Schließen Sie die Elektroden an ein Galvanometer und an eine Gleichstromquelle an.
5. Öffnen Sie den Dreiwegehahn, bis die Schwefelsäure in beiden Schenkeln gleiche Füllhöhe aufweist, und markieren Sie diese Stellung genau mit einem Filzschreiber.
6. Prüfen Sie die Apparatur auf Dichtigkeit, indem Sie den Kolben bei verschlossenem Dreiwegehahn vorsichtig herausziehen. Wird auf der Kathodenseite infolge des entstandenen Unterdrucks der Flüssigkeitsspiegel angehoben und verbleibt er in dieser Stellung, ist die Apparatur dicht.
7. Ist die Apparatur dicht, starten Sie den Versuch. Stellen Sie durch Anlegen einer Spannung von 4–10 Volt eine bestimmte Stromstärke ein und starten Sie die Stoppuhr. Bei 12 Volt nicht länger als 1 Minute elektrolysieren!

8. Schalten Sie den Strom ab und stoppen Sie die Uhr. Ziehen Sie den Kolben soweit heraus, bis der Flüssigkeitsspiegel wieder an der Markierung steht! Lesen Sie am Kolbenprober das Volumen des gebildeten Wasserstoffs ab!

Führen Sie 6 Messungen durch, bei denen entweder die Elektrolysezeit oder die Stromstärke – eingestellt durch Anlegen unterschiedlicher Spannung – verschieden sind. Tragen Sie die Werte in eine Tabelle ein und berechnen Sie die Ladung $Q = I \times t$ die Masse $m = D \times V$ (Dichte von Wasserstoff = 0,08 g L^{-1}) und die FARADAY-Konstante F:

$$F = Q/m = I \times t / D \times V$$

Beobachtung: An der Kathode entwickelt sich nicht lösliches Wasserstoffgas und erzeugt einen Überdruck, der den Flüssigkeitsspiegel im Kathodenschenkel absenkt.

Erklärung: Zwischen Ladungsmenge und abgeschiedener Stoffmenge besteht ein linearer Zusammenhang. Je mehr Ladung aufgewendet wird, desto größer ist die abgeschiedene Stoffmenge. Zur Ermittlung der Ladung, die gerade die Stoffmenge 1 mol Wasserstoff bildet, wird für jede Messung der Quotient aus Ladung und Masse gebildet und der Mittelwert errechnet. Dieser Wert ist die gesuchte Ladung F, die FARADAY-Konstante. Sie beträgt: 96484,6 (≈ 96500) As pro 1 g Wasserstoff oder allgemein pro molare Masse des betreffenden Äquivalents (früher Grammäquivalent oder Val).

Entsorgung: Reste der Schwefelsäure werden in den Sammelbehälter für Säuren entsorgt.

Fragen und Aufgaben zum Versuch
1. Wie viele Teilchen Wasserstoff sind in einem Gramm Wasserstoff oder allgemein in einem Mol enthalten? Berücksichtigen Sie für die Antwort folgende Zusammenhänge: Aufgrund von Versuch 4.3 kennen wir die Ladung F, die benötigt wird, um 1 g H abzuscheiden. Wir kennen aber auch die Ladung, die benötigt wird, um ein einziges H$^+$-Ion abzuscheiden. Dies ist entsprechend der Beziehung: H$^+$ + 1 e$^-$ → H$^{\pm 0}$ gerade die Ladung e$^-$ eines einzigen Elektrons, nämlich die Elementarladung (e = 1,60219 x 10^{-19} C). Man hat nie eine Ladungsmenge gefunden, die kleiner ist als die Ladung e$^-$, die Elektronenladung. Sie wird deshalb mit Recht als Elementarladung angesehen. Die Elementarladung ist die kleinste Einheit negativer Ladung. Der Träger dieser Einheit ist das Elektron. Wenn man die Ladung e$^-$ eines Elektrons kennt und außerdem die Ladung, die ein Gramm Wasserstoff elektrolytisch abscheidet, kann man die Anzahl N_A der Wasserstoff-Ionen oder Wasserstoffteilchen in einem mol berechnen (Kapitel 1).
2. Welches Volumen nimmt 1 g Wasserstoff ein? Dazu folgende Hinweise: Ein Mol Wasserstoff sind 1 g Wasserstoff. Ein Mol eines jeden Gases nimmt nach dem AVOGADROschen Gesetz ein Volumen von 22,4 L, das so genannte Molvolumen, ein.

3. Formulieren Sie die Reaktionsgleichungen für die Bildung der beiden möglichen Ionen Cu^+ und Cu^{2+} des Kupfers ausgehend vom elementaren Kupfer! Wählen Sie Chlor als Oxidationsmittel!
4. Wie viele Gramm Kupfer scheidet diejenige Ladungsmenge aus einer $CuSO_4$-Lösung ab, die aus einer Säure 0,5 g Wasserstoff abscheiden würde? (Atommasse von Kupfer: 64) Dazu folgender Hinweis: Wir berechnen zunächst die molare Masse des Äquivalents, von welcher wir wissen, dass sie von derselben Ladung abgeschieden wird, wie 1 g Wasserstoff. Die Ladung oder Wertigkeit der Kupfer-Ionen erkennen wir hier an der Formel $CuSO_4$.
5. Wie groß war die Ladung oder Wertigkeit der Kupfer-Ionen in einer Kupfersalzlösung, wenn dieselbe Ladungsmenge, die 0,5 g Wasserstoff aus einer Säure abscheiden würde, 16 g Cu abscheidet? Berechnen Sie die molare Masse des Äquivalents!
6. Wie groß war die Ladung oder die Wertigkeit der Aluminium-Ionen in einer Aluminiumsalzlösung, wenn dieselbe Ladungsmenge, die 60 mg Wasserstoff aus einer Säure abscheiden würde, 0,54 g Aluminium aus einer Schmelze von Aluminiumoxid (Schmelzflusselektrolyse) abscheidet? (Atommasse von Aluminium: 27).
7. Welches Volumen Wasserstoff scheidet sich in einer Stunde bei 200 mA bei der Elektrolyse einer Säure an der Kathode ab? Die Dichte des Wasserstoffs sei 0,08 g H L^{-1}, die FARADAY-Konstante sei mit 100 000 As (statt mit 96 500 As) pro 1 Gramm Wasserstoff angegeben.
8. Wie kann man die Ladung F ausrechnen, wenn man weiß, welche Ladung man zur Erzeugung von 10 mg Wasserstoff benötigt? Wie groß wäre die Ladung, die man braucht, um 20 mg Wasserstoff abzuscheiden?
9. Welche Beispiele für einen linearen Zusammenhang, das heißt, für die Proportionalität zweier Größen kennen Sie aus dem täglichen Leben? Wie kann man zum Beispiel den Preis für ein Einzelstück (Tafel Schokolade) sofort errechnen, wenn man den für die ganze Packung kennt und weiß, wie viele Einzelstücke die Packung enthält? Welche analoge Beziehung besteht zwischen diesem Beispiel und dem Zusammenhang zwischen Ladung und elektrolytisch abgeschiedener Wasserstoffmenge?
10. Kann man den Zusammenhang zwischen Ladung, Stromstärke und Zeit auch anstatt mit der Ladungsmenge Q mit einer bestimmten Wassermenge Q zur Bestimmung der Stromstärke von fließendem Wasser veranschaulichen? Wie? Fertigen Sie hierzu eine Skizze an!
11. Warum enthält die Stoffmenge 1 Mol immer gleich viele Teilchen? Erklären Sie, indem Sie auf die Massenverhältnisse der Atome und Molmengen eingehen. Entwickeln Sie dazu Skizzen zur Veranschaulichung!

5 Säuren, Basen, Salze: Reaktionen mit Ionen

Säuren, Basen und Salze sind zwar Gegenstand der Anorganischen Chemie, aber auch für die Biologie von großer Bedeutung. So ist das Wachstum von Pflanzen von der Qualität und Quantität der Ionen im Boden abhängig. Pflanzen und Tiere regulieren ihren Ionenhaushalt unter beträchtlichem Energieaufwand. Zellen können Ionen passiv durch Diffusion oder Osmose durch eine semipermeable (semiselektive) Membran oder aktiv unter Energieaufwand mit ATP-Verbrauch auch gegen ein Konzentrationsgefälle aufnehmen oder ausscheiden. Für Meerwasserorganismen, die an ein ausgesprochen ionenreiches Milieu angepasst sind, gelten andere Bedingungen als für Arten im Süßwasser. Ob ein Stoff eine Säure ist, hängt davon ab, ob in Wasser Wasserstoff-Ionen dissoziieren. Der schwedische Forscher SVANTE ARRHENIUS (1859–1927) kam deshalb sinngemäß zu folgender Aussage: Eine Säure HR dissoziiert in Wasser in H^+-Ionen (Protonen) und in Säurerest-Ionen R^-. Das Charakteristische der Säure sind also die H^+-Ionen und nicht ihre Säurerest-Ionen. Säuren als wässrige Lösungen entstehen dann, wenn ein gelöster Stoff beim Kontakt mit Wasser Protonen abgibt. Genau genommen existieren in wässriger Lösung keine freien Protonen, sondern nur Hydronium-Ionen H_3O^+, da die frei gesetzten Protonen sofort mit den Wassermolekülen reagieren, wie die folgenden Beispiele verdeutlichen:

$$H^+ + H_2O \rightarrow H_3O^+$$
$$HCl + H_2O \rightarrow H_3O^+ + Cl^-$$
$$CH_3COOH + H_2O \rightarrow H_3O^+ + CH_3COO^-$$

Säuren vermögen nicht nur an Wasser Protonen abzugeben, sondern auch an andere Substanzen. Nach heutigem Verständnis des Säurebegriffs ist jedes Teilchen eine Säure, das Protonen abgeben kann. Daraus hat der dänische Chemiker JOHANN NICOLAUS BRØNSTED (1879-1947) die nach ihm benannte Definition von Säuren abgeleitet: Säuren sind Protonenspender oder Protonen-Donatoren.

Eine Base XOH dissoziiert nach ARRHENIUS in Wasser in OH^--Ionen (Hydroxid-Ionen) und in Baserest-Ionen X^+. Die wässrige Lösung einer Base bezeichnet man als Lauge. Sie entsteht, wenn beim Kontakt eines Stoffes mit Wasser Hydroxid-Ionen frei gesetzt werden. Dazu muss die Base nicht unbedingt wie im Fall des Natrium-Hydroxids OH^--Ionen mitbringen; die OH^--Ionen können auch wie im Fall des Ammoniaks bei der Reaktion mit Wasser entstehen oder frei gesetzt werden:

$$NaOH \rightarrow Na^+ + OH^-$$
$$NH_3 + H_2O \rightarrow NH_4^+ + OH^-$$

Die Freisetzung von Hydroxid-Ionen in Wasser als Charakteristikum von Basen ist auf wässrige Lösungen beschränkt. Nach der BRØNSTEDschen Definition von Basen sind alle Stoffe Basen, die Protonen aufnehmen. Basen sind Protonenfänger oder Protonen-Akzeptoren.

Während die klassische Definition von Säuren und Basen eher den Zustand des Stoffes, das Vorhandensein von Protonen bzw. Hydroxid-Ionen, beschrieb, charakterisiert die neuere Säure/Base-Definition die Funktion des Stoffes als Protonenabgabe bzw. Protonenaufnahme. Aus dieser Definition folgt, dass bei der jeweiligen Reaktion stets der "passende" Partner vorhanden sein muss, der die abgegebenen Protonen aufnimmt bzw. erst liefert. Es existieren demnach immer konjugierte Säure/Base-Paare. Aus einer Säure entsteht durch die Protonenabgabe die konjugierte Base, aus der Base entsteht durch Protonenaufnahme die konjugierte Säure.

Reagieren die im klassischen Sinne verstandenen Säuren und Basen miteinander, spricht man von Neutralisation. Bei der Neutralisation entstehen Salze. Sie bestehen aus einem positiv geladenen Baserest-Ion und einem negativ geladenen Säurerest-Ion:

$$Na^+ + OH^- + H^+ + Cl^- \rightarrow Na^+ + Cl^- + H_2O$$
$$Ba^{2+} + 2\,OH^- + 2\,H^+ + 2\,NO_3^- \rightarrow Ba^{2+} + 2\,NO_3^- + 2\,H_2O$$

In Lösung liegen Salze je nach ihrer Wasserlöslichkeit mehr oder weniger dissoziiert vor. Die Ionen entstehen nicht beim Lösungsvorgang. Sie sind bereits in der festen Zustandsform des Salzes, im Ionengitter, vorhanden (Abbildung 5-1).

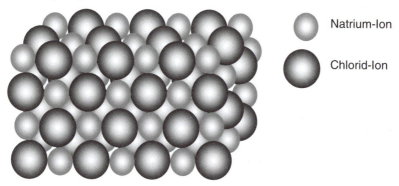

Abb. 5.1. Kristallgitter von Natrium-chlorid (Kochsalz)

Salze sind ebenso wie andere Substanzen in Wasser unterschiedlich gut löslich (vgl. Kapitel 3). Sie leiten in wässriger Lösung ebenso wie Säuren und Basen den Strom. Salze entstehen z.B. bei der Auflösung von Metallen in Säuren (Redox-Reaktionen, Kapitel 7).

5.1 Ionen-Nachweise: Das Unsichtbare sichtbar machen

Fragestellung: Die meisten Ionen sind farblos und deshalb für unser Auge nicht sichtbar. Man kann ihre Wirkung aber dadurch sichtbar machen und nachweisen, dass man mit ihnen einen charakteristischen Farbwechsel mit bestimmten Reagenzien durchführt. Das gilt für H^+-, OH^--, Cu^{2+}- und NO_3^--

Ionen (Farbreaktionen). Zum Nachweis der H⁺-Ionen und OH⁻-Ionen werden Säure/Base-Indikatoren verwendet. Andere Ionen bilden mit bestimmten Stoffen schwerlösliche Verbindungen (Fällungsreaktionen). Diese fallen aus und sind so erkennbar.

Wir wollen nun Stoffe der Gruppen nachweisen, die in der nachstehenden Tabelle (Tabelle 5-2) zusammengefasst sind. Dazu müssen wir die Verbindungen in Wasser lösen. Nun ergibt sich folgende Frage: Bleiben die Stoffe beim Auflösen als solche erhalten oder verändern sie sich? Zerfallen sie beim Auflösen? Sollte dies der Fall sein, müssten Teilchen (Ionen) derselben Art gleiche Reaktionen zeigen, gleichgültig aus welcher Verbindung sie entstehen.

Tabelle 5-1. Säure-Basen-Indikatoren

Indikator	Farbstellung mit Säure	Farbstellung mit Base	Umschlagbereich (pH-Wert)
Bromthymolblau	gelb	blau	6,0 – 7,6
Bromkresolgrün	gelb	blau	3,8 – 5,4
Lackmus	rot	blau	5,0 – 8,0
Methylrot	rot	orangegelb	4,4 – 6,2
Methylorange	orangerot	orangegelb	3,1 – 4,4
Neutralrot	blaurot	orangegelb	6,8 – 8,0
Phenolphthalein	farblos	rot	8,2 – 9,8

- **Geräte**
  - 24 Reagenzgläser (RG), Reagenzglasständer, Reagenzglashalter
  - Messpipetten (1 mL)
  - Pasteurpipetten mit Gummisaughütchen
  - Peleusball
  - Glasstab, Spatel
  - Reagenzglasbürste (Säubern!)
  - Schutzbrille

- **Chemikalien**
  - rotes und blaues Lackmus-Papier
    sowie folgende Lösungen (je 100 mL):
  - verdünnte Natronlauge, $c(NaOH) = 2$ mol L^{-1}
  - verdünnte Ammoniak-Lösung, $c(NH_3) = 2$ mol L^{-1}
  - konzentrierte Ammoniak-Lösung (100 mL Kunststoffflasche; Abzug!)
  - verdünnte Schwefelsäure, $c(H_2SO_4) = 2$ mol L^{-1}
  - konzentrierte Schwefelsäure, H_2SO_4 (0,5 L-Flasche oder kleiner)
  - verdünnte Salzsäure, $c(HCl) = 2$ mol L^{-1}
  - verdünnte Salpetersäure, $c(HNO_3) = 2$ mol L^{-1}
  - verdünnte Lösung von Barium-chlorid, $c(BaCl_2) = 1$ mol L^{-1}
  - verdünnte Lösung von Silber-nitrat, $AgNO_3$, 5%ig
  - verdünnte Barytlauge, $c(Ba(OH)_2) = 1$ mol L^{-1}

Salze:
- Ammonium-sulfat, $(NH_4)_2SO_4$
- Ammonium-chlorid, NH_4Cl
- Ammonium-nitrat, NH_4NO_3
- Barium-chlorid, $BaCl_2$
- Eisen(II)-sulfat, $FeSO_4 \cdot 7\,H_2O$ (Hydrat)
- Kupfer(II)-chlorid, $CuCl_2$
- Kupfer(II)-nitrat, $Cu(NO_3)_2$
- Kupfer(II)-sulfat, $CuSO_4 \cdot 5\,H_2O$ (Hydrat)

Tabelle 5-2. Versuchsschema zum Nachweis von Ionen

Testsystem		1 $BaCl_2$- Lösung $BaSO_4$	2 $AgNO_3$- Lösung $AgCl$	3 Lackmuspapier rot	4 $FeSO_4$ + konz. H_2SO_4
A	Lackmuspapier blau	H_2SO_4	HCl		HNO_3 A
B	NaOH Lackmuspapier rot	$(NH_4)_2SO_4$	NH_4Cl	NH_4OH A	NH_4NO_3 A
C	konzentrierter NH_3	$CuSO_4$	$CuCl_2$		$Cu(NO_3)_2$ A
D	verdünnte H_2SO_4		$BaCl_2$	$Ba(OH)_2$	

↳ weißer Niederschlag

Durchführung:
1. Prüfung der waagrechten Zeilen:
Bringen Sie von jedem der in Tabelle 5-2 eingetragenen Stoffe, sofern er in festem Zustand vorliegt, eine Spatelspitze mit etwa 3–5 mL destilliertem Wasser in einem RG in Lösung. Dann prüfen Sie die Lösungen der horizontalen Zeilen mit dem dafür angegebenen Reagenz.
- Zeile A: Ein kurzer Streifen blaues Lackmuspapier wird in die verdünnten Lösungen von H_2SO_4, HCl und HNO_3 eingetaucht.
- Zeile B: Zu den verdünnten Lösungen von $(NH_4)_2SO_4$, NH_4Cl, NH_4OH und NH_4NO_3 werden in einem RG einige Tropfen verdünnter Natronlauge NaOH gegeben. Dann wird die Lösung lediglich durch die Wärme der Hand beim Umfassen des Reagenzglases erwärmt. In die aus dem RG entweichenden Gase wird ein feuchtes, rotes Lackmuspapier gehalten. Vorsicht: Nicht die Lösung berühren! Nur vorsichtige Geruchsprobe!
- Zeile C: Verdünnte Lösungen von $CuSO_4$, $CuCl_2$ und $Cu(NO_3)_2$ werden im RG unter dem Abzug mit wenigen Tropfen konzentriertem Ammoniak NH_3 versetzt.
- Zeile D: Verdünnte Lösungen von $BaCl_2$ und $Ba(OH)_2$ werden im RG mit verdünnter Schwefelsäure H_2SO_4 versetzt.

H_2SO_4

2. Prüfung der Spalten (vertikal):
- Spalte 1: Verdünnte Lösungen von H_2SO_4, $(NH_4)_2SO_4$ und $CuSO_4$ werden mit wenigen Tropfen $BaCl_2$-Lösung im RG versetzt.
- Spalte 2: Verdünnte Lösungen von HCl, NH_4Cl, $CuCl_2$ und $BaCl_2$ werden mit wenigen Tropfen $AgNO_3$-Lösung versetzt.
- Spalte 3: Verdünnte Lösungen von NH_3 und $Ba(OH)_2$ werden im RG mit rotem Lackmuspapier geprüft.
- Spalte 4: Etwa 2 mL der zu prüfenden verdünnten Lösungen von HNO_3, NH_4NO_3 und $Cu(NO_3)_2$ werden mit etwa dem gleichen Volumen (2 mL) einer frisch bereiteten konzentrierten Lösung von Eisen(II)-sulfat versetzt. Dann lässt man bei schräg gehaltenem RG mit Hilfe von Pipette und Peleusball an der Innenseite der Glaswand vorsichtig etwa 1 mL konzentrierte Schwefelsäure zufließen. Nicht schütteln! RG mit dem Reagenzglashalter halten! Vorsicht mit der konzentrierten Schwefelsäure: Stark ätzend!

Notieren Sie zu jeder Probe die Beobachtungen und falls möglich, die dazu gehörende Reaktion! Die Nachweise auf die einzelnen Ionen sind tabellarisch zusammengestellt.

Beobachtung: Es sind entweder Farbreaktionen oder Fällungsrektionen zu beobachten (Tabelle 5-3).

Tabelle 5-3. Beobachtungen zu den Ionen-Nachweisen

Ion	Nachweisreagenz Nachweisverfahren	Ergebnis
Säure, H^+	Lackmus blau	Farbumschlag von blau nach rot
Base, OH^-	Lackmus rot	Farbumschlag von rot nach blau
Chlorid, Cl^-	$AgNO_3$	weißer Niederschlag AgCl
Sulfat, SO_4^{2-}	$BaCl_2$	weißer Niederschlag $BaSO_4$
Nitrat, NO_3^-	$FeSO_4$ + konz. H_2SO_4	brauner Ring aus Eisen-(II)-nitrosyl-sulfat $[Fe(H_2O)_5NO]SO_4$
Kupfer, Cu^{2+}	konzentrierter NH_3	starke Farbvertiefung nach blau $Cu(NH_3)_4^{2+}$
Ammonium, NH_4^+	mit NaOH erwärmen, Gase mit feuchtem rotem Lackmuspapier prüfen	Farbumschlag von rot nach blau, Geruch!
Barium, Ba^{2+}	H_2SO_4	weißer Niederschlag $BaSO_4$

Erklärung: Es werden z.B. verschiedene Kupferverbindungen untersucht. Dennoch ist das Ergebnis, die tiefblaue Färbung, jedes Mal dasselbe. Es muss sich demnach in allen Fällen derselbe Stoff gebildet haben, welcher die tiefblaue Farbe hervorruft, nämlich der Kupfer-Tetrammin-Komplex:

$$CuSO_4 + 4\,NH_3 \rightarrow Cu(NH_3)_4^{2+} + SO_4^{2-}$$
$$CuCl_2 + 4\,NH_3 \rightarrow Cu(NH_3)_4^{2+} + 2\,Cl^-$$
$$Cu(OH)_2 + 4\,NH_3 \rightarrow Cu(NH_3)_4^{2+} + 2\,OH^-$$

In jedem Fall haben die zweiwertigen Kupfer-Ionen Cu^{2+} von den negativen Anionen gelöst im Wasser vorgelegen und mit dem Ammoniak als Nachweisreagenz reagiert. Entsprechende Schlussfolgerungen sind auch aus den Versuchen mit den anderen Ionen zu ziehen, so dass wir erkennen: Säuren, Basen und Salze sind in Wasser löslich und liegen im Wasser als Ionen dissoziiert vor. Beachten Sie auch, dass die Nachweisverfahren immer beidseitig gelten: Silber-Ionen können mit Chlorid-Ionen, Chlorid-Ionen mit Silber-Ionen nachgewiesen werden, Barium-Ionen entsprechend mit Sulfat-Ionen, Sulfat-Ionen mit Barium-Ionen.

Entsorgung: Alle Reste müssen in die bereitgestellten Sammelbehälter für Schwermetall-Ionen, Säuren oder Laugen entsorgt werden.

Fragen und Aufgaben zum Versuch
1. Warum kann man Chlorid-Ionen mit Silber-Ionen und auch Silber-Ionen mit Chlorid-Ionen nachweisen?
2. Gips $CaSO_4 \cdot 2\,H_2O$ ist ein hydratisiertes Salz von mittlerer Löslichkeit (2,6 g L^{-1}). In welchem Fall kann man Sulfat-Ionen auch mit Calcium-Ionen z.B. einer konzentrierten Lösung von Calcium-chlorid $CaCl_2$ nachweisen? Welche Bedingung muss die Konzentration des Sulfats erfüllen?
3. Welches ist der bessere Nachweis für Sulfat-Ionen, derjenige mit einer $BaCl_2$-Lösung oder einer $CaCl_2$-Lösung? Begründen Sie!
4. Was können Sie über die Spezifität von Sulfat als Nachweisreagenz für Barium-Ionen sagen unter Berücksichtigung der Tatsache, dass auch Strontium-sulfat recht schwer löslich ist?
5. Welche Farbreaktionen nicht farbiger Ionen haben Sie kennen gelernt? Welche Erklärungen für den Farbwechsel kennen Sie?
6. Welche Beobachtungen haben Sie schon einmal etwa im Haushalt gemacht, die Ähnlichkeiten mit der Reaktion des Lackmus-Indikatorfarbstoffes erkennen ließen?

5.2 Wasser ist nicht gleich Wasser

Fragestellung: Welche Ionen findet man in den verschiedenen Wässern? Wasser ist nicht gleich Wasser! Worauf weisen die gefunden Ionen hin?

- **Geräte**

- Reagenzgläser (RG, 24 Stück), Reagenzglasständer, Reagenzglashalter
- Bechergläser (100, 500 mL)
- Pasteurpipetten
- Gummisaugball (Peleusball)
- Bunsenbrenner

- **Chemikalien**
  - rotes und blaues Lackmuspapier
  - Blei-acetat-Papier (weiß)

  Lösungen (jeweils 100 mL) wie Versuch 5.1:
  - verdünnte Lösung von Silber-nitrat
  - verdünnte Lösung von Barium-chlorid
  - verdünnte Salpetersäure, HNO_3
  - verdünnte Salzsäure, HCl
  - verdünnte Lösung von Kalium-dihydrogenphosphat, $c(KH_2PO_4) = 2$ mol L^{-1} eines Phosphatwaschmittels oder eines Phosphordüngemittels
  - Schwefelwasserstoff-Wasser oder sehr verdünnte Lösung von Natriumsulfid Na_2S (wenige Kristalle in 1 L gelöst reichen aus!) oder ein verdächtiges (Geruch!) Schmutz- oder Abwasser. Falls verfügbar, auch Wasser einer Schwefelquelle
  - wahlweise Wasser verschiedener Herkunft: Leitungs-, Mineral-, Regen-, Aquarien-, Teich-, Fluss-, Meer- oder Kochwasser (Gemüse!)
  - Ammoniummolybdat-Reagenz: 10 g $(NH_4)_6Mo_6O_{21} \cdot 4\ H_2O$ + 20 g NH_4NO_3 + 7 mL konzentrierter Ammoniak mit Wasser auf 100 mL auffüllen

  Salz
  - Eisen(II)-sulfat, $FeSO_4 \cdot 7\ H_2O$ (Hydrat)

Durchführung: Versetzen Sie 3–5 mL des zu prüfenden Wassers mit den Nachweisreagenzien wie in Versuch 5.1 zum Nachweis von Chlorid, Sulfat und Nitrat und Ammonium. Führen Sie mit den angesetzten Test-Lösungen zuerst die Nachweise von Phosphat PO_4^{3-} und Sulfid S^{2-} durch, in denen das gesuchte Ion vorhanden ist, dann erst mit den zu prüfenden Wasserproben.
- Phosphatnachweis: Eine verdünnte Lösung von Kalium-dihydrogenphosphat KH_2PO_4 wird mit wenigen Tropfen verdünnter Salpetersäure angesäuert, mit einigen Tropfen Ammoniummolybdat-Reagenz versetzt und kurz über der Bunsenbrennerflamme unter gleichmäßigem Erwärmen bis zum Kochen erhitzt. Vorsicht: Siedeverzug vermeiden, Reagenzglashalter benutzen, auf Reagenzglasöffnung achten! Schutzbrille!
- Sulfidnachweis: Eine verdünnte Lösung von Natrium-sulfid Na_2S wird mit verdünnter Salzsäure angesäuert. Fällt ein übler Geruch auf? Die aufsteigenden Gase werden mit einem Stück angefeuchtetem Bleiacetat-Papier geprüft. Tritt keine Reaktion auf, kann vorsichtig erst mit Handwärme

erwärmt, dann kurz über der Bunsenbrennerflamme erhitzt werden. Vorsicht, das aufsteigende Schwefelwasserstoffgas ist giftig! Abzug benutzen!

Beobachtung: Bei Vorhandensein von Chlorid und Sulfat sind die schon bekannten weißen Fällungen von Silber-chlorid und Barium-sulfat zu beobachten, bei Anwesenheit von größeren Mengen Nitrat unter den beschriebenen Beobachtungen ein brauner Ring. Bei Vorhandensein von Phosphat fällt gelbes Ammonium-molybdato-phosphat $(NH_4)_3[P(Mo_3O_{10})_4]$ (genauer: Triammonium-dodeca-molybdophosphat) aus. Bei Vorhandensein von Sulfid zeigt sich braunschwarzes Blei-sulfid auf dem Papier. Diese Verfärbung zeigt Sulfid an. Oft verrät bereits der Geruch nach faulen Eiern das Vorhandensein von Schwefelwasserstoff und damit von Sulfid.

Erklärung: Die gefundenen Antworten und Ergebnisse sind in Beziehung zu Herkunft und Beschaffenheit des Wassers zu setzen. So kann z.B. ein Wasser, mit reichlich Nitrat und Phosphat eine Überdüngung eines Gewässers anzeigen. Sulfid-Ionen können – müssen aber nicht – ein stark verschmutztes, sauerstoffarmes Wasser anzeigen, z.B. aus einem eutrophierten Gewässer. Sulfid entsteht immer dann bei Fäulnisprozessen, wenn Proteine ohne Sauerstoffzufuhr biologisch zersetzt werden. Am Grunde von Seen wird Sulfat zu Sulfid reduziert, so dass Faulgase mit Schwefelwasserstoff und Ammoniak aufsteigen. Ein gesundes sauerstoffreiches Gewässer kann diese giftigen Gase jedoch rasch wieder oxidieren und unschädlich machen. Reichlich Sulfat-Ionen in Mineralwässern sind oft gleichzeitig mit gesundheitlich wertvollen Erdalkali-Ionen verbunden. Andererseits können Sulfat-Ionen im Regenwasser oder aus Waldbächen auf sauren Regen und damit auf eine Ursache der neuartigen Waldschäden hinweisen, obwohl heute die Belastung durch Schwefeldioxid nachgelassen hat. Erhöhte Sulfatwerte können auch ein Indiz für Gewässerverschmutzung etwa durch Deponien und Altlasten sein.

Entsorgung: Reste sind in die dafür bereit gestellten Sammelbehälter für Säuren, Laugen und Schwermetall-Ionen zu entsorgen.

Fragen und Aufgaben zum Versuch
1. Warum ist es wichtig, bei der Analyse von Wasserproben sowohl eine Blindprobe als auch Lösungen bekannter Konzentration zu messen?
2. Wie würden Sie eine Wasserprobe beurteilen, in der Sie Phosphat und Nitrat nachgewiesen haben? Wie wären Nachweise von Ammoniak und Sulfid zu bewerten?
3. Sollten Sie unter den gegebenen Bedingungen kein Nitrat in den Wasserproben gefunden haben, bedeutet dies, dass kein Nitrat in der Lösung enthalten ist?
4. Wie könnte man praktisch ermitteln, wie viel von einem Stoff mit einem bestimmten Nachweis noch erfassbar ist (Nachweisgrenze)?

5.3 Kohlenstoffdioxid und Carbonat: Fällung von Kalk

Fragestellung: Calcium-carbonat oder kohlensaurer Kalk ($CaCO_3$) ist ein schwerlösliches Salz, das in der Natur weit verbreitet ist, beispielsweise in Knochen, Eierschalen, Molluskenschalen sowie in den Kalkgebirgen wie Alpen, Fränkischem Jura und Schwäbischer Alb. In der Erdgeschichte hat das Meer durch biogene Entkalkung (z.B. Korallenriffe) riesige Kalksedimente gebildet. Kann man die Schwerlöslichkeit von Calcium-carbonat zum Nachweis von Carbonat CO_3^{2-}, HCO_3^- oder CO_2 nutzen? Letztere stehen miteinander in folgendem Gleichgewicht (Kapitel 6):

$$CO_2 + H_2O \rightarrow H_2CO_3 \rightarrow H^+ + HCO_3^- \rightarrow 2\,H^+ + CO_3^{2-}$$

Die Reaktionen sind reversibel und können auch von rechts nach links ablaufen. Durch Gleichgewichtsverschiebung kann demnach eine Form in eine andere umgewandelt werden. Das ist z.B. durch Säure- oder Basenzugabe möglich (Kapitel 6).
Ist es mit Hilfe der Fällung von schwerlöslichem Calcium-carbonat $CaCO_3$ beispielsweise möglich, das bei der Atmung ausgeschiedene Kohlenstoffdioxid nachzuweisen?

- **Geräte**
  - 3 Bechergläser (100 mL)
  - Trinkhalm

- **Chemikalien**
  - gesättigte Lösung von Calcium-hydroxid $Ca(OH)_2$ (Kalkwasser)
  - Lösung von Soda = Natrium-carbonat, $c(Na_2CO_3 \cdot 10\,H_2O) = 2$ mol L^{-1}
  - Flasche Sprudelwasser (Mineralwasser)

Durchführung: Je etwa 10 mL $Ca(OH)_2$-Lösung (Kalkwasser) werden in 3 Bechergläser gefüllt. In das erste Becherglas gibt man etwa 5 ml Soda-Lösung, in das zweite 5 ml Sprudelwasser und in das dritte pustet man mit Hilfe eines Trinkhalmes ausgeatmete Luft in die Lösung.

Beobachtung: In allen drei Fällen kommt es zur Bildung eines weißen Niederschlags von Calcium-carbonat $CaCO_3$, das sich im Fall der Atemluft zunächst als milchige Trübung bemerkbar macht.

Erklärung: Die hierbei ablaufenden chemischen Reaktionen sind:

$$Ca(OH)_2 + 2\,Na^+ + CO_3^{2-} \rightarrow CaCO_3 + 2\,Na^+ + 2\,OH^-$$
$$Ca(OH)_2 + HCO_3^- \rightarrow CaCO_3 + H_2O + OH^-$$
$$Ca(OH)_2 + CO_2 \rightarrow CaCO_3 + H_2O$$

Kalkwasser ist demnach ein Nachweisreagenz für Carbonat CO_3^{2-}, für Hydrogen-carbonat HCO_3^-, das zum Beispiel im Sprudelwasser vorhanden ist,

(Analyse auf dem Flaschenetikett!) und für das CO$_2$-Gas, das bei der Atmung ausgeschieden wird.

Entsorgung: Alle Reste können ins Abwasser entsorgt werden.

Fragen und Aufgaben zum Versuch:
1. Warum empfiehlt es sich, den Versuch nicht nur mit Ausatmungsluft sondern auch mit Reinluft zu machen? Welche Geräte würde man hierfür benötigen?
2. Womit könnte man CO$_2$ ebenfalls nachweisen, wenn man weiß, dass auch Barium-carbonat BaCO$_3$ ein schwerlösliches Salz ist? Wie könnte man in diesem Fall nachweisen, dass die Fällung nicht auf die Zugabe von Sulfat-Ionen zurückzuführen ist, da sowohl Barium-sulfat BaSO$_4$ wie Barium-carbonat BaCO$_3$ schwerlösliche Niederschläge bilden? Vergleichen Sie mit dem nächsten Versuch.
3. Warum darf man Barium-sulfat in der Medizin als Kontrastmittel zur Darmuntersuchung verwenden, obwohl Barium-Ionen toxisch sind?

5.4 Kalk in Stein- und Bodenproben

Fragestellung: Wie kann man bei einem Stein erkennen, ob er aus Kalk besteht oder Kalk enthält? Wie kann man den Kalkgehalt eines Bodens erfassen?

- **Geräte**
    - Pasteurpipette mit Saughütchen
    - Reagenzglas (RG), Reagenzglasständer
    - Porzellantiegel oder Petrischale

- **Chemikalien**
    - verdünnte Salzsäure, c(HCl) = 2 mol L^{-1}
    - Salzsäure, halbkonzentriert: konzentrierte HCl mit Wasser 1:1 mischen
    - Kalkstein, Marmor, Muscheln, Schneckenschale, Kreide, Knochen
    - Bodenproben

Durchführung: Kleinere Kalksteinchen werden im RG mit 3 ml verdünnter Salzsäure übergossen. Ist die Reaktion nicht eindeutig, können wenige Tropfen halbkonzentrierter Salzsäure hinzu pipettiert werden. Auf größere Kalkstücke, etwa Bruchstücke einer Marmorplatte, können wenige Tropfen halbkonzentrierter Salzsäure pipettiert werden. Analog lassen sich beliebige Bodenproben in einem Porzellantiegel oder in einer Petrischale testen.

Beobachtung: Beim Vorhandensein von Kalkstein entsteht ein Gas, das sich durch Bläschen und Aufschäumen erkennbar macht.

Erklärung: Die Salzsäure reagiert mit Kalkstein unter Freisetzung von Kohlenstoffdioxid:

$$CaCO_3 + 2\,HCl \rightarrow CaCl_2 + H_2O + CO_2 \uparrow$$

Dabei treibt die starke Säure HCl die schwache Kohlensäure H_2CO_3, aus. Diese zerfällt jedoch sofort in H_2O und CO_2, falls sie sich überhaupt erst gebildet hat.
In Versuch 5.1 hatten wir gesehen, dass man die schwache Base Ammoniak, mit der starken Base NaOH austreiben kann. Aufgrund dieser und weiterer Experimente ist Folgendes abzuleiten: Starke Säuren treiben schwache Säuren aus, und starke Basen treiben schwache Basen aus.

Fragen und Aufgaben zum Versuch
1. Wäre es sinnvoll, die Niederschläge aus Versuch 5.3 mit Salzsäure auf Carbonat zu prüfen? Begründen Sie! Wie müsste man dabei praktisch vorgehen?
2. Ist der hier durchgeführte Test auf Kalkstein spezifisch oder reagieren andere Stoffe ähnlich? Wie würde Soda (Natrium-carbonat) $Na_2CO_3 \cdot 10\,H_2O$ reagieren? Nennen Sie ein weiteres Beispiel.
3. Schreiben Sie die Formel für die Dissoziation der Kohlensäure H_2CO_3 und für Ammonium-hydroxid NH_4OH in Wasser auf. Könnte man die beiden genannten Verbindungen H_2CO_3 und NH_4OH auch $CO_2 \cdot H_2O$ und $NH_3 \cdot H_2O$ schreiben? Was würde diese Schreibweise bedeuten?
4. Ließe sich die Reaktion des Kalkes $CaCO_3$ mit Salzsäure auch zum Entkalken von Kaffeemaschinen nutzen? Warum nimmt man besser Essigsäure?
5. Was geschieht mit Säuren, wenn sie sich mit Kalk umsetzen? Warum wird Kalk in großen Mengen in der Land- und Forstwirtschaft eingesetzt?
6. Welche Ernährungshinweise ergeben sich aus der Tatsache, dass Knochen und Zähne zum Teil aus Kalk bestehen?

5.5 Salze werden sichtbar – ohne Wasser

Fragestellung: Die Tatsache, dass bei der Neutralisation von Säure, wie Salzsäure mit einer Lauge, z.B. Natronlauge, Salze entstehen, ist deshalb umständlich zu zeigen, weil man erst das Wasser verdampfen müsste, damit das Salz zum Vorschein kommt. Das liegt daran, dass das Salz in Wasser in Ionen dissoziiert vorliegt und man in Lösungen nur die Ionen nachweisen kann, aber das Salz nicht in Erscheinung tritt. Nachdem bekannt ist, dass das Wesentliche an den Säurelösungen nicht das Wasser ist, sondern die Säure, die darin gelöst ist und an den Laugen ebenfalls nicht das Wasser, sondern die Base, die darin gelöst ist, kann man überlegen, ob man die Salzbildung nicht durch direkte Einwirkung von Säure auf Basen zeigen kann. Wegen der Heftigkeit der Reaktion und der damit verbundenen Gefährlichkeit ist ein solcher

Versuch allgemein nicht zu empfehlen. Ist es dennoch möglich, die Salzbildung durch direkte Reaktion von Säure und Base zu zeigen?

- **Geräte**
    - Pasteurpipette mit Saughütchen
    - 2 Reagenzgläser
    - Glasrohr, mindestens 25 cm lang
    - Watte, Papier (z.B. Stück von einem Papiertuch)

- **Geräte**
    - Ammonium-chlorid NH_4Cl
    - konzentrierte Salzsäure (in 100 m L Tropfflasche)
    - konzentrierter Ammoniak (in 100 mL Tropfflasche)
      Vorsicht: Salzsäure und Ammoniak bilden stechend riechende, ätzende Gase und Flüssigkeiten! Unter dem Abzug arbeiten!

Durchführung: Es werden in ein RG wenige Tropfen konzentrierter Salzsäure und in ein anderes RG wenige Tropfen konzentrierter Ammoniak gegeben. Die Reagenzglasöffnungen werden so dicht nebeneinander gehalten, dass die aufsteigenden Gase sofort miteinander reagieren können (Abzug!). Die Reaktion kann auch in einem Glasrohr durchgeführt werden, nachdem man an den beiden entgegen gesetzten Enden Watte oder Papierstücke eingesetzt hat, die mit wenigen Tropfen konzentrierter Salzsäure und konzentriertem Ammoniak getränkt waren. Darauf werden die Enden mit frischer Watte dicht verschlossen (siehe 1.7). Zusätzlich erhitzt man etwas festes Ammonium-chlorid mit dem Bunsenbrenner in einem RG.

Beobachtung: Es entsteht ein weißer Rauch, wenn die farblosen Gase Ammoniak und Chlorwasserstoff zusammen treffen. Ein weißer Rauch entsteht auch, wenn man Ammonium-chlorid thermisch zersetzt.

Erklärung: Der weiße Rauch besteht aus Ammoniumchlorid-Salz, das sich nach folgender Reaktion gebildet hat:

$$NH_3 + HCl \rightarrow NH_4Cl\ (NH_4^+ + Cl^-)$$

Ammoniak NH_3 ist hierbei die Base (Protonen-Akzeptor) und Chlorwasserstoff die Säure (Protonen-Donator). Das wird verständlich, da Ammonium-chlorid aus dem Ammonium-Kation NH_4^+ und dem Chlorid-Anion Cl^- besteht.
Wird die Reaktion durch Erhitzen von Ammoniumchlorid-Salzen wieder rückgängig gemacht, so fungiert NH_4^+ als Säure (Protonen-Donator) und Cl^- als Base (Protonen-Akzeptor). Es handelt sich demnach um ein korrespondierendes Säure/Base-Paar und um eine umkehrbare (reversible) Reaktion.

Fragen und Aufgaben zum Versuch
1. Warum darf man Ammoniak als Base bezeichnen, obwohl er keine OH^--Ionen enthält? (Vergleich mit den Basen in den Nucleinsäuren (Kapitel 11).

2. Mit welcher Begründung bezeichnet man Ammonium-chlorid als Salz, obwohl es gar kein Metall-Ion wie sonst üblich enthält?
3. Wie reagiert Ammoniak mit Wasser? Welche Ionen werden hierbei gebildet? Schreiben Sie die Reaktionsgleichung auf.
4. Mit welchem Indikatorpapier würden Sie die Ammoniak- und Säuredämpfe prüfen? Begründen Sie ihre Antwort.

5.6 Photometrische Konzentrationsbestimmung: Wie viel ist drin?

Fragestellung: Wie kann man farbige Stoffe, etwa farbige Ionen oder bei Reaktionen entstandene Farbstoffe, nicht nur qualitativ, sondern auch quantitativ bestimmen? Wie groß ist z.B. die Konzentration einer unbekannten Lösung eines farbigen Salzes?

Manche Substanzen erscheinen uns deswegen farbig, weil sie Licht einer bestimmten Wellenlänge absorbieren. Meist liegt das Absorptionsmaximum (λ_{max}) in einem sehr engen Wellenlängenbereich des sichtbaren Spektrums (400–700 nm). In diesem Bereich lässt eine Lösung der gefärbten Substanz das eingestrahlte Licht infolge der Absorption nur noch teilweise durchtreten. Der Logarithmus des Verhältnisses von eingestrahlter (I_0) zu durchgelassener Lichtmenge (I) wird als Extinktion (E) bezeichnet. Dabei gilt folgende Beziehung (LAMBERT-BEERsches Gesetz):

$$E = \lg I_0 / I$$
$$E = \varepsilon \times d \times c$$

ε: molarer Extinktionskoeffizient
d: Schichtdicke
c: Konzentration

Die Extinktion ist umso größer, je konzentrierter die Lösung der betreffenden Substanz ist. Diese Tatsache kann zur Konzentrationsbestimmung verwendet werden. Die Methode ist in der medizinischen und biochemischen Analytik unentbehrlich geworden und soll hier an einem Beispiel vorgeführt werden.

- **Geräte**
  - Spektralphotometer

- **Chemikalien**
  - Kalium-ferricyanid-Lösung $K_3Fe(CN)_6$; $M(K_3Fe(CN)_6) = 329{,}2$ g mol^{-1}

Durchführung: Es werden 1 g Kalium-ferricyanid in 50 mL Wasser gelöst. Von dieser Stammlösung wird 1 mL in Wasser pipettiert und auf 50 ml mit Wasser aufgefüllt. Diese Lösung wird für die herzustellende Verdünnungsreihe verwendet (Ausgangslösung).

Zur Herstellung der Verdünnungsreihe wird die Ausgangslösung mit H_2O so verdünnt, dass Lösungen mit 1/2, 1/4 und 1/10 der Ausgangskonzentration (1/1) entstehen.

Am Spektralphotometer (Handhabung nach Einweisung) wird die Extinktion dieser Lösungen genau eingestellter Konzentration sowie einer weiteren Lösung unbekannter Konzentration gemessen. Letztere wird zur Verfügung gestellt. Die Messung erfolgt bei 400 nm.

Beobachtung: Es ist festzustellen, dass die Extinktionswerte mit abnehmender Konzentration weitgehend linear abfallen.

Erklärung: Stellen Sie die Messergebnisse in einer Tabelle zusammen und außerdem graphisch in einem Koordinatensystem (Ordinate: Extinktion; Abszisse: Konzentration) dar. Nachdem die relativen Konzentrationen der Farbstoff-Lösungen (1/1, 1/2, 1/4, 1/10) in absolute Angaben in mol L^{-1} umgerechnet und die Messwerte in ein Diagramm eingetragen wurden, steht die Eichkurve zur Verfügung, mit deren Hilfe die Konzentration der Testlösung bestimmt werden kann.

Mit Hilfe dieser Eichkurve können nun Lösungen unbekannter Konzentration bestimmt werden. Eine Farbstoff-Testlösung, deren Konzentration nicht bekannt ist, wird auf diesem Wege spektralphotometrisch gemessen und charakterisiert. Ihre Stoffmengenkonzentration (früher Molarität) ist anzugeben. Man könnte beispielsweise die Ausgangslösung mit Wasser 1:3 verdünnen, um eine geeignete Testlösung zu erhalten.

Entsorgung: Reste der Testlösung in den Sammelbehälter für Schwermetall-Ionen entsorgen.

Fragen und Aufgaben zum Versuch
1. Berechnen Sie die Stoffmengenkonzentration aufgrund der genannten Angaben.
2. Wie funktioniert das Verfahren der Konzentrationsbestimmung mit Hilfe einer Eichkurve? Erklären Sie.
3. Wo kann die Methode der Konzentrationsbestimmung durch Extinktionsmessung erfolgreich eingesetzt werden? Nennen Sie je ein Beispiel aus Medizin und Ökologie (Umweltwissenschaften).
4. Welche Vorteile und Nachteile hat das Verfahren gegenüber der quantitativen Bestimmung durch Wägen der Niederschläge bei Fällungsreaktionen (Gravimetrie)?

6 Gleichgewichtsreaktionen

Wer chemische Reaktionsgleichgewichte versteht und beherrscht, kann Stoffe miteinander verknüpfen, die sich wegen der ungünstigen Lage des chemischen Gleichgewichtes nicht ohne weiteres verbinden lassen, zum Beispiel ein Alkohol und eine Säure zum Ester. Auch lebende Organismen nutzen zum Wachsen und Gedeihen diese Prinzipien der Stoffproduktion, die gleichermaßen in der lebenden Zelle wie in der chemischen Industrie ihre Gültigkeit besitzen. Lebende Zellen können nämlich unter Nutzung raffinierter Syntheseverfahren die Einzelbausteine von Stärke, Cellulose, Proteinen und Nucleinsäuren zu Biopolymeren zusammen bauen, die sich nie von selbst miteinander verbunden hätten. Ohne solche Strategien wäre das Leben nicht möglich. Auch hier gilt, dass die Chemiker vieles von der Natur bzw. der Biologie abschauen können.

Zu den faszinierendsten Aspekten der biologischen Wissenschaften gehört es, den Ablauf von Lebensprozessen durch Gesetze und Erkenntnisse insbesondere aus der Physik und Chemie zu erklären. Daher soll im Folgenden durch die Anwendung physikalischer oder chemischer Gesetze und dem Vergleich mit lebenden Systemen erkannt werden, dass Leben mehr ist als nur ein kompliziertes Anwendungsgebiet der Physik und Chemie, weil es zwar wegen seiner besonderen Systemeigenschaften streng deterministisch (vgl. genetischer Bauplan), aber nicht exakt vorhersagbar verläuft. Man beachte die zunehmende „Freiheit" im Laufe der Evolution vom Einzeller zum Menschen.

Dies wird bei der Beurteilung des Prinzips vom kleinsten Zwang (Prinzip von LE CHATELIER) für Lebewesen deutlich. Um diese Einsicht zu erreichen, werden Grundgesetze der Allgemeinen Chemie auf die Stoffwechselphysiologie übertragen. Mit dem Begriff "Stoffwechsel" kennzeichnet man allgemein alle Veränderungen von Stoffe in lebenden Systemen. Stoffliche Veränderungen im Bereich des Nichtlebenden sind mit Ausnahme von Änderungen des Aggregatzustandes immer chemische Reaktionen.

Hinsichtlich des Gleichgewichtszustandes von chemischen Reaktionen lassen sich zwei Fälle unterscheiden:
- Das System befindet sich im Gleichgewicht. Für diesen Fall gilt das *Massenwirkungsgesetz*.
- Das System befindet sich nicht im Gleichgewicht. Das Gleichgewicht wird jedoch „angestrebt". Für diesen Fall gilt das Prinzip des kleinsten Zwangs (LE CHATELIER-Prinzip).

6.1 Umkehrbarkeit chemischer Reaktionen: Einmal hin – einmal her

Fragestellung:. Ein chemisches System kann prinzipiell in beide Richtungen (v_1 oder v_2) reagieren. Ob dabei das Gleichgewicht nach rechts oder links verschoben wird, hängt von den Konzentrationsverhältnissen ab. Befindet sich eine chemische Reaktion im Gleichgewicht, kann man sie durch Veränderungen der Konzentrationen wieder in Gang bringen. Erhöht man die Konzentrationen auf der linken Seite oder erniedrigt diese auf der rechten Seite, so kann man die Stoffe zwingen, in Richtung von links nach rechts zu reagieren. Umgekehrt kann man durch Erniedrigen der Konzentration auf der linken Seite oder Erhöhen auf der rechten Seite erreichen, dass die Reaktion von rechts nach links in Gang kommt.

Um die Umkehrbarkeit zu zeigen, verwendet man farbige Verbindungen. Geeignete Beispiele sind säureabhängige Gleichgewichtssysteme wie das Chromat-/Dichromat-System:

$$2\,CrO_4^{2-} + 2\,H^+ \underset{v_2}{\overset{v_1}{\rightleftarrows}} Cr_2O_7^{2-} + H_2O$$

gelb: Chromat   orange: Dichromat

oder Säure-Base-Indikatoren zum Beispiel Phenolphthalein, Bromthymolblau und Lackmus.

Wie verändert sich jeweils die Farbe, wenn man Säure (H^+-Ionen) oder Lauge (OH^--Ionen) zu einer Lösung von Dichromat oder Phenolphthalein zugibt? OH^--Ionen setzen bekanntlich die Konzentration an H^+-Ionen herab, weil sie mit H^+-Ionen Wasser bilden nach: $H^+ + OH^- \rightarrow H_2O$. Wie, in welche Richtung und durch welchen Zwang, wird das Gleichgewicht verschoben?

- **Geräte**
  - Reagenzgläser (RG), Reagenzglasständer
  - Pasteurpipetten mit Gummisaughütchen
  - Spatel
  - Glasstab

- **Chemikalien**
  - Kalium-dichromat, $K_2Cr_2O_7$
  - Bromthymolblau, 0,1%ig in 20%igem Ethanol
  - Phenolphthalein-Indikatorlösung, 0,1 g in 100 mL Ethanol
  - Natronlauge, $c(NaOH) = 2$ mol L^{-1}
  - Salzsäure, $c(HCl) = 2$ mol L^{-1}

  Vorsicht: Chemikalien nie mit der Haut in Berührung bringen! Alle verwendeten Farbreagenzien sind giftig (toxisch)!

Durchführung: Es werden drei RG bis zu etwa einem Drittel mit Wasser gefüllt. Mit einem Spatel gibt man in das eine einige Kristalle Kalium-dichromat $K_2Cr_2O_7$ und schüttelt, bis die Lösung orange gefärbt ist. In die anderen RG gibt man jeweils einige Tropfen Phenolphthalein- oder Bromthymolblau-Lösung. Dann gibt man in jedes RG tropfenweise verdünnte Natronlauge NaOH, bis die Farbe umschlägt. Anschließend wird mit verdünnter Salzsäure HCl die ursprüngliche Farbe wieder hergestellt. Der Farbwechsel kann mit wenigen Tropfen Lauge oder Säure mehrfach wiederholt werden.

Beobachtung:
1. Bei Laugezugabe ändert sich die Farbe in der
- Chromat/Dichromat-Lösung von orange nach gelb

- Phenolphthalein-Lösung von farblos nach rot
- Bromthymolblau-Lösung von von gelb nach blau.

2. Bei Säurezugabe ändert sich die Farbe in der
- Chromat/Dichromat-Lösung von gelb nach orange
- Phenolphthalein-Lösung von rot nach farblos
- Bromthymolblau -Lösung von blau nach gelb

Erklärung: Durch Zugabe von Lauge werden H^+-Ionen weggefangen. Sie reagieren mit den OH^--Ionen der Lauge zu Wasser. Dadurch wird die Konzentration der H^+-Ionen in den oben genannten Reaktionsgleichgewichten erniedrigt. Die Größe v_1 wird hierdurch kleiner als v_2, weil $v_1 \sim c[H^+]^2$ und im Gleichgewichtszustand $v_1 = v_2$ war. Das System reagiert von rechts nach links in Richtung v_2 und die Farbstoffe nehmen die Farben der linken Seite an. Bei Zugabe von Säure wird die H^+-Ionen-Konzentration erhöht. Dadurch wird nach erneuter Gleichgewichtseinstellung $v_1 = v_2$ jetzt v_1 größer als v_2, wiederum weil $v_1 \sim c[H^+]^2$. Das System reagiert von links nach rechts in Richtung v_1 und die Farbstoffe nehmen die Farben der rechten Seite an.

Entsorgung: Reste der Chromsalz-Lösungen in den Sammelbehälter für Schwermetall-Ionen, Indikator-Lösungen in jenen für organische Lösemittel geben.

Fragen und Aufgaben zum Versuch
1. Kann man eine Lösung von Kalium-dichromat als Indikatorlösung zum Nachweis von Basen verwenden? Ist das Chromat/Dichromat-System ein Säure-Base-Indikator? Begründen Sie Ihre Antwort.
2. Warum findet man in den säure- und baseabhängigen Gleichgewichten des Chromat/Dichromat-Systems und des Phenolphthaleins eine Bestätigung des Prinzips vom kleinsten Zwang (LE CHATELIER-Prinzip)?
3. Erklären Sie anhand von Farbreaktionen, die bei Säure- oder Laugezugabe erfolgen, die Umkehrbarkeit chemischer Reaktionen.

6.2 Elektrolyse einer Kupfersalz-Lösung – mit anderen Augen gesehen

Fragestellung: Aus den voran gegangenen Versuchen ist bekannt, dass Salze in wässrigen Lösungen in Kationen und Anionen dissoziiert sind, Kupfer-chlorid $CuCl_2$ beispielsweise in Cu^{2+} und $2\ Cl^-$. Ionen wandern aufgrund ihrer Ladung im elektrischen Feld zum jeweils entgegengesetzt geladenen Pol (Kapitel 4). Verwendet man Elektroden, die mit dem abgeschiedenen Stoff oder den Ionen der Lösung reagieren können, so ändert sich der Ablauf der Elektrolyse verglichen mit den Vorgängen, die an indifferenten Elektroden (z.B. Graphitelektroden = Elektroden, die mit der Lösung und dem abgeschiedenen Stoff nicht reagieren können) zu beobachten sind.

Im vorliegenden Fall wird an Kathode (-Pol) und Anode (+Pol) auf entgegen gesetzte Weise auf das Gleichgewicht zwischen Kupfer-Ionen und Kupfer-Atome eingewirkt:

$$Cu^{2+} + 2\,e^- \underset{v_2}{\overset{v_1}{\rightleftarrows}} Cu$$

Dieses Gleichgewicht muss sich an den in die Kupfersalz-Lösung eintauchenden Metalloberflächen dem Zwang, Elektronenentzug an der Anode und Elektronenzufuhr an der Kathode, entsprechend neu einstellen. Welche Reaktionen laufen im Einzelnen ab, wenn man eine Kupfersalzlösung einer elektrischen Gleichspannung aussetzt?

- **Geräte**
    - Gleichspannungsgerät (Spannungsquelle)
    - Abgreifklammern mit Kabeln
    - U-Rohr mit Fritte
    - Kupferelektroden
    - Becherglas, 100 mL
    - Spatel

- **Chemikalien**
    - Lösung von Kupfer-chlorid, $CuCl_2 \cdot 2\,H_2O$ (50 mL)

Durchführung: Es werden 50 mL einer Kupferchlorid-Lösung mittlerer Konzentration (kräftig blau gefärbt) in einem Becherglas angesetzt. Diese Lösung wird so in die beiden Schenkel eines U-Rohres mit eingebauter Fritte eingefüllt, dass die Elektroden ungefähr 1 cm tief eintauchen. An die beiden Kupferelektroden wird eine Gleichspannung von 24 V angelegt.

Beobachtung: Kupfersalz-Lösungen sind blau oder grün gefärbt, entsprechend der Farbe des hydratisierten Kupfer-Ions in Wasser. Diese Farbe ist umso tiefer, je höher die Konzentration an Kupfer-Ionen ist. Hochkonzentrierte Lösungen von Kupfer-chlorid sind daher grün gefärbt, nicht so stark konzentrierte sind blau.
An der Kathode ist nach kurzer Zeit eine schwärzlich braune Abscheidung zu beobachten. Die Farbe wird in der Nähe der Kathode intensiv grün und nimmt mit zunehmender Entfernung von der Kathode eine blaue Farbe an. Der gesamte Anodenraum wird intensiver gefärbt (grüne Farbe). Die Kupferelektrode im Anodenraum beginnt sich aufzulösen. Die Lösung erwärmt sich an der Anode auffällig.

Erklärung:
1. Am negativen Pol (Kathode) müssen aus Kupfer-Ionen Kupfer-Atome entstanden sein, denn es scheidet sich elementares Kupfer ab.

2. Am positiven Pol (Anode) müssen aus Kupfer-Atomen Kupfer-Ionen entstanden sein, denn die Konzentration der Kupfer-Ionen erhöht sich offenbar (Farbe!).

Demnach ergeben sich als Reaktionsgleichungen für die Reaktionen an der

> Kathode: $Cu^{2+} + 2\,e^- \rightarrow Cu$
> Anode: $\quad Cu \rightarrow Cu^{2+} + 2\,e^-$ (Rückreaktion)

Die Vorgänge an den Elektroden lassen sich nur dann verstehen, wenn grundsätzlich Kupfer-Atome in Kupfer-Ionen und Kupfer-Ionen in Kupfer-Atome verwandelt werden können. Das bedeutet aber, dass man eine Stoffumwandlung rückgängig machen kann oder – verallgemeinernd gesagt – dass eine chemische Reaktion umkehrbar ist. Dies trifft im Prinzip auf nahezu alle chemischen Reaktionen zu. Die Erwärmung im Anodenraum ist auf eine exotherme Reaktion zurückzuführen:

> $2\,Cl^- - 2\,e^- \rightarrow 2\,Cl$ (Chlor-Atome!)
> $2\,Cl + Cu \rightarrow Cu^{2+} + 2\,Cl^- + \text{Energie (Wärme)}$

Entsorgung: Reste der Kupfersalz-Lösungen in den Sammelbehälter für Schwermetall-Ionen geben!

Fragen und Aufgaben zum Versuch
1. Welche Veränderungen werden an der negativ geladenen Kupferelektrode beobachtet?
2. Welche Veränderungen werden an der positiv geladenen Kupferelektrode beobachtet?
3. Wie ändern sich die Farben der Kupferchlorid-Lösungen im Schenkel mit positivem und in dem mit negativem Pol? Begründen Sie.
4. Wo und wie verändert sich die Temperatur? Begründen Sie.

→ galvanische Zelle

6.3 Elektrische Spannung ohne Steckdose

Fragestellung: Wenn die Bedingung gilt, dass die Reaktion eines Kupferbleches mit einer Kupfersalz-Lösung tatsächlich eine Gleichgewichtsreaktion ist und dass die Theorie über das Gleichgewicht und das Prinzip vom kleinsten Zwang zutrifft, muss sich dies experimentell beweisen lassen: Bestätigt der Versuch die Richtigkeit des Prinzips vom kleinsten Zwang (Prinzip von LE CHATELIER) insofern, als man mit Änderungen der Ionen-Konzentration (Zwänge!) die Richtung einer chemischen Reaktion in vorhersagbarer Weise beeinflussen kann?

- **Geräte**
  - Spannungs-/Strommessgerät (Voltmeter/Amperemeter)
  - Abgreifklammern mit Kabeln
  - U-Rohr mit eingeschmolzener Fritte

- Kupfer-Elektroden
- Becherglas, 100 mL
- Spatel

• **Chemikalien**
- Lösung von Kupfer-chlorid, $CuCl_2 \cdot 2\, H_2O$ (50 mL)

Durchführung: In den einen Schenkel eines U-Rohres mit eingebauter Fritte werden 20 mL $CuCl_2$-Lösung (0,01 mol L^{-1}), in den anderen 20 mL $CuCl_2$-Lösung (2 mol L^{-1}) jeweils so eingefüllt, dass die in die Schenkel eingesetzten Kupfer-Elektroden eintauchen. Zwischen beide Elektroden wird ein Amperemeter geschaltet und festgestellt, ob und in welche Richtung Strom fließt.

Konzentriertere Lösung in ⊕-Pol!

Beobachtung: Es ist eine Spannung zu messen. Die Elektronenfließrichtung ist vom System mit der niedrigen Konzentration an Kupfer-Ionen zum System mit der höheren Konzentration gerichtet.

Erklärung: Aus der Theorie über das Chemische Gleichgewicht und das Prinzip vom kleinsten Zwang ergibt sich für die Reaktion

$$Cu^{2+} + 2\, e^- \underset{v_2}{\overset{v_1}{\rightleftarrows}} Cu$$

folgende Arbeitshypothese: Das Gleichgewicht der vorstehenden Reaktion lässt sich am einfachsten dadurch verschieben, dass man die Kupferionen-Konzentration erhöht oder erniedrigt. Dem Zwang einer Erhöhung weicht das System aus, indem die Konzentrationserhöhung verringert wird, denn $v_1 \sim c(Cu^{2+})$. Die Reaktion läuft von links nach rechts. Das aber bedeutet Elektronenverbrauch nach der obigen Reaktionsgleichung $Cu^{2+} + 2\, e^- \rightarrow Cu$. Die Folge davon ist ein Elektronenmangel (+ Pol).

Dem Zwang einer Erniedrigung würde das System durch Ionenbildung ausweichen, weil ebenfalls $v_1 \sim c(Cu^{2+})$ gilt und $v_2 > v_1$ wird. Das aber bedeutet Elektronenlieferung nach $Cu \rightarrow Cu^{2+} + 2\, e^-$ (Rückreaktion). Die Folge davon ist ein Elektronenüberschuss (–Pol). Wenn man also ein System 1 mit niedriger Kupferionen-Konzentration mit einem System 2 mit hoher Kupferionen-Konzentration leitend verbindet, so fließen Elektronen von 1 nach 2, denn im System 1 haben sich Elektronen angereichert und sind dann im Überschuss vorhanden. Im System 2 werden dagegen Elektronen verbraucht, so dass ein Elektronenmangel entsteht.

Voraussetzung für das Fließen der Elektronen (Strom) ist das Vorhandensein einer Spannung. Aus der Betrachtung der Gleichgewichte ergibt sich, dass am Metall, das in die verdünnte Lösung taucht, ein Elektronenüberschuss, und dass am Metall, das in die konzentrierte Lösung taucht, ein Elektronenmangel entsteht. Dies wird durch das Experiment bestätigt. Die Spannung ist solange feststellbar, wie Konzentrationsunterschiede vorhanden sind. Dieser Versuch zeigt modellhaft, wie mit Hilfe von Konzentrationsunterschieden Energie umgewandelt werden kann. Dieses wichtige Prinzip nutzen auch Lebewesen, nur dass sie hierbei nicht Kupfer-, sondern Wasserstoff-Ionen verwenden. Auch das Prinzip der nicht vollständigen räumlichen Trennung (Kom-partimentierung, semiselektive Biomembranen) und des durch die räumliche Ordnung bedingten Zeitgewinns spielt für Lebewesen eine überragende Rolle.

Fragen und Aufgaben zum Versuch
1. Deuten Sie das Versuchsergebnis mit Hilfe der Vorstellungen vom chemischen Gleichgewicht sowie dem Prinzip vom kleinsten Zwang.
2. Warum ist der so entstandene negative Pol (–Pol) keine Kathode und der so entstandene positive Pol (+Pol) keine Anode?
3. Was unterscheidet diesen Versuch von der Elektrolyse einer Kupfersalz-Lösung (Versuch 6.2)?
4. Wie lange könnte theoretisch der Elektronenstrom fließen?
5. Wie könnte man die verwendete Apparatur praktisch nutzen?
6. Welche Bedeutung hat dieser Versuch als Modellversuch für die Biologie? Denken Sie dabei an die Energiegewinnung in lebenden Zellen und an die räumlich-zeitliche Ordnung in Zellen. Vergleichen Sie mit den Verhältnissen in der lebenden Zelle.
7. Erklären Sie, wie man mit Hilfe zweier verschiedener Konzentrationen eines Salzes eine elektrische Spannung erzeugen kann. Wie würde der Strom (die Elektronen) fließen? Fertigen Sie eine Skizze an und zeichnen Sie den Stromkreis (Richtung) ein.

Energie - Modell

6.4 Der BAUMANN-Versuch – Modell für ein Fließgleichgewicht

Fragestellung: Stoffwechselreaktionen in lebenden Zellen können die Aufgabe der Stoffproduktion und Energiebereitstellung nur erfüllen, wenn sie beständig ablaufen, also niemals zum Stillstand kommen. Wie ist das möglich? Der nachfolgend durchzuführende Versuch (BAUMANN-Versuch) gibt darauf eine Teilantwort. Er stellt eine Art Modellreaktion für den Verlauf von Stoffänderungen im Bereich des Lebendigen dar (vgl. Tabelle 6.1).

- **Geräte**
    - Weithals-Erlenmeyer-Kolben (500 mL)
    - Spatel

- **Chemikalien**
    - Lösung von Natrium-acetat, $c(CH_3COONa) = 0{,}1$ mol L^{-1} (pH-Wert mit verdünnter HCl oder NaOH auf 7 einstellen!)
    - Eisen(II)-sulfat, $FeSO_4 \cdot 7\,H_2O$ (Hydrat)
    - Cystein

Durchführung: 0,5 g Cystein werden in einem offenen 500 mL-Weithals-Erlenmeyerkolben in 100 mL Lösung von Natrium-acetat (0,1 mol L^{-1}) gelöst.

Die Lösung sollte den pH-Wert 7 haben. In diese Lösung gibt man 0,2 g Eisensulfat und löst das Salz unter Schütteln. Man lässt stehen, bis die rote Farbe nahezu verschwunden ist, schüttelt erneut und lässt wieder stehen. Dies kann einige Male wiederholt werden.
Vorsicht: Die Reaktion niemals im geschlossenen Glasgefäß durchführen!

Beobachtung: Nach dem Lösen von Eisen(II)-sulfat ist eine dunkelrot-violette Farbe zu sehen. Nach etwa 1 min Stehenlassen ist diese bis auf eine schwache Restfärbung verschwunden. Nach erneutem Schütteln färbt sich die Lösung erneut intensiv rot-violett. Nach 1 min Stehenlassen ist die Farbe wiederum nahezu verschwunden.

Erklärung: Der BAUMANNsche Versuch besteht aus zwei miteinander gekoppelten Reaktionen:

Reaktion 1: $\quad 2\ Fe^{3+} + 2\ Cystein \rightarrow 2\ Fe^{2+} + Cystin + 2\ H^+$
$\qquad\qquad\quad$ violett $\qquad\qquad\qquad\qquad$ farblos

Reaktion 2: $\quad 2\ Fe^{2+} + 1/2\ O_2 + H_2O \rightarrow 2\ Fe^{3+} + 2\ OH^-$
$\qquad\qquad\quad$ farblos $\qquad\qquad\qquad\qquad$ violett, solange Cystein vorhanden ist!

Beide Reaktionen sind deshalb gekoppelt, weil die Produkte von Reaktion 1 die Edukte oder Ausgangsstoffe von Reaktion 2 sind. Weil Cystein mit dem dreiwertigen Eisen-Ion Fe^{3+}, nicht aber mit dem zweiwertigen Fe^{2+}-Ion einen Farbkomplex bildet, kann man den Reaktionsverlauf verfolgen. Solange Fe^{3+}-Ionen und Cystein vorhanden sind, ist die Lösung rot-blau. Reagiert das Cystein mit den Fe^{3+}-Ionen, so muss die Farbe verschwinden, weil die Fe^{3+}-Ionen hierbei verbraucht (reduziert) werden und Fe^{2+}-Ionen entstehen. Das Cystin ist an der Farbgebung nicht beteiligt.
Werden nun durch Schütteln und damit durch Zufuhr von Luftsauerstoff, die Fe^{2+}-Ionen wieder zu Fe^{3+}-Ionen zurück verwandelt (oxidiert), so kann sich mit dem noch reichlich vorhandenen Cystein wieder ein Farbkomplex bilden. Die Lösung nimmt demnach durch Schütteln wieder die violette Farbe an. Dieser Wechsel von Farbloswerden durch Stehenlassen und Farbigwerden durch Schütteln erfolgt so lange, bis das Cystein aufgebraucht ist. Die Reaktionen laufen nur in einer Richtung (Pfeilrichtung) und sind nicht umkehrbar. Das gilt auch für alle Fließgleichgewichte wie Atmung und Photosynthese. Auch diese bestehen aus einer Abfolge chemischer Reaktionen, die auf dieselbe Weise miteinander gekoppelt sind.

Entsorgung: Die Reste können verdünnt ins Abwasser gegeben werden.

Fragen und Aufgaben zum Versuch
1. Ist der Stoff, der die Fe^{2+}-Ionen wieder in Fe^{3+}-Ionen zurück verwandelt, als Oxidationsmittel oder als Reduktionsmittel zu bezeichnen? Schreiben Sie die Redox-Gleichung auf.
2. Welche beiden Reaktionen sind beim BAUMANN-Versuch miteinander gekoppelt und worin besteht diese Kopplung?

3. Unter welchen Voraussetzungen würde die Lösung beständig gefärbt bleiben?
4. Weshalb kann das untersuchte Reaktionssystem als Modellreaktion für Stoffwechselreaktionen (mit welchen beispielsweise?) angesehen werden?
5. Warum darf man die Reaktion nicht in geschlossenen Glasgefäßen durchführen?
6. Warum stellt sich in lebenden Systemen kein Gleichgewichtszustand ein? Denken Sie dabei an Energie- und Stoffflüsse.

Tabelle 6-1. Systemvergleich Lebewesen und Modell-Versuch

Biologische Systeme	Modell-Versuch (BAUMANN-Versuch)
Nährstoff	Cystein
Ausscheidungsstoffe	Cystin
Stoffwechselzwischenprodukte (Metaboliten)	Fe^{2+}/Fe^{3+}
Sauerstoff	Sauerstoff
offenes System	offenes System
Fließgleichgewicht	Fließgleichgewicht
Stofffluss: Nährstoffe $\to$ Ausscheidungsstoffe	Cystein $\to$ Cystin
Energiebereitstellung durch ATP, Oxidation durch Sauerstoff	Oxidation durch Umsetzung mit Sauerstoff
System vieler gekoppelter Stoffwechselreaktionen	zwei gekoppelte Reaktionen
Gesamtstofffluss nicht umkehrbar (irreversibel); Heterotrophe Organismen können aus Ausscheidungsstoffen keine Nährstoffe herstellen.	Gesamtstofffluss nicht umkehrbar (irreversibel). Die Umwandlung der Eisen-Ionen setzt hier nur Cystein in Cystin um.

6.5 Manchmal geht es schlagartig: LANDOLTscher Zeitversuch

Fragestellung: Die bisher behandelten Gesetzmäßigkeiten wie das Massenwirkungsgesetz und das Prinzip von LE CHATELIER bauen auf der Annahme auf, dass die Reaktionsgeschwindigkeit von der Konzentration der an der Reaktion beteiligten Stoffe abhängt und proportional mit der Konzentration ansteigt. Wie kann man diese Annahme an einem Beispiel überprüfen?

- **Geräte**
    - 3 Reagenzgläser (RG), Reagenzglasständer
    - 3 Glasstäbe
    - Filzschreiber
    - Vollpipette (1 mL Pipetten) oder EPPENDORF-Pipette
    - Stoppuhr

- **Chemikalien**
  - Lösung A: 1 g Natrium-iodat $NaIO_3$ in 100 mL Wasser
  - Lösung B: 1 g Natrium-sulfit in 100 mL Wasser und 100 mL Stärke-Lösung (1 g lösliche Stärke in 50 mL Wasser unter Erhitzen lösen) und mit 5 mL Eisessig gemischt

Tabelle 6-2. Versuchsschema zum Zeitversuch nach LANDOLT

Ansatz	A (mL)	B (mL)	Wasser (mL)
1	1	1	2
2	2	1	1
3	3	1	0

Durchführung: Es werden zunächst die in der Tabelle angegebenen Volumina der Lösung A mit den angegebenen Mengen Wasser in jeweils ein RG pipettiert und vermischt. Die Reaktion wird gestartet durch Zugabe von 1 mL Lösung B, wobei die Lösung durch Schütteln gut durchmischt wird. Die Zeit von der Zugabe von B bis zur Blaufärbung wird gemessen.

Beobachtung: Es stellt sich nach kurzer Zeit plötzlich eine stabile Blaufärbung ein. Zunächst entstehen blaue Schlieren, welche sich aber beim Schütteln wieder auflösen.

Erklärung: Mit steigender Konzentration des Reaktionspartners A aus Lösung A nimmt die Reaktionsgeschwindigkeit zu. Damit wäre die Annahme bestätigt, dass die Reaktionsgeschwindigkeit, die Änderung der Konzentration pro Zeit, mit der Konzentration der reagierenden Stoffe zunimmt. Die beteiligten Reaktionen sind:

(a) $IO_3^- + 3\ HSO_3^- \longrightarrow I^- + 3\ HSO_4^-$
   Iodat   Hydrogen-sulfit   Iodid   Hydrogen-sulfat
(b) $5\ I^- + IO_3^- + 6\ H^+ \rightarrow 3\ I_2 + 3\ H_2O$
(c) $I_2 + HSO_3^- + 4\ H_2O \rightarrow 2\ I^- + SO_4^{2-} + 3\ H_3O^+$

Die Reaktion a verläuft vergleichsweise langsam, während die Reaktionen b und c schnell ablaufen. Die langsame Reaktion bestimmt demnach die Geschwindigkeit der Gesamtreaktion. Solange noch Hydrogen-sulfit HSO_3^- vorhanden ist, wird zwischenzeitlich gebildetes Iod I_2, das mit Stärke einen blauen Einlagerungsfarbstoff bildet, sofort zu Iodid I^- reduziert. Erst wenn die Hydrogensulfat-Ionen vollständig oxidiert sind, erscheint eine bleibende Blaufärbung der Lösung.

Entsorgung: Die Reste können in verdünnter Form ins Abwasser gegeben werden.

Fragen und Aufgaben zum Versuch
1. Warum startet man die Reaktion jeweils mit derselben Menge B im jeweils gleichen Volumen?
2. Warum ist es zweckmäßig, den Versuch zu wiederholen beziehungsweise die Ergebnisse von mehreren Experimenten zu vergleichen?
3. Rechnen Sie die Oxidationsstufen für Iod und Schwefel in den oben dargestellten Ionen-Gleichungen aus und vervollständigen Sie die Reaktionsgleichungen, indem Sie die oben angegebenen Natriumsalze in die Reaktionen einbeziehen!
4. Könnte man als Lösung A auch eine Lösung von Kalium-permanganat der Äquivalentkonzentration $c(1/5\ KMnO_4) = 1\ mol\ L^{-1}$ und als Lösung B eine Oxalsäure-Lösung der Äquivalentkonzentration $c(1/2\ (COOH)_2) = 1\ mol\ L^{-1}$ einsetzen und jeweils die Zeit bis zum Verschwinden der violetten Farbe des Kaliumpermanganats messen? Vergleichen Sie diese Möglichkeit im Hinblick auf Vor- und Nachteile mit der LANDOLTschen Zeitreaktion! Versuchen Sie die Reaktionsgleichung für diese Reaktion aufzustellen (Kapitel 7).
5. Auch im Stoffwechsel gibt es rasch und langsam ablaufende Reaktionen. Welche sind für den Stofffluss in einer Synthesekette die Geschwindigkeit bestimmende, die langsamste oder schnellste Reaktion? Warum nennt man das am langsamsten arbeitende Enzym in einer solchen Folge hintereinander geschalteter Reaktionen Schlüsselenzym?
6. Wie könnte man die Geschwindigkeit der Reaktion von Calcium-carbonat (Kalkstein) mit Salzsäure messen (Kapitel 5)? Könnte man hierzu auch eine Waage benutzen? Begründen Sie.
7. Geben Sie ein weiteres Beispiel, wie man die Geschwindigkeit einer chemischen Reaktion messen könnte. Welche Bedingung muss erfüllt sein, dass es sich um ein geeignetes Beispiel handelt?
8. Wäre die Oxidation des Cysteins mit Fe^{3+}-Ionen (BAUMANN-Versuch) zur Ermittlung der Reaktionsgeschwindigkeit gut geeignet?

6.6 Modell biologischer Oszillationen: BELOUSOV-ZHABOTINSKII –Reaktion

Fragestellung: Für lebende Systeme ist es kennzeichnend, dass sich ihre Strukturen (räumliche Muster) und Funktionen (Oszillationen, Rhythmen) periodisch wiederholen. Lässt sich auch dies in einfachen anorganisch-chemischen Modellreaktionen feststellen?

- **Geräte**
    - Becherglas, 250 mL
    - Magnet – Rührer
    - Waage
    - Mess-Zylinder
    - Spatel

- **Chemikalien**
    - Methan-dicarbonsäure (Malonsäure)
    - Cer-ammonium-nitrat, $(NH_4)_2[Ce(NO_3)_6]$
    - Kalium-bromat, $KBrO_3$
    - Schwefelsäure, $c(H_2SO_4) = 1\ mol\ L^{-1}$

Durchführung: In einem Becherglas werden 4,3 g Malonsäure und 0,18 g Cer-ammonium-nitrat in 150 mL Schwefelsäure mit Hilfe eines Magnet-Rührers gelöst. Die Rührgeschwindigkeit soll etwa 20-40 Umdrehungen pro Minute betragen. Zunächst ist die Lösung gelb gefärbt. Nach wenigen Minuten wird sie farblos. Dann gibt man 1,57 g Kalium-bromat unter ständigem Weiterrühren dazu.

Beobachtung: Die Lösung erscheint abwechselnd gelb und farblos und oszilliert mit einer Periode von etwa einer Minute in Abhängigkeit von der Rührgeschwindigkeit und Temperatur.

Erklärung: Die genauen Vorgänge sind recht kompliziert und sollen vereinfacht dargestellt werden. Bei dieser Reaktion wird die Malonsäure durch Bromat oxidiert. Dabei werden beide langsam und kontinuierlich verbraucht. Die Konzentrationen der Ce(III)-, Ce(IV)- und der Bromid-Ionen oszillieren während der Reaktion ständig, d.h. sie werden abwechselnd oxidiert und reduziert.

$$3\ H_3O^+ + 3\ BrO_3^- + 5\ CH_2(COOH)_2 \xrightarrow{Ce^{4+}/Ce^{3+}} 3\ BrCH(COOH)_2 + 2\ HCOOH + 4\ CO_2 + 8\ H_2O$$

Hydronium, Bromat, Malonsäure, Ameisensäure

Genaueres ist in der Spezialliteratur nachzulesen. Dort sind auch etwas abgewandelte Versuche geschildert, die zu räumlichen Mustern führen. Der Farbwechsel bei der hier aufgeführten Reaktion beruht auf der gelben Farbe der Ce^{4+}-Ionen und der Farblosigkeit der Ce^{3+}-Ionen. Ein Zusatz des Redox-Indikators Ferroin erzeugt einen noch auffälligeren Farbwechsel von hellblau und rot.

Entsorgung: Reste können in den Behälter für Schwermetall-Ionen entsorgt werden.

Fragen und Aufgaben zum Versuch
1. Warum kann der hier geschilderte Versuch als Modellversuch für biologische Oszillationen gelten? Was ist bei Lebewesen jedoch anders?
2. Sind zeitliche Periodik (Rhythmen) und räumliche sich wiederholende Muster ein Kennzeichen für Lebewesen? Nennen Sie Beispiele.
3. Welche anderen Kriterien des Lebens wie Wachstum, Reizbarkeit, Stoffwechsel, identische Reduplikation lassen sich modellhaft auch an unbelebten Systemen beobachten?

7 Redox - und Säure/Base-Reaktionen

In den vorangegangenen Kapiteln haben Sie bereits erfahren, dass einige stofflich-chemische Umsetzungen durch Abgabe oder Aufnahme von Elektronen gekennzeichnet sind (Redox-Reaktionen). Bei diesen Redox-Reaktionen ändert sich die Oxidationsstufe der beteiligten Stoffe, wie die nachfolgenden Beispiele zeigen:

$Cu \rightarrow Cu^{2+} + 2\,e^-$
$2\,H^+ + 2\,e^- \rightarrow H_2$
$2\,H_2 + O_2 \rightarrow 2\,H_2O$
$Na + Cl \rightarrow Na^+ + Cl^-$
$Cu + Cl_2 \rightarrow Cu^{2+} + 2\,Cl^-$
$2\,Cystein + 2\,Fe^{3+} \rightarrow 2\,Fe^{2+} + Cystin + 2\,H^+$
$2\,KMnO_4 + 5\,SO_2 + 2\,H_2O \rightarrow 2\,MnSO_4 + 2\,H_2SO_4 + K_2SO_4$

Ebenso haben Sie bereits einige chemische Reaktionen kennen gelernt, bei denen H^+-Ionen (Protonen) abgegeben bzw. aufgenommen werden. Die folgende Übersicht stellt einige dieser Umsetzungen zusammen:

$NaOH + HCl \rightarrow NaCl + H_2O$ Salzbildung, Neutralisation
$CaCO_3 + 2\,HCl \rightarrow CaCl_2 + H_2O + CO_2$ Nachweis Kalkstein
$NH_3 + HCl \rightarrow NH_4Cl$ Salzbildung in Gasphase
$2\,CrO_4^{2-} + 2\,H^+ \rightarrow Cr_2O_7^{2-} + H_2O$ Chromat-/Dichromat-System
$CO_2 + H_2O \rightarrow H^+ + HCO_3^-$ Kohlenstoffdioxid in Wasser
$H^+ + OH^- \rightarrow H_2O$ Grundgleichung Neutralisation

Bei den hier aufgeführten Säure/Base-Reaktionen ändern sich die Oxidationsstufe, die Ladung oder Wertigkeit der reagierenden geladenen Teilchen nicht.
- Für alle Redox-Reaktionen gilt: Reduktionsmittel (Reduktanten) geben Elektronen ab, Oxidationsmittel (Oxidantien) nehmen Elektronen auf.
- Für Säure/Base-Reaktionen gilt: Säuren geben Protonen ab, Basen nehmen Protonen auf.

Je nach Lage des Reaktionsgleichgewichtes gibt es starke oder schwache Reduktionsmittel, Oxidationsmittel, Säuren und Basen. Eine starke Säure z.B. ist in Wasser stark dissoziiert – das Gleichgewicht liegt also auf der Seite der Ionen, bei schwachen Säuren auf der Seite der nicht dissoziierten Säure. Reagiert eine starke Säure z.B. Salzsäure HCl mit einer schwachen Base wie Ammoniak NH_3 oder Wasser, so reagiert die Lösung sauer. Reagiert die schwache Base Ammoniak NH_3 mit Wasser, so reagiert die Lösung basisch.
Beispiele für Säure/Base-Reaktionen sind:

Säure A		Base B		Base A		Säure B
HCl	+	NH_3	$\rightarrow$	Cl^-	+	NH_4^+
HCl	+	H_2O	$\rightarrow$	Cl^-	+	H_3O^+
H_2O	+	NH_3	$\rightarrow$	OH^-	+	NH_4^+

Folglich gilt:
- Eine starke Säure gibt leicht Protonen ab.
- Eine schwache Säure gibt nur schwer Protonen ab.
- Eine starke Base nimmt leicht Protonen auf.
- Eine schwache Base nimmt nur schwer Protonen auf.

Entsprechend kann man für Redox-Reaktionen -Reaktionen feststellen
- Ein starkes Reduktionsmittel gibt leicht Elektronen ab.
- Ein schwaches Reduktionsmittel gibt nur schwer Elektronen ab.
- Ein starkes Oxidationsmittel nimmt leicht Elektronen auf.
- Ein schwaches Oxidationsmittel nimmt nur schwer Elektronen auf.

Elektronen und Protonen werden demnach sowohl abgegeben als auch aufgenommen: Bedeutsame Prozesse der chemischen Verfahrenstechnik, aber auch Stoffwechselprozesse in der Natur, in Zellen, Organismen und Ökosystemen sind mit Elektronenabgabe und Elektronenaufnahme (Redox-Reaktionen) oder mit Protonenabgabe bzw. Protonenaufnahme (Säure/Base-Reaktionen) verbunden. Basale Lebensvorgänge wie Photosynthese und Atmung (vgl. Kapitel 12 und 13), in denen Redox-Reaktionen und Säure/Base-Reaktionen miteinander verknüpft sind, lassen sich überhaupt erst mit der Kenntnis solcher Vorgänge verstehen.

In biologisch-physiologischen Fließgleichgewichten lassen sich Redox-Reaktionen und Säure/Base-Reaktionen nicht voneinander trennen. Von besonderer praktisch-ökologischer Bedeutung ist beispielsweise, dass Stoffe wie Ammoniak zwar chemisch als Base wirken, aber in Ökosystemen zu einer starken Säure (Salpetersäure) umgewandelt werden. Ammoniak ist unter diesem Aspekt als Säurebildner und somit als acidogen anzusehen. Nitrat- und Sulfat-Ionen werden durch die Photosynthese andererseits unter Säureverbrauch wieder reduziert. Sie wirken demnach basenbildend bzw. basogen.

→ galvanische Zelle

7.1 Metalle und ihre Salzlösungen: Ein erster Schritt zur Spannungsreihe

Fragestellung: Ein voran gegangenes Experiment (Versuch 6.3) führte zu der Erkenntnis, dass in zwei gleichartigen Stoffsystemen Cu/Cu^{2+} mit unterschiedlicher Ionen-Konzentration so lange Elektronen fließen, bis in beiden die Ionen-Konzentration einen für das Gleichgewicht charakteristischen Wert erreicht. Daraus ergibt sich die Frage, wie sich gleich konzentrierte, aber stofflich verschiedenartige Systeme verhalten - beispielsweise das System Zn/Zn^{2+} gegenüber Cu/Cu^{2+}? Entsteht hier eventuell ebenfalls eine elektrische Spannung?

- **Geräte**
  - Spannungs-/Strom-Messgerät
  - U-Rohr mit eingeschmolzener Fritte
  - Stativmaterial

- Verbindungskabel
- Zink-Elektrode, Kupfer-Elektrode
- Becherglas (150 mL)
- Messzylinder (100 mL)
- Spatel

- **Chemikalien**
  - Lösung von Zink-sulfat, 1 mol L^{-1}
  - Lösung von Kupfer-sulfat, 1 mol L^{-1}

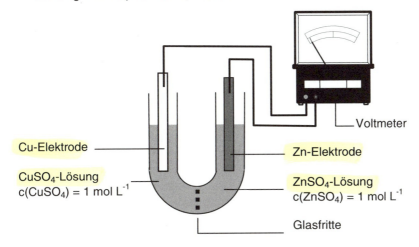

Abb. 7-1. Versuchsaufbau zur Spannungsmessung zwischen Metallen und ihren Salz-Lösungen

Durchführung: Stellen Sie die in Abbildung 7-1 dargestellte Versuchsapparatur zusammen. Den einen Schenkel eines U-Rohres befüllt man mit 20 mL Zinksulfat-Lösung, den anderen mit 20 mL Kupfersulfat-Lösung. In die Zinksalz-Lösung taucht man die Zink-Elektrode, in die Kupfersalz-Lösung die Kupfer-Elektrode. Zwischen beide wird das Messinstrument als Voltmeter (Messbereich bis 20 V) geschaltet. Lesen Sie die Spannung zwischen den beiden Stoffsystemen ab.

Beobachtung: Zwischen den Stoffsystemen entwickelt sich eine Spannung von rund 1 V. Die Elektronenfließrichtung ist vom Zinkmetall zum Kupfermetall gerichtet.

Erklärung: Die Fähigkeit, Elektronen abzugeben, die sich als Spannung messen lässt, nennt man elektrisches Potenzial. Im vorliegenden Versuch misst man die Potenzialdifferenz zwischen dem Zn/Zn^{2+}- und dem Cu/Cu^{2+}-System. Die entsprechende Redox-Reaktion lautet daher:

$$Zn + Cu^{2+} \rightarrow Zn^{2+} + Cu$$
Red A   OxB   OxA   Red B

Potentialdifferenz wird gemessen

Die festgestellte Spannung muss ein Maß dafür sein, wie stark sich die beiden Redox-Systeme Cu/Cu^{2+} und Zn/Zn^{2+} in ihrer Gleichgewichtslage voneinander unterscheiden. Die Stromflussrichtung (Elektronenfließrichtung) gibt an, welches der beiden Systeme die Fähigkeit besitzt, mehr Ionen zu bilden.

Im System Zn/Zn^{2+} stellt sich an der Oberfläche der Zn-Elektrode ein für diese Reaktion charakteristisches Gleichgewicht zwischen Ionen-Konzentration und atomarem Zink ein: *höhere Bereitschaft E abzugeben*

$$Zn \rightleftarrows Zn^{2+} + 2\,e^-\quad \text{–Pol aber Oxidation}$$

Zink steht in der Redox-Reihe (Spannungsreihe) weit oben, ist demnach ein relativ starkes Reduktionsmittel mit der Bereitschaft, Elektronen abzugeben – das Gleichgewicht liegt daher auf der rechten Seite. Es entsteht ein –Pol.

Auch im System Cu/Cu^{2+} stellt sich ein spezifisches Gleichgewicht ein:

$$Cu^{2+} + 2\,e^- \rightleftarrows Cu\quad \text{+Pol aber Reduktion}$$

Das Gleichgewicht dieser Reaktion liegt jedoch mehr auf der Seite des atomaren Kupfers. Kupfer steht in der Redox-Reihe weit unter Zink, ist also ein schwächeres Reduktionsmittel. In diesem System entsteht demnach ein Elektronen-Mangel, weil bei der Reaktion Elektronen verbraucht werden (+Pol).

Verbindet man beide Systeme leitend miteinander, wirkt sich die unterschiedliche Lage der Gleichgewichte so aus, dass die Elektronen vom Zn/Zn^{2+} (–Pol), größere Anzahl freier Elektronen) zum Cu/Cu^{2+} (+Pol), geringere Anzahl freier Elektronen) wandern. Die Elektronen fließen stets vom System mit Elektronen-Überschuss zum System mit Elektronen-Mangel. Das gekoppelte Gesamtsystem ist in der Lage, Arbeit zu verrichten oder Energie bereit zu stellen (Stromerzeugung).

Man kann nun nicht nur das Redox-System Zink und Kupfer, sondern auch andere Elemente und ihre Ionen einbeziehen. Ordnet man diese nach ihrer Fähigkeit, Elektronen abzugeben, so erhält man eine Spannungsreihe. Diese gibt Aufschluss darüber, in welche Richtung die Elektronen fließen. Zink hätte gegenüber dem Kupfer ein negativeres Potenzial – die Elektronen fließen immer vom negativeren zum positiveren System oder Pol, also vom Zink zum Kupfer und nicht umgekehrt.

Entsorgung: Reste von Kupfer- und Zink-Salzen in den Sammelbehälter für Schwermetall-Ionen geben!

Fragen und Aufgaben zum Versuch
1. Wie kommt die gemessene Spannung zu Stande? Erklären Sie mit Hilfe der Reaktionsgleichgewichte an den Metalloberflächen.
2. Vergleichen Sie mit Versuch 6.3, bei dem nur Kupfersalz-Lösungen verschiedener Konzentration verwendet wurden. Was ist gleich, was ist verschieden?
3. Wie erfolgt der Elektrizitätstransport im Metall, wie in den Lösungen? Legen Sie hierzu eine Skizze mit Darstellung des Stromkreises an. Wohin bewegen sich die Sulfat-Ionen?

4. Formulieren Sie die Reaktionsgleichungen für den Vorgang am Zink- und am Kupfermetall.
5. Was müsste man an den Lösungskonzentrationen ändern, damit kein Strom fließt oder sich die Fließrichtung der Elektronen umkehrt?
6. Könnte man den Versuch auch durchführen, indem man einfach die Kupfer- und Zink-Elektroden in zwei Bechergläser mit denselben Salz-Lösungen und Konzentrationen wie im vorliegenden Versuch stellt?
7. Informieren Sie sich im Lehrbuch über die Spannungsreihe. Sagen Sie aufgrund der Redox-Reihe (Spannungsreihe) voraus, in welche Richtung die Reaktion bei gleichen Ionen-Konzentrationen verläuft (Pfeilrichtung einzeichnen):

   $Cu + Zn^{2+}$ - $Zn + Cu$
   $Zn + Pb^{2+}$ - $Pb + Zn$
   $Fe^{3+} + Cl^-$ - $Fe^{2+} + Cl$
   $2 Ag + Cu^{2+}$ - $2 Ag^+ + Cu$
   $Cl_2 + 2 Br^-$ - $2 Cl^- + Br_2$

8. Kontrollieren Sie Ihr Verständnis, indem Sie die Stoffe HCl, H_3O^+, Cl^- und H_2O sowie NH_4^+, OH^-, NH_3 und H_2O in die Reaktionsgleichung an die richtige Stelle setzen.

7.2 Der pH-Wert von Salz-Lösungen: Das Starke setzt sich durch

Fragestellung: Säuren reagieren bekanntlich sauer und Laugen basisch. Dabei werden nur Protonen abgegeben oder aufgenommen. Die Oxidationsstufe ändert sich nicht. Salze müssten eine neutrale Reaktion zeigen, da sie aus gleich viel Säure- und Basen-Anteilen entstehen. Allerdings gibt es starke und schwache Säuren bzw. Basen. In diesem Versuch soll daher überprüft werden, wie die Salze starker Säuren und schwacher Basen bzw. schwacher Säuren und starker Basen jeweils reagieren. Wie fällt die Reaktion in wässriger Lösung aus?

- **Geräte**
    - Reagenzgläser/Reagenzglasgestell
    - Spatel
    - Glasstab

- **Chemikalien**
    - Ammonium-chlorid (Salmiak), NH_4Cl
    - Natrium-acetat, $CH_3COONa \cdot 3 H_2O$
    - Natrium-carbonat (Soda), $Na_2CO_3 \cdot 10 H_2O$
    - Calcium-carbonat (Kalk), $CaCO_3$
    - Aluminium-sulfat, $Al_2(SO_4)_3 \cdot 18 H_2O$
    - Universalindikator-Papier
    - frisch gekochtes, CO_2-freies, destilliertes Wasser (pH 7)

Durchführung: Eine Spatelspitze der angegebenen Salze wird in etwa 5 mL destillierten und abgekochten Wassers im RG gelöst. Vom schwerlöslichen Calcium-carbonat wird eine Suspension hergestellt. Ermitteln Sie mit Universalindikatorpapier, ob die jeweilige Lösung oder Suspension sauer, basisch oder neutral reagiert.

Beobachtung: In den Lösungen von Ammonium-chlorid und Aluminium-sulfat zeigt der Indikator das Vorhandensein von Säure, in denen von Natrium-acetat und Natrium-carbonat das von Basen an. Eine schwach basische Reaktion zeigt die Suspension von Calcium-carbonat.

Erklärung: Starke Säuren/Basen dissoziieren in Wasser stark und schwache Säuren/Basen dissoziieren schwach. Ammonium-chlorid ist das Salz der starken Säure HCl mit der schwachen Base NH_4OH ($NH_3 \cdot H_2O$). Im Wasser löst es sich unter Freisetzung von Protonen (Hydronium-Ionen), weil NH_4^+ als Säure wirkt:

$$NH_4^+ + 2\,H_2O \rightarrow NH_4OH + H_3O^+$$

Die vollständige Hydrolyse-Gleichung lautet deshalb:

$$NH_4Cl + 2\,H_2O \rightarrow NH_4OH + Cl^- + H_3O^+$$

oder vereinfacht:

$$NH_4Cl + H_2O \rightarrow NH_4OH + Cl^- + H^+$$

Die Salze starker Säuren und schwacher Basen reagieren in wässrigen Lösungen also sauer. Entsprechend verhalten sich die Salze starker Basen und schwacher Säuren in wässrigen Lösungen basisch:

$$CH_3COONa + H_2O \rightarrow CH_3COOH + Na^+ + OH^-$$

Starke Säuren und starke Basen neutralisieren sich in etwa, so dass ihre Lösungen weder sauer noch basisch reagieren (Kapitel 5).
Bei der Hydrolyse kommt es zu Reaktionen zwischen den Ionen der Salze und dem Wasser, wobei sich die schwachen und wenig dissoziierten Säuren und Basen in nicht dissoziierter Form bilden und dabei in der Lösung die stark dissoziierten vorherrschen.

Fragen und Aufgaben zum Versuch
1. Formulieren Sie die Hydrolysegleichungen für die übrigen eingesetzten Salze.
2. Weshalb kann man die Hydrolyse als Umkehrreaktion der Neutralisation auffassen?
3. Erklären Sie, weshalb Calcium-carbonat ein Säurepuffer ist, und schreiben Sie die Reaktion von Kalk mit Säure auf. Wie beeinflussen H^+- bzw. H_3O^+-Ionen das Hydrolysegleichgewicht? Erklären Sie die Effekte mit Hilfe des LE CHATELIER-Prinzips.

4. Welche der genannten Salze eignen sich als Säurepuffer, welche als Basenpuffer? Welche würden Sie zur Pufferung physiologischer Reaktionen (beispielsweise Enzymreaktionen, vgl. Kapitel 11) auswählen oder miteinander kombinieren?
5. Seifen sind die Alkalisalze von schwachen organischen Säuren (Fettsäuren). Erklären Sie, weshalb Seifen mit Wasser Laugen (Seifenlauge!) bilden.
6. Warum ist das hydratisierte Al^{3+}-Ion ein Beispiel für eine Kationen-Säure?
7. Erklären Sie den Begriff Anionenbase und nennen Sie ein Beispiel aus dem vorliegenden Versuch.

7.3 Der pH-Wert von Bodenproben: Zu sauer oder zu basisch?

Fragestellung: Der pH-Wert spielt als Maß für den Säuregrad einer Lösung bei Stoffwechselreaktionen in der Zelle und in allen aquatischen Lebensräumen bis hin zu den Weltmeeren eine bedeutende Rolle. Nicht nur für den Stoffwechsel innerhalb der Organismen, sondern auch im Milieu des umgebenden Wassers wie in der Bodenlösung ist der richtige pH-Wert für das Überleben enorm wichtig.

Böden sind natürlich entstandene, sehr komplexe Systeme mit anorganischen und organischen Bestandteilen, die in festem, flüssigem und gasförmigem Aggregatzustand vorliegen. Nur in bestimmter Kombination sind sie für das Wurzelwachstum der Pflanzen geeignet. Hinzu kommt, dass jede Pflanze ihr spezifisches pH-Optimum benötigt: Acidophile Pflanzen bevorzugen saure, basophile Arten alkalische Böden. Bei vielen Arten sind die betreffenden Vorlieben so sehr ausgeprägt, dass man sie als Zeigerpflanzen oder Bioindikatoren bezeichnet.

Bestimmte Salze wie Calcium-carbonat oder Aluminium-sulfat beeinflussen die Bodenreaktion. Wie kann man nun den pH-Wert unterschiedlicher Bodenproben mit Hilfe zweier Indikatoren näherungsweise bestimmen?

- **Geräte**
  - Reagenzgläser (RG), Reagenzglasständer

- **Chemikalien**
  - Methylrot, 0,1%ig in 96%igem Ethanol
  - Bromthymolblau, 0,1%ig in 20%igem Ethanol
  - 0,5 L Lösung von Calcium-chlorid, $c(CaCl_2) = 1$ mol L^{-1}
  - Barium-Sulfat, fest
  - Waldhumusboden (sauer)
  - kalkreicher Ton-, Löss- oder Lehmboden (basisch)

Durchführung:
- Versetzen Sie 2 Volumenteile luftgetrockneten, fein gesiebten Boden mit 1 Teil Barium-sulfat, damit sich die Bodenteilchen besser absetzen.

- Füllen Sie dieses Gemisch in je 2 RG (etwa 3–4 cm) und geben Sie soviel destilliertes Wasser hinzu, dass sie etwa zu 3/4 gefüllt sind.
- Geben Sie in ein RG als Indikator etwas Methylrot, in das zweite etwas Bromthymolblau (RG kennzeichnen!).
- Schütteln Sie beide RG kräftig durch und lassen Sie die Ansätze ca. 10 min stehen, bis sich das Sediment wieder gesetzt hat.
- Vergleichen Sie die Farbe des Überstandes mit den in der folgenden Tabelle angegebenen Farben und ermitteln Sie damit den jeweiligen pH-Wert.
- Wiederholen Sie das Ganze, indem Sie aber das destillierte Wasser durch eine Lösung von Calcium-chlorid ersetzen!

Tabelle 7-1. Indikatorfarben zur Bestimmung des pH-Wertes

Indikator	\<-- sauer			pH-Wert		basisch -->	
	4,5	5	5,5	6	6,5	7	7,5	8
Methylrot	rot		rot-orange		orange		gelb	
Bromthymolblau	gelb		gelb-grün		blaugrün		blau	

Beobachtung: Für basische Böden ist kennzeichnend, dass Methylrot eine gelbe und Bromthymolblau eine blaue Farbe anzeigt. Bei sauren Böden nimmt Methylrot eine rote bis orange und Bromthymolblau eine gelbe Farbe an. Löst man statt in Wasser in einer Salz-Lösung (Lösung von Calcium-chlorid) auf, so werden in sauren Böden niedrigere pH-Werte angezeigt.

Erklärung: Diese Methode gestattet eine grobe Einordnung der Böden in basisch, neutral oder sauer. Eine genauere Bestimmung des pH-Wertes wäre möglich, wenn man den klaren Überstand der Bodensuspension mit einem Streifen Universalindikatorpapier prüft. Möchte man den pH-Wert möglichst genau ermitteln, ist die Verwendung eines pH-Meters mit Glaselektrode (potenziometrische Messung) erforderlich.
Böden weisen je nach Mineralbestand, Verwitterung, Nutzung und Düngung unterschiedliche Mengen an Protonen-Donatoren und -akzeptoren auf. Humushaltige Böden reagieren meist sauer, weil organische Säuren in Wasser nach

$$R\text{-}COOH \rightarrow R\text{-}COO^- + H^+$$

dissoziieren und Protonen freisetzen. Durch saure Verbrennungsprodukte wie SO_2 oder NO_2 und die davon abgeleiteten Säuren H_2SO_4 bzw. HNO_3 sind viele Böden zusätzlich versauert. Die Säuren in der Bodenlösung waschen Nährstoffe aus – die Böden verarmen. Damit zeichnet sich ein beachtliches ökologisches Problem ab.
Kalkhaltige Böden reagieren aufgrund der Hydrolyse von Kalk ($CaCO_3$) basisch. Um festzustellen, wie stark ein Boden bereits versauert ist, genügt es nicht, den pH-Wert in wässriger Lösung zu messen, weil man damit lediglich die freien, dissoziierten H^+- bzw. H_3O^+-Ionen erfasst. Viele Böden, vor allem humusreiche Waldböden, können aber zusätzlich eine Menge H_3O^+- und Al^{3+}-Ionen (Kat-

ionensäuren!) am Bodenionenaustauscher gebunden haben. Sie werden mit Salz-Lösungen, beispielsweise mit einer KCl- oder $CaCl_2$-Lösung vom Austauscher verdrängt. Die Bodenlösung wird hierdurch deutlich saurer als in Wasser ohne Salz.

Entsorgung: Die nicht mehr benötigten Bodenproben können in den Hausmüll gegeben werden.

Fragen und Aufgaben zum Versuch
1. Warum sinkt der pH-Wert der wässrigen Suspension eines sauren Waldbodens, wenn man darin Salz löst? Was bedeutet dieser Effekt für Waldböden, wenn man sie mit Magnesium-sulfat oder Kalium-chlorid zur Auffüllung ihrer Nährionen-Reserve düngt?
2. Kann man die aufgrund des hier aufgezeigten Salz-Effektes ausgelöste Säurefreisetzung (Säureschub) mit Zusatz von Kalk abfangen? Beachten Sie die Löslichkeiten der Düngesalze und von $CaCO_3$.
3. Warum werden Speisen wie Milch, Kraut (Sauerkraut), Wein (Essig), aber auch Waldböden und Moore mit der Zeit sauer?
4. Wie beeinflussen Pflanzen durch Photosynthese und Atmung den pH-Wert in ihren Biotopen? Welche Rolle spielen grüne Pflanzen angesichts der Versauerung der Umwelt?
5. Beurteilen Sie kritisch die Beeinflussung der Ökosysteme mit pflanzenverfügbarem Stickstoff durch den Menschen (Düngung und Eintrag über den Luftweg) angesichts der Tatsache, dass N-Verbindungen unter natürlichen Verhältnissen das Wachstum begrenzend wirken.
6. Warum heißt das O_2-Molekül Sauerstoff, da es doch keine Protonen abgeben kann und bei seiner Reduktion 2 OH^--Ionen (Basen) entstehen?

7.4 Titrimetrische Bestimmung (Maßanalyse): Wie sauer, wie basisch?

Fragestellung: Zu den wichtigsten Säure/Base-Reaktionen gehören die Neutralisationen. Man versteht darunter die Reaktion zwischen H^+- oder H_3O^+-Ionen (Säuren) und solchen mit OH^--Ionen (Basen) unter Bildung von Wasser und Salz. In der quantitativen Analyse wird die Neutralisationsreaktion einer Lauge durch eine Säure oder umgekehrt dazu benutzt, den Gehalt oder die Konzentration einer Lösung an OH^-- oder H_3O^+-Ionen zu bestimmen. Dieses Verfahren heißt Maßanalyse. Voraussetzung dafür ist, dass eine der beiden Reaktionslösungen einen exakt bekannten Gehalt (= Titer) an aufgelöstem Stoff hat (Titrationsverfahren). Die bereit gestellte HCl hat die Konzentration 1 mol L^{-1}. Wie groß ist die Konzentration der zu testenden Natronlauge (g NaOH in 10 mL Lösung)?

- **Geräte**
    - Bürette (50 mL) mit Bürettenhalter

- Stativmaterial
- Erlenmeyerkolben (25 mL)
- Messpipette (10 mL)

- **Chemikalien**
  - Methylorange, 0,1%ig in Wasser
  - Natronlauge (Testlösung), z.B. $c(NaOH) = 0,6$ mol L^{-1}
  - Salzsäure, $c(HCl) = 1$ mol L^{-1}

Durchführung: Zu einem mit der Messpipette genau abgemessenem Volumen V_1 (10 mL, im Erlenmeyerkolben) der zu bestimmenden NaOH-Lösung gibt man zunächst so viele Tropfen Indikatorlösung (Methylrot), bis die Farbe deutlich erkennbar wird. Aus der Bürette lässt man nun langsam soviel Salzsäure in die Vorlage (Erlenmeyerkolben) tropfen, bis der Neutralpunkt gerade erreicht ist, für den $c(H_3O^+) = c(OH^-)$ gilt. Aus der verbrauchten Säuremenge (V_2) wird dann der OH$^-$-Gehalt der zu prüfenden Lösung berechnet.

Beobachtung: Der Farbumschlag erfolgt im Idealfall mit einem einzigen Tropfen (Genauigkeit der Titration!).

Erklärung: Wenn beispielsweise gerade 6,0 mL HCl ($n_2 = 1$ mol L^{-1}) für die Neutralisation verbraucht wurden, lässt sich die Konzentration n_1 der unbekannten Lauge leicht berechnen. Setzt man die bekannten Größen in die Gleichung: $n_1 = n_2 \times V_2/V_1$ ein, erhält man $n_1 = 1$ mol L$^{-1} \times 6$ mL $/ 10$ mL $= 0,6$ mol L^{-1}. Die Natronlauge unbekannter Konzentration weist also die Äquivalentkonzentration 0,6 mol L^{-1} auf. Bei $M(NaOH) = 40$ g mol^{-1} sind also $0,6 \times 40$ g $= 24$ g in 1000 mL oder 0,24 g in den verwendeten 10 mL Lösung enthalten. Dieses Verfahren arbeitet mit größter Genauigkeit, wenn starke Laugen mit starken Säuren oder umgekehrt titriert werden. Werden jedoch z.B. schwache Säuren mit starken Laugen titriert, so ist der Äquivalenzpunkt (bei dem gleich viel Säure wie Lauge vorliegt) und nicht der Neutralpunkt bei pH 7 zu berücksichtigen. Man verwendet in diesem Fall einen Indikator, der im entsprechenden pH-Bereich umschlägt. Prinzipiell kann man dieses Verfahren auch auf Redox-Reaktionen anwenden. Dann muss man mit einer genau eingestellten Lösung eines Oxidationsmittels (bzw. Reduktionsmittels) die Konzentration des Reaktionspartners bestimmen. Hierzu ist es jedoch erforderlich, die Begriffe Säure/Base-Wertigkeit und Redox-Wertigkeit sowie die sich daraus ergebenden Konzentrationsangaben (Äquivalentkonzentrationen) zu berücksichtigen.

Entsorgung: Reste von Säuren und Laugen werden in die dafür bereitgestellten Vorratsbehälter entsorgt.

Fragen und Aufgaben zum Versuch
1. Welche Gemeinsamkeiten und Unterschiede erkennen Sie zur Redox-Titration in Versuch 1.12?

2. Wie viele Gramm Schwefelsäure (g H_2SO_4) waren in 10 mL einer Schwefelsäure-Lösung, wenn man 6 mL NaOH, c(NaOH) = 0.1 mol L^{-1}, zum Neutralisieren benötigt?
3. Welche Rolle könnten Redox- und Säure/Base-Titrationen in der Umwelt- und Gesundheitserziehung spielen?

7.5 Pufferung durch die Ionen schwacher Säuren und Basen

Fragestellung: In der Biologie und Technik spielen Puffersysteme eine überaus wichtige Rolle. Überall, wo durch bestimmte Vorrichtungen die Wirkung einer Ursache oder eines Einflusses abgeschwächt wird, liegen Puffersysteme vor. Beispiele sind Polsterungen (Sessel, Boxhandschuh), welche die Krafteinwirkungen auf den Körper mindern.

Die für die Funktion von Zellen und Organismen, aber auch komplexer Ökosysteme wichtige Einstellung und Aufrechterhaltung eines bestimmten pH-Wertes erfolgt durch chemische Puffersysteme. Als Puffer können solche Stoffe wirken, die eine plötzliche Veränderung des pH-Wertes verhindern. Hierzu sind die Anionen schwacher Säuren sowie die Kationen schwacher Basen geeignet, weil sie gezielt H^+- oder OH^--Ionen wegfangen. Zur Pufferung kann man also die Salze schwacher Säuren und/oder schwacher Basen oder die Mischungen von beiden einsetzen.

Reaktionsbeispiele für Puffersubstanzen sind:

$CH_3COO^- + H^+ \rightarrow CH_3COOH$
$HCO_3^- + H^+ \rightarrow H_2O + CO_2$
$PO_4^{3-} + H^+ \rightarrow HPO_4^{2-}$
$NH_3 + H^+ \rightarrow NH_4^+$
$Al^{3+} + OH^- \rightarrow AlOH^{2+}$
$Fe^{3+} + OH^- \rightarrow FeOH^{2+}$
$NH_4^+ + OH^- \rightarrow H_2O + NH_3$

Kalkböden können die sauren Niederschläge nach folgender Reaktionsgleichung neutralisieren:

$$CaCO_3 + 2\,H^+ \rightarrow Ca^{2+} + H_2O + CO_2$$

Bei der Neutralisation wird die Säure abgepuffert, der Kalk löst sich auf, die Säure wird als Kohlenstoffdioxid ausgetrieben und zunächst beseitigt. Dabei verarmt der Boden jedoch nicht selten an Calcium. Dies kann im Zusammenhang mit Bodenversauerung und Waldschäden auch für andere Ionen (beispielsweise Mg^{2+} oder K^+) zutreffen. Ähnliche Kalk lösende Vorgänge treten in geologisch langen Zeiträumen in den Kalkgebieten auf und führen hier zu den höchst eindrucksvollen Karstphänomenen mit Tropfsteinhöhlen und unterirdischen Fließgewässern. Die erforderlichen Protonen stammen in diesem Fall aus der Lösung von Kohlenstoffdioxid im Niederschlagswasser.

- **Geräte**
    - pH-Messgerät (vgl. Versuch 1.4)
    - Bürette (50 mL) mit Bürettenhalter
    - Stativmaterial
    - Erlenmeyerkolben (25 mL)
    - Messpipette (10 mL)

- **Chemikalien**
    - Lösung von Natrium-acetat, c(Na-acetat) = 1 mol L^{-1}
    - Salzsäure, c(HCl) = 1 mol L^{-1}

Durchführung: Ein mit der Messpipette genau abgemessenes Volumen von 10 mL der zu untersuchenden Lösung von Na-acetat gibt man in einen 25 mL Erlenmeyerkolben. Aus der Bürette lässt man nun langsam tropfenweise Salzsäure in die Natrium-acetat-Lösung im Erlenmeyerkolben tropfen und misst solange den pH-Wert, bis dieser plötzlich abgesunken ist. Zeichnen Sie die Titrationskurve: pH-Wert (Ordinate) gegen Säure-Volumen (Abszisse).

Beobachtung: Zunächst sinkt der pH-Wert bei tropfenweiser Zugabe von Salzsäure nur sehr langsam, um dann am Ende sehr schnell abzufallen.

Erklärung: Die Acetat-Ionen sind Anionen schwacher Säuren. Sie nehmen zunächst H$^+$-Ionen unter Bildung nicht dissoziierter Essigsäure auf. Sie wirken also als Basen. Damit werden freie H$^+$-Ionen aus der Lösung weggefangen und können nicht mehr als Säure wirken. Man sagt, sie werden „weggepuffert". Erst, wenn keine freien Acetat-Ionen mehr in der Lösung vorhanden sind, führt eine weitere Zufuhr von H$^+$-Ionen durch Salzsäure rasch zu einem plötzlichen Abfall des pH-Wertes, weil jetzt reichlich freie H$^+$-Ionen in der Lösung erscheinen, die nicht mehr abgefangen werden können, weil die Kapazität des Acetat-Puffers erschöpft ist.

Entsorgung: Reste von Salzsäure werden im Sammelbehälter für Säureabfälle, Reste von Na-acetat im Behälter für Salze entsorgt.

8 Zucker und andere Kohlenhydrate

Unter Kohlenhydraten versteht man die in der Natur vorkommenden Aldehyd- oder Keto-Derivate (2-Oxo-Derivate) mehrwertiger Alkohole (Polyalkohole). Im einfachsten Fall bezeichnet man diese als Zucker (Einfachzucker, Monosaccharide). Die gleichen oder verschiedene Monosaccharide bauen durch wechselseitige Verknüpfung über Glykosidbindungen Mehrfachzucker (Oligosaccharide, Ketten aus bis zu 50 Monosacchariden) oder Vielfachzucker (Polysaccharide, Ketten aus mehreren hundert Monosacchariden) auf.

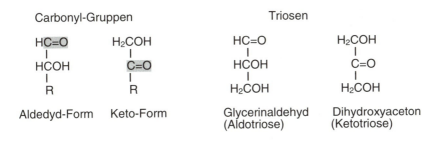

Abb. 8-1. Die Carbonyl-Gruppe in unterschiedlicher Nachbarschaft

Die Bezeichnung Kohlenhydrat (nicht Kohlehydrat!) stammt aus einer Zeit, als man aus der allgemeinen Summenformel $C_n(H_2O)_n$ der meisten Vertreter dieser Stoffgruppe oder der Tatsache, dass sie neben Kohlenstoff die Elemente Wasserstoff und Sauerstoff im Atomverhältnis 2:1 enthalten, eine bestimmte Struktur ableitete: Man fasste sie zunächst als Hydrate des Kohlenstoffs auf.

8.1 Elementaranalyse: Kohlenstoff im Kohlenhydrat

Fragestellung: Unter einer Elementaranalyse versteht man die zunächst qualitative, dann aber auch quantitative Erfassung der in einem Molekül enthaltenen Elemente. Solche Bestimmungen gingen in den Anfängen der Naturstoffchemie der Aufstellung einer Summen- und eventuell einer Strukturformel üblicherweise voran. Der folgende einfache Versuch zeigt das Vorgehen am Beispiel des Kohlenstoffnachweises beispielsweise in Haushaltszucker.

- **Geräte**
    - Uhrglas oder kleines Becherglas (50 mL)
    - Messpipette (2 mL) oder Pasteurpipette

- **Chemikalien**
    - Zuckerwürfel (Saccharose), Kandiszucker (weiß) oder Glucose-Pulver
    - konzentrierte Schwefelsäure; Vorsicht: Stark ätzend!
    - Cobaltpapier: Filtrierpapier mit 5%iger Lösung von Cobalt-chlorid $CoCl_2$

tränken und im Trockenschrank bei ca. 120 °C trocknen bis zur Blaufärbung, eventuell mehrfach vorsichtig durch eine Flamme ziehen. Luftdicht in Schraubdeckelglas aufbewahren. Gleichermaßen verwendbar Watesmos-Testpapier (MACHEREY & NAGEL Nr. 90609).

Durchführung: Mit einer Pipette träufelt man ein paar Tropfen konzentrierte Schwefelsäure auf einen Zuckerwürfel oder weißen Kandiszucker (Saccharose) bzw. auf eine Spatelspitze Glucose-Pulver.

Beobachtung: Schon nach wenigen Augenblicken beginnt sich der jeweilige Zucker von hellem Gelb über kräftiges Braun nach Tiefschwarz zu verfärben.

Erklärung: Dieser einfache Versuch weist die Kohlenhydrat-Natur von Zuckern nach. Die Summenformel der verwendeten Zucker ($C_6H_{12}O_6$ bzw. $2 \times C_6H_{12}O_6 - H_2O$) im Fall des Disacchards Saccharose kann man als spezielle Form der Allgemeinformel $C_n(H_2O)_n$ auffassen. Dieser Verbindung hat die konzentrierte Schwefelsäure als rigoroses chemisches Trocknungsmittel unter Zerstörung kovalenter Bindungen Wasser entrissen – und der elementare (schwarze) Kohlenstoff aus dem Zuckermolekül bleibt zurück.

Zusatzversuch: Wenn man ein Stück Zucker im RG trocken erhitzt, steigen Dämpfe auf, die an der RG-Wand zu einer klaren Flüssigkeit kondensieren. Mit Cobaltpapier lässt sie sich als Wasser nachweisen. Dieses Wasser muss nicht ausschließlich aus der temperaturbedingten (thermo- bzw. pyrolytischen) Zersetzung des Zuckers stammen, sondern könnte auch aus dem Zuckerkristall entweichendes Kristallwasser sein.

Entsorgung: Der mit Säure behandelte Zuckerwürfel kann in reichlich H_2O aufgelöst und über das Abwasser entsorgt werden.

8.2 Zucker enthalten gebundene Energie

Fragestellung: Organische Moleküle sind energiereiche Verbindungen, weil sie mit Sauerstoff umsetzbar (verbrennbar) sind. Aus diesem Grunde sind die meisten von ihnen als Nährstoffe geeignet bzw. in der Nahrung von Tier und Mensch enthalten. Auf dieser Basis drückt man den Nährwert einer Substanz entsprechend in einer energetischen Größe aus: 100 g Glucose repräsentieren ca. 2850 kJ. Durch einen einfachen Verbrennungsvorgang ist der Energiegehalt eines Zucker direkt zu erkennen.

- **Geräte**
  - Tiegelzange oder große Pinzette
  - Kerze (Teelicht) oder Bunsenbrenner

- **Chemikalien**

- Zuckerwürfel (Saccharose) oder Kandiszucker
- Aktivkohlepulver
- Zigarettenasche

Durchführung: Mit der Tiegelzange hält man den Zuckerwürfel in die Kerzen- oder Bunsenbrennerflamme und versucht ihn anzuzünden. Anschließend wälzt man ihn in etwas Zigarettenasche.

Beobachtung: Der Zuckerwürfel ist wegen seines O-Reichtums nicht einfach zu entzünden, da die durch Schmelzvorgänge sich bildende Karamelschicht die offene Flammenbildung rasch wieder unterdrückt. Mit Asche oder Aktivkohle kommt der Brennvorgang dagegen wesentlich besser in Gang.

Erklärung: Die Direktoxidation des Zuckers unter offener Flammenbildung ist kein Modell für die so genannte Verbrennung organischer Verbindungen beim Abbau von Nährstoffen im Körper. Sie zeigt lediglich die Brennbarkeit und den Energiegehalt. Die dem oxidativen Stoffabbau zu Grunde liegenden Stoffwechselreaktionen verlaufen völlig anders.

8.3 Qualitativer Nachweis von Zuckern: MOLISCH-Test

Fragestellung: Für eine erste Orientierung über Natur und Menge von Zuckern, die eventuell in Fruchsäften, Gewebeextrakten oder anderen Lösungen organismischer Herkunft enthalten sind, können die nachfolgend beschriebenen Reaktionen dienen. Die einzelnen Tests werden jeweils im Reagenzglas (RG) mit fertigen $0,1$ mol L^{-1} Zucker-Lösungen und verschiedenen Fruchtsäften oder beliebigen anderen zuckerhaltigen Lösungen durchgeführt.

- **Geräte**
    - Reagenzgläser, Reagenzglasständer, Reagenzglashalter
    - Messpipette (2 mL)
    - Peleusball

- **Chemikalien**
    - fertige Zucker-Lösungen: ca. $0,1$ mol L^{-1} bzw. 2%ige Lösungen von Ribose, Fructose, Glucose, Galactose, Sorbitol, Saccharose, Maltose, Lactose und Trehalose
    - Fruchtsaft (Apfelsaft, Traubensaft), Weißwein, farblose Limonade, Cola/Cola light, Energy-Drink o.a.
    - mit H_2O oder 50%igem Ethanol verdünnter Honig
    - α-Naphthol (z.B. MERCK Nr. 822289)
    - konzentrierte Schwefelsäure (H_2SO_4); Vorsicht: Stark ätzend!

Durchführung: Zu je etwa 2 mL der bereit gestellten Zucker-Lösungen bzw. zur gleichen Menge Fruchtsaft, Weißwein etc. gibt man 3 Tropfen α-Naphthol, mischt gründlich durch und lässt an der Innenseite des schräg gehaltenen RG etwa 1 mL konzentrierte H_2SO_4 langsam herabfließen. So unterschichtet man den Ansatz mit H_2SO_4, die dichter und deshalb schwerer ist als die Zucker-Lösungen.

Vorsicht beim Pipettieren: Keine Schwefelsäure-Spuren auf dem Arbeitsplatz oder am Gerät hinterlassen! Papierhandtücher unterlegen!

Beobachtung: Der Test ist positiv und zeigt das Vorhandensein von Zuckern an, wenn sich an der Grenzfläche der Zucker-Lösung und der unterschichteten Schwefelsäure ein blauvioletter Ring ausbildet.

Erklärung: Unter Entzug von H_2O durch H_2SO_4 (vgl. Versuch 8.1) werden die Hexosen zu Oxymethyl-furfural, die Pentosen zu Hydroxy-methyl-furfural. Diese Reaktionsprodukte bilden anschließend mit α-Naphthol (1-Napthol) rote oder blaue Phenylmethan-Farbstoffe.

Diese Reaktion tritt relativ unspezifisch mit Aldehyd- und Ketozuckern ein und könnte daher unter Umständen von anderen im Testansatz vorhandenen Aldehyden oder Ketonen gestört werden.

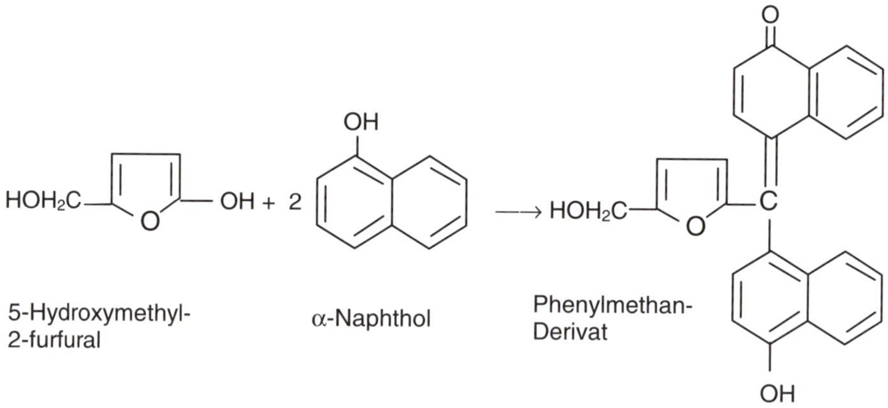

5-Hydroxymethyl-2-furfural   α-Naphthol   Phenylmethan-Derivat

Abb. 8-2. Reaktionsablauf des MOLISCH-Tests

Entsorgung: Die Reaktionsansätze dieses Versuches werden nach Auswertung in den Sammelbehälter für Säuren gegeben.

8.4 Empfindlichkeit der MOLISCH-Reaktion

Auch bei qualitativen Tests interessiert neben der generellen Aussage die Empfindlichkeit der eingesetzten Nachweisreaktion, weil nur so die Verlässlichkeit einer auf dem Testergebnis gegründeten Aussage abzuschätzen ist. Am Beispiel der MOLISCH-Reaktion wird dieser Sachverhalt experimentell erkundet:

- **Geräte**
  wie Versuch 8.3

- **Chemikalien**
  - durch Verdünnen mit H_2O wird aus der vorhandenen 0,1 mol L^{-1} Glucose-Lösung je eine 0,01 mol L^{-1}, 0,001 mol L^{-1} (1:10) und 0,0005 mol L^{-1} Lösung (1:2) hergestellt.
    Hinweis: Um aus einer 0,01 mol L^{-1} Lösung (A) eine 0,001 mol L^{-1} (B) herzustellen, verdünnt man 1 mL A mit 9 mL H_2O.

Durchführung: Mit je etwa 2 mL dieser Lösungen wird wiederum der MOLISCH-Test (wie in Versuch 8.3) durchgeführt.

Beobachtung: Bei Anwesenheit von Zuckern innerhalb der Nachweisgrenzen bildet sich an der Phasengrenze zwischen Zucker-Lösung und Schwefelsäure ein blauvioletter Ring.

Auswertung: Die MOLISCH-Reaktion erfasst Zucker noch bei relativ geringen Konzentrationen. Stellen Sie die Grenzkonzentration fest, bei der der violette Ring noch klar erkennbar ist. Wo liegt die dabei tatsächlich nachgewiesene Zuckermenge? (in mg Zucker mL^{-1} Testlösung angeben).

Entsorgung: Die Reaktionsansätze dieses Versuches werden nach Auswertung in den Sammelbehälter für Säuren gegeben.

8.5 Nachweis freier und gebundener Pentosen: BIAL-Test

- **Geräte**
  wie Versuch 8.3 sowie
  - Siedesteinchen
  - Schutzbrille
  - Bunsenbrenner

- **Chemikalien**
  - BIAL-Reagenz: 0,1 g $FeCl_3$ in 100 mL 37%iger HCl lösen, kurz vor Gebrauch 1 g Orcin (= 3,5-Dihydroxy-toluol, z.B. MERCK Nr. 820933) zusetzen; als Fertiglösung bereit stellen
  - Zucker-Lösungen aus Versuch 8.3

Durchführung: Zu je etwa 2 mL Testlösung gibt man 2 mL BIAL-Reagenz und erhitzt vorsichtig bis zum Sieden. Vorsicht: Siedeverzug beachten!

Beobachtung: Nur bei Anwesenheit freier oder in Oligosacchariden gebundener Pentosen färbt sich der Ansatz petrol- bis tintenblau.

Erklärung: Die Reaktion beruht auf der Bildung von Furfural aus Pentosen und der anschließenden Farbstoffbildung mit Orcin.

Entsorgung: Die Reaktionsansätze dieses Versuches werden nach Auswertung in den Sammelbehälter für Säuren gegeben.

8.6 Nachweis freier und gebundener Pentosen: TOLLENS-Test

- **Geräte**
  wie Versuch 8.2

- **Chemikalien**
  - konzentrierte HCl; Vorsicht: Stark ätzend!
  - 2%ige Lösung von Phloroglucin (MERCK Nr. 818887) in H_2O
  - Zucker-Lösungen aus Versuch 8.2

Durchführung: Zu je etwa 1 mL Testlösung gibt man 2 mL konzentrierte HCl und 1 mL Phloroglucin-Lösung und erhitzt vorsichtig bis zum Sieden. Vorsicht: Siedeverzug beachten!

Beobachtung: Nur bei Anwesenheit freier oder in Oligosacchariden gebundener Pentosen färbt sich der Ansatz rötlich.

Erklärung: Die Reaktion beruht auf der Bildung von 5-Hydroxy-methyl-furfural aus Pentosen und der anschließenden Farbstoffbildung mit Phloroglucin, das hier das Orcin aus dem BIAL-Test ersetzt.

Entsorgung: Die Reaktionsansätze dieses Versuches werden nach Auswertung in den Sammelbehälter für Säuren gegeben.

8.7 Nachweis von Desoxyribose: DISCHE-Reaktion

- **Geräte**
  wie Versuch 8.2
  - Wasserbad (kochend)

- **Chemikalien**
  - 2%ige Lösung von Desoxyribose, Hydrolysat von DNA (käuflich, z.B. MERCK Nr. 18590.02) oder eigenes Präparat aus Hefezellen (vgl. Versuch 11.3)
  - DISCHE-Reagenz: 1 g Diphenyl-amin (z.B. MERCK Nr. 820528) in 2,5 mL konzentrierter Schwefelsäure H_2SO_4 lösen und mit konzentrierter

Essigsäure auf 100 mL auffüllen.
Vorsicht beim Umgang mit beiden Chemikalien!

Durchführung: 1 mL Testlösung wird mit 2 mL DISCHE-Reagenz versetzt und im kochenden Wasserbad 10–30 min erhitzt.

Beobachtung: Die deutliche Blaufärbung zeigt die Anwesenheit von freier Desoxyribose an.

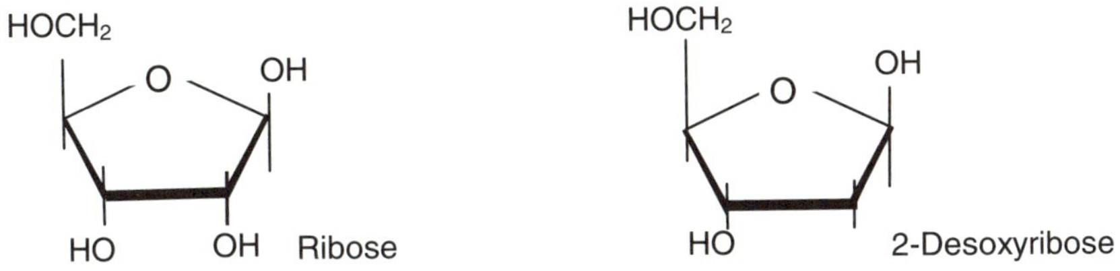

Abb. 8-3. Formelbilder von β-D-Ribofuranose und 2-Desoxy-β-D-Ribofuranose

Erklärung: Diphenyl-amin im Nachweisreagenz bildet nur mit Desoxyzuckern einen stabilen blauen Farbkomplex.

Entsorgung: Die Reaktionsansätze dieses Versuches werden nach Versuchsabschluss in den Sammelbehälter für Säuren gegeben.

8.8 Nachweis freier und gebundener Ketohexosen: SELIWANOFF-Test

- **Geräte**
  wie Versuch 8.3
  - Wasserbad (ca. 40 °C)

- **Chemikalien**
  - konzentrierte Salzsäure HCl; Vorsicht: Stark ätzend!
  - Resorcin-Lösung (MERCK Nr.), 5%ig in Ethanol

Durchführung: Zu je etwa 2 mL der Testlösungen gibt man 2 mL konzentrierte HCl und 2 mL Resorcin-Lösung. Alle Proben werden nach gründlicher Durchmischung gleichzeitig für etwa 15-20 min in ein Wasserbad von mindestens 40 °C gestellt.

Beobachtung: Der Test ist positiv, d.h. es sind freie oder in Oligosacchariden gebundene Ketosen im Testansatz vorhanden, wenn sich der Reaktionsansatz leicht rosa färbt.

Erklärung: Die Reaktion beruht auf der im Unterschied zu den Aldosen relativ raschen Dehydrierung der Ketosen in HCl zu 5-Hydroxy-methyl-furfural und der anschließenden Farbstoffbildung mit Resorcin.

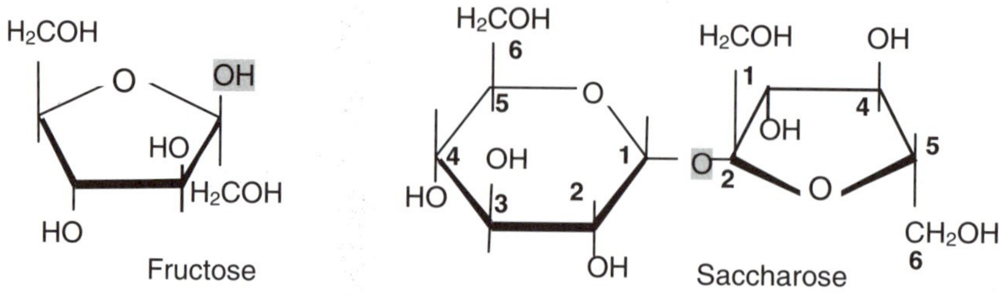

Abb. 8-4. β-D-Fructofuranose = β-D-Fructose und α-D-Glucopyranosyl-(1→2)-β-D-fructofuranose = Saccharose (Rohr- bzw. Rübenzucker)

Entsorgung: Die Reaktionsansätze dieses Versuches werden nach Versuchsabschluss in den Sammelbehälter für Säuren gegeben.

8.9 Nachweis freier und gebundener Ketohexosen: ZEREWITINOW-Test

- **Geräte**
  wie Versuch 8.3
  - Wasserbad (ca. 40 °C)

- **Chemikalien**
  - konzentrierte Salzsäure HCl; Vorsicht: Stark ätzend!
  - Lösung von Diphenyl-amin. 10%ig in 96%igem Ethanol
    Vorsicht: Nicht einatmen! Nur unter dem Abzug arbeiten!

Durchführung: Zu je etwa 2 mL der Testlösungen gibt man 2 mL konzentrierte HCl und 2 mL Diphenylamin-Lösung und erhitzt den Ansatz im Wasserbad für mindestens 10 min.

Beobachtung: Der Test zeigt freie Ketosen oder ketosehaltige Oligosaccharide an, wenn sich nach Erwärmung eine intensive Blaufärbung einstellt.

Erklärung: Im stärker sauren Milieu bildet Diphenyl-amin mit Ketosen blaue Farbkomplexe. In einem modifizierten Ansatz dient die ZEREWITINOW-Reaktion zum Nachweis aktiver Wasserstoffatome in organischen Verbindungen.

Entsorgung: Die Reaktionsansätze dieses Versuches werden nach Auswertung in den Sammelbehälter für Säuren gegeben.

8.10 Nachweis reduzierender Zucker: FEHLING-Test

Fragestellung: Der FEHLING-Test gilt neben ähnlich zusammengesetzten Tests als klassische Nachweisreaktion für Monosaccharide. Er liefert damit eine Aussage darüber, ob der untersuchte Zucker als Reduktionsmittel einzusetzen ist und reduzierende Eigenschaften aufweist.

- **Geräte**
  wie Versuch 8.3
    - Bunsenbrenner
    - Schutzbrille
    - Siedesteinchen

- **Chemikalien**
    - FEHLING-Lösung I: 7 g $CuSO_4 \cdot 5\ H_2O$ in 100 mL H_2O
    - FEHLING-Lösung II: 35 g K/Na-Tartrat (= Seignette-Salz, z.B. MERCK Nr. 108087) und 25 g NaOH in 100 mL H_2O
      Beide als Fertiglösungen bereit stellen! Vorsicht: ätzend!

Durchführung: Je 2 mL der Lösungen FEHLING I und FEHLING II werden im RG gründlich gemischt. Dabei entsteht ein tiefblauer, aber unbeständiger Farbkomplex. Zu dieser Mischung gibt man je etwa 2 mL Testlösung und erhitzt zusammen mit Siedesteinchen über der Bunsenbrennerflamme langsam bis zum Sieden.
Vorsicht: Dieser Reaktionsansatz neigt sehr zum Siedeverzug (d.h. beim Erhitzen spritzt der Ansatz aus der Reagenzglasöffnung) – deshalb unbedingt Schutzbrille tragen!!

Beobachtung: Der Test ist positiv und zeigt das Vorhandensein reduzierender Zucker an, wenn sich beim Erhitzen nach kurzer Zeit eine deutliche, aber vergängliche Rotorange-Färbung einstellt.

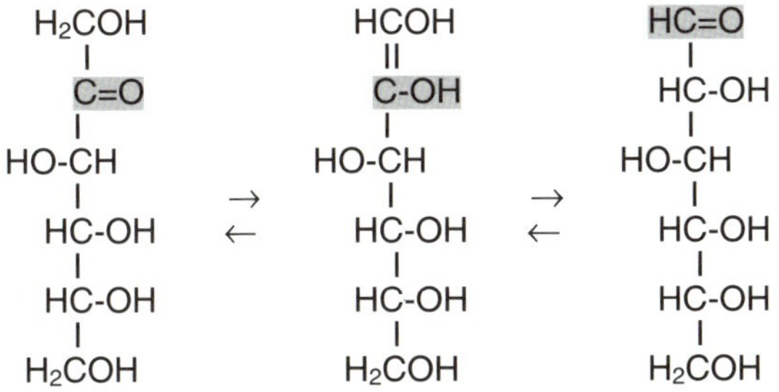

$$
\begin{array}{ccc}
H_2COH & HCOH & HC=O \\
| & \| & | \\
C=O & C-OH & HC-OH \\
| & | & | \\
HO-CH & HO-CH & HO-CH \\
| \quad \rightarrow & | \quad \rightarrow & | \\
HC-OH \quad \leftarrow & HC-OH \quad \leftarrow & HC-OH \\
| & | & | \\
HC-OH & HC-OH & HC-OH \\
| & | & | \\
H_2COH & H_2COH & H_2COH \\
\\
\text{Fructose} & \text{Endiol-Intermediat} & \text{Glucose}
\end{array}
$$

Abb. 8-5. Umwandlung von Fructose in Glucose durch 1,2-Endiol-Tautomerie

Erklärung: In der stark alkalischen FEHLINGschen Lösung sind zweiwertige Kupferionen (Cu^{2+}) enthalten, die durch reduzierende Zucker (Zucker mit freier Carbonyl-Gruppe) zu einwertigen Kupferionen (Cu^+) reduziert werden. Erhitzt man eine Lösung mit reduzierenden Zuckern, so tritt allmählich eine Verfärbung durch ausfallendes ziegelrotes Kupfer(I)-Oxid (Cu_2O) ein.
Bei dieser Reaktion wird die Aldehyd-Gruppe (-CHO) am Atom C-1 der Aldosen nach Ringöffnung zur Carboxyl-Gruppe (-COOH) oxidiert – aus Glucose entsteht dabei Glucuronsäure. Eine analoge Reaktion zeigt auch die Fructose, da sie über eine 1,2-Endiol-Zwischenform (vgl. Abbildung 8-5) leicht in Glucose umgewandelt werden kann. Bei Disacchariden kann der Ring, dessen Atom C-1 in das Vollacetal der 1→4-Glykosidbindung einbezogen ist, nicht geöffnet und seine Carbonyl-Gruppe folglich nicht oxidiert werden. Der zweite Zucker mit der Halbacetal-Gruppierung reagiert dagegen wie ein Monosaccharid.
Dieser bekannte, aber nicht besonders selektive Nachweis wurde um 1850 von dem in Stuttgart wirkenden Chemiker HANS CHRISTIAN FEHLING (1812–1885) entwickelt. Er verwendete erstmals Kaliumnatrium-tartrat als Komplexbildner.

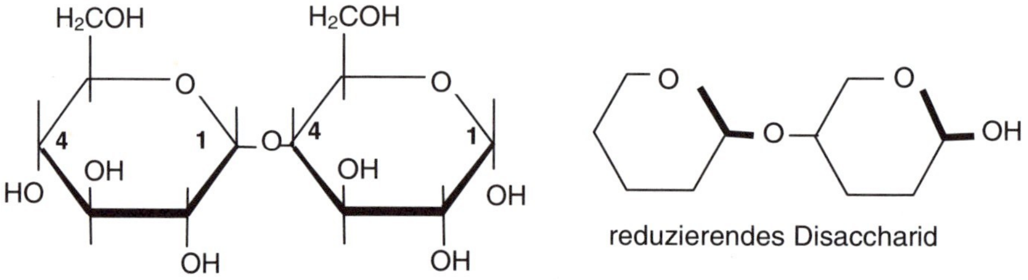

α-D-Glucopyranosyl-(1→4)α-D-glucopyranose = Maltose

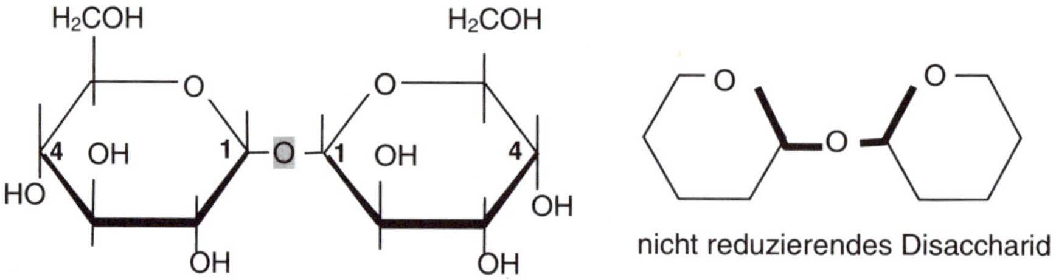

reduzierendes Disaccharid

α-D-Glucopyranosyl-(1→1)α-D-glucopyranose = Trehalose

nicht reduzierendes Disaccharid

Abb. 8-6. Reduzierende und nicht reduzierende Zucker

Fragen zum Versuch
1. Warum ist Saccharose ein nicht reduzierender Zucker?
2. Warum erweisen sich Sorbit(ol) oder der isomere Mannit(ol) als nicht reduzierende Verbindungen?

Entsorgung: Die Reaktionsansätze dieses Versuches werden nach Versuchsabschluss in den Sammelbehälter für schwermetallhaltige Lösungen gegeben.

8.11 Nachweis reduzierender Zucker: BENEDICT-Probe

Fragestellung: Außer der FEHLING-Probe gibt es diverse weitere Nachweisreaktionen für Monosaccharide, die deren reduzierende Eigenschaften nutzen. Die hier vorgestellte Probe wird wegen deutlich geringerer Basizität (und Vermeidung starker Laugen) zunehmend als Ersatz für den FEHLING-Test verwendet.

- **Geräte**
  wie Versuch 8.3 sowie
    - Bunsenbrenner oder Wasserbad (50 °C)
    - Messkolben (100 mL)
    - Schutzbrille
    - Siedesteinchen

- **Chemikalien**
    - Lösung A: 17,5 g Natrium-citrat und 10 g Natrium-carbonat Na_2CO_3 in 70 mL warmem H_2O lösen.
    - Lösung B: 1,7 g Kupfer(II)-sulfat $CuSO_4 \cdot 5\ H_2O$ in 20 mL H_2O lösen.
    - Gebrauchsfertige Lösung: Beide Lösungen im Messkolben zusammengießen und mit H_2O auf 100 mL auffüllen. Die Lösung ist haltbar.
    - Zucker-Lösungen aus Versuch 8.3

Durchführung: Je 2 mL der Zucker-Lösungen werden mit 2 mL BENEDICT-Reagenz versetzt und im Wasserbad erwärmt oder mit Siedesteinchen vorsichtig über der Bunsenbrennerflamme erhitzt.
Vorsicht! Schutzbrille tragen!

Beobachtung: Bei Anwesenheit reduzierender Zucker bildet sich ein ziegelroter Niederschlag von Cu_2O. Konzentrationsabhängig kann die Farbe auch grünlich oder gelblich ausfallen.

Erklärung: Das Nachweisprinzip mit Reduktion von Cu^{2+}-Ionen ist das gleiche wie beim FEHLING-Test.

Entsorgung: Die Reaktionsansätze dieses Versuches werden nach Versuchsabschluss in den Sammelbehälter für schwermetallhaltige Lösungen oder für Laugen gegeben.

8.12 Nachweis reduzierender Zucker: TROMMERsche Probe

Fragestellung: Die hier vorgestellte Probe ist älter als der Fehling-Test und wurde bereits 1841 von dem deutschen Chemiker KARL AUGUST TROMMER (1806–1879) vorgeschlagen. Da sich dieser Versuch durch besondere Einfachheit auszeichnet, wird er gerne als Ersatz für den FEHLING-Test verwendet.

- **Geräte**
  wie Versuch 8.3 sowie
  - Bunsenbrenner
  - Schutzbrille
  - Siedesteinchen

- **Chemikalien**
  - 0,5 g $CuSO_4 \cdot 5\,H_2O$ (z.B. MERCK Nr. 102790) in 100 mL H_2O
  - konzentrierte Natronlauge NaOH; Vorsicht: Stark ätzend!
  - Zucker-Lösungen aus Versuch 8.3

Durchführung: Je 2 mL der Zucker-Lösungen werden mit 1 mL NaOH vermischt und anschließend mit 0,5 mL der $CuSO_4$-Lösung versetzt. Diesen Reaktionsansatz erhitzt man mit Siedesteinchen vorsichtig über der Bunsenbrennerflamme. Vorsicht: Schutzbrille tragen!

Beobachtung: Bei Anwesenheit reduzierender Zucker bildet sich ein ziegelroter Niederschlag von Cu_2O.

Erklärung: Das Reaktionsprinzip ist identisch mit dem der FEHLING-Probe.

Entsorgung: Die Reaktionsansätze dieses Versuches werden nach Auswertung in den Sammelbehälter für schwermetallhaltige Lösungen oder für Laugen gegeben.

8.13 Nachweis reduzierender Zucker: Silberspiegel-Test

Fragestellung: Besonders eindrucksvoll unter den Nachweisreaktionen für reduzierende Zucker ist die Silberspiegel-Probe mit ammoniakalischem Silbernitrat.

- **Geräte**
  wie Versuch 8.3;
  die verwendeten RG müssen extrem sauber sein und sollten zuvor mit Salpetersäure HNO_3 ausgespült werden.

- **Chemikalien**
  - Ammoniakalische Lösung von Silber-nitrat: $AgNO_3$-Lösung so lange mit

NH$_4$OH-Lösung versetzen, bis sich der anfangs entstehende braune Niederschlag wieder auflöst.

Durchführung: Etwa 3 mL Testlösung mit 1 mL ammoniakalischer AgNO$_3$-Lösung mischen und mit Siedesteinchen über der Bunsenbrennerflamme vorsichtig erhitzen, bis sich am Boden des RG ein silbriger Belag bildet.
Vorsicht! Schutzbrille tragen!

Beobachtung: Bei Anwesenheit reduzierender Zucker zeigt sich an der Wand des RG ein schwärzlicher bis spiegelnder Niederschlag.

Erklärung: Der metallische Niederschlag besteht aus elementarem Silber, das unter der Wirkung reduzierender Zucker aus der AgNO$_3$-Lösung reduziert (Ag$^+$ $\rightarrow$ Ag) abgeschieden wurde. Der Silberspiegel ist in konzentrierter Salpetersäure HNO$_3$ leicht wieder aufzulösen.

Hinweis: Auch die Silberspiegel-Probe wird manchmal TOLLENS-Test genannt.

Entsorgung: Die Reaktionsansätze dieses Versuches werden nach Auswertung in den Sammelbehälter für schwermetallhaltige Lösungen gegeben.

8.14 Nachweis reduzierender Zucker mit Methylenblau

- **Geräte**
  wie Versuch 8.3

- **Chemikalien**
    - 15%ige Natronlauge NaOH; Vorsicht: Stark ätzend!
    - 0,01%ige wässrige Lösung von Methylenblau
    - Glucose- oder Fructose-Pulver

Durchführung: In ein RG gibt man eine Spatelspitze Glucose- oder Fructose-Pulver und löst dieses in 15%iger NaOH unter vorsichtigem Schütteln oder Umrühren vollständig auf. Dann versetzt man mit 3 mL Methylenblau-Lösung und durchmischt gründlich.

Beobachtung: Nach kurzer Zeit hat sich der anfangs tintenblaue Reaktionsansatz völlig entfärbt. Wenn man erneut umrührt oder umschüttelt, stellt sich die blaue Farbe wieder ein, um kurz darauf erneut zu verschwinden.

Erklärung: Der Farbstoff Methylenblau wird durch Glucose und Fructose zu seiner Leuko-Form reduziert und ist dann farblos. Erneutes Umrühren mischt Luftsauerstoff in den Ansatz und reoxidiert die farblose Leuko-Form von Methylenblau zum blauen Farbstoff.

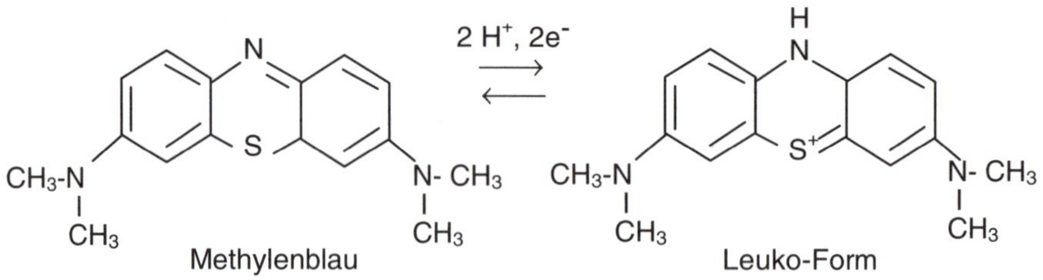

Abb. 8-7. Reduktion von Methylenblau zur Leuko-Form

Entsorgung: Die Reaktionsansätze dieses Versuches werden nach Auswertung in den Sammelbehälter für Laugen gegeben.

8.15 Unterscheidung von Mono- und Disacchariden: BARFOED-Test

Fragestellung: Die Versuche 8.3 bis 8.14 können zwar allgemein als Zuckernachweise eingesetzt werden, geben aber keinen Aufschluss darüber, ob in einer Lösung Mono- oder Disaccharide enthalten sind. Außer freier Glucose reagieren beispielsweise auch Maltose oder Lactose als reduzierende Zucker. Der hier vorgestellte Test erlaubt eine Unterscheidung.

- **Geräte**
  wie Versuch 8.3 bzw. 8.5

- **Chemikalien**
  - BARFOED-Reagenz: 5% Kupfer-acetat + 5% Natrium-acetat in 0,5%iger Essigsäure; nur kurzzeitig haltbar, als frische Fertiglösung bereit stellen.
  - Zucker-Lösungen aus Versuch 8.3.

Durchführung: Zu je etwa 1 mL Testlösung gibt man 2 mL BARFOED-Reagenz. Wie beim FEHLING-Test wird über der Bunsenbrennerflamme sehr vorsichtig bis zum Sieden erhitzt. Siedeverzug beachten und Schutzbrille tragen!
Der ziegelrote, hier allerdings nur schwach anfallende Cu_2O-Niederschlag wird bei den Monosacchariden deutlich eher auftreten, bei Disacchariden erst nach längerer Erhitzung. Bei diesem Test ist es deshalb wichtig, die Reaktionszeit bis zum positiven Ergebnis zu notieren und alle Probelösungen mit der gleichen Erhitzungszeit zu behandeln.

Beobachtung: In Lösungen mit Monosacchariden zeigt sich nach etwa 1 min ein feiner ziegelroter Niederschlag von Cu_2O. Bei Fruchtsäften und farbigen Limonaden tritt mitunter nur eine leichte rötliche Trübung ein.

Erklärung: Die Unterscheidbarkeit der beiden Kohlenhydrat-Gruppen beruht darauf, dass die Monosaccharide generell etwas stärkere Reduktionsmittel sind als Disaccharide. Insgesamt fällt die Bildung von reduziertem Kupfer-oxid jedoch deutlich schwächer aus als bei der FEHLING-Probe.

Entsorgung: Die Reaktionsansätze dieses Versuches werden nach Auswertung in den Sammelbehälter für Laugen oder schwermetallhaltige Lösungen gegeben.

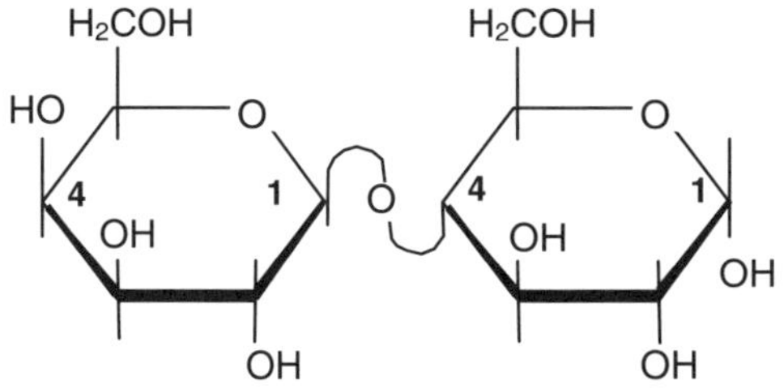

Abb. 8-8. Formelbild von β-D-Galactopyranosyl-(1→4)α-D-glucopyranose = Lactose (Milchzucker). Es ist auch die Form mit β-D-Glucose bekannt.

8.16 Glucose-Nachweis mit Teststreifen: GOD-Test

Fragestellung: Bei bestimmten Stoffwechselkrankheiten im Bereich des Kohlenhydrathaushaltes (z.B. bei Diabetes) wird Glucose über die Nieren ausgeschieden und ist dann im Urin nachweisbar. Als rasches und zuverlässiges Nachweismittel dienen spezifisch reagierende Teststäbchen aus der Apotheke. Der Test arbeitet mit einer enzymatisch katalysierten Farbstoffbildung.

- **Geräte**
  - Bechergläser (50 mL)

- **Chemikalien**
  - Glucose-Teststäbchen (z.B. BOEHRINGER Nr. 647659)
  - verdünnte (ca. 0,1%ige) Glucose-, Fructose- und Saccharose-Lösung

Durchführung: Man taucht je ein Teststäbchen kurz in die Zucker-Lösung und liest nach einigen Minuten die nach Packungsbeilage zu erwartende Farbreaktion ab.

Beobachtung: Bei Anwesenheit von Glucose bildet sich ein blauer Farbkomplex.

Erklärung: Auf den Teststäbchen befinden sich in gefriergetrockneter Form die beiden Enzyme Glucose-Oxidase und Peroxidase. Glucose-Oxidase (GOD) zerlegt Glucose in Glucono-lacton und H_2O_2. Über Peroxidase, ein der Katalase analoges Enzym (vgl. Kapitel 13) erfolgt die rasche Zerlegung von H_2O_2 zu H_2O

und die H-Übertragung auf einen oxidierten Akzeptor, der unter Reduktion in den blauen Farbstoff Tolidin übergeht. Die zu Grunde liegenden Reaktionen zeigt Abbildung 8-9:

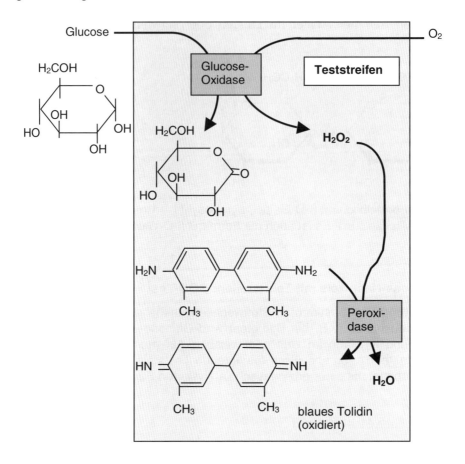

Abb. 8-9. Reaktionsabläufe auf dem Teststreifen beim GOD-Test

8.17 Dünnschichtchromatographische Trennung von Zuckern

An dünnen Schichten anorganischer (Kieselgel) oder organischer Materialien (Cellulose), die man als Sorbentien auf eine Trägerplatte aus Glas oder Aluminium aufgebracht hat, können in einer Trennkammer mit Hilfe eines Fließmittels (Laufmittel: Gemische polarer/apolarer Lösungsmittel) Stoffe oder Stoffgemische rasch und zuverlässig getrennt werden (Dünnschichtchromatographie). Vergleichbare Verfahren sind die wissenschaftshistorisch älteren Papier- oder Säulenchromatographie. Die Trennung der Proben erfolgt durch Lösungs- und Verteilungsvorgänge, während das Fließmittel (= mobile Phase) in der dünn und gleichmäßig ausgestrichenen Sorptionsschicht (= stationäre Phase) aufsteigt. Dieser Vorgang wird auch als aufsteigende Entwicklung des Chromatogramms bezeichnet.

Fragestellung: Welche Zucker in Lösungen oder Getränken lassen sich dünnschichtchromatographisch trennen und hinsichtlich ihrer genauen Substanzidentität nachweisen? Mit der vergleichsweise einfachen, aber ausgesprochen leistungsfähigen Trenntechnik der Dünnschichtchromatographie, die heute in zahlreichen Abwandlungen eingesetzt wird und für analytische Probleme in der Physiologie und Biochemie nahezu unentbehrlich geworden ist, werden im folgenden Versuch Zucker aus Früchten bzw. Fruchtextrakten getrennt und anhand mitlaufender (cochromatographierter) Vergleichssubstanzen identifiziert, die bekannt (authentisch) sind.

- **Geräte**
    - DC-Platte (20 x 20 cm), mit Cellulose beschichtet (käufliche Fertigplatte, z.B. MERCK Nr. 105716 oder MACHEREY & NAGEL Nr. 808033)
    - Glaskapillaren oder Kunststoffspitzen für Automatikpipetten
    - Trennkammer aus Glas für 20 x 20 cm große DC-Platten
    - Trockenschrank (oder Backofen)
    - Sprühvorrichtung

- **Chemikalien**
    - ca. 1%ige ethanolische Lösungen von Ribose, Fructose, Glucose und Saccharose
    - Laufmittel: Ameisensäure – Methyl-ethyl-keton – *n*-Butanol – Wasser = 15:30:40:15
    - Nachweisreagenzien: für Ketosen: Harnstoff-HCl (5 g Harnstoff + 20 mL 2 mol L^{-1} HCl + 100 mL 96%iges Ethanol mischen, haltbar);
    für Aldosen: Anilin-Phthalat (0,93 g Anilin + 1,66 g Phthalsäure in 100 mL H$_2$O-gesättigtem *n*-Butanol (haltbar) oder käufliche Fertiglösung (z.B. MERCK Nr. 101269).
    Vorsicht beim Umgang mit Anilin: cancerogene Verbindung! Nur unter dem Abzug einsetzen!
    - Testlösungen (Substanzgemische) für die Laufspuren 1–5 auf der DC-Platte z.B. Saft von Apfel, Orange, Weinbeere, ferner Cola-Getränk, beliebige Limonade, Weißwein, wässrige Lösung von Bonbons, Gummibärchen etc.

Durchführung:
- Vorbereiten der DC-Platte: Zwei DC-Platten (a) und (b) werden mit einem weichen Bleistift nach dem abgebildeten Schema (Abbildung 8-10) markiert und mit den zu trennenden Stoffen bzw. Stoffgemischen identisch beschickt.

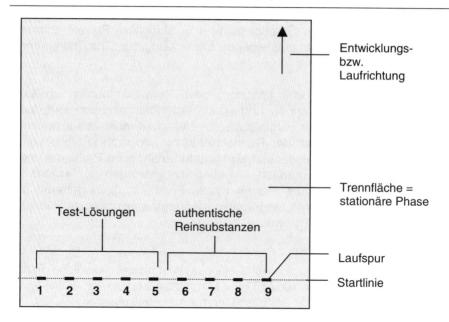

Abb. 8-10. Beladungsschema einer DC-Platte: 1-9 Laufspuren der chromatographierten Reinsubstanzen bzw. Gemische unbekannter Zusammensetzung, beispielsweise 1 Apfelsaft, 2 Limonade, 3 verdünnter Honig, 4 Orangensaft, 5 Weißwein, 6 Ribose, 7 Glucose, 8 Fructose und 9 Saccharose

- Zum Auftragen der Substanzen verwendet man eine Pipettenspitze oder eine feine Glaskapillare und entnimmt damit etwas Saft aus Apfel, Weinbeere, Apfelsine und anderen Früchten nach Wahl oder eine minimale Menge aus der bereit stehenden Probelösung. Von der Flüssigkeit wird nur so viel ohne Schichtzerstörung auf die Platte aufgetragen, dass der entstehende Fleck oder Strich höchstens 2 mm breit ausläuft. Für jede Probe bzw. Lösung ist eine saubere oder gründliche ausgespülte Pipette bzw. Kapillare zu verwenden (keine Substanzen verschleppen!).

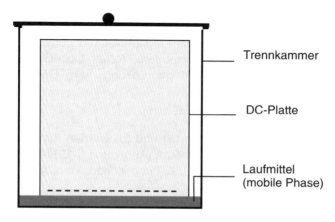

Abb. 8-11. Entwicklung der DC-Platte in der Trennkammer
- Entwicklung der beladenen DC-Platte: Die fertig beladenen Cellulose-Platten werden nach Fleckentrocknung im benannten Laufmittelgemisch entwickelt (vgl. Abbildung 8-10). Die dazu erforderliche Trenndauer beträgt etwa 90–120 min. Anschließend werden die DC-Platten im Luftstrom unter dem Abzug (oder im Freien) gründlich getrocknet.

- Substanznachweis: Um die genaue Position der bei der chromatographischen Trennung gewanderten, zunächst aber noch farblosen und deshalb unsichtbaren Substanzen sichtbar zu machen, werden die entwickelten DC-Platten nach Trocknung unter dem Abzug mit besonderen Nachweisreagenzien angesprüht, die mit den Zuckern gefärbte und damit auf der Laufstrecke eindeutig lokalisierbare Verbindungen ergeben.
    - Nachweis von Ketosen: Harnstoff-HCl wird auf DC-Platte (a) gesprüht.
    - Nachweis von Aldosen: Anilin-phthalat wird auf DC-Platte (b) gesprüht.
    Beide Platten werden für 5–10 min im Trockenschrank auf 110 °C erhitzt. Fleckenbildung durch Sichtkontrolle verfolgen.
    Vorsicht: Einatmen der Dämpfe der Nachweisreagenzien unbedingt vermeiden!

Beobachtung: Ketosen und ketosehaltige Oligosaccharide sind auf der DC-Platte (a) als blaugraue Flecken auf weißem Hintergrund sichtbar. Die Aldosen zeigen sich auf DC-Platte (b) als ziegelrote (Pentosen) bzw. bräunliche (Hexosen) Flecken. Die Ketosen geben mit Anilin-phthalat auch auf Platte (b) schwächere Flecken.

Auswertung: Halten Sie die Trennergebnisse durch Eintragung auf dem Beladungsschema fest und notieren Sie, welche Zucker in den jeweiligen Probelösungen enthalten sind. Ist es möglich, anhand der Fleckengröße auf die relativen Mengenverhältnisse der beteiligten Zucker zu schließen?

Erklärung: Um von der Lage der cochromatographierten Vergleichssubstanzen auf Substanzidentität mit den entsprechenden Flecken der Probelösungen schließen zu können, ist die Berechnung des so genannten R_f-Wertes der einzelnen Flecken sinnvoll. Dazu wird die Entfernung Startlinie–Fleckenmitte (in mm) durch die Entfernung Startlinie–Laufmittelfront (in mm) dividiert – der erhaltene Quotient ergibt den zugehörigen R_f-Wert. Für die gleichen Substanzen sollte sich – unter sonst gleichen Trennbedingungen – immer der gleiche R_f-Wert ergeben.

Entsorgung: Das Laufmittelgemisch dieses Versuches ist wegen laufender Veresterung nur wenige Tage haltbar. Nach Gebrauch wird es in den Sammelbehälter für organische Lösemittel gegeben.

8.18 Demonstration der optischen Aktivität einer Zucker-Lösung

Fragestellung: Die in der Natur vorkommenden Monosaccharide gehören fast ausschließlich der D-Reihe an. Die entsprechenden L-Formen haben zwar die gleichen chemischen und fast die gleichen physikalischen Eigenschaften, unterscheiden sich jedoch in den Wechselwirkungen mit polarisiertem Licht, was man als optische Aktivität bezeichnet: Lässt man linear polarisiertes Licht durch die wässrige Lösung einer optisch aktiven Substanz fallen, so dreht das eine Enantiomer die Schwingungsrichtung der eingestrahlten Wellenzüge – jeweils vom Beobachter aus gesehen – im Uhrzeigersinn (+), das andere im Gegenuhrzeigersinn (-), was man durch entsprechenden Vorzeichenzusatz ausdrückt.

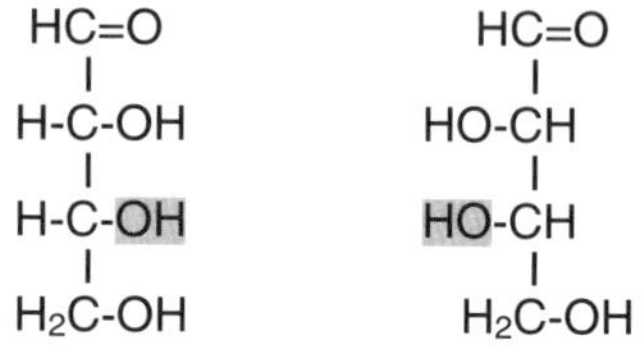

```
   HC=O              HC=O
    |                 |
   H-C-OH           HO-CH
    |                 |
   H-C-OH           HO-CH
    |                 |
   H₂C-OH           H₂C-OH

  D-(-)Erythrose   L-(+)Erythrose
```

Abb. 8-12. Die beiden spiegelbildlichen Isomeren der Tetrose Erythrose sind optisch aktiv.

Winkelbetrag und jeweilige Drehrichtung sind substanzspezifisch und unabhängig von der Zugehörigkeit zur D- oder L-Reihe. In diesem Demonstrationsversuch wird die optische Aktivität von Zucker-Lösungen mit einem einfachen Selbstbau-Polarimeter dargestellt.

- **Geräte**
    - Selbstbau-Polarimeter (siehe Kurzbeschreibung unten)
    - Polarisationsfolie (aus dem Fotofachhandel)
    - Diaprojektor mit drehbarem Aufnahmeschlitten für Dias
    - 2 Diarähmchen
    - kräftiges Gelbfilter (transparente Folie)
    - weißer Karton als Projektionsschirm
    - planparallele Glasküvette, etwa 5-10 cm Schichtdicke, eventuell auch Rundkolben oder Becherglas
    - Stativmaterial

- **Chemikalien**
    - konzentrierte wässrige Saccharose- und Fructose-Lösung

Durchführung: Von der aus dem Fachhandel bezogenen Polarisationsfolie schneidet man zwei Stückchen so zurecht, dass ihre Durchlassrichtungen für Licht nach Einbau in ein glasloses Diarähmchen senkrecht aufeinander treffen (vgl. Abbildung 8-13). Dieses geteilte Polarisationsfilter nennt man Polarisator. Ein zweites Filterstück mit senkrecht verlaufender Durchlassrichtung setzt man ungeteilt in ein Diarähmchen. Es sollte drehbar in den Strahlengang des Diaprojektors gebracht werden können.

Wenn die in Abbildung 8-13 gezeigte Anordnung steht, bringt man die mit Wasser gefüllte Küvette in den Strahlengang. Die Trennlinie zwischen den Filterhälften des Polarisators steht auf dem Projektionsschirm senkrecht. Man dreht den Analysator nun so lange, bis die beiden Bildhälften gleich hell erscheinen. Ersetzt man das Wasser in der Küvette durch eine Saccharose- oder Fructose-Lösung, sind die beiden Bildhälften unterschiedlich hell. Durch Nachdrehen des Analysators im Uhrzeiger- oder Gegenuhrzeigersinn ist ungefähr zu ermitteln, ob die jeweilige Zucker-Lösung rechts- oder linksdrehend ist.

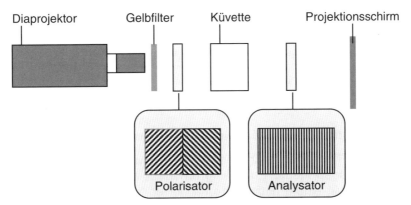

Abb. 8-13. Selbstbau-Polarimeter zur Beobachtung der optischen Aktivität von Zucker-Lösungen. Der Verlauf der Schraffur gibt die Durchlassrichtung an.

8.19 Säurehydrolyse der Glykosidbindung der Saccharose

Fragestellung: In der Saccharose sind die beiden beteiligten Monosaccharide α-D-Glucose und β-D-Fructose durch eine 1→2-glykosidische Bindung miteinander verknüpft. Saccharose ist nach den Ergebnissen von Versuch 8.10 nicht reduzierend. Nach Lösen der Glykosidbindung sind zwei reduzierende Monosaccharide zu erwarten, die mit Hilfe der FEHLING-Probe nachweisbar sein sollten.

- **Geräte**
  wie Versuch 8.11

- **Chemikalien**
    - ca. 1%ige ethanolische Lösung von Saccharose
    - FEHLING-Lösungen I und II wie Versuch 8.10

Durchführung: etwa 2 mL der Saccharose-Lösung werden mit 0,5 mL konzentrierter HCl versetzt und in der Bunsenbrennerflamme 1-2 min lang aufgekocht. Nach dem Abkühlen der Lösung unter dem Wasserstrahl wird die FEHLING-Probe wie in Versuch 8.10 durchgeführt.
Vorsicht: Siedeverzug beachten und Schutzbrille tragen!

Beobachtung: Obwohl Saccharose zuvor in der FEHLING-Probe keine Reaktion ergab, schlägt sich jetzt ziegelrotes Cu_2O nieder und zeigt somit reduzierende Zucker an.

Erklärung: Unter Säurewirkung ist die Glykosidbindung zwischen den Bausteinen der Saccharose hydrolytisch gespalten worden, so dass wieder freie Glucose und Fructose vorliegen. Diese reagieren im FEHLING-Test positiv.

Entsorgung: Die Reaktionsansätze dieses Versuches werden nach Auswertung in den Sammelbehälter für schwermetallhaltige Lösungen oder für Laugen gegeben.

8.20 Nachweis pflanzlicher Stärke mit LUGOLscher Lösung

Fragestellung: Pflanzliche Stärke ist in zahlreichen Lebensmitteln enthalten und trägt bei ausgewogener Ernährung erheblich zur täglichen Kohlenhydratversorgung bei. Mit einem einfachen qualitativen Test ist Stärke in Lösungen und Lebensmitteln rasch und spezifisch nachzuweisen.

- **Geräte**
    - Reagenzgläser, Reagenzglasständer, Reagenzglashalter
    - Messpipette (2 mL)

- **Chemikalien**
    - ca. 1%ige Stärke-Lösung (wässrige Lösung von löslicher Stärke, z.B. MERCK Nr. 1.01553) oder 1 Spatelspitze Kartoffelstärke in H_2O kurz aufkochen und abkühlen lassen
    - LUGOLsche Lösung: wässrige Lösung von Kalium-iodid und elementarem Iod: 10 g Kalium-iodid KI in einem 100 mL-Messkolben in ca. 75 mL Wasser lösen (klare Lösung abwarten), dann 5 g elementares (resublimiertes) Iod zugeben und bis zur kompletten Lösung schwenken. Mit Aqua dest. auf 100 mL auffüllen.
    - alternativ ethanolische Iodtinktur = Fertiglösung aus der Apotheke oder MERCK Nr. 109261, lichtempfindlich, nur in braunen Flaschen aufbewahren!
    - diverse Lebensmittel: rohe oder gekochte Kartoffeln, gekochte Nudeln, Apfel, Banane u.a.

Durchführung: Etwa 1 mL Stärke-Lösung wird mit einigen Tropfen LUGOLscher Lösung versetzt und gründlich durchmischt.

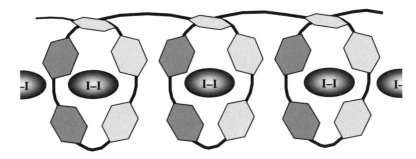

Abb. 8-14. Ausschnitt aus einem Stärke-Molekül (schematisch) mit elementarem Iod I_2 als Einschlussverbindung

Beobachtung: Stärkelösung ergibt mit LUGOLscher Lösung konzentrationsabhängig eine charakteristisch blaue bis blauschwarze Färbung. Die Blaufärbung ist eventuell erst nach Verdünnen mit Wasser erkennbar.

Erklärung: Elementares Iod (I_2) bildet mit den spiralig gewundenen Polysaccharidketten der Stärkemoleküle eine Einschlussverbindung. Diese Reaktion ist sehr spezifisch und wird auch in der mikroskopischen Technik zum histochemischen Nachweis von Stärke in Amyloplasten verwendet.
Bei kürzeren Kettenlängen, wie sie beim enzymatischen Abbau von Stärke entstehen, fällt die Reaktion schwächer aus: Dextrine (Kettenfragmente) führen lediglich zu einer Rotviolett- bzw. Rotfärbung.

Zusatzversuch: Erwärmt man einen Versuchsansatz mit positivem Stärkenachweis über der Bunsenbrennerflamme, dann verschwindet die blaue Farbe. Sie kehrt nach Abkühlung wieder zurück. Auch bei Behandlung mit verdünnter HCl geht der Farbeffekt verloren und stellt sich erneut ein, wenn man den Ansatz mit verdünnter NaOH neutralisiert.

Entsorgung: Die Reaktionsansätze dieses Versuches können stark verdünnt (mit fließendem Wasser) in das Abwasser gegeben werden.

8.21 Säurehydrolyse von Stärke

Fragestellung: Versuch 8.17 zeigte, dass die Glykosidbindung bei Disacchariden mit Mineralsäure vergleichsweise einfach hydrolytisch zu spalten ist, wobei jeweils die beteiligten Monomeren anfallen. In diesem Versuch soll überprüft werden, ob auch die schraubigen Stärkemakromoleküle durch saure Hydrolyse in ihre Monomeren zu zerlegen sind.

- **Geräte**
  - Reagenzgläser, Reagenzglasständer, Reagenzglashalter
  - Messpipette (2 mL)
  - Erlenmeyerkolben 100 mL
  - Wasserbad (kochend)
  - Indikatorpapier (Universalindikator)

- **Chemikalien**
  - Stärke-Lösung (wie Versuch 8.18)
  - konzentrierte Salzsäure HCl; Vorsicht: Stark ätzend!
  - konzentrierte Natronlauge NaOH; Vorsicht. Stark ätzend!
  - LUGOLsche Lösung (wie Versuch 8.18)
  - FEHLING-Lösungen I und II (wie Versuch 8.10)

Durchführung: Etwa 30 mL Stärke-Lösung werden in einem 100 mL-Erlenmeyerkolben mit 10 mL konzentrierter HCl versetzt und im kochenden Wasserbad zum Sieden erhitzt. Sofort nach Beginn des Erhitzens und dann alle 2 min entnimmt man dem Ansatz je 2 Proben (a) und (b) zu je 2 mL. Probe (a) wird unter fließendem Wasser abgekühlt und mit LUGOLscher Lösung auf Stärke getestet, Probe (b) wird mit etwa 0,5 mL NaOH neutralisiert (mit Indikatorpapier prüfen!) und dann mit den FEHLING-Lösungen auf reduzierende Zucker untersucht.
Vorsicht: Siedeverzug beachten und Schutzbrille tragen!

Beobachtung: Nach erfolgter Hydrolyse sind im Reaktionsansatz anhand des entstehenden ziegelroten Cu_2O reduzierende Zucker nachweisbar.

Auswertung: Protokollieren Sie den Ausfall der beiden Farbreaktionen über 30 min hinweg. Eventuell bietet sich eine fotografische Dokumentation der beiden Versuchsreihen an.

Erklärung: Die glykosidische $\alpha(1 \rightarrow 4)$-Bindung, über die die Zuckerbausteine im Polysaccharid Stärke miteinander verknüpft sind, werden durch starke Mineralsäuren unter H_2O-Aufnahme gespalten. Die wenigen vorhandenen $\alpha(1 \rightarrow 6)$-Bindungen, die im Stärkemolekül zu Kettenverzweigungen führen, werden ebenfalls gelöst. Diesen Vorgang, der wieder das Ausgangsmaterial α-D-Glucose ergibt, nennt man Hydrolyse. Er entspricht formal exakt der Umkehrung der Abläufe bei der Knüpfung einer Glykosid-Bindung.

Entsorgung: Die Reaktionsansätze dieses Versuches werden nach Auswertung in den Sammelbehälter für schwermetallhaltige Lösungen, für Laugen oder für Säuren gegeben.

8.22 Nachweis von Cellulose in Pflanzenteilen und Pflanzenprodukten

Fragestellung: In den Zellwänden der Pflanzen ist die Cellulose, die aus $\beta(1\rightarrow4)$-glykosidisch verknüpften Glucose-Molekülen besteht, eine der wichtigsten Gerüstsubstanzen. Die hier vorgestellte Nachweisreaktion zeigt die Präsenz dieses Strukturpolysaccharids in pflanzlichem Material an.

- **Geräte**
    - Küchenmesser oder Rasierklinge
    - Messpipette (2 mL) oder Pasteurpipette
    - eventuell Mikroskop

- **Chemikalien**
    - Chlorzinkiod-Lösung: 30 g Zink-chlorid $ZnCl_2$ + 10 g Kalium-iodid KI in 10 mL H_2O lösen und mit Iodplättchen sättigen. Reagenz ist im Dunkeln aufzubewahren und dann lange haltbar; auch als Fertiglösung aus dem Fachhandel (CHROMA 3D-059)
    Vorsicht beim Umgang: Lösung ist toxisch und greift die Haut an!
    - ACN-Lösung: Astrablau (CHROMA 1B-163), Chrysoidin (CHROMA 1B-437), Neufuchsin (CHROMA 1B-467);
    Lösung A: 0,1 g Astrablau in 100 mL angesäuertem H_2O (3 mL Essigsäure auf 97 mL);
    Lösung B: 0,1 g Chrysoidin in 100 mL H_2O; Lösung C: 0,1 g Neufuchsin in 100 mL H_2O; Lösungen im Verhältnis A-B-C = 20:1:1 mischen. Die gebrauchsfertige Lösung ist längere Zeit haltbar.

- **Versuchsobjekte**
    - beliebiges Pflanzenmaterial oder Pflanzenprodukte, beispielsweise Apfel, weißes Baumwollgewebe, weißes Zeitungspapier, Papiertaschentuch, Mark aus Maisstängel oder Schwarzem Holunder, Watte.

Durchführung: Mit der Pipette träufelt man einige Tropfen eines der beiden Nachweisreagenzien auf frisch angeschnittenes Pflanzenmaterial. Der gleichen Behandlung kann man auch Dünnschichte für die Mikroskopie unterziehen.

Beobachtung: Innerhalb weniger Augenblicke verfärbt sich Cellulose mit beiden Reagenzien intensiv blau. Diese auffällige Farbreaktion wird auch in der Mikroskopie zum histochemischen Nachweis von Cellulose in Zellwänden eingesetzt.

Hinweis: Bei manchen Gebrauchspapieren (Zeitungspapier u.a.) ist der Celluloseanteil sehr gering – sie bestehen nämlich überwiegend aus aufbereitetem Holzschliff mit Lignin, dessen Bausteine keine Kohlenhydrate sind, sondern sich aus dem Phenylpropan-Stoffwechsel ableiten.

Entsorgung: Die Ansätze aus diesem Versuch werden nach Auswertung in den Sammelbehälter für metallhaltige Lösungen gegeben.

8.23 Hydrolyse von Cellulose

Fragestellung: Wie die Stärke, das wichtigste pflanzliche Depotpolysaccharid, besteht auch das in den pflanzlichen Zellwänden enthaltene Strukturpolysaccharid Cellulose aus Glucose-Bausteinen, die allerdings β(1→4)-glykosidisch miteinander verknüpft sind. Der folgende Versuch soll zeigen, ob auch diese Bindung hydrolytisch relativ einfach zu spalten ist.

- **Geräte**
    - 2 Erlenmeyerkolben (50 mL)
    - Messpipette (2 mL)
    - Peleusball
    - Glasstab
    - Bunsenbrenner
    - Reagenzgläser, Reagenzglasständer, Reagenzglashalter

- **Chemikalien**
    - Watte
    - konzentrierte Schwefelsäure H_2SO_4; Vorsicht: Stark ätzend!
    - konzentrierte (ca. 30%ige) Natronlauge NaOH; Vorsicht: Stark ätzend!
    - FEHLING-Lösungen I und II (wie Versuch 8.10)

Durchführung: Etwa 0,3 g Watte werden in kleinen Portionen im Erlenmeyerkolben in 2 mL konzentrierter H_2SO_4 unter Rühren mit einem Glasstab aufgelöst (hydrolysiert). Dann gibt man etwa 10 mL H_2O in einen zweiten Erlenmeyerkolben (50 ml) und gießt den H_2SO_4-Ansatz mit dem Hydrolysat äußerst vorsichtig hinein. Merksatz: *Erst das Wasser, dann die Säure, sonst geschieht das Ungeheure!* Anschließend neutralisiert man mit 10 mL konzentrierter NaOH. Etwa 2 mL der neutralisierten Lösung werden nun nach FEHLING (vgl. Versuch 8.10) auf freie, reduzierende Monosaccharide geprüft.
Vorsicht: Beim FEHLING-Test Siedeverzug beachten und Schutzbrille tragen!

Beobachtung: Im Ansatz sind vermutlich reduzierend wirkende Zucker nachzuweisen, die durch Hydrolyse frei gesetzt wurden.

Entsorgung: Die Ansätze aus diesem Versuch werden nach Auswertung in den Sammelbehälter für Säuren gegeben.

9 Aminosäuren und Peptide

Zu den besonders wichtigen konstitutiven Naturstoffen gehören die Aminosäuren sowie die von ihnen aufgebauten Peptide und Proteine. Aminosäuren sind formal Abkömmlinge von Carbon(mono)- und -disäuren (Mono- oder Dicarbonsäuren): Neben der Carboxyl-Gruppe -COOH, die leicht ein Proton (H^+) durch Dissoziation abgibt und somit als Säure wirkt, enthalten Aminosäuren mindestens eine weitere funktionelle Gruppe, die Namen gebende Amino-Gruppe (-NH_2), die leicht ein Proton aufnimmt und somit als Base wirkt. Der einfachste biologisch relevante Vertreter dieser Gruppe leitet sich von der Essigsäure ab – die Einführung einer Amino-Gruppe am C-2-Atom führt zur α-Amino-Essigsäure, für die man den Trivialnamen Glycin (abgekürzt Gly oder G) verwendet. Bei den Monocarbonsäuren bezeichnet man das der Carboxyl-Gruppe unmittelbar benachbarte C-Atom auch als α-C.

Außer Glycin, das kein asymmetrisches C-Atom besitzt, weisen alle übrigen proteinogenen (am Aufbau von Proteinen beteiligten) Aminosäuren die L-Konfiguration auf. Wenn man die Aminosäure-Formeln in der von den Kohlenhydraten bekannten FISCHER-Projektion schreibt, zeigt die kennzeichnende Amino-Gruppe immer nach links, die Carboxyl-Gruppe nach rechts. D-Aminosäuren kommen in der Natur nur äußerst selten vor.

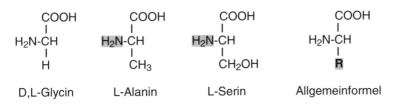

Abb. 9-1. Einige proteinogene Aminosäuren im Formelbild

Aminosäuren schließen sich unter Verknüpfung ihrer Carboxyl-Gruppe mit der Amino-Gruppe der folgenden Aminosäure über Peptid-Bindungen zu Peptiden zusammen. Dadurch entstehen längere Ketten. Oligopeptide umfassen bis etwa 10 Aminosäuren, Polypeptide bis etwa 100 und Makropeptide bis 1000 und mehr. Hochmolekulare Poly- bzw. Makropeptide bezeichnet man auch als Proteine oder (weniger treffend) als Eiweiße.

9.1 Elementaranalyse: Aminosäuren enthalten Stickstoff

Fragestellung: Erste Anhaltspunkte zur stofflichen Zusammensetzung einer Verbindung gab bereits in den Anfängen der organischen Chemie die so genannte Elementaranalyse. Dabei werden die beteiligten Elemente zunächst qualitativ und zur Ermittlung einer Summenformel möglichst auch quantitativ bestimmt. Im folgenden einfachen Versuch geht es um die Erfassung des Stickstoffs aus der Amino-Gruppe der Aminosäuren und weiterer Elemente. Zwei Zusatzversuche lassen die Beteiligung weiterer Elemente erkennen.

- **Geräte**
  - Reagenzgläser, Reagenzglasständer, Reagenzglashalter
  - Universalindikatorpapier oder –teststreifen
  - Peleusball
  - Messpipette (2 mL)
  - Schraubdeckelglas
  - Bunsenbrenner
  - Siedesteinchen
  - Glasstab

- **Chemikalien**
  - konzentrierte NaOH; Vorsicht: Stark ätzend!
  - konzentrierte HCl; Vorsicht: Stark ätzend!
  - Cobaltpapier: vgl. Versuch 8.1
  - Bleiacetat-Papier: Filtrierpapier mit ca. 5%iger Lösung von Blei-acetat $Pb(CH_3COO)_2$ (z.B. MERCK Nr. 107375) tränken und trocknen. Im Schraubdeckelglas aufbewahren oder MACHEREY & NAGEL Nr. 90744.
  - Glycin-Pulver
  - Eiklar-Lösung: abgetrenntes Eiklar in etwa 50 mL H_2O verquirlen, eine Spatelspitze Kochsalz NaCl zusetzen und über Glaswolle abfiltrieren.
  - Hornspäne (Quelle: organischer N-Dünger aus dem Gartenbedarf)
  - Haare

Durchführung: Eine Spatelspitze Analysengut wird in einem RG mit 2 mL NaOH und einigen Siedesteinchen erhitzt. Vorsicht: Siedeverzug beachten und Schutzbrille tragen! Dann hält man einen leicht angefeuchteten Streifen Indikatorpapier in die aufsteigenden Dämpfe an der Öffnung des RG. Halten Sie anschließend einen mit konzentrierter HCl benetzten Glasstab an der Öffnung des RG in die aufsteigenden Dämpfe.
Hornspäne, Haarschnipsel oder eine Spatelspitze Glycin werden in einem weiteren Versuch im RG trocken erhitzt. In den Niederschlag, der sich an der Wand des RG absetzt, hält man einen Streifen Cobaltpapier.
Einen Streifen Bleiacetat-Papier faltet man längs, gibt ihn in zusammen mit ein paar Hornspänen oder Haarschnipseln in ein RG und erhitzt trocken.

Beobachtung: Das Indikatorpapier zeigt Basenreaktion, das Cobaltpapier färbt sich rosa, und mit HCl entsteht an der RG-Öffnung ein weißer Nebel.

Erklärung: Durch das Erhitzen mit NaOH werden die Amino-Gruppen der Aminosäuren oder des Eiklars als Ammoniak NH_3 abgetrennt und reagieren zusammen mit Wasser weiter zur Lauge nach

$$NH_3 + H_2O \rightarrow NH_4^+ + OH^-$$

Die alkalische Reaktion der Produkte ist am Indikatorstreifen (Blaufärbung) abzulesen.
Beim Zusatzversuch mit HCl fällt die Entwicklung eines weißen Nebels an der RG-Öffnung auf. Er besteht aus Ammonium-chlorid (Salmiakrauch), das aus der Reaktion von Ammoniak mit Salzsäure entsteht:

$$NH_3 + HCl \rightarrow NH_4Cl \uparrow$$

Blaues Cobaltpapier färbt sich rosarot und zeigt so die Anwesenheit von H_2O an, das aus der Zersetzung des Analysengutes stammen muss.
Bleiacetat-Papier färbt sich unter Bildung von Blei-sulfid PbS schwarz, wenn das Analysengut schwefelhaltige Aminosäuren enthielt.

Fragen zum Versuch:
1. Warum könnte der Ammoniak-Nachweis nicht auch auf den Stickstoffgehalt der Luft (Anteil: ca. 80%) zurückgehen?
2. Wenn man Aminosäurepulver trocken erhitzt (= trockene Thermo- oder Pyrolyse), schlägt sich an der Wand des RG Wasser nieder, und außerdem verfärbt sich der Rückstand am RG-Boden bräunlich. Erklären Sie.

Entsorgung: Die Reaktionsansätze dieses Versuches werden nach Auswertung in den Sammelbehälter für Laugen gegeben.

9.2 Visualisierung von Aminosäuren und Peptiden

Fragestellung: Zum qualitativen Nachweis von Aminosäuren oder Peptiden verwendet man die recht empfindliche Nachweisreaktion mit Ninhydrin. Sie lässt sich auch zur einfacheren Spurenanalytik bzw. zur Empfindlichkeitsprüfung der Reaktion einsetzen. Eine vergleichbare Analytik auf dieser Basis ist auch Bestandteil kriminaltechnischer Untersuchungen, bei denen es beispielsweise um die Erfassung minimaler Peptidmengen geht.

- **Geräte**
  - Glaskapillaren
  - Sprühflasche

- **Chemikalien**
  - 0,5%ige Lösung von Glycin oder einer anderen Aminosäure
  - verschiedene (möglichst farblose) Testlösungen:
    2%ige Lösung von Rinderserum-Albumin (BSA = Bovines Serum-Albumin, z.B. SERVA Nr. 11922 oder MERCK Nr. 112018), ferner
    Milch und taurinhaltiger Energy Drink (z.B. Red Bull)
  - Eiklar-Lösung von Versuch 9.1
  - 2%ige Gelatine-Lösung
  - wässrige Lösung des Süßstoffes Aspartam (5-10 Tabletten in etwa 10 mL H_2O)

- Ninhydrin-Reagenz (Fertigreagenz, z.B. MERCK Nr. 106762)

Durchführung: Auf einem Stück Papier schreibt man im Abstand von 2-3 cm die drei Anfangsbuchstaben vorhandener Aminosäuren, beispielsweise Gly für Glycin, Ala für Alanin, Ser für Serin usw. Nach dem Trocknen wird mit Ninhydrin-Lösung besprüht und im vorgeheizten Trockenschrank auf ca. 110 °C erhitzt.

Zur Ermittlung der Empfindlichkeit der Ninhydrin-Reaktion verwendet man die 0,05%ige Lösung einer beliebigen Aminosäure oder eines taurinhaltigen Getränks und trägt davon nebeneinander 10 Flecken auf einem Filtrierpapierstreifen mit einer Kapillare auf, indem man Fleck 1 einmal, Fleck 2 zweimal usw. belädt. Da die Ausgangskonzentration bekannt ist und jeder Auftragfleck von ca. 1 mm Durchmesser etwa 1 µL Lösung entspricht, lässt sich so die Nachweisgrenze nach Ninhydrin-Behandlung ausrechnen. Diese spezielle Nachweistechnik nennt man Tüpfelprobe.

Beoachtung: Substanzen mit Amino-Gruppen ergeben mit Ninhydrin charakteristische und substanzspezifisch rot- bis blauviolette Flecken.

Erklärung: Der mehrstufigen Nachweisreaktion liegt der folgende etwas komplexere Ablauf zu Grunde:

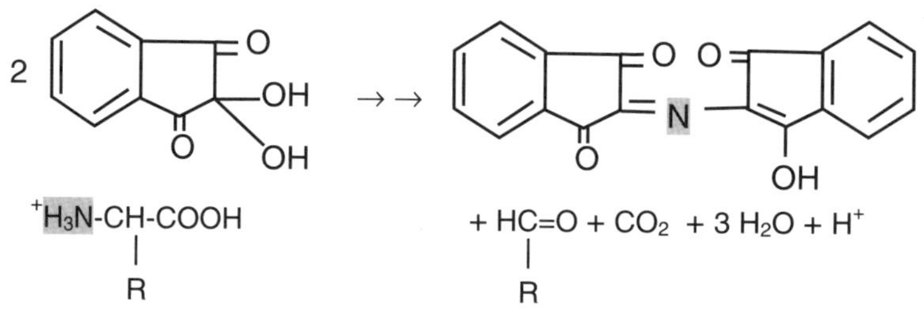

Abb. 9-2. Ablauf der Ninhydrin-Reaktion auf Amino-Gruppen

Zusatzversuch: Leicht feuchte Fingerkuppen weisen fast immer freie Aminosäuren und/oder Peptide auf. Fingerabdrücke auf Papier lassen sich daher mit der Ninhydrin-Reaktion leicht visualisieren. Auf diese Weise ist auch der Nachweis kleinster Proteinspuren auf beliebigen Oberflächen zu führen, von denen man einen Abdruck mit einem feuchten Filtrierpapier nimmt.

Hinweis: Manche Getränke der Kategorie Energy Drink enthalten die nicht proteinogene Aminosäure Taurin (= 2-Amino-ethan-sulfonsäure, vgl. Abbildung 9-3). Diese Verbindung wurde erstmals 1813 aus Stiergalle isoliert (lat. *taurus* = Stier) und erhielt danach ihren Trivialnamen (vgl. Produktbezeichnung Red Bull). Auch Muttermilch enthält davon etwa 25-50 mg mL^{-1}. Die biologische Funktion dieser Verbindung ist noch weitgehend unklar. Diskutiert wird eine Beteiligung bei der Signalübertragung an Synapsen.

H₂N-CH₂-CH₂-SO₃H

2-Amino-ethan-sulfonsäure = Taurin

Abb. 9-3. Formelbild der nicht proteinogenen Aminosäure Taurin

9.3 Nachweis der Peptid-Bindung: Biuret-Reaktion

Fragestellung: Diese häufig eingesetzte Reaktion dient seit 1949 zum qualitativen Schnellnachweis von Proteinen (Peptiden) in Lösungen und eignet sich auch zur quantitativen Proteinbestimmung (vgl. Versuch 9.18).

- **Geräte**
  - Reagenzgläser (20 mL), Reagenzglasständer, Reagenzglashalter
  - Messpipetten (1, 2, 5 mL)
  - Peleusball
  - Bunsenbrenner

- **Chemikalien**
  - 0,5%ige Lösung von Glycin oder einer anderen Aminosäure
  - Testlösungen von Versuch 9.2
  - Biuret-Reagenz: 0,75 g blaues Kupfer-sulfat $CuSO_4 \cdot 5\ H_2O$ zusammen mit 3 g Natrium-kalium-tartrat (z.B. MERCK Nr. 108087) in 100 mL H_2O lösen; 150 mL 10%ige NaOH zufügen und mit H_2O auf 500 mL auffüllen. Der Ansatz ist fast unbegrenzt haltbar. Reagenz als Fertiglösung am Arbeitsplatz zur Verfügung stellen.

Durchführung: Zu etwa 1 mL Testlösung gibt man ungefähr 2 mL Biuret-Reagenz und durchmischt gründlich.

Beobachtung: Der Test ist positiv, wenn sich bei Raumtemperatur oder nach mäßigem Erwärmen nach etwa 1 min eine blauviolette Verfärbung der anfangs himmelblauen Lösung zeigt.

Erklärung: Der Test erhielt seine Bezeichnung nach der Reaktion des Harnstoff-Dimers Biuret (H_2N-CO-NH-CO-NH_2), das man auch als Diamid der Allophansäure HOOC-NH-COOH auffassen kann. Kupfersalze bilden damit einen charakteristischen Farbkomplex. Ähnliche Farbverbindungen entstehen auch mit der Peptidkette von Proteinen. Die eintretende Reaktion kann man daher zum qualitativen und quantitativen Nachweis von Proteinen in Lösungen verwenden (vgl. Versuch 9.18).
Mit den Amino-Gruppen freier Aminosäuren tritt dagegen keine Reaktion ein. Dagegen reagiert die häufig als Süßstoff verwendete Verbindung Aspartam, die

ein vergleichsweise einfach aufgebautes Dipeptid aus Asparaginsäure und Phenylalanin darstellt (Abbildung 9-4).

Entsorgung: Die Reaktionsansätze dieses Versuches werden nach Auswertung in den Sammelbehälter für schwermetallhaltige Lösungen gegeben.

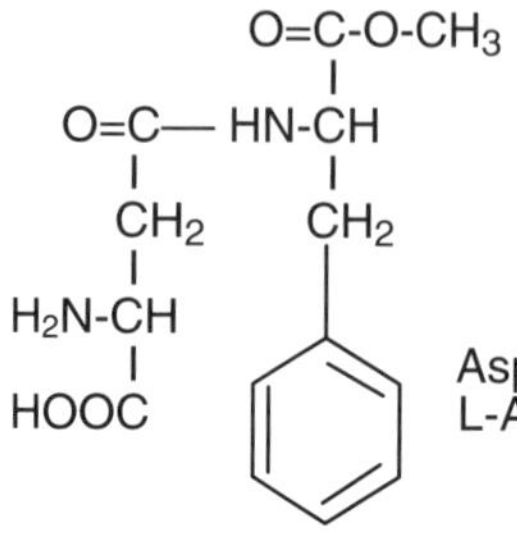

```
              O=C-O-CH₃
                |
   O=C— HN-CH
    |        |
   CH₂     CH₂
    |        |
  H₂N-CH    |
    |       ⬡        Aspartam =
   HOOC              L-Aspartyl-L-phenylalanin-methylester
```

Abb. 9-4. Der Süßstoff Aspartam ist ein Dipeptid.

9.4 Protein-Nachweis mit COOMASSIE-Reagenz

Fragestellung: Mit dem COOMASSIE-Test steht ein sehr einfaches Testverfahren zur qualitativen Erfassung von Proteinen in Lösungen bzw. präparativen Ansätzen zur Verfügung.

- **Geräte:**
    - Reagenzgläser, Reagenzglasständer, Reagenzglashalter
    - Messpipetten (1, 2, 5 mL)

- **Chemikalien:**
    - COOMASSIE-Reagenz (COOMASSIE Brilliant Blue G-250, SERVA Nr. 17524 oder MERCK Nr. 115444), 10 mg in 5 mL 96%igem Ethanol lösen und mit 10 mL 85%iger ortho-Phosphorsäure versetzen, anschließend mit H_2O auf 100 mL auffüllen, abfiltrieren und 1 Tag stehen lassen. Der Ansatz ist nur einige Tage haltbar. Als fertige Lösung am Arbeitsplatz zur Verfügung stellen.
    - Testlösungen aus Versuch 9.2

Durchführung: Zu etwa 0,1 mL Testlösung gibt man 3 mL COOMASSIE-Reagenz und beobachtet die sofort einsetzende Umfärbung.

Beobachtung: Der Test ist positiv, d.h. er zeigt spezifisch NH_2-Gruppen an, wenn relativ rasch ein Farbumschlag nach intensivem Kornblumenblau erfolgt.

Erklärung: Der Farbumschlag tritt ein, sobald sich das Anion des COOMASSIE-Reagenz an freie Amino-Gruppen des Proteins oder von freien Aminosäuren bindet. Vor allem treten sehr bereitwillig Wechselwirkungen mit Arginin ein.

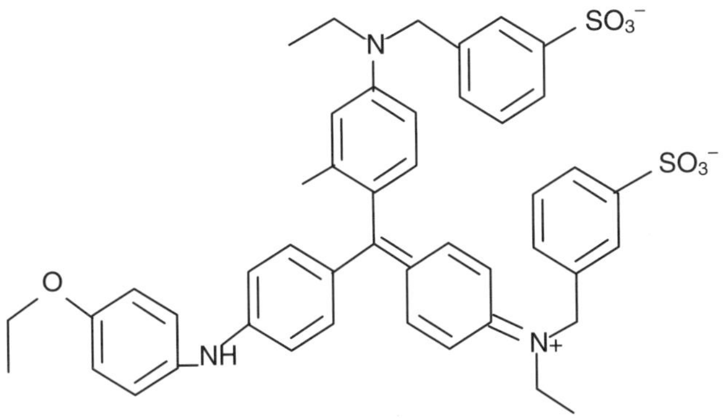

Abb. 9-5. Formelbild von Coomassie blue G250

Hinweis: Coomassie blue wurde als Wollfarbstoff entwickelt und ist benannt nach der afrikanischen Stadt Kumasi (Ghana), die zur Zeit der britischen Besatzung 1896 den Namen Coomassie trug.

Entsorgung: Die Reaktionsansätze dieses Versuches können stark verdünnt (mit fließendem Wasser) in das Abwasser gegeben werden.

9.5 Aromatische Aminosäuren: Xanthoprotein-Probe

Fragestellung: Nachdem in den vorangehenden Versuchen Verbindungen mit Amino-Gruppen erfasst wurden, ermöglichen die folgenden Versuche den Nachweis bestimmter Aminosäuren mit speziellen Eigenschaften der Seitenkette R.

- **Geräte**
    - Bunsenbrenner
    - Reagenzgläser, Reagenzglasgestell, Reagenzglashalter
    - Messpipetten (1, 2, 5 mL)
    - Schutzbrille

- **Chemikalien**
    - konzentrierte Salpetersäure HNO_3
    - Testlösungen von Versuch 9.2
    - konzentrierte Ammoniak-Lösung (NH_4OH) in verschlossener Tropfflasche
    Vorsicht: Dämpfe nicht einatmen! Nur unter dem Abzug arbeiten!

Durchführung: Zu etwa 2 mL Protein-Testlösung pipettiert man äußerst vorsichtig 0,5 mL konzentrierte Salpetersäure und erhitzt anschließend leicht über der Bunsenbrennerflamme. Vorsicht: Schutzbrille tragen!

Beobachtung: Der Test ist positiv, wenn sich die Probe gelb verfärbt. Nach der Neutralisation des Ansatzes mit Ammoniak vertieft sich die Farbe der behandelten Lösungen nach kräftig Orangerot.

Erklärung: Die Behandlung der Testlösung mit konzentrierter Salpetersäure führt zur Nitrierung der Ringstrukturen der aromatischen Aminosäuren (Tyrosin, Phenylalanin, Tryptophan), die in dieser Form stark toxisch sind. Mit der Einführung der Nitro-Gruppen ändert sich das Absorptionsverhalten der aromatischen Ringe (vgl. Abbildung 9-6). Ihre Doppelbindungen sind von der Nitrierung jedoch nicht betroffen.

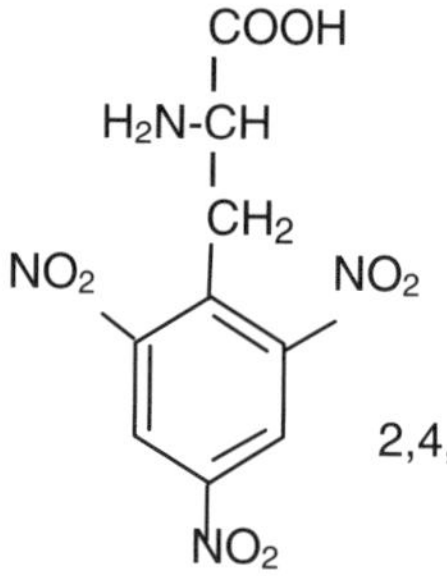

2,4,6-Trinitro-phenylalanin

Abb. 9-5. Nitrierte aromatische Aminosäure

Fragen und Aufgaben zum Versuch
1. Wiederholen Sie den Test mit einer 0,1 mol L^{-1} Lösung von Phenylalanin sowie mit einer Aspartam-Lösung (vgl. Versuch 9.3) und diskutieren Sie die Ergebnisse.
2. Wiederholen Sie den gleichen Versuch mit einigen Hornspänen bzw. etwas Hornmehl, das im Gartenbau als organischer N-Dünger verwendet wird.
3. Welche weiteren freien oder gebundenen (proteinogenen) Aminosäuren erfasst dieser Test?
4. Beim Zusatz der konzentrierten Salpetersäure flocken die Protein-Testlösungen käsig aus. Wie ist dieses Phänomen zu erklären (vgl. Versuch 9.19)?

Entsorgung: Die Reaktionsansätze dieses Versuches werden nach Auswertung in den Sammelbehälter für Säuren gegeben.

9.6 Nachweis von Tyrosin: FOLIN-CIOCALTEU-Reaktion

- **Geräte**
  - Reagenzgläser, Reagenzglasständer, Reagenzglashalter
  - Messpipetten (1, 2, 5 mL)

- **Chemikalien**
  - FOLIN-CIOCALTEU-Reagenz (z.B. MERCK Nr. 109001)
  - 0,1 mol L^{-1} Natronlauge NaOH
  - Testlösungen von Versuch 9.3

Durchführung: Zu etwa 2 mL Protein-Testlösung gibt man 1 mL FOLIN-CIOCALTEU-Reagenz (Phospho-molybdat/Phospho-wolframat-Reagenz) und versetzt anschließend mil 2 mL 0,1 mol L^{-1} NaOH.

Beobachtung: Der Test ist positiv, wenn nach wenigen Minuten im zunächst zitronengelben Ansatz eine leichte Grünfärbung eintritt.
Wiederholen Sie den Test mit einer 0,1%igen Lösung von Phenylalanin sowie von Tyrosin und diskutieren Sie die Ergebnisse.

Erklärung: Für die Bildung eines Farbstoffes ist das Vorhandenseins einer OH-Gruppe am aromatischen Ring des Tyrosins erforderlich. Die Reaktion verläuft zweistufig. Zunächst wird wie in der Biuret-Reaktion das im Reagenz enthaltene Cu^{2+} zu Cu^{+} reduziert. Dann findet in einem weiteren Reaktionsschritt die Reduktion von Molybdat und Wolframat statt.

Entsorgung: Die Reaktionsansätze dieses Versuches können stark verdünnt (mit fließendem Wasser) in das Abwasser gegeben werden.

9.7 Nachweis von Tryptophan: HOPKINS-COLE-Test

- **Geräte**
  - Peleusball
  - Reagenzgläser, Reagenzglasgestell, Reagenzglasklammer
  - Messpipette (5 mL)
  - Testlösungen von Versuch 9.2

- **Chemikalien**
  - Glyoxylsäure (1%ig in H_2O, jeweils frisch ansetzen, da nur wenige Tage haltbar)
  - konzentrierte Schwefelsäure (H_2SO_4); Vorsicht: Stark ätzend!
  - Testlösungen von Versuch 9.2

Durchführung: Etwa 1 mL Protein-Testlösung wird mit 1 mL Glyoxylsäure versetzt. Anschließend wird vorsichtig mit 1 mL konzentrierter H_2SO_4 unterschichtet. Dazu hält man das RG schräg im Winkel von etwa 45° und lässt die schwerere Schwefelsäure aus der Pipette sehr langsam auf der RG-Innenseite in den Ansatz laufen.

Beobachtung: Der Test ist positiv und zeigt damit die Anwesenheit von Tryptophan an, wenn sich die Phasengrenze zwischen Protein-Testlösung und Schwefelsäure rötlich-violett verfärbt. Der Farbkomplex ist rasch vergänglich.

Erklärung: Für die Bildung des Farbkomplexes mit Glyoxylsäure unter Dehydratisierung mit H_2SO_4 ist ein Doppelringsystem erforderlich.

Auswertung: Tryptophan gehört zu den essenziellen Aminosäuren, die die meisten tierischen Organismen und auch der menschliche Körper nicht selbst synthetisieren können, sondern mit der Nahrung aufnehmen müssen. Diskutieren Sie auf diesem Hintergrund die erhaltenen Ergebnisse.

Entsorgung: Die Reaktionsansätze dieses Versuches werden nach Auswertung in den Sammelbehälter für Säuren gegeben.

9.8 Nachweis schwefelhaltiger Aminosäuren: NPN-Test

- **Geräte**
  - Reagenzgläser, Reagenzglasgestell, Reagenzglashalter
  - Messpipetten (1, 2, 5 mL)

- **Chemikalien**
  - Nitroprussid-natrium (NPN; MERCK Nr. 106541), 1%ig in H_2O
  - 40%ige Natronlauge NaOH; Vorsicht! Stark ätzend!
  - Testlösungen von Versuch 9.2
  - 0,1%ige Lösung von Methionin und/oder Cystein

Durchführung: Etwa 2 mL Protein-Testlösung werden mit ungefähr dem gleichen Volumen Nitroprussidnatrium-Lösung und 2–3 Tropfen NaOH versetzt. Wiederholen Sie den Test daher mit einer wässrigen Lösung von Methionin oder Cystein sowie mit einem taurinhaltigen Getränk.

Beobachtung: Der Test ist positiv und zeigt somit freie SH-Gruppen an, wenn sich der Ansatz sofort burgunderrot verfärbt. Der intensive Farbkomplex ist rasch vergänglich.

Erklärung: Mit Proteinen, die S-haltige Aminosäuren enthalten, bleibt die Reaktion meist aus, da die SH-Gruppen gewöhnlich zu Disulfid-Brücken (-S-S-) verknüpft sind und somit stabilisierend zur Raumstruktur eines Proteins beitragen.

Entsorgung: Die Reaktionsansätze dieses Versuches werden nach Auswertung in den Sammelbehälter für Laugen gegeben.

9.9 Nachweis schwefelhaltiger Aminosäuren: Bleiacetat-Test

- **Geräte**
  - Reagenzgläser, Reagenzglasgestell, Reagenzglashalter
  - Messpipetten (1, 2, 5 mL)
  - Wasserbad (80 °C) oder Bunsenbrenner

- **Chemikalien**
  - Lösung von Blei-acetat (0,1 g Pb-acetat $Pb(CH_3COO)_2$ in 10 mL 1%ige Essigsäure; Vorsicht: Blei-acetat ist giftig!
  - Protein-Testlösungen von Versuch 9.2
  - 0,1%ige Lösung von Methionin und/oder Cystein
  - taurinhaltiger Energy Drink (z.B. Red Bull)

Durchführung: Zu etwa 4 mL Protein-Testlösung gibt man 1 mL Bleiacetat-Lösung und erhitzt die Proben im Wasserbad (80 °C) oder über der Bunsenbrennerflamme.

Beobachtung: Es erscheint eine bräunliche bis schwärzliche Verfärbung. Sie gilt als Nachweis freier SH-Gruppen in den Proteinen.
Wiederholen Sie den Versuch mit Lösungen von Methionin und/oder Cystein!

Erklärung: Die Reaktion beruht auf der Bildung von Blei-sulfid PbS aus dem S der Aminosäuren Methionin bzw. Cystin. Schwefel gehört zu den essenziellen Elementen der Nahrung. Er ist an der Synthese der Aminosäuren Cystein, Cystin und Methionin beteiligt.

Entsorgung: Die Reaktionsansätze dieses Versuches werden nach Auswertung in den Sammelbehälter für metallhaltige Lösungen gegeben.

9.10 Nachweis von gebundenem Arginin: SAKAGUCHI-Test

- **Geräte**
  - Reagenzgläser, Reagenzglasgestell, Reagenzglashalter
  - Messpipetten (1, 2, 5 mL)

- **Chemikalien**
  - Reagenz 1: 50 mg α-Naphthol + 5 g Harnstoff in 100 mL 96%igem Ethanol (haltbar)
  - Reagenz 2: 0,7 mL elementares Brom Br_2 + 5 g Natrium-hydroxid $NaOH$ in 100 mL H_2O auflösen (nur kurzzeitig haltbar); Vorsicht beim Ansetzen: Nur unter dem Abzug arbeiten! Bromdämpfe sind stark ätzend!
  - Testlösungen von Versuch 9.2

Durchführung: Etwa 1 mL Testlösung wird mit 0,5 mL SAKAGUCHI-Reagenz 1 versetzt. Nach kurzem Umschütteln gibt man 1 mL SAKAGUCHI-Reagenz 2 hinzu.

Beobachtung: Der Test ist positiv und zeigt die Anwesenheit von Arginin an, wenn sich der Ansatz nach Zugabe des zweiten Reagenz sofort rosarot verfärbt.

Entsorgung: Die Reaktionsansätze dieses Versuches werden nach Auswertung in den Sammelbehälter für Laugen gegeben.

Auswertung: Stellen Sie tabellarisch die Einzelergebnisse der Versuche 9.2–9.10 zusammen und beantworten Sie damit die folgenden Fragen.

Fragen zu den Versuchen 9.2–9.10
1. Welche Aminosäuren sind in den jeweils eingesetzten Protein-Testlösungen enthalten?
2. Zu welchen Gruppen gehören diese Aminosäuren?
3. Welche weiteren Versuche könnte man anstellen, um das Aminosäure-Spektrum dieser Proteine noch genauer zu ermitteln?
4. Prolin und Hydroxy-Prolin ergeben mit dem Nachweisreagenz Ninhydrin eine für Aminosäuren eher untypische Färbung. Woran könnte das liegen?
5. Warum reagieren in Versuch 9.3 nicht die Lösungen von Aminosäuren?
6. Wie kann man experimentell unterscheiden, ob in einer Testlösung gelöste freie Aminosäuren, relativ kurzkettige Peptide und/oder Proteine vorliegen?
7. Wie kann man Aminosäuren aus ihrer Peptid-Bindung lösen, um sie eventuell durch Chromatographie zu erfassen?

9.11 Aminosäurespektrum von Gewebeextrakten

Fragestellung: Im lebenden Organismus sind Aminosäuren gewöhnlich nicht nur in Oligo- bzw. Polypeptiden (Proteinen) gebunden, sondern liegen in den Zellen bzw. Geweben eventuell auch als freie Substanzen vor. Sie bilden in dieser Form einen wichtigen Pool von Verbindungen des Intermediärstoffwechsels. Aminosäuren können mit der bereits in Versuch 8.17 vorgestellten Dünnschichtchromatographie getrennt und mit Hilfe der sehr empfindlichen Ninhydrin-Reaktion (vgl. Versuch 9.2) nachgewiesen werden.

- **Geräte**
  - DC-Platte (20 x 20 cm), mit Cellulose beschichtet (käufliche Fertigplatte, MERCK Nr. 105716 oder MACHEREY & NAGEL Nr. 808033)
  - Glaskapillaren oder Kunststoffspitzen für Automatikpipetten (z.B. EPPENDORF)
  - Trennkammer aus Glas für 20×20 cm messende DC-Platten

- Trockenschrank
- Sprühvorrichtung

- **Chemikalien**
  - Vergleichslösungen: 0,5%ige Lösungen in 50%igem Ethanol von Alanin (Ala), Asparaginsäure (Asp), Glutaminsäure (Glu), Glycin (Gly), Leucin (Leu), Threonin (Thr), Prolin (Pro), Arginin (Arg), Phenylalanin (Phe), Tryptophan (Try) und/oder anderer proteinogener Aminosäuren
  - Laufmittel
    1. Richtung: *n*-Butanol – Eisessig – Wasser = 4:1:1
    2. Richtung: Pyridin – Dioxan – Ammoniak (ca. 30%ig) – Wasser = 35:35:15:15 oder
    Mischung A: *n*-Butanol – Wasser = 35:35
    Mischung B: Eisessig – Wasser = 7:25
    gebrauchsfertige Lösung (kurz haltbar): 7 Teile A und 3 Teile B
    Vorsicht: Grundsätzlich unter dem Abzug arbeiten! Lösemittel nicht einatmen!
  - *Nachweisreagenz:* Ninhydrin-Lösung (Fertig-Spray, z.B. MERCK Nr. 106762 oder 1%ige Lösung von Ninhydrin in H_2O-gesättigtem *n*-Butanol)
  - *Stabilisierungslösung* (optional): Kupfer-nitrat-Lösung $Cu(NO_3)_2$; 1 mL gesättigte Lösung von Kupfer-nitrat mit 0,5 mL einer 10%igen Salpetersäure HNO_3 in 100 mL Methanol lösen (haltbar)
  - Testlösungen: Für die Laufspuren 1–5 auf der DC-Platte verwendet man beispielsweise verdünnte Milch, Kartoffel-, Tomaten-, Apfel-, Zwiebel- oder Ananassaft oder weitere Lebensmittelextrakte nach Belieben.

Durchführung:
- Vorbereiten der DC-Platte: Eine DC-Platte wird mit einem sehr weichen Bleistift nach dem abgebildeten Schema etwa 1,5 cm vom unteren Rand markiert und mit den zu trennenden Stoffen bzw. Stoffgemischen (Säften) beschickt. Zum Auftragen der Substanzen verwendet man eine Pipettenspitze oder eine feine Glaskapillare und trägt damit eine minimale Menge der jeweiligen Testlösung entsprechend Abbildung 9-7 auf: Von der Lösung wird nur so viel ohne Schichtzerstörung auf die Platte aufgetragen, dass der entstehende Fleck oder Strich höchstens 2 mm breit ausläuft. Ein ungefähr 1 mm breiter Fleck entspricht etwa 1 µL Lösung. Für jede Probe bzw. Lösung ist eine neue oder gründlich gespülte Pipettenspitze bzw. Kapillare zu verwenden, damit keine Substanzen verschleppt werden.
- Entwicklung der beladenen DC-Platte: Die entsprechend Abbildung 9-7 beladene Cellulose-Platte wird im benannten Laufmittelgemisch in einer Trennkammer entwickelt. Die dazu erforderliche Laufzeit (Trenndauer) beträgt etwa 90-120 min. Anschließend wird die Platte im Luftstrom unter dem Abzug oder im Freien gründlich getrocknet.

- Substanznachweis: Nach vollständiger Trocknung wird die entwickelte DC-Platte unter dem Abzug mit Ninhydrin-Lösung besprüht und für 5 min im Trockenschrank auf etwa 110 °C erhitzt.

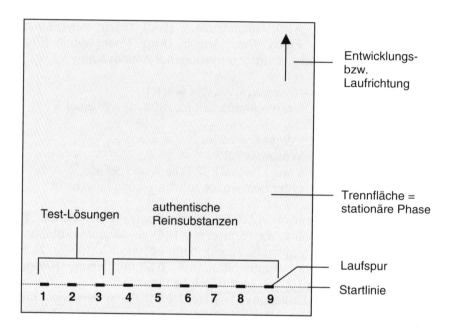

Abb. 9-7. Beladungsschema einer DC-Platte für die chromatographische Trennung von Aminosäuren. 1-9 Laufspuren der chromatographierten Reinsubstanzen bzw. Gemische unbekannter Zusammensetzung, beispielsweise 1 Apfelsaft, 2 Milch, 3 Orangen- oder Zitronensaft, 4 Glycin, 5 Alanin, 6 Serin, 7 Glutaminsäure, 8 Tyrosin, 9 Asparaginsäure.

Beobachtung: Violettrote Flecke zeigen die Anwesenheit und Lage der getrennten authentischen Aminosäuren (Nachweis der Amino-Gruppen) und der Komponenten der cochromatographierten Test-Lösungen an. Die Iminosäure Prolin gibt mit Ninhydrin zitronengelbe Flecken. Bei der Ninhydrin-Reaktion entsteht ein Farbkomplex nach einem komplexen Reaktionsschema, wobei die Amino-Gruppen der jeweiligen Aminosäuren in den entstehenden Farbstoff ein-bezogen werden (vgl. Versuch 9.2).

Die nach Erhitzen auf der DC-Platte entstandenen violettroten Nachweisflecke sind allerdings unbeständig. Durch weiteres Ansprühen mit einer Lösung von Kupfernitrat (vgl. Chemikalienliste) kann man den vergänglichen Ninhydrin-Farbkomplex jedoch dauerhaft stabilisieren. Alternativ kann man die fertig entwickelte Platte für Dokumentationszwecke auch auf einen Fotokopierer legen oder digital fotografieren.

Versuchsergänzung

In geringfügiger Abwandlung lassen sich nach der oben beschriebenen eindimensionalen Entwicklungsmethode auch so genannte zweidimensional entwickelte Dünnschichtchromatogramme erstellen, die eventuell eine bessere bzw. eindeutigere Identifizierung der in den Proben enthaltenen Substanzen erlauben. Die Auftragung und Entwicklung der cellulosebeschichteten DC-Platten erfolgt dabei nach dem in Abbildung 9-8 dargestellten Schema:

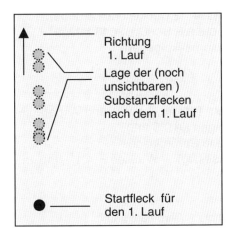 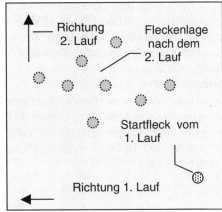

Abb. 9-8. Beschickung und Entwicklung von DC-Platten bei der zweidimensionalen Chromatographie

Der erste Lauf erfolgt wie oben angegeben. Für den zweiten Lauf der um 90° gedrehten DC-Platte verwendet man nach gründlicher Zwischentrocknung das angegebene Trenngemisch für die zweite Richtung.

Fragen und Aufgaben zum Versuch
1. Welche der verwendeten Test-Lösungen enthalten freie Aminosäuren bzw. kurzkettige Peptide?
2. Welche Test-Lösungen fallen durch ein besonders reichhaltiges Substanzspektrum auf?
3. Berechnen Sie die R_f-Werte der wichtigsten beteiligten Aminosäuren.
4. Schätzen Sie die tatsächlich nachgewiesenen Substanzmengen ab (Nachweisgrenze der Ninhydrin-Reaktion: ca. 10^{-6} g Substanz).
5. Vergleichen Sie weitere biologische Lösungen oder Hydrolysate von Proteinen auf ihre Aminosäurezusammensetzung.

Entsorgung: Die verwendeten Trenngemische zum Entwickeln der DC-Platten werden nach Versuchabschluss in den Sammelbehälter für organische Lösemittel gegeben.

9.12 Papierchromatographie von Aminosäuren: Rundfilter-Verfahren

Fragestellung: Das in Versuch 9.11 vorgestellte Verfahren der Dünnschichtchromatographie liefert zwar eine relativ scharfbandige Trennung, erfordert jedoch einen gewissen apparativen Aufwand. Für Demonstrationszwecke genügt eventuell eine vereinfachte Trenntechnik, die in der Petrischale durchzuführen ist.

- **Geräte**
  - Petrischale aus Glas (10 cm Durchmesser, 2 Deckel oder 2 Böden)
  - Chromatographie-Papier (z.B. SCHLEICHER & SCHÜLL 2043 b Mgl)
  - Kapillaren oder Pipettenspitzen für Automatikpipetten
  - Trockenschrank (oder Backofen)

- **Chemikalien**
  - Aminosäuren, 0,1%ige Lösungen von Tyrosin, Leucin und Asparaginsäure sowie Mischung dieser 3 Lösungen (je 0,5 mL)
  - Ninhydrin-Reagenz (vgl. Versuch 9.2) in Sprühflasche
  - Laufmittel: Butanol – Essigsäure (Eisessig) – Wasser = 4:1:1 (16 mL bzw. 4 mL)

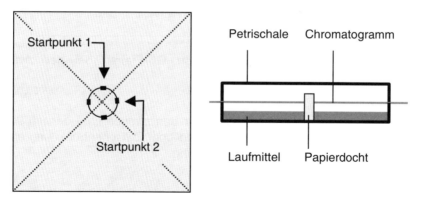

Abb. 9-9. Beladungsschema und Trennvorrichtung für die Papierchromatographie in der Petrischale

Durchführung: Ein 10×10 cm großes Quadrat von Chromatographiepapier wird mit einem weichen Bleistift nach Abbildung 9-9 markiert. Auf jeden Startpunkt trägt man mit einer Kapillare eine Aminosäure-Lösung (1-3) oder das Aminosäure-Gemisch (Punkt 4) auf und lässt die Flecken dabei nicht größer als 2-3 mm auslaufen. Dann durchbohrt man das Zentrum des Papieres mit einem spitzen Bleistift, steckt als Docht ein Stück zusammengerolltes Filtrierpapier hinein und entwickelt das Chromatogramm horizontal in der Petrischale im angegebenen Laufmittel. Nach ca. 30 min wird die Trennung unterbrochen und nach gründlicher Trocknung mit Ninhydrin-Reagenz die Lage der Substanzflecken ermittelt (vgl. Versuch 9.2).

Erklärung: Das hier gewählte Laufmittel trennt die Aminosäuren nach den chemischen Eigenschaften ihrer Seitenkette R. Die polare Aminosäure Asparagin wandert im unpolaren Laufmittel relativ schlecht, die beiden unpolaren Prolin und Leucin entfernen sich deutlich weiter vom Startfleck.

Entsorgung: Das verwendete Trenngemisch wird nach Versuchabschluss in den Sammelbehälter für organische Lösemittel gegeben.

9.13 Aminosäure-Lösungen zeigen verschiedene pH-Werte

Fragestellung: Aufgrund ihrer unterschiedlichen Seitenkette R lassen die verschiedenen biogenen Aminosäuren nach Lösung in Wasser unterschiedliche pH-Wert erwarten. Dies soll in diesem Versuch genauer überprüft werden.

- **Geräte**
  - Reagenzgläser, Reagenzglasgestell, Reagenzglashalter
  - Messpipetten (1, 2, 5 mL)

- **Chemikalien**
  - Aminosäuren
    Substanzgruppe 1: Glycin, Alanin oder Serin
    Substanzgruppe 2: Asparaginsäure oder Glutaminsäure
    Substanzgruppe 3: Lysin oder Arginin
  - Universalindikator-Papier (Streifen) oder -Teststäbchen bzw. Universal-Indikator (MERCK Nr. 9175)

Durchführung: Je eine Spatelspitze der Aminosäuren der benannten Gruppen löst man im Reagenzglas mit 1–2 mL H_2O auf und überprüft anschließend mit Universalindikator die resultierenden pH-Werte der Lösungen.

Beobachtung: Alle drei Ansätze entwickeln mit Universalindikator eine unterschiedliche Farbe.

Erklärung: Die aufgelisteten Aminosäuren vertreten unterschiedliche Gruppen. Substanzgruppe 1 sind neutrale Aminosäuren mit unpolarer Seitenkette R. Asparaginsäure und Glutaminsäure weisen eine zusätzliche COOH-Gruppe auf (saure Zusatz-funktion). Substanzgruppe 3 führt am Molekül zusätzliche Amino-Gruppen (basische Zusatzfunktion). Der pH-Wert der Lösungen fällt daher jeweils unterschiedlich aus.
Diskutieren Sie diese Ergebnisse anhand der Strukturformeln der untersuchten Aminosäuren.

Entsorgung: Die Reaktionsansätze dieses Versuches können stark verdünnt (mit fließendem Wasser) in das Abwasser gegeben werden.

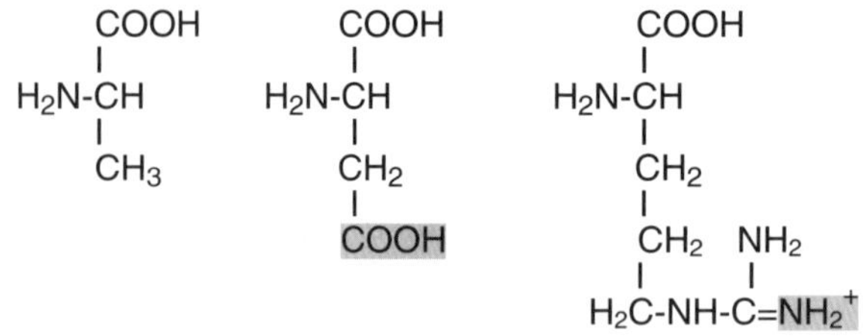

```
     COOH              COOH              COOH
      |                 |                 |
 H₂N-CH           H₂N-CH            H₂N-CH
      |                 |                 |
     CH₃               CH₂               CH₂
                        |                 |
                      COOH               CH₂   NH₂
                                          |     |
                                    H₂C-NH-C=NH₂⁺
```

L-Alanin   L-Asparaginsäure   L-Arginin

Abb. 9-10. Neutrale, saure und basische Aminosäuren

9.14 Demonstration des isoelektrischen Punktes

Fragestellung: Durch den Besitz verschiedener funktioneller Gruppen können Aminosäuren in wässriger Lösung in drei Ionisationsstufen vorliegen und je nach pH-Wert der Lösung anionische oder kationische Eigenschaften aufweisen (Zwitter-Ionen, Ampholyte, vgl. Abbildung 9-11).
Aminosäuren mit relativ unpolarem (hydrophobem) Rest R wie Tyrosin oder Leucin sind im Bereich ihres isoelektrischen Punktes (IP) in Wasser schlecht löslich, weil sich hier die beiden entgegengesetzten Ladungen der Amino- und der Carboxyl-Gruppe gerade kompensieren und nur der Rest R das Löslichkeitsverhalten bestimmt. Erst wenn man das Ionenmilieu stärker verändert und die funktionellen Gruppen entsprechend ionisiert, kann eine hydrophobe Aminosäure in Lösung gehen. Dieser Effekt soll im folgenden qualitativen Experiment überprüft werden.

- **Geräte**
  - Reagenzgläser, Reagenzglasständer, Reagenzglashalter
  - Messpipetten (1, 2, 5 mL)
  - Peleusball

- **Chemikalien**
  - Cystin oder Tyrosin
  - Universalindikator (z.B. MERCK Nr. 9175)
  - 1 mol L^{-1} Natronlauge (NaOH); Vorsicht: stark ätzend!
  - 1 mol L^{-1} Salzsäure (HCl); Vorsicht: stark ätzend!

Durchführung: Eine Spatelspitze Cystin (IP bei pH 5.06) oder Tyrosin (IP bei pH 5.86) schwemmt man in einem RG in 1–2 mL H$_2$O auf und gibt ein paar Tropfen Universalindikator hinzu. Anschließend wird aus einer Pipette vorsichtig solange NaOH zugetropft, bis die violette Lösung klar wird: Das Aminosäure-Anion ist nunmehr gelöst. Dann überschichtet man diesen Ansatz aus einer anderen Pipette mit 2-3 mL HCl, ohne diese mit dem basischen Inhalt des RG zu vermischen.

Beobachtung: Die anfangs stark trübe Suspension wird bei Zugabe von NaOH zunehmend klarer,

Erklärung: Die Lösung wird klar, da sich die Aminosäure durch Veränderung ihres Ionencharakters im alkalischen Ansatz auflöst. Nach Zugabe von HCl bleibt die Aminosäure oberhalb und unterhalb der Phasengrenze in Lösung. Nur an der Phasengrenze zwischen NaOH und HCl, wo eine geringe Durchmischung eingetreten ist, fällt das unter diesem pH-Wert wieder das unlösliche Zwitterion aus (HEIMANN-Effekt).

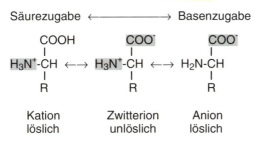

Abb. 9-11. Ionenformen einer Aminosäure: Reaktionen von links nach rechts bei Zugabe von OH⁻, in umgekehrter Richtung bei Zugabe von H⁺-Ionen.

Dieser Versuch lässt sich auch so durchführen, dass man Tyrosin oder eine andere Aminosäure mit hydrophobem R im RG in Universalindikator zunächst mit NaOH titriert (Lösung klar) und dann solange mit HCl zurücktitriert, bis wiederum eine Trübung einsetzt.

Tabelle 9-1. Verhalten einer hydrophoben Aminosäure bei Zugabe von NaOH bzw. HCl: Ergebnistabelle zum Ankreuzen

Bei Titration mit	verhält sich das Aminosäure-Zwitterion als	und wird zum
NaOH	Protonen-Akzeptor (Base)?	Anion / Kation
	Protonen-Donator (Säure)?	
HCl	Protonen-Akzeptor (Base)?	Anion / Kation
	Protonen-Donator (Säure)?	

Auswertung: Protokollieren Sie Ihre Beobachtungen gemäß Abbildung 9-11 bzw. Tabelle 9-1 und diskutieren Sie die erhaltenen Ergebnisse im Hinblick auf das Verhalten der untersuchten Aminosäure(n).

9.15 Titration einer Aminosäure

Fragestellung: Im folgenden Versuch, dem das gleiche Reaktionsprinzip wie in Versuch 9.13 zu Grunde liegt, soll eine vollständig protonierte Aminosäure (= Glycin-Lösung, pH 3) titriert und ihre Reaktion gegen Veränderungen der Wasserstoffionenkonzentration in der Lösung geprüft werden. Technisch einwandfrei müsste eine solche Titration mit einem geeichten pH-Meter durchgeführt werden. Für die hier im Vordergrund stehenden Zwecke beschränken wir uns auf die qualitative Dokumentation der beteiligten Prozesse mit Hilfe von Universalindikator.

- **Geräte**
  - Stativ und Stativklammer
  - Bürette
  - Weithals-Erlenmeyerkolben (50 ml)

- **Chemikalien**
  - Universalindikator (pH 4–10) mit farbabgestuftem Ablesestreifen
  - Vorlage: 0,1 mol L^{-1} Glycin-Lösung, mit 2 mol L^{-1} HCl auf pH 3 eingestellt
  - Bürettenfüllung: 0,1 mol L^{-1} KOH
  Vorsicht: KOH ist stark ätzend! Augen und Haut schützen!

Durchführung: 10 mL einer 0,1 mol L^{-1} Glycin-Lösung (Vorlage in einem 50 ml-Erlenmeyerkolben, auf weißes Papier stellen) werden mit einigen Tropfen Universalindikator (pH 4–10) versetzt und anschließend tropfenweise mit Kalilauge titriert.
Notieren Sie die jeweils verbrauchten Mengen an KOH (in mL) zusammen mit den anhand der Farbskala ermittelten pH-Werten, sobald in der Vorlage ein deutlicher Farbumschlag erkennbar ist.

Auswertung: Stellen Sie die Ergebnisse mit Hilfe eines Koordinatensystems als Titrationskurve dar. Ergänzen Sie die fehlenden Kurvenabschnitte für pH < 4 und pH > 10 nach Literaturdaten.

Erklärung: Die Titrationskurve einer bifunktionelle Aminosäure mit je einer Carboxyl- und Amino-Gruppe zeigt einen doppelt sigmoiden Verlauf mit drei Wendepunkten. An den Wendepunkten (Äquivalenzpunkten) sind die Konzentrationsquotienten der funktionellen Gruppen jeweils identisch:

$$c(COOH)/c(COO^-) = c(COO^-)/c(NH_3^+) = c(NH_3^+)/c(NH_2) = 1$$

Fragen zum Versuch
1. Diskutieren Sie das aus Ihren Titrationsergebnissen abgeleitete Kurvenbild und ergänzen Sie die Kurve nach Literaturdaten um die nicht erfassten pH-Wert-Bereiche.
2. Formulieren Sie für die Wendepunkte jeweils den Zustand der funktionellen Gruppen.

3. Wo liegt nach Ihren Ergebnissen der IP von Glycin?
4. In welchen pH-Bereichen puffert die Aminosäure besonders gut?
5. Wie sähe die Titrationskurve für eine mehrfunktionelle Aminosäure (beispielsweise Lysin oder Asparaginsäure) aus?

Entsorgung: Die Reaktionsansätze dieses Versuches werden nach Auswertung in den Sammelbehälter für Laugen gegeben.

9.16 Photometrische Konzentrationsbestimmung von Tyrosin

- **Geräte**
  - Spektralphotometer
  - Messküvetten (1 cm Schichtdicke)
  - Reagenzgläser, Reagenzglasgestell,
  - Messpipetten (1, 2 mL)

- **Chemikalien**
  - verschiedene Tyrosin-Lösungen, zwischen. 10^{-3} bis 10^{-4} mol L^{-1}

Fragestellung: Aromatische Aminosäuren wie Tyrosin und Tryptophan (vgl. Versuche 9.4-9.7) zeigen im blaufernen UV zwischen 250 und 300 nm (UV-B/UV-C) jeweils ein ausgeprägtes Absorptionsmaximum, welches auf die konjugierten Doppelbindungen in den beteiligten Ringsystemen zurückgeht. Auf dieser Basis eröffnet sich eine experimentell recht günstige Möglichkeit, die aktuelle Konzentration an aromatischen Aminosäuren in Reaktionsansätzen photometrisch zu bestimmen.

Berechnungsgrundlage für die Ermittlung der genauen Konzentration ist das bekannte LAMBERT-BEERsche-Gesetz:

$$E = \varepsilon \times c \times d$$

Darin bedeuten
E = experimentell am Photometer ermittelter Extinktionswert
ε = molarer Exktinktionskoeffizient (für Tyrosin 2260)
c = vorhandene (oder gesuchte) Konzentration des photometrierten Stoffes in mol L^{-1}
d = Schichtdicke der Photometerküvette in cm

Durchführung: Am Spektralphotometer werden bei der Wellenlänge 293 nm die Extinktionswerte für verschieden stark konzentrierte wässrige Tyrosin-Lösungen bestimmt. Die Auswertung erfolgt über das LAMBERT-BEERsche-Gesetz, das man rechnerisch nach c auflöst.

Rechenbeispiel für E = 0,562 und d = 1 cm:

Die Umformung der oben angegebenen Gleichung ergibt für c = E/ ε x d; da die Werte für E, ε und d bekannt sind, ergibt sich nach Einsetzen die gesuchte Größe c = 0,562 : 2260 x 1 = 2,48 x 10^{-4} mol L^{-1}. Da die Molekülmasse von Tyrosin 181,2 beträgt, kann das Ergebnis leicht umgeformt werden:

1 mol Tyrosin = 181,2 g
2,48 x 10^{-4} mol Tyrosin = 181,2 x 2,48 x 10^{-4} g = 45 mg

Die Konzentration beträgt also 45 mg L^{-1}.

Entsorgung: Die Reaktionsansätze dieses Versuches können stark verdünnt (mit fließendem Wasser) in das Abwasser gegeben werden.

9.17 Makromoleküle mit Kolloidcharakter: FARADAY-TYNDALL-Effekt

Fragestellung: Kann man die beachtliche Langkettigkeit bzw. Verknäuelung von Proteinen mit einem einfachen Versuch demonstrieren?

- **Geräte**
  - Diaprojektor
  - 2 Bechergläser (150 mL)
  - Kartonstück (Pappscheibe) mit zentralem Loch (ca. 5 mm Durchmesser)

- **Chemikalien**
  - 100 mL 0,5%ige Glycin-Lösung
  - 100 mL Protein-Lösung: BSA-Lösung von Versuch 9.2 oder stark verdünntes Eiklar in 0,9%iger NaCl

Durchführung: Im verdunkelten Raum lässt man den durch die durchlöcherte Pappscheibe gebündelten Lichtkegel eines Diaprojektors nacheinander auf das Becherglas mit Glycin- bzw. Protein-Lösung fallen. Beide Lösungen betrachtet man seitlich.

Beobachtung: In der wasserklaren Glycin-Lösung ist der durchtretende Lichtstrahl nicht zu sehen, während er in der Protein-Lösung ein weißliches Lichtband zeichnet.

Erklärung: Wenn Licht (Wellenlängen im sichtbaren Bereich 390-700 nm) auf ein Hindernis trifft, wird es gestreut. Glycin-Moleküle (Molekülmasse = 75) können keine Streuung hervorrufen, da sie zu klein sind. Die Proteinmoleküle sind mit ihrer molekularen Masse von > 10000 um den Faktor 10^3 größer als Glycin und damit in einer ausreichenden Dimension, um Lichtwellen diffus zu streuen. Makromoleküle in Lösung nennt man Kolloide, die betreffenden Lösungen kolloidal. Kurzwelliges Licht wird stärker gestreut – daher erscheinen kolloidale Systeme im seitlichen Licht leicht bläulich (= FARADAY-TYNDALL-Effekt).

Entsorgung: Die Reaktionsansätze dieses Versuches können stark verdünnt (mit fließendem Wasser) in das Abwasser gegeben werden.

9.18 Quantitative Proteinbestimmung: Biuret-Verfahren

Fragestellung: Der qualitative Test auf Proteine, den Sie im Versuch 9.3 kennen gelernt haben, eignet sich auch zur quantitativen Erfassung, da die Farbreaktion mit dem Biuret-Reagenz um so intensiver ausfällt, je mehr Protein in einer Testlösung vorhanden ist.

Im folgenden Versuch soll mit verschieden konzentrierten BSA-Lösungen untersucht werden, welcher Zusammenhang zwischen Proteingehalt der Testlösung und beobachteter Farbstoffbildung besteht.

- **Geräte**
  - Spektralphotometer
  - Messküvetten (1 cm Schichtdicke)
  - Reagenzgläser, Reagenzglasgestell
  - Messpipette 1 und 2 ml

- **Chemikalien**
  - BSA-Lösung (vgl. Versuch 9.3) oder andere Proteintestlösung
  - Biuret-Reagenz (vgl. Versuch 9.4)

Tabelle 9-2. Beschickung der einzelnen Messansätze

RG Nr.	1	2	3	4	5	6
2%ige BSA (mL)	0,1	0,2	0,4	0,6	0,8	1,0
H$_2$O (mL)	0,9	0,8	0,6	0,4	0,2	-
Biuret-Reagenz (mL)	4,0	4,0	4,0	4,0	4,0	4,0
Gesamtmenge (mL)	5,0	5,0	5,0	5,0	5,0	5,0

Durchführung: 6 Reagenzgläser werden mit den in Tabelle 9-2 benannten Messansätzen beschickt und nach etwa 5 min im Spektralphotometer bei der Wellenlänge 540 nm gemessen. Die gemessenen Extinktionswerte werden anschließend in ein Koordinatensystem gegen die Konzentration aufgetragen (Ordinate: Extinktion; Abszisse: Protein-Konzentration). Das Kurvenbild stellt eine Eichkurve dar, auf die man die für andere Lösungen unbekannter Konzentrationen erhalltenen Extinktionswerte beziehen kann.

Zur Demonstration werden zusätzlich 2–3 Ansätze (unbekannte Ansätze U1–U3) gemessen, die von Tabelle 10-2 abweichende Mengen BSA-Lösung mit der

Menge x jeweils kleiner als 1,0 mL Protein-Lösung sowie 1–x mL H_2O enthalten.

Auswertung: Stellen Sie die Messergebnisse graphisch dar. Wo liegen die unteren und oberen Grenzen der Proteinkonzentration für diese Bestimmungsmethode? Ist es möglich, die in U1–U3 enthaltenen Proteinmengen quantitativ anzugeben?

Versuchsalternativen: Auch mit dem COOMASSIE-Reagenz (vgl. Versuch 9.4) lassen sich konzentrationsabhängige Farbkomplexe herstellen, die man einfach photometrieren kann (Proteinbestimmung nach BRADFORD 1976). Üblicherweise verwendet man dazu die Wellenlänge 595 nm.
Wesentlich empfindlicher als die Biuret-Bestimmung ist die etwas umständliche kolorimetrische Methode nach LOWRY (mit einer Nachweisgrenze unter 1 µg Protein). Sie verwendet die folgenden Lösungen:
Stammlösung A: 2%iges Na_2CO_3 in $c(NaOH) = 0,1$ mol L^{-1}
Stammlösung B: 0,5 g $CuSO_4 \cdot 5 H_2O$ und 1 g Natrium-citrat in 100 mL H_2O.
Das daraus jeweils frisch anzusetzende Reagenz I besteht aus 50 mL A und 1 mL B. Reagenz II ist FOLIN-CIOCALTEU-Lösung (Versuch 9.5) mit dest. H_2O 1:1 verdünnt. Zur Messung gibt man 1 mL Protein-Lösung in 10 mL Reagenz I und nach 10 min 1 mL Reagenz II. Gemessen wird die Extinktion bei 500 oder 750 nm.

Hinweis: Die dem LOWRY-Test zu Grunde liegende Veröffentlichung (Lowry. O. H., Rosebrough, N. J., Farr, A. L., Randall, R. J., J. Biol. Chem. 193, 265-275, 1951) ist die mit Abstand am häufigsten zitierte Literaturstelle der Welt.

Entsorgung: Die Reaktionsansätze dieses Versuches können stark verdünnt (mit fließendem Wasser) in das Abwasser gegeben werden.

9.19 Proteine lassen sich ausfällen

Fragestellung: Obwohl sie langkettige, wenngleich durch ihre Konformation (Raumgestalt) verknäuelte Moleküle mit beachtlicher molekularer Masse darstellen, sind viele Proteine leicht in Lösung zu bringen. Dieser Versuch zeigt in seinen Teilphasen verschiedene Möglichkeiten auf, wie man Proteine durch eine (ir)reversible Fällungsreaktion aus einer Lösung entfernt.

- **Geräte**
    - Reagenzgläser, Reagenzglasständer, Reagenzglashalter
    - Messpipetten (1, 2 mL)
    - Glasstab
    - Erlenmeyerkolben (100 mL)
    - Bunsenbrenner

- **Chemikalien**
  - Ammonium-sulfat $(NH_4)_2SO_4$
  - Kochsalz NaCl
  - Konzentrierte Natronlauge NaOH; Vorsicht: Stark ätzend!
  - Konzentrierte Salpetersäure HNO_3; Vorsicht: Stark ätzend!
  - 2%ige Lösung von Kupfer-sulfat $CuSO_4 \cdot 5\ H_2O$ oder Silber-nitrat $AgNO_3$
  - Alkohol (Ethanol, Brennspiritus), 96%ig
  - Aceton oder Isopropanol (haushaltsüblicher Glasreiniger)
  - Protein-Lösungen von Versuch 9.3

Durchführung: Führen Sie die folgenden Teilversuche (a) bis (e) durch:
- (a) Von den verfügbaren Protein-Testlösungen gibt man 2-3 mL in ein RG und fügt dann langsam festes NaCl oder $(NH_4)_2SO_4$ hinzu, bis sich das Salz nicht weiter auflöst. Bereits beim Einrühren der Salze ist zu beobachten, dass sich im Ansatz feine Flöckchen bilden.
- (b) Wiederholen Sie den Versuch unter Zugabe von ca. 1 mL konzentrierter Salpetersäure HNO_3 (vgl. Versuch 9.5): Wenn man in einem RG mit 1-2 mL konzentrierter HNO_3 vorsichtig mit 1-2 mL Protein-Testlösung überschichtet, bildet das ausflockende Protein im Kontaktbereich beider Lösungen eine weißliche Scheibe (HELLERsche Probe).
- (c) Testen Sie die Wirkung von einer der beiden Schwermetallsalz-Lösungen (Kupfersulfat- bzw. Silbernitrat-Lösung) mit Protein-Testlösungen durch Mischen im Verhältnis von etwa 1:1.
- (d) In ein weiteres RG mit 2-3 mL Protein-Testlösung gibt man entweder reinen Alkohol (Ethanol, Isopropanol) oder Aceton.
- (e) Geben Sie außerdem 2–3 mL der Protein-Testlösung in ein RG und kochen Sie die Lösung in der Bunsenbrennerflamme kurz auf.
- Prüfen Sie in allen Reaktionsansätzen (a) bis (e), ob sich die Proteinflocken in reichlich zugegebenem Wasser oder nach zusätzlicher Zugabe von NaOH wieder auflösen.

Beobachtung: In allen Fällen ist anhand von Flockenbildung oder Trübung eine Ausfällung von Protein zu erkennen.

Erklärung: Die Proteinmoleküle sind wegen ihrer polaren Gruppen in wässriger Lösung intern und extern hydratisiert und somit von einer Hydrathülle (Wasserschicht) umgeben, die nicht allzu stabil ist. Stört man diese Hydrathülle durch bestimmte Chemikalien, die das Hydrathüllenwasser zum Teil entziehen (also chemische Trocknungsmittel darstellen), hat dieser Eingriff Auswirkungen auf die Raumgestalt der Proteine – sie bilden eine neue, meist kompaktere Konformation aus und flocken aus. Diesen Vorgang bezeichnet man auch als Fällung, Koagulation, Präzipitation oder Gerinnung. Den gleichen Effekt haben Schwermetall-Ionen, die kovalent an vielen Stellen des Proteins binden und beispielsweise die SH-Gruppen blockieren. Darauf kann ihre ausgesprochene Giftigkeit beruhen.

Bei schonender Fällung (vor allem mit Ammonium-chlorid) ist der Prozess reversibel. Diesen Effekt nutzt man bei der Isolierung und Reinigung von Proteinen aus organismischem Material, die ihre besondere Funktionsfähigkeit behalten sollen.

Sofern von einer irreversiblen Fällung Enzymproteine betroffen sind, ist die Ausflockung meist mit einem Funktionsverlust verbunden. Insofern spricht man auch von Denaturierung.

Auch bei der Einwirkung von Hitze knüpfen die langen Peptidketten untereinander neue und zumeist zahlreichere Verbindungen über ihre Seitenketten R. Da hierbei temperaturabhängig auch kovalente Bindungen entstehen, ist der Prozess irreversibel: Ein gekochtes Frühstücksei ist nicht mehr zu verflüssigen.

Entsorgung: Die Reaktionsansätze dieses Versuches werden nach Auswertung in die jeweiligen Sammelbehälter für Säuren, Laugen oder organische Lösemittel gegeben.

9.20 Proteine tragen beeinflussbare elektrische Ladungen

Fragestellung: Die eigentlichen Ladungsträger, die potenziell kationischen Amino- bzw. anionischen Carboxyl-Gruppen der beteiligten Aminosäuren, sind in den Peptiden bzw. Proteinen zum größten Teil in den jeweiligen Peptidbindungen verbraucht und liegen nur am N- bzw. C-terminalen Ende der langen Ketten frei vor. Jedoch weisen zahlreiche Aminosäuren polar wirkende Seitenketten R auf, die damit die Gesamtladung des Moleküls bestimmen. Über das Vorliegen einer solchen Ladung orientiert der folgende sehr einfache Versuch:

- **Geräte**
  - Becherglas oder Erlenmeyerkolben, 50 mL
  - Messpipette (2 mL)
  - naturweiße Schafwolle

- **Chemikalien**
  - verdünnte Natronlauge NaOH (ca. 2 mol L^{-1})
  - verdünnte Salzsäure HCl (ca. 2 mol L^{-1})
  - Methylenblau-Lösung (blaue Tintenpatrone für Schreibfüller)

Durchführung: Je eine kleine Probe der Schafwolle gibt man in ein Becherglas, fügt mit der Pipette etwa 1-2 mL NaOH oder HCl zu und versetzt dann beide Ansätze mit einigen Tropfen Methylenblau-Lösung.

Beobachtung: Nur im Ansatz mit NaOH färbt sich die Wolle blau.

Erklärung: Im basischen Milieu findet die vollständige Deprotonierung der im Keratin der Wolle vorhandenen Carboxyl-Gruppen statt. Die Proteinmoleküle liegen demnach als Polyanionen mit vielen negativ geladenen Gruppen vor.

Methylenblau-Moleküle sind dagegen positiv geladen und ziehen daher in alkalischer Lösung bereitwillig auf das negativ geladene Wollkeratin.

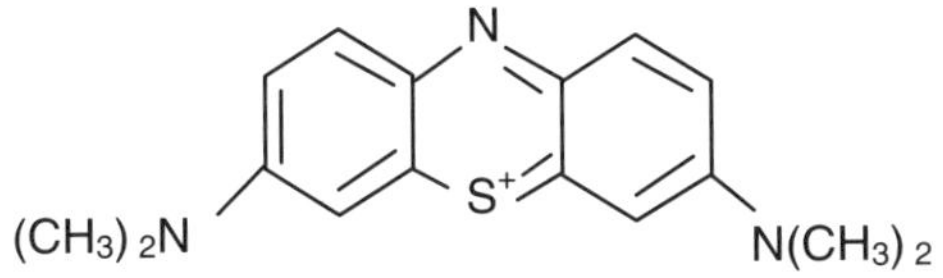

Abb. 9-12. Formelbild von Methylenblau (Kation)

Entsorgung: Die Reaktionsansätze dieses Versuches können stark verdünnt (mit fließendem Wasser) in das Abwasser gegeben werden.

9.21 Papierelektrophorese von Proteinen

Fragestellung: Wenn Proteinmoleküle wegen ihrer polaren Seitenketten R elektrisch geladene Moleküle darstellen, sollte es möglich sein, sie im elektrischen Feld entsprechend ihrer Ladungsstärke wandern zu lassen und aufzutrennen. Eine solche Molekülbewegung nennt man Iono- oder Elektrophorese. Sie bildet die Basis zahlreicher analytischer Verfahren zur Naturstoffcharakterisierung.

- **Geräte**
  - Stativ mit Stativmuffe und Stativklammer
  - Haushaltsfön
  - Filtrierpapierstreifen 2x10 cm
  - Becherglas (100 mL)
  - Batterie (Monoblock, 7,5 V)
  - Krokodilklemmen, befestigt in je einer Bohrung eines Isolators (Plexiglas o.ä.)

- **Chemikalien**
  - Protein-Testlösungen aus Versuch 9.3
  - Zitronensäure/Phosphat-Puffer nach MCILVAIN: Lösung A: 0,1 mol L^{-1}; Zitronensäure (1,93 g in 100 mL); Lösung B: 0,2 mol L^{-1} Na_2HPO_4 (ohne Kristallwasser; 2,84 g in 100 mL). Für einen Puffer pH 3 mischt man 80 mL A und 20 mL B, für pH 5: 49 mL A und 51 mL B sowie für pH 7: 18 mL A und 82 mL B.
  - COOMASSIE-Reagenz (COOMASSIE Brilliant Blue G-250, SERVA Nr. 17524 oder MERCK Nr. 12553), 0,1%ige wässrige Lösung
  - 1%ige Essigsäure

Durchführung: Im Becherglas werden die gleichen Mengen Protein-Testlösung und Puffer gemischt. Zwei mit Puffer-Lösung getränkte Filtrierpapierstreifen werden mit Hilfe von Krokodilklemmen in das Gemisch eingetaucht und mit den Polen der Batterie verbunden (vgl. Abbildung 9-13). Nach etwa 30 min Laufzeit wird die elektrische Verbindung getrennt. Die Papierstreifen legt man für etwa 1 min in COOMASSIE-Lösung. Dann werden sie in Leitungswasser sowie in 1%iger Essigsäure ausgewaschen. Die proteinhaltigen Abschnitte bleiben dauerhaft gefärbt.

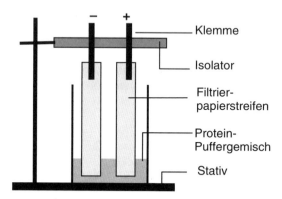

Abb. 9-13. Versuchsanordnung zur Elektrophorese von Proteinen

Beobachtung: Die Proteine der verwendeten Testlösung sind im Filtrierpapierstreifen gewandert. Bei Abwandlung der pH-Werte des Puffers ergeben sich unterschiedliche Wanderstrecken.

Erklärung: Proteine sind geladene Moleküle (vgl. Versuch 9.18). Je nach Anzahl und Überwiegen ihrer kationischen oder anionischen Seitenketten ergeben sich unterschiedliche Wanderungsrichtungen.

Entsorgung: Die Reaktionsansätze dieses Versuches können stark verdünnt (mit fließendem Wasser) in das Abwasser gegeben werden.

10 Lipide

Unter dem Sammelbegriff Lipide vereinigt man in der Biochemie und Stoffwechselphysiologie eine große Anzahl von Naturstoffen wie Neutralfette, Isoprenoide oder Steroide. Deren strukturelle Übereinstimmung besteht allerdings nur darin, größere unpolare Bauteile aufzuweisen: Sie sind daher nicht wasserlöslich. Allerdings enthalten sie fallweise eine endständige polare Baugruppe und verhalten sich dann amphiphil. In Grenzflächen zwischen einer wässrigen und einer nicht wässrigen Phase bilden solche Stoffe durch spontanes Zusammentreten zu Molekülaggregaten regelmäßige Strukturen, beispielsweise Mizellen. Diese Eigenart ist für das Verständnis von biologischen Membranen von besonderer Bedeutung.

Zu den wichtigsten Lipiden gehören die in den folgenden Experimenten im Vordergrund stehenden Fette. Sie weisen bei aller Verschiedenartigkeit einen einheitlichen Aufbau aus Glycerin und drei Fettsäuren auf, wobei die Fettsäuren mit den OH-Gruppen des Alkohols Glycerin (Glycerol, Propan-triol) verestert sind. Neutralfette sind somit Triacyl-glycerine bzw. Triacyl-glyceride. In einem Fettmolekül können die drei Fettsäuren gleich oder verschieden sein.

$$\begin{array}{c} H_2C\text{-OH} \\ | \\ HC\text{-OH} \\ | \\ H_2C\text{-OH} \end{array} + \begin{array}{c} HOOC\text{-}(CH_2)_n\text{-}CH_3 \\ HOOC\text{-}(CH_2)_n\text{-}CH_3 \\ HOOC\text{-}(CH_2)_n\text{-}CH_3 \end{array} \rightarrow \begin{array}{c} H_2C\text{-O}\text{--}CO\text{-}(CH_2)_n\text{-}CH_3 \\ | \\ HC\text{-O}\text{--}CO\text{-}(CH_2)_n\text{-}CH_3 \\ | \\ H_2C\text{-O}\text{--}CO\text{-}(CH_2)_n\text{-}CH_3 \end{array} + 3\ H_2O$$

Glycerin Fettsäure Triacyl-glycerin (Fett)

Abb. 10-1. Aus Glycerin und drei Fettsäuren entsteht ein Triacyl-glycerin.

Die in der Natur vorkommenden Fettsäuren sind unverzweigte n-Carbonsäuren fast immer geradzahlig und weisen überwiegend 12 bis 24 (am häufigsten 16 und 18) C-Atome auf. Sofern Doppelbindungen vorliegen wie in den ungesättigten Fettsäuren, sind sie stets *cis*-konfiguriert, wie die Formelbilder von Linolsäure und Linolensäure zeigen:

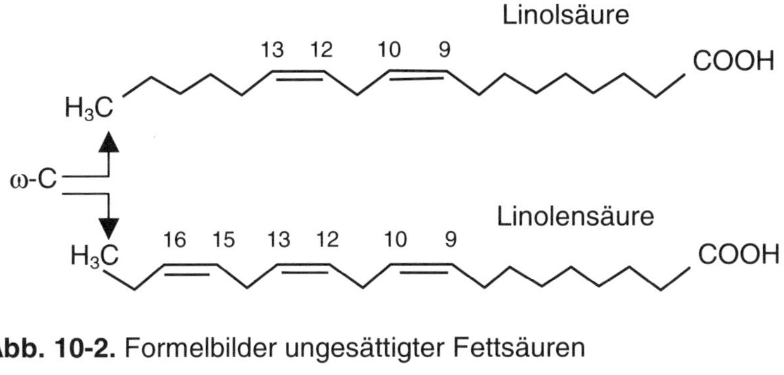

Abb. 10-2. Formelbilder ungesättigter Fettsäuren

Die Anzahl der C-Atome und Doppelbindungen wird oft im Substanznamen angegeben – die Linolsäure erhält daher den Zusatz (18:2). Außerdem ist es üblich, das letzte C-Atom der Kette als ω-C (omega-C) zu bezeichnen und die erste von diesem Ende aus gezählte Doppelbindung mit dem betreffenden C-Atom anzugeben: Die Linolsäure ist demnach eine ω6-Fettsäure. Die ernährungsphysiologisch besonders bedeutsame Linolensäure (18:3) (Vitamin F) ist dagegen eine ω3-Fettsäure (vgl. Abbildung 10-2).

10.1 Lipophil und lipophob

Fragestellung: Das Stoffwechselgeschehen in der Zelle ist von zahlreichen Wechselwirkungen zwischen Stoffen in wässriger Lösung und anderen Komponenten bestimmt, die an Lipide gebunden sind oder lipophile Eigenschaften aufweisen. Das gegensätzliche Verhalten dieser beiden Lösemittelwelten lässt sich im folgenden Demonstrationsversuch zeigen:

- **Geräte**
    - Reagenzgläser (RG), Reagenzglasständer, Reagenzglashalter
    - Bunsenflamme
    - Messpipette (5 mL)

- **Chemikalien**
    - Olivenöl
    - Paprikapulver, Sudan III-Farbstoff für die Mikroskopie (z.B. CHROMA 1A-254 oder MERCK 1.12747)

Durchführung: 3 mL Olivenöl werden mit der gleichen Menge Wasser und je einer kleinen Spatelspitze Paprikapulver oder Sudan III erhitzt und gründlich geschüttelt.

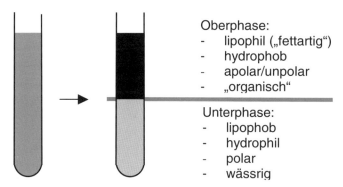

Abb. 10-3. Lösemittelwelten und ihre Bezeichnungen

Beobachtung: Nach dem Abkühlen sammelt sich das durch die Carotenoide der Paprika oder mit Sudan III gefärbte Olivenöl als Oberphase. Die wässrige Unterphase bleibt nahezu ungefärbt. Erneutes gründliches Schütteln führt immer wieder zum gleichen Ergebnis. Allerdings kann die Phasentrennung eventuell längere Zeit in Anspruch nehmen, wenn man durch kräftiges Schütteln ein Öltröpfchen-Wasser-Gemisch (= Emulsion) hergestellt hat.

Erklärung: Olivenöl ist eine lipophile (hydrophobe) Substanz, die mit dem polaren, lipophoben Wasser nicht mischbar ist, sondern allenfalls instabile Emulsionen bildet. Die verwendeten lipophilen Farbstoffe spiegeln diese Lösemittelvorlieben entsprechend wider.

Entsorgung: Die Ansätze aus diesem Versuch werden stark verdünnt (unter fließendem Wasser) in das Abwasser gegeben.

10.2 Gewinnung von Pflanzenfetten

Fragestellung: Aus fettreichem Pflanzengewebe, beispielsweise aus Ricinussamen, Sonnenblumenkernen oder Haselnüssen, wird das darin enthaltene fette Öl in technischem Maßstab vor allem durch Auspressen gewonnen. Für analytische Zwecke bietet sich eher die Extraktion mit lipophilen (organischen) Lösemitteln an.

- **Geräte**
    - Rundkolben (250 mL) mit Rückflusskühler
    - Pilzheizhaube
    - Erlenmeyerkolben (250 mL) mit Rückflusskühler (alternativ)
    - Heizplatte (alternativ zur Heizhaube)
    - Stativmaterial
    - Messer, Schneidebrett
    - Reibschale

- **Chemikalien**
    - Petrol-ether (Benzin, Siedebereich 100-140 °C), alternativ
    - Diethyl-ether

- **Versuchsobjekt**
    - Ölreiche Pflanzensamen (Ricinus, Walnuss, Haselnuss, Mohn, Lein)

Durchführung: Die mit dem Messer grob gehackten größeren Samen werden in der Reibschale weiter zerkleinert. Kleinere Samen von Mohn oder Lein werden direkt gemörsert. Den entstehenden Brei gibt man in einen Rund- oder Erlenmeyerkolben und erhitzt ihn nach Verschluss mit einem Rückflusskühler etwa 15 min lang in 50 mL Lösemittel (Petrol-ether/Benzin oder Diethyl-ether). Vorsicht: Keine offene Flamme verwenden!

Anschließend gießt man den Extrakt vom Rückstand in einen sauberen Kolben ab und dampft ihn darin unter häufigem Umschwenken ein. Diesen Arbeitsschritt nur unter dem Abzug durchführen!

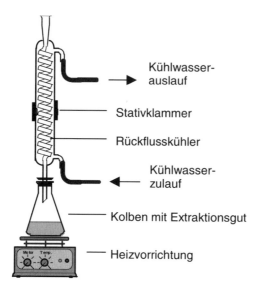

Abb. 10-4. Extraktionsapparatur zur Gewinnung von Pflanzenfetten

Beobachtung: Die erhaltene nicht weiter verdampfbare und meist hellgelbe Flüssigkeit ist die Ausgangsbasis für einige weitere unten stehende Versuche.

10.3 Einfache Elementaranalyse

Fragestellung: Fette (Acyl-glyceride, Neutralfette) sind im Prinzip Derivate von Kohlenwasserstoffen. Ihre Zusammensetzung aus den Elementen ist auf einfache Weise zu demonstrieren:

- **Geräte**
  - Reagenzgläser (RG), Reagenzglasständer, Reagenzglashalter
  - Bunsen- oder Teclubrenner
  - Watte
  - Messpipette (2 mL)

- **Chemikalien**
  - Oliven- oder Sonnenblumenöl, eventuell aus Versuch 10.2
  - konzentrierte Schwefelsäure H_2SO_4; Vorsicht. Stark ätzend!
  - wasserfreies Kupfer-sulfat $CuSO_4$ (weiß, kristallin) oder Cobalt- bzw. Watesmo-Papier (vgl. Versuch 8.1)

Durchführung: Man gibt etwa 3 mL Pflanzenöl in ein RG und verschließt locker mit einem Wattebausch, in den man einige Kristalle von weißem, wasserfreiem $CuSO_4$ eingepackt hat. Erhitzen Sie nun vorsichtig, bis Dämpfe aufsteigen.
Geben Sie in ein anderes RG etwa 1 mL Pflanzenöl und versetzen Sie mit 0,5 mL H_2SO_4.

Beobachtung: Die Kristalle zeigen einen Farbumschlag nach tintenblau. Im RG mit dem H_2SO_4-Ansatz tritt allmählich eine bräunlich-schwärzliche Verfärbung ein.

Erklärung: Die Blaufärbung von weißem $CuSO_4$ zeigt die Kristallwasserbildung zu blauem $CuSO_4 \cdot 5\ H_2O$ und damit das aus dem Öl pyrolytisch frei gesetzte Wasser mit den Elementen H und O an.
Die Schwärzung nach Zugabe von Schwefelsäure deutet auf H_2O-Entzug durch das zersetzende Trocknungsmittel H_2SO_4 hin. Zumindest Glycerin als Fettbaustoff entspricht angenähert der allgemeinen Kohlenhydratformel $C(H_2O)_n$.

Entsorgung: Die Ansätze aus diesem Versuch werden stark verdünnt (unter fließendem Wasser) in das Abwasser gegeben.

10.4 Es riecht brenzlig: Acrolein-Probe

Fragestellung: Der nachfolgende Versuche ist ein indirekter Nachweis für Glycerin als Bestandteil der Neutralfette.

- **Geräte**
  - wie Versuch 10.3

- **Chemikalien**
  - Filtrierpapierstreifen, mit ammoniakalischer $AgNO_3$-Lösung getränkt
  - Kalium-hydrogensulfat $KHSO_4$ (gepulvert)

Durchführung: Man erhitzt etwa 2 mL Pfanzenöl in einem schwer schmelzbaren RG mit 1-2 Spatelspitzen pulverförmigem $KHSO_4$ vorsichtig bis zum Aufschäumen.
Unter dem Abzug arbeiten!
In die aufsteigenden Dämpfe hält man einen mit ammoniakalischem $AgNO_3$ getränkten Papierstreifen.
Man kann die entstehenden Dämpfe auch entsprechend Abbildung 10-5 in ein zweites Reagenzglas mit SCHIFFschem Reagenz (vgl. Versuch 11.6) einleiten.

Beobachtung: Nach dem Aufschäumen ist ein stechend-brenzliger Geruch wahrnehmbar. Beim Einleiten in SCHIFFsches Reagenz zeigt sich eine kräftige Rotfärbung.

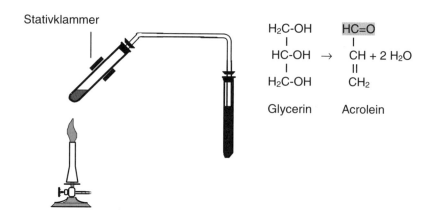

Abb. 10-5. Vorrichtung zum Aldehyd-Nachweis

Erklärung: Glycerin wird nach Spaltung der Esterbindungen zur Aldehydverbindung Acrolein (Propenal) entwässert. Der Aldehyd reduziert das auf dem Filtrierpapierstreifen aufgetragene $AgNO_3$ zu elementarem Silber, womit eine Schwärzung einhergeht (Silberspiegel-Reaktion). Aus dem SCHIFFschem Reagenz setzt er rotes Fuchsin frei (vgl. Versuch 11.6).
Der charakteristische Geruch von Acrolein erinnert an gelegentliche Küchenprobleme, wenn das Schnitzel in der zu heißen Pfanne anbrennt.

Entsorgung: Die Ansätze aus diesem Versuch werden stark verdünnt (unter fließendem Wasser), eventuell unter Zusatz von Spülmittel, in das Abwasser gegeben.

10.5 Fettes oder ätherisches Öl?

Fragestellung: Neutralfette von ölartiger Konsistenz dienen den Pflanzen vor allem als Energiespeicher und finden sich daher in Depotgewebe, vor allem im Endosperm (Nährgewebe) der Samen. Die zumeist sehr angenehm duftenden ätherischen Öle aus Blättern oder Blüten haben dagegen eine völlig andere Bedeutung. Außerdem weisen ihre Kompenten eine gänzlich abweichende Struktur auf (vgl. Kapitel 12). Mit einem einfachen qualitativen Test sind die Unterschiede leicht zu belegen.

- **Geräte**
    - Millimeterpapier
    - Taschenmesser
    - Rasierklinge
    - Mikroskop

- **Chemikalien**
  - Lavendel-, Thymian- oder Minz-Öl (aus der Apotheke)
  - Sudan III-Lösung für die Mikroskopie (Sudanrot; MERCK 1.12747 oder CHROMA 1A-254): 0,2 g Sudan III in 50 mL Ethanol (96%ig) lösen, filtrieren und dann 1:1 mit Glycerin vermischen

- **Versuchsobjekt**
  - halbierte Hasel- und Walnüsse, Rizinus-, Raps- und Senfsamen, zerquetsche Leinsamen u.ä.

Durchführung: Auf Millimeterpapier zeichnet man einige Kreise von etwa 1,5 cm Durchmesser und legt auf jeden eine Probe der geöffneten Pflanzensamen, wobei man Lage und Probentyp genau bezeichnet. Auf weitere Kreise trägt man je einen Tropfen reines Duftöl aus den benannten oder vergleichbaren Aromapflanzen auf.

Beobachtung: Nur die fetten Öle hinterlassen auf Papier einen deutlichen Fettfleck.

Erklärung: Fette Öle sind grundsätzlich nicht flüchtig. Ätherische Öle stehen dagegen bereits bei normaler Zimmertemperatur unter hohem Dampfdruck und "verduften" rückstandsfrei.
Bei der mikroskopischen Kontrolle dünner Handschnitte durch die benannten Samen zeigen sich nach Färbung mit Sudan III-Lösung die zellulären Depotorte für zahlreiche kleine Ölkugeln.

10.6 Verseifung von Pflanzenfetten

Fragestellung: Die Behandlung mit heißen Basen spaltet Neutralfette in ihre Bauteile Glycerin und Anionen der Fettsäuren. Formal entspricht dieser Vorgang der Umkehrung der Esterbildung.

- **Geräte**
  - Reagenzgläser (RG), Reagenzglasständer
  - Erlenmeyerkolben (100 mL)
  - passender Stopfen, durchbohrt mit Glasrohr (ca. 30 cm lang)
  - Stativmaterial
  - Bunsenbrenner
  - Messpipetten (2, 5 mL)
  - Indikatorpapier

- **Chemikalien**
  - Pflanzenöl (Sonnenblume, Nuss, Olive) oder geschmolzenes Fett
  - 10%ige Kalilauge KOH
  - 96%iges Ethanol

- 25%ige Salzsäure HCl
- 20%ige Schwefelsäure H_2SO_4
- 10%ige Lösung von Soda (Natrium-carbonat) Na_2CO_3
- 10%ige Lösung von Calcium-chlorid $CaCl_2$
- Kochsalz NaCl (kristallin)
  Vorsicht beim Umgang mit Laugen und Säuren! Haut und Augen schützen!

Durchführung: 3 mL Pflanzenfett (Öl oder geschmolzenes Fett) werden mit 25 mL KOH und 25 mL Ethanol im Erlenmeyer mit aufgesetztem Glasrohr oder im Rundkolben mit Rückflusskühler bis zum Sieden erhitzt. Die Verseifung, die Abspaltung der Fettsäure-Reste, ist beendet, sobald das anfangs etwas trübe und zweiphasige Gemisch klar geworden ist.
Etwa 3-5 mL davon werden in RG pipettiert und tropfenweise mit 25%iger HCl versetzt. Die entstehende erneute Trübung löst sich wieder auf, wenn man einige Tropfen Na_2CO_3-Lösung hinzugibt. Anschließend versetzt man portionsweise mit $CaCl_2$-Lösung, bis sich dichte Flocken bilden.
Zum Rest des Ansatzes im Kolben fügt man kristallines NaCl, bis sich an der Oberfläche eine erstarrende Masse abscheidet.
Den Rückstand im Kolben neutralisiert man mit 20%iger H_2SO_4 (Indikatorpapier!) und dampft ihn unter vorsichtiger weiterer Erwärmung weitgehend ein, bis ein dickflüssiger Sirup verbleibt.

Beobachtung und Erklärung: Nach der hydrolytischen Spaltung der Esterbindung und Ansäuerung mit HCl zeigen sich die freien Fettsäuren als feiner, im wässrigen System nicht löslicher Niederschlag (Trübung). Nach erneuter Alkalisierung mit der Soda-Lösung (Na_2CO_3) bilden die Fettsäuren ihre wasserlöslichen Na-Salze (Natronseife, Na-palmitat, Na-oleat u.a.) aus. Mit $CaCl_2$ enstehen die wiederum unlöslichen Ca-Salze (Kalkseife).
Der durch Eindampfen gewonnene Sirup besteht aus Glycerin.

Entsorgung: Die neutralisierten Ansätze gibt man stark verdünnt (mit fließendem Wasser), eventuell unter Zusatz von ein paar Tropfen Spülmittel, in das Abwasser.

10.7 Nachweis ungesättigter Fettsäuren

Fragestellung: Die C=C-Doppelbindungen der ungesättigten Fettsäuren lagern in einer Additionsreaktion sehr leicht Halogene an, darunter vor allem Brom. Diese Reaktion dient in der Fettanalytik dazu, den Anteil ungesättigter Fettsäuren zu bestimmen. Wir beschränken uns hier auf den qualitativen Nachweis.

- **Geräte**
  - Reagenzgläser (RG), Reagenzglasständer

- Erlenmeyerkolben (Enghals, 250 mL)
- Messpipetten (2, 5, 10 mL)

- **Chemikalien**
    - WINKLERsches Reagenz: 0,05 g Kalium-bromat $KBrO_3$ und 2 g Kalium-bromid KBr in 10 mL H_2O lösen
    - konzentrierte Essigsäure (Eisessig)
    - 0,1 mol L^{-1} Lösung von Natrium-thiosulfat $Na_2S_2O_3$ (1,2 g in 50 mL)
    - Speiseöl

Durchführung: Je etwa 2 mL Speiseöl verschiedener Herkunft (oder aus Versuch 10.2) werden mit der gleichen Menge Eisessig im RG vermischt. Dann tropft man vorsichtig WINKLERsches Reagenz hinzu.
Nach dieser Reaktion versetzt man den Ansatz mit 5 mL Natriumthiosulfat-Lösung.
Nur unter dem Abzug arbeiten!

Beobachtung: Bereits ohne Erwärmung findet eine rasche Entfärbung des Ansatzes statt.

Erklärung: Aus WINKLERschem Reagenz wird durch die Essigsäure im Reaktionsansatz elementares braun-gelbliches Brom frei gesetzt, das sofort an die vorhandenen Doppelbindungen der ungesättigten Fettsäuren addiert wird – erkennbar als Entfärbung des Ansatzes. Etwaiges nicht gebundenes Brom im Ansatz bindet man anschließend durch Zugabe von $Na_2S_2O_3$.
In der Fettanalytik verwendet man eine etwas aufwändigere zusätzliche Additionsreaktion mit Iod. Nach deren Abschluss wird mit $Na_2S_2O_3$-Lösung und Stärke-Lösung zurücktritriert, um die Menge an freiem I_2 zu bestimmen. Die erhaltenen Werte ergeben die so genannte Iod-Zahl, mit der sich der Gehalt an ungesättigten Fettsäuren kennzeichnen lässt. Sie gibt an, wie viele g Iod von 100 g eines analysierten Fettes gebunden werden. Bei Kokosfett beträgt die Iod-Zahl IZ 7-10, bei Milchfett 33-40, bei Rapsöl bis 108 und bei Sonnen-blumenkernöl bis 136.

Zusatzversuch: Einige Tropfen Pflanzenöl (Distel-, Sonnenblumenkern- oder Olivenöl) und etwa die gleiche Menge Palmin oder Margarine werden im RG mit einigen Tropfen Eisessig (Essigessenz), etwas Wasser und einigen Tropfen LUGOLsche Lösung (Iodtinktur) versetzt. Das Gemisch wird kräftig geschüttelt. Nach einigen Minuten gibt man einige Tropfen Stärke-Lösung (vgl. Versuch 8.20) hinzu.
Bei den Pflanzenölen tritt keine Blaufärbung (Einschlussverbindung mit Iod) ein, weil das Iod an die Doppelbindungen der ungesättigten Fettsäuren addiert wurde. In Kokosfett und Margarine liegen dagegen wegen der Fetthärtung nach Hydrierung der Doppelbindungen kaum noch ungesättigte Fettsäuren vor. Die Iodprobe mit Stärke-Lösung fällt daher positiv aus.

Entsorgung: Die in diesem Versuch verwendeten Ansätze werden in den Sammelbehälter für metallhaltige Lösungen entsorgt.

10.8 Fettverdauung im Reagenzglas: Modellversuch

Fragestellung: Im Verdauungstrakt müssen die mit der Nahrung aufgenommenen Fette ähnlich wie bei der Verseifung zerlegt werden. Die Hydrolyse erledigen spezielle Enzyme, beispielsweise die Pankreas-Lipase (vgl. Versuch 13.13), nachdem die Speisefette im Dünndarm unter Mitwirkung von Gallensäuren zunächst emulgiert wurden.

- **Geräte**
    - Reagenzgläser (RG), Reagenzglasständer
    - Passende Stopfen mit umgebogenen Büroklammern
    - Becherglas (100 mL)
    - Messpipetten (5, 10 mL)
    - Pasteurpipetten
    - Millimeterpapier mit Reaktionsfeldmarkierung (Bleistift): Streifen von 1 × 5 cm Abmessung

- **Chemikalien**
    - Verschiedene Speiseöle, z. B. aus Versuch 10.2
    - Handcreme (aus Wollfett, z.B. Nivea)
    - Vaseline
    - Paraffinöl
    - Diethyl-ether
    - Pankreas-Lösung (Tabletten oder Dragées aus der Apotheke), 3-4 Tabletten in 50 mL H_2O auflösen

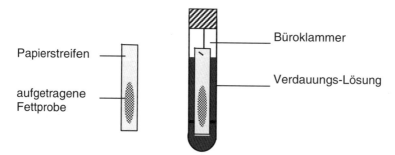

Abb. 10-6. Versuchplan zur Fettverdauung *in vitro*

Durchführung: Die Speiseöle sowie je eine kleine Probe von Wollfett, Vaseline und Paraffinöl werden etwa 1:1 in Diethyl-ether aufgelöst. Von dieser Lösung werden wenige Tropfen auf die markierten Stellen der Millimeterpapierstreifen aufgetragen. Nach dem Verdampfen des Lösemittels bleiben deutliche

Fettflecken zurück. Die so vorbereiteten Papierstreifen werden entsprechend Abbildung 10-6 an umgebogenen Büroklammern in RG mit Verdauungslösung gehängt. Die Inkubation findet über Nacht statt.
Beim Abdampfen von organischen Lösemitteln unter dem Abzug arbeiten!

Beobachtung: Nach Entnahme werden die Papierstreifen in Wasser vorsichtig abgespült und getrocknet. Die natürlichen Fette sind durch "Verdauung *in vitro*" verschwunden, während die Flecke von Vaseline und Paraffinöl, die fettähnliche Kohlenwasserstoffe darstellen, geblieben sind.

10.9 Chromatographie von Membranlipiden

Fragestellung: Die inneren Membranen der Chloroplasten (Thylakoidmembranen) bestehen nicht aus Neutralfetten, sondern aus Phospho- sowie Glycolipiden. Anstelle der dritten Fettsäure ist bei diesen Glyceriden eine andere Baugruppe enthalten. Ein Bild von der Vielgestalt der Membranlipide vermittelt der folgende Versuch zur Dünnschichtchromatographie.

- **Geräte**
    - Wasserbad
    - Erlenmeyerkolben (250 mL)
    - Reibschale mit Pistill
    - Trichter mit Rundfilter
    - Bechergläser (10 mL)
    - DC-Platte 20x20 cm, mit Kieselgel beschichtet (z. B. MERCK Nr.105721)
    - Trennkammer
    - Kapillaren oder Pipettenspitzen zum Auftragen
    - Sprühvorrichtungen
    - Trockenschrank (oder Backofen)

- **Chemikalien**
    - Extraktionsgemisch: Methanol – Chloroform – Ameisensäure = 12:5:3
    - Laufmittel: Aceton – Benzol – Wasser = 91:30:8
    - Ninhydrin-Reagenz (vgl. Versuch 9.2)
    - Molybdän-Reagenz: Lösung A: 2 g MoO_3 portionsweise in 50 mL H_2SO_4 (12,5 mol L^{-1}) lösen und anschließend mit 25 mL H_2O sowie 20 mL konzentrierte H_2SO_4 versetzen. Mischung bis zum völligen Verschwinden des Bodensatzes vorsichtig im Wasserbad erhitzen.
      Lösung B: 180 mg gepulvertes elementares Molybdän portionsweise in 50 mL von Lösung A geben und im Wasserbad bis zum vollständigen Auflösen erhitzen. Beide Lösungen sind in braunen Flaschen haltbar. Als Sprühreagens dient die Mischung A – B – H_2O = 1:1:2. Erst kurz vor Gebrauch anmischen!
    - α–Naphthol-Reagenz: In 6 mL H_2O werden nacheinander 6,5 mL konzentrierte H_2SO_4 (Vorsicht!) und 40 mL Ethanol gegeben. Diese

Mischung wird mit 10,5 mL einer 15%igen Lösung von α–Naphthol (z.B. MERCK Nr. 822289) versetzt.

- **Versuchsobjekte**
  - Blätter von Rot-Buche (*Fagus silvatica*), Spinat (*Spinacia oleracea*) oder Gerste (*Hordeum sativum*)

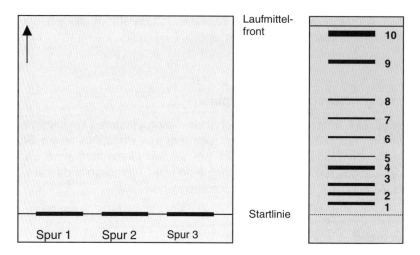

Abb. 10-7. Beladungsschema zur DC-Trennung von Blattlipiden und Abfolge der zu erwartenden Lipidtypen auf der entwickelten Platte. Die Zahlen bedeuten: 1 Phosphatidyl-cholin, 2 Phosphatidyl-serin, 3 Phosphatidyl-inositol, 4 Phosphatidyl-glycerin, 5 Phosphatidyl-ethanolamin, 6 Sulfochinosyl-diglycerid, 7 Digalactosyl-diglycerid, 8 Sterolglyceride, 9 Monogalactosyl-diglycerid, 10 apolare Lipide und Fettsäure-methylester.

Durchführung: Einige zerschnittene Laubblätter der benannten Arten werden in der Reibschale mit Sand und Pistill fein zerrieben, in einen Scheidetrichter gegeben und darin mit dem Extraktionsgemisch unter mehrfachem Schütteln extrahiert. Der Extrakt wird abfiltriert. Das Filtrat füllt man in ein kleines Becherglas und trägt davon strichförmig auf einer vorbereiteten Kieselgel-Platte auf. Die Trennung im angegebenen Trenngemisch dauert etwa 2 h. Anschließend werden die DC-Platten unter dem Abzug (!) gründlich getrocknet, bis kein Essigsäuregeruch mehr wahrnehmbar ist. Anschließend führt man folgende Nachweise durch:
- Spur 1 mit dem Molybdän-Reagenz ansprühen und 5 min bis zur abschließenden Fleckenentwicklung stehen lassen
- Spur 2 mit Ninhydrin-Reagenz (vgl. Versuch 9.2) ansprühen, sofort anschließend bei abgedeckten Spuren 1 und 2
- Spur 3 mit α-Naphthol-Reagenz ansprühen und
- DC-Platte ca. 10 min im Trockenschrank auf 110 °C erhitzen.

Um die Bandenlage aller Membranlipide unterschiedslos sichtbar zu machen, sprüht man die DC-Platte mit konzentrierter Schwefelsäure an. Etwas aufwändiger, aber ungefährlicher ist das Ansprühen mit einer 0,2%igen ethanolischen Lösung von 2',7'-Dichlor-fluorescein: Im UV-Licht zeigen sich nahezu alle Lipide als hellgrüne Flecken (Banden) auf dunkelviolettem Hintergrund.

Beobachtung: In Spur 1 zeigen sich die verschiedenen Phospholipide als blaue Flecken, die Galactolipide als weiße Banden auf leicht blauem Hintergrund. Auf Spur 2 färben sich alle Komponenten mit Amino-Gruppen, darunter Phosphatidyl-ethanolamin (rotviolett) und Phosphatidyl-serin (blau-violett). Spur 3 zeigt die Mono- und Digalactosyl-diglyceride sowie einige Sulfolipide als blauviolette Banden.

$$\begin{array}{l} H_2C\text{-}O \longrightarrow \text{Fettsäure 1} \\ | \\ HC\text{-}O \longrightarrow \text{Fettsäure 2} \\ | \\ H_2C\text{-}O\text{-}PO_2 \longrightarrow O\text{-}CH_2\text{-}CH_2\text{-}NH_3^+ \end{array}$$

Phosphatidyl-ethanolamin

$$\begin{array}{l} H_2C\text{-}O \longrightarrow \text{Fettsäure 1} \\ | \\ HC\text{-}O \longrightarrow \text{Fettsäure 2} \\ | \\ H_2C\text{-}O\text{-}PO_2 \longrightarrow O\text{-}CH_2\text{-}CH\text{-}NH_2 \\ \phantom{H_2C\text{-}O\text{-}PO_2 \longrightarrow O\text{-}CH_2\text{-}CH\text{-}}| \\ \phantom{H_2C\text{-}O\text{-}PO_2 \longrightarrow O\text{-}CH_2\text{-}CH\text{-}}COOH \end{array}$$

Phosphatidyl-serin

Abb. 10-8. Beispiele für die Strukturformel zweier wichtiger Membranlipide

Entsorgung: Extraktions- und Laufmittelgemisch werden nach Versuchsabschluss in den Sammelbehälter für organische Lösemittel gegeben.

11 Nucleinsäuren und Nucleotide

In eukaryotischen Organismen ist die Desoxyribonucleinsäure (DNA) der Träger der genetischen Information, während die verschiedenen RNA-Spezies (messenger-RNA, transfer-RNA und ribosomale RNA) an der Umsetzung der gespeicherten Information in Proteine beteiligt sind. In bestimmten Viren übernimmt die RNA allerdings die Aufgabe eines primären Informationsträgers, muss je-doch in der Wirtszelle zunächst in DNA umgelesen werden. Nucleinsäuren sind Polynucleotide, in denen zahlreiche Nucleotide zu langen Ketten verbunden sind. Jedes Nucleotid besteht aus einem Phosphorsäure-Rest und einem Nucleosid. Die Nucleoside sind aus je einer Pentose (Desoxyribose bzw. 2-Deoxy-ribose bei der DNA, Ribose im Fall der RNA) und je einer Purin- oder Pyrimidin-Base zusammengesetzt. Weitere Details zur Struktur und Funktion sind den Standardlehrbüchern zur Biochemie zu entnehmen.

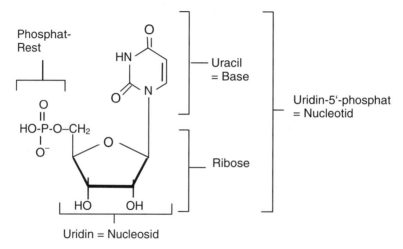

Abb. 11-1. Basisstruktur eines Nucleotids aus Zucker, Base und Phosphat-Rest

11.1 Löslichkeitsverhalten der Nucleinsäuren

Fragestellung: Für die präparative Isolierung von Nucleinsäuren aus organismischem Material ist deren Löslichkeitsverhalten von Belang. Diese Eigenschaften werden für die in den Versuchen 11.2 und 11.3 angeregten Präparationen genutzt und hier zunächst *in vitro* erkundet.

- **Geräte**
    - Reagenzgläser (RG), Reagenzglasständer
    - Messpipetten (2 mL)

- Spatel
- **Chemikalien**
  - käufliches RNA- und DNA-Präparat (z.B. SERVA Nr. 18580)
  - 96%iges Ethanol (kalt, aus dem Gefrierfach)
  - 0,5%ige Lösung von Natrium-hydroxid NaOH
  - 10%ige Lösung von Schwefelsäure H_2SO_4
    Vorsicht beim Umgang mit Laugen und Säuren: ätzend!

Durchführung: Eine Spatelspitze pulverförmiger RNA oder DNA suspendiert man im RG in etwa 5 mL Wasser und schüttelt kräftig durch. Dann versetzt man mit 5 mL einer 0,5%igen Natronlauge und wartet das Ergebnis ab. Zu einer Teilmenge dieses Ansatzes gibt man tropfenweise 10%ige Schwefelsäure, zu einer zweiten etwa 3 mL eiskaltes Ethanol.

Beobachtung: Pulverförmige RNA und DNA sind in Wasser kaum löslich. Nach Zugabe von NaOH lösen sich die Nucleinsäuren als Natrium-nucleate. Nach Zufügen der H_2SO_4 fallen die Nucleinsäuren wieder aus. Ebenso bildet sich nach Zufügen von Ethanol ein Niederschlag unlöslicher Nucleinsäuren.

Erklärung: Nucleinsäuren sind vor allem alkalilöslich, weil sich die lösliche Anionenform bildet. Die Unlöslichkeit in Ethanol/Wasser-Gemischen verwendet man zur Isolierung.

Entsorgung: Die Ansätze aus diesem Versuch werden nach Neutralisierung mit fließendem Wasser in das Abwasser gegeben.

11.2 Isolierung von RNA aus Bäckerhefe

Fragestellung: Sofern man in den folgenden qualitativen Versuchen aus dem Themenfeld Nucleinsäuren keine käuflichen DNA- oder RNA-Präparate einsetzen möchte, kann sich analytisch genügend große Mengen aus geeigneten Organismen isolieren. Anstelle der früher üblichen Isolierung von Nucleinsäuren aus den Zellkernen des Kalbsthymus verwenden wir hier als Materialquelle Hefezellen.

- **Geräte**
  - Reibschale (Mörser) mit Pistill
  - Laborzentrifuge
  - Zentrifugengläser
  - Wasserbad (siedend)

- **Chemikalien**
  - 5%ige Lösung von Trichloressigsäure (TCE)
  - gesättigte Lösung von Kochsalz NaCl
  - 96%iges Ethanol

- 25%ige Schwefelsäure H$_2$SO$_4$
  Vorsicht beim Umgang: Stark ätzend!

Durchführung: Etwa 20 g Frischhefe werden im Mörser mit Seesand unter Zugabe von 30 mL TCE zerrieben. Das erhaltene Homogenat wird scharf abzentrifugiert, der Überstand verworfen. Das Sediment wird mit heißer, konzentrierter NaCl-Lösung versetzt, suspendiert und nach dem Abkühlen erneut zentrifugiert. In der flüssigen Phase sind nach diesem Arbeitsgang die Nucleinsäuren enthalten. Der Rückstand wird verworfen. Die Nucleinsäuren werden durch Zugabe von 96%igem Ethanol (EtOH) ausgefällt und anschließend erneut zentrifugiert. Der anfallende Rückstand wird mit 5 mL einer 25%igen H$_2$SO$_4$ im siedenden Wasserbad erhitzt. Dabei werden die Makromoleküle der Nucleinsäuren hydrolytisch in ihre Bausteine gespalten (hydrolysiert).

Hinweis: Bäckerhefe enthält bis etwa 50 mal mehr RNA als DNA. Das nach dem oben empfohlenen Arbeitsgang erhaltene Präparat besteht demnach überwiegend aus RNA und kann so für die folgenden Versuche 11.4ff verwendet werden.

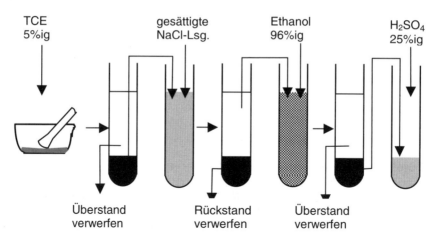

Abb. 11-2. Flussdiagramm zur Präparation von Nucleinsäuren (RNA) aus Hefe

11.3 Isolierung von DNA aus der Küchen-Zwiebel

Fragestellung:

- **Geräte**
  - Becher- oder Konfitürenglas (250 mL)
  - Gemüsereibe oder Pürierstab
  - Messer

- Messzylinder (100 mL)
- Isolierbehälter (Styropor) mit kleinen Eiswürfeln
- Wasserbad (60 °C)
- große Reagenzgläser (50 mL), Reagenzglasständer
- Verbandmull oder Faltenfilter
- Trichter
- Messpipetten (1, 2, 5 mL)

- **Chemikalien**
  - Ethanol (bei –20 °C im Gefrierfach oder Gefrierschrank vorgekühlt)
  - 50 mmol L^{-1} Lösung von Na$_3$-citrat-dihydrat (MERCK Nr. 106448); 1,25 g in 100 mL destilliertem Wasser (eventuell von Tankstelle oder Baumarkt) lösen
  - 3 g Kochsalz NaCl in 90 mL der Natriumcitrat-Lösung geben und auflösen
  - 10 mL Spülmittel (kein Konzentrat) im Messzylinder abgemessen bereit halten
  - 3 g Fleischzartmacher ("meat tenderizer") in 50 mL Wasser lösen
  - 25%ige Schwefelsäure H$_2$SO$_4$
    Vorsicht beim Umgang: Stark ätzend!

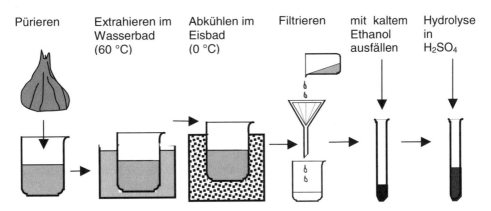

Abb. 11-3. Flussdiagramm zur Isolierung von DNA aus der Küchenzwiebel

Durchführung: Eine große Küchenzwiebel schälen und vierteln. Zwiebelstücke auf einer Gemüsereibe oder mit dem Pürierstab zu Zwiebelmus zerkleinern und in die Natrium-citrat-/Kochsalz-Lösung geben. Dann 10 mL Spülmittel hinzumischen und den Ansatz etwa 15 min im Wasserbad bei 60 °C inkubieren. Anschließend das Gemisch im Eisbad 10 min lang kühlen, dann durch mehrere Lagen Verbandmull im Trichter oder Faltenfilter filtrieren und das Filtrat in einem Becherglas auffangen. Etwa 10 mL des Filtrats gibt man in ein RG (50 mL) und fügt optional 4 mL einer Fleischzartmacher-Lösung hinzu. Anschließend langsam mit eiskaltem Ethanol (ca. –20 °C) überschichten: Die ausfallende

DNA zeigt sich in Form weißlicher Fäden, die man auf einen Glasstab (oder Schaschlikspieß) aufwickelt und aus dem Ansatz zieht. Die Fäden werden in wenig destilliertem Wasser gelöst. In dieser Form sind sie im Kühlschrank bei 4 °C längere Zeit haltbar. Alternativ führt man die gelöste DNA der Säurehydrolyse in 25%iger Schwefelsäure wie in Versuch 16.2 zu.

Hinweis: Mit der oben angegebenen Präparationsfolge ist die Isolierung von DNA (RNA) auch aus anderem pflanzlichen Material möglich. Empfehlenswerte Alternativen sind Tomaten und Weizenkeimlinge.

11.4 Nachweis freier Phosphorsäure

Fragestellung: Die nach 11.2 oder 11.3 gewonnenen Hydrolysate enthalten die monomeren Bausteine der Nucleinsäuren. Mit dem folgenden qualitativen Nachweis nach FISKE-SUBBAROW kann man die aus den Phosphodiester-Bindungen abgespaltene Phosphorsäure nachweisen.

- **Geräte**
    - Reagenzglas (RG), Reagenzglasständer
    - Bunsenbrenner
    - Messpipetten (1 mL)

- **Chemikalien**
    - 2%ige Lösung von Ammonium-molybdat $(NH_4)_6Mo_7O_{24} \cdot 4\ H_2O$ (FLUKA/RIEDEL-DE HAEN Nr. 09880)
    - konzentrierte Salpetersäure HNO_3
      Vorsicht: Stark ätzend!

Durchführung: 1 mL des Hydrolysats aus Versuch 11.2 oder 11.3 wird im RG mit 1 mL Ammoniummolybdat-Lösung und 1 mL konzentrierter Salpetersäure versetzt und über der Bunsenbrennerflamme leicht erwärmt.

Beobachtung: Die einsetzende Gelbfärbung zeigt die Anwesenheit freier Phosphorsäure an. Beim Erwärmen entsteht ein gelber Niederschlag.

Erklärung: Die Gelbfärbung der Ansätze geht auf die Bildung der Komplexverbindung Ammonium-phosphor-molybdat $(NH_4)_3[P(Mo_3O_{10})_4]$ zurück:

$$12\ (NH_4)_2MoO_4 + H_3PO_4 + 21\ H^+ \rightarrow (NH_4)_3 P(Mo_3O_{10})_4] + 12\ H_2O + 21\ NH_4^+$$

Entsorgung: Die Ansätze aus diesem Versuch werden nach Auswertung in den Sammelbehälter für Säuren gegeben.

11.5 Nachweis von Ribose und Desoxyribose

Im Hydrolysat aus den Versuchen 11.2 und 11.3 lassen sich die aus den Nucleinsäuren frei gesetzten Pentosen mit Hilfe der bereits in Kapitel 8 vorgestellten Nachweiserfahren erfassen: Führen Sie die entsprechenden Tests der Versuche 8.5, 8.6 und 8.7 durch.

11.6 DNA-Nachweis im Zellkern: FEULGEN-Reaktion mit SCHIFFS Reagenz

Fragestellung: Ein berühmter und in der Histo- und Biochemie häufig verwendeter Nachweis ist die von ROBERT FEULGEN bereits 1924 eingeführte und nach ihm benannte FEULGEN-Reaktion, die auf der Reaktion von farblosem SCHIFFschem Reagenz mit Aldehyd-Gruppen beruht. Sie führt zu rot gefärbten Verbindungen. Dieser Aldehydnachweis wurde von HUGO SCHIFF 1876 in Turin entwickelt.

- **Geräte**
    - Mikroskop
    - Mikroskopiezubehör (Objektträger, Deckgläser, Uhrfederpinzette, Rasierklinge)
    - Reagenzglas (RG), Reagenzglasständer
    - Pasteurpipetten
    - Schnappdeckelglas
    - Wasserbad (60 °C)

- **Chemikalien**
    - Fixier-Lösung: Methanol – Eisessig (konzentrierte Essigsäure) = 3:1
    - verdünnte Salzsäure HCl der Konzentration $c(HCl) = 1$ mol L^{-1}
    - SCHIFFs Reagenz: 0,25 g Fuchsin in 1L heißem Wasser lösen. In die erkaltete Lösung unter Rühren 10 g Natrium-disulfit $Na_2S_2O_5$ und 10 mL konzentrierte Salzsäure HCl zugeben. Die Lösung muss sich dabei entfärben. Alternativ: Fertig-Lösung, z.B. MERCK Nr. 1.0933.

- **Versuchsobjekt**
    - Wurzelspitzen einer keimenden Küchen-Zwiebel (*Allium cepa*) oder einer beliebigen anderen Versuchspflanze

Durchführung: Die Vorbereitung der Proben für die mikroskopische Untersuchung folgt diesen Arbeitsschritten:
a) Die ersten 2-3 mm von Wurzelspitzen werden abgeschnitten und für 30 min in Fixier-Lösung in ein RG gegeben.
b) 2-3 mL der verdünnten HCl in ein RG geben und im Wasserbad auf 60 °C erwärmen.

c) Die fixierten Wurzelspitzen mit einer Uhrfederpinzette vorsichtig aus der Fixier-Lösung entnehmen, auf Fließ- oder Filtrierpapier kurz abtrocknen und für 10 min in 60 °C warmer HCl hydrolysieren.
d) Nach 10 min Hydrolyse das RG mit den Wurzelspitzen mit kaltem Leitungswasser auffüllen. Flüssigkeit vorsichtig in den Ausguss dekantieren, ohne die Wurzelspitzen zu verlieren. Waschvorgang mehrmals wiederholen. Dann werden die Wurzelspitzen auf Fließ- oder Filtrierpapier kurz getrocknet.
e) Die gewaschenen Wurzelspitzen mit der Uhrfederpinzette in ein Schnappdeckelglas mit ca. 2-3 mL SCHIFFschem Reagenz übertragen und das Glas verschließen. Nach etwa 30 min sollten sie tiefrot sein.
f) Gefärbte Wurzelspitzen aus dem Glas nehmen und in einem RG mehrmals mit kaltem Leitungswasser waschen.
g) Gewaschene Wurzelspitzen auf einem Objektträger mit einer Rasierklinge längs halbieren, in ein paar Tropfen 45% Essigsäure (Eisessig) legen und zwischen Objektträger und aufgelegtem Deckglas vorsichtig zerquetschen.
h) Quetschpräparat unter dem Mikroskop untersuchen.

Beobachtung: Die Zellkerne in den Zellen der Wurzelspitze sind tiefrot angefärbt, das Cytoplasma und die Zellwände allenfalls schwach rosa. Gewöhnlich sind auch verschiedene Mitosestadien erkennbar, wobei in diesem Fall die Chromosomen gefärbt sind.

Erklärung: Schiffsches Reagenz reagiert in der FEULGENschen Nuclealreaktion unter Farbstoffbildung mit den Aldehyd-Gruppen der Desoxyribose, die durch schonende Hydrolyse der DNA-Bausteine frei gesetzt wurden. Dabei werden zunächst die beiden Ketten der DNA-Doppelhelix durch Aufbrechen der Wasserstoffbrücken voneinander getrennt und (vor allem die Purin-) Basen aus ihrer Bindung an die Desoxyribose entfernt. Die Aldehyd-Gruppe am C-1 der Pentose kann nun mit dem Reagenz reagieren.
Unter kontrollierten Bedingungen und bei quantitativer Hydrolyse ist die FEULGEN-Reaktion so spezifisch, dass man sie zur genauen Bestimmung des DNA-Gehaltes einzelner Zellen einsetzen kann. In der Pathologie nutzt man dieses Verfahren, um anhand abweichender DNA-Mengen beispielsweise Tumoren im Initialstadium zu diagnostizieren.

Hinweis: Bei dieser Färbung muss man sehr sauber arbeiten. Sonst wird man überrascht sein, wo überall in der Arbeitsumgebung reaktive Aldehyd-Gruppen vorliegen. Auch Hände, Kleidung, Papier, Möbel u.a. geben sehr schöne positive Reaktionen mit SCHIFFschem Reagenz, die eventuell nur durch Behandlung mit verdünnter HCl wieder zu entfernen sind.

11.7 Nachweis der Purin-Basen

Fragestellung: Der folgende qualitative Test demonstriert die Anwesenweit der aus den Nucleinsäuren frei gesetzten Purin-Basen Adenin und Guanin.

- **Geräte**
  - Reagenzglas (RG), Reagenzglasständer
  - Bunsen- oder Teclubrenner
  - Messpipetten (1 mL)

- **Chemikalien**
  - konzentrierte Lösung von Ammoniak NH_3
    Vorsicht beim Umgang: Unter dem Abzug arbeiten!
  - 1%ige Lösung von Silber-nitrat $AgNO_3$
  - Universalindikatorpapier
  - Hydrolysat aus den Versuchen 11.2 oder 11.3

Durchführung: 1 mL Hydrolysat wird mit einigen Tropfen NH_3-Lösung neutralisiert (mit Indikatorpapier überprüfen!) und dann mit 0,5 mL einer 1%igen $AgNO_3$-Lösung versetzt.

Beobachtung: Im RG entsteht ein weißlicher Niederschlag.

Erklärung: Der Niederschlag besteht aus den Ag-Salzen der beiden Purin-Basen Adenin und Guanin.

Entsorgung: Die Ansätze aus diesem Versuch werden nach Versuchsabschluss in den Sammelbehälter für metallhaltige Lösungen gegeben.

11.8 Dünnschichtchromatographische Trennung von DNA-Basen

Fragestellung: Neben der qualitativen Gruppenkennzeichnung der in den Hydrolysaten enthaltenen Bausteine interessiert auch der Nachweis der beteiligten Basen. Die zweidimensionale Dünnschichtchromatographie leistet hierfür gute Dienste.

- **Geräte**
  - HPTLC-Cellulose-Platte 20 × 20 cm, z.B. MERCK Nr. 105718
  - passende Trennkammer
  - Glaskapillaren oder Pipettenspitzen
  - UV-Analysenlampe

- **Chemikalien**
  - Hydrolysat aus den Versuchen 11.2 oder 11.3 bzw. 0,1%ige Lösungen

von Adenin, Guanin, Cytosin, Thymin und Methylcytosin.
- Laufmittel 1. Richtung: Isopropanol – HCl – Wasser = 65:17:18 (auf Volumenbasis)
- Laufmittel 2. Richtung: n-Butanol – Methanol – Wasser – NH_3 = 60:20:20:1 (auf Volumenbasis)

Durchführung: Je etwa 20 µL Hydrolysat aus Versuch 11.2 bzw. 11.3 oder einer Mischung der zu erwartenden Basen werden etwa 1,5 cm von der unteren linken Ecke der HPTLC-Platte aufgetragen. Nach der Entwicklung im 1. Lauf wird die Platte für 15 min bei 50 °C getrocknet und nach Abkühlung im 2. Lauf entwickelt. Die Detektion der getrennten Basen erfolgt mit Hilfe einer UV-Analysenlampe. Wegen der intensiven UV-Absorption der Purin- und Pyrimidinbasen sind die Substanzpositionen ohne weitere Anfärbung erkennbar.

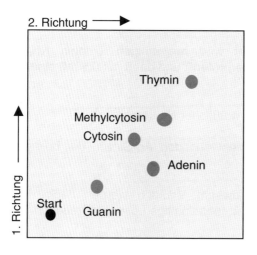

Abb. 11-3. Trennung der DNA-Nucleobasen durch zweidimensionale Dünnschichtchromatographie mit Substanzdetektion durch UV-Absorption

Beobachtung: Die hochauflösende HPTLC-Cellulose hat die DNA-Basen getrennt. Sie zeigen sich als UV-absorbierende dunkle Flecken. Zusätzlich zeigt sich als 5. Base Methylcytosin (vgl. Abbildung 11-3). Da kein vorgereinigtes Hydrolysat verwendet wurde, könnten sich weitere Komponenten mit UV-Absorption oder -Fluoreszenz zeigen. Diese fehlen bei Chromatographie reiner Basen-Lösungen.

Erklärung: Neben den vier Standardbasen einer DNA zeigt sich gewöhnlich auch die 5. Base Methylcytosin. Sie ist besonders in der DNA von höheren Pflanzen häufig. In DNA-Präparaten aus Weizenkeimlingen, die man nach dem von Versuch 11.3 gewinnt, sind etwa 50% des Cytosins durch Methylcytosin ersetzt. Die Gründe für diesen hohen Methylierungsanteil sind noch unbekannt.

Generell hat die DNA-Methylierung eine große Bedeutung bei der Inaktivierung von Genen.

Entsorgung: Die Laufmittel werden nach Versuchsabschluss in den Sammelbehälter für organische Lösemittel gegeben.

11.9 Unterscheidung von Ribo- und 2'-Desoxyribonucleotiden

Fragestellung: Die Nucleotide der RNA und der DNA unterscheiden sich im Wesentlichen nur durch Besitz oder Fehlen einer OH-Gruppe am C-2 der Pentose. Der folgende Versuch erlaubt eine Differenzierung zwischen den Ribose- und Desoxyribose-Derivaten auf der Basis einer dünnschichtchromatographischen Trennung mit Hilfe von PEI (= Polyethylenimin)-imprägnierten Cellulose-Platten.

- **Geräte**
    - wie Versuch 11.7, jedoch
    - PEI-Cellulose-Platte 5 × 20 cm, z.B. MERCK Nr. 105725

- **Chemikalien**
    - PEI-Cellulose-Platte 20 × 20 cm, z.B. MERCK Nr. 106303
    - 6%ige Lösung von Natrium-tetraborat (Borax) $Na_2B_4O_7 \cdot 10\, H_2O$ und 3% Borsäure H_3BO_3 in Wasser.
    - Laufmittel: Borat/Borsäure-Lösung – Ethylen-glykol = 7:2,5
    - 1%ige Lösungen von AMP und dAMP oder CMP und dCMP

Durchführung: Die Mononucleotid-Gemische werden strichförmig auf die PEI-imprägnierte Cellulose-Platte aufgetragen. Nach der Entwicklung der Platte und gründlicher Trocknung wird die Fleckenlage mit Hilfe einer UV-Analysenlampe ermittelt.

Beobachtung: Die Ribo- und Desoxyribonucleotide sind in diesem Fall trotz gleicher Basenstruktur voneinander getrennt.

Erklärung: Die Borsäure H_3BO_3 bildet mit den 1,2-Dihydroxystrukturen der Ribose unter Wasserabspaltung cyclische Borsäureester. Die Nucleoside und Nucleotide aus RNA erhalten damit eine weitere funktionelle Gruppe mit negativer Ladung. Mit Desoxyribose ist diese Reaktion nicht möglich.

Entsorgung: Die Laufmittel werden nach Versuchsabschluss in den Sammelbehälter für Säuren gegeben.

12 Pigmente und andere Naturstoffe

Die in den Pflanzen vorkommenden Farbstoffe regen mit ihrer nuancenreichen Buntheit in besonderem Maße zur eingehenderen experimentellen Erkundung an. Damit verbunden sind konsequenterweise auch Fragen der chemischen Struktur und der physiologsichen Funktion. Außer den an der Photosynthese beteiligten Blattpigmenten enthalten Pflanzen äußerst farbintensive Verbindungen in Blüten und Früchten: Sie sind wichtige auslösende Signale an die Tierwelt, die entweder als Pollenkuriere oder für die raumwirksame Verbreitung von Diasporen in Dienst genommen werden.

Außer den Pigmenten enthalten die meisten Pflanzen zahlreiche weitere bemerkenswerte und fallweise auch recht wichtige Verbindungen von praktischer Bedeutung, die man oft als Sekundäre Pflanzenstoffe bezeichnet. Diese Benennung unterstellt, dass die betreffenden Substanzen nicht Bestandteil des Primär- bzw. Energiestoffwechsels sind und somit meist keiner Umsetzung mehr unterliegen, sondern andere, im weitesten Sinne ökologische Funktionen (Fraßschutz u.ä.) übernehmen. Aus diesen äußerst heterogenen Naturstoffgruppen sind hier nur wenige vororientierende Beispielversuche zusammengestellt, darunter solche mit Alkaloiden, ätherischen Ölen und Vitaminen.

12.1 Trennung von Blattpigmenten im Zweiphasensystem

Fragestellung: Zu Beginn und gegen Ende jeder Vegetationsperiode inszeniert die heimische Gehölzflora ein beachtliches Farbspektakel: Der Laubaustrieb im Frühjahr löst mit seinen animativen Grünnuancen die winterliche Graubraun-Monochromie ab, und vor dem herbstlichen Blattfall stellen die sommergrünen Sträucher und Bäume ihr Erscheinungsbild unübersehbar auf eine vielstufige farbliche Bandbreite zwischen verhaltenem Käsegelb und flammendem Karminrot um – eine klare Einladung, den Blattfarbstoffen genauer nachzugehen.
Die nachfolgenden Versuchsanregungen thematisieren zwar die Färbung von grünen und umgefärbten Laubblättern im Herbst, lassen sich aber analog auch auf die Untersuchung von Blüten- sowie Fruchtpigmenten übertragen. Sie orientieren rasch darüber, welche Komponenten der beiden Blattpigmentierungssysteme (lipochrome oder chymochrome Farbstoffe) am Erscheinungsbild einer Pflanze beteiligt sind.

- **Geräte**
    - Reagenzgläser (RG), Reagenzglasständer
    - Reibschale (Mörser) mit Pistill
    - Glastrichter
    - Faltenfilter
    - Pipetten (2, 5, 10 mL)
    - Peleusball

- **Chemikalien**
  - 96%iges Ethanol
  - Aceton (unverdünnt)
  - verdünnte (0,1 mol L^{-1}) Salzsäure HCl
  - Benzin (Feuerzeugbenzin)
  - Quarzsand

- **Versuchsobjekte**
  - kräftig grüne sowie bereits herbstlich gelb-rötlich verfärbte Blätter beliebiger Laubholz-Arten, als Vorschlag beispielsweise: Ahorn, Buche, Birke, Essigbaum, Felsenbirne, Jungfernrebe, Kirsche, Schneeball
  - außerhalb des Herbstes oder zum Vergleich auch Blätter von Rotkohl, Bluthasel, Blutbuche, Blutpflaume oder Buntnessel

Durchführung: Etwa 1-2 g Blattmaterial zerkleinert man in der Reibschale zunächst trocken durch Zerreiben mit Quarzsand bis zur Pulverkonsistenz und extrahiert anschließend mit 3-5 mL 96%igem Ethanol. Die erhaltene Pigmentrohlösung wird über ein Faltenfilter in ein trockenes, sauberes Reagenzglas (RG) filtriert. Sie sollte so konzentriert sein, dass sie tief dunkelgrün erscheint.
Herbstlich bunte Blätter beliebiger Artzugehörigkeit zerkleinert man ebenfalls zuvor in der Reibschale und extrahiert sie dann jeweils in ca. 5-10 mL der Mischung Ethanol (96%ig) – Aceton – HCl (0,1 mol L^{-1}) = 10:2:0,5.
Etwa 2 mL dieser Pigment-Lösung versetzt man in einem sauberen RG mit ca. 2 mL Benzin und schüttelt vorsichtig um, wobei eine Emulsion mit Tröpfchen-Feinstverteilung möglichst vermieden werden soll. Nach der gründlichen Vermischung gibt man aus der Spritzflasche rasch etwa 5 mL H$_2$O hinzu.

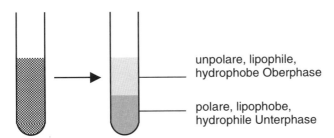

Abb. 12-1. Schütteltrennung im Zweiphasen-Lösemittelsystem

Beobachtung: Sofort setzt im RG nach erneutem Schütteln eine Phasentrennung in eine spezifisch leichtere Oberphase aus Benzin und eine schwerere wässrige Unterphase (polar) ein (vgl. Versuch 10.1). Damit vollzieht sich gleichzeitig eine Verteilung der Pigmente aus dem Rohextrakt. Die offensichtlich lipophilen (hydrophoben) Blattpigmente reichern sich innerhalb von Minuten in der apolaren Benzin-Oberphase an. Die wässrige und daher polare Unterphase bleibt wegen der eventuell nur unvollständig ablaufenden Entmischung vorerst noch milchig trüb. Sofern herbstlich verfärbte Blätter extrahiert wurden, die größere Mengen an Anthocyanen enthalten, ist die untere wässrige Phase entsprechend intensiv rötlich verfärbt.

Erklärung: Wie ein Kontrollversuch sofort nachweist, lassen sich die an der Photosynthese beteiligten Plastidenfarbstoffe aus normal grünen Blättern nicht wässrig extrahieren. Nach ihrem visualisierten Löslichkeitsverhalten sind sie somit lipophil (hydrophob) – sie liegen in den Chloroplasten grundsätzlich in Membranbindung und nicht als Vakuolenbestandteile vor.

Die aus den Vakuolen stammenden hydrophilen und chymochromen Blattpigmente wie die Anthocyane oder andere Flavonoide verbleiben dagegen nach der Phasenbildung ausschließlich in der Unterphase und färben diese intensiv rot. Je nach verarbeitetem Blattmaterial sind auch folgende Verteilungskonstellationen zu erwarten:

- Sofern die schon deutlich verfärbten Blätter während der Umfärbung noch restliche Chlorophylle enthalten, weist die lipophile Oberphase je nach Mengenanteil lichte oder kräftigere Grünnuancierungen auf, während die Unterphase die gesamte Fraktion der Vakuolenpigmente enthält ("Grün-/Rot-Koalition").
- Viele Arten mit dramatischer Herbstfärbung kombinieren die Farbwirkung von plastidengebundenen Carotenoiden (Carotinoiden) mit den Anthocyanen in den Vakuolen der gleichen oder benachbarter Zellen. In diesem Fall wird das Ergebnis der Zweiphasen-Trennung nach Ausschütteln eines Blattextraktes eine farbenfrohe "Gelb-/Rot-Koalition" sein.
- In der wässrigen Phase ist mit dieser Vorselektion der Blattpigmente allerdings nur die Gesamtheit aller Flavonoide zu erfassen. Eine Unterscheidung in rötliche Anthocyane und blassgelbe Anthoxanthine, denen die Ringsysteme der Flavone oder Flavonole zu Grunde liegen, ist auf diesem Wege nicht möglich. Gelb/blassgelb gestufte Phasen zeigen sich allerdings bei Blättern, zu deren Stoffbestand auch wasserlösliche Anthoxanthine gehören, während Anthocyane fehlen. Solche Kombinationen sind vor allem bei Arten von Schattenstandorten zu erwarten.

Entsorgung: Die Versuchsansätze werden nach Auswertung in den Sammelbehälter für organische Lösemittel gegeben.

12.2 Zerlegung des Chlorophyll-Moleküls durch Verseifung

Fragestellung: Versuch 12.1 ergab, dass die grünen Blattpigmente sich nach Schütteltrennung in der unpolaren, lipophilen Oberphase des Lösemittelgemisches einfinden. Andererseits müssen sich die Chlorophylle während der photosynthetischen Lichtreaktionen in den Chloroplasten an Prozessen beteiligen, die im wässrigen Milieu ablaufen. Wie erfüllt die Natur dieses Erfordernis?

- **Geräte**
  wie Versuch 12.1

- **Chemikalien**
  - wie Versuch 12.1, zusätzlich

- konzentrierte methanolische Kalilauge KOH (= gesättigte KOH in 100%igem Methanol);
  Vorsicht beim Umgang: ätzend! Beim Ansetzen unter dem Abzug arbeiten!

- **Versuchsobjekte**
  - Möglichst dunkelgrüne Blätter, beispielsweise von Brennnessel (*Urtica dioica*), Spinat (*Spinacia oleracea*), Eibe (*Taxus baccata*) oder Efeu (*Hedera helix*)

Durchführung: Die chlorophyllhaltige Oberphase eines Rohextraktes aus dunkelgrünen Blättern, der sich bei der Schütteltrennung nach Versuch 12.1 absetzt, wird mit einer kleinkalibrigen Pipette (Pasteurpipette) vorsichtig abgenommen und in ein sauberes RG überführt. Hier versetzt man sie anschließend mit etwa 1 mL methanolischer KOH und schüttelt erneut kräftig, aber vorsichtig durch.
Nachdem sich der Ansatz dabei recht kurzzeitig bräunlich verfärbt hat, kehrt innerhalb von etwa 1 min eine kräftige Grüntönung zurück. Jetzt gibt man etwa 3-5 mL H_2O aus der Spritzflasche hinzu.

Beobachtung: Sofort erfolgt nach dieser Fraktionenmischung eine erneute Trennung in eine lipophile (hydrophobe) Ober- und eine hydrophile (lipophobe) Unterphase ein. Im Unterschied zu Versuch 12.1 zeigt sich nunmehr, dass die aus Benzin bestehende Oberphase nur noch gelöste gelbliche Pigmente enthält, während die wässrige Unterphase kräftig hellgrün gefärbt ist.

Erklärung: Die farbgebende Baugruppe der Chlorophyllmoleküle, das Tetrapyrrol- bzw. Porphyrin-Ringsystem (vgl. Abbildung 12-2), verhält sich nach Abtrennung des langkettigen lipophilen Phytols durch Verseifung der Esterbindung mit dem Propionsäurerest von Ring III (in Abbildung 12-2 mit Pfeil markiert) überraschend hydrophil und tritt daher bereitwillig in die wässrige Phase über. Das bei der Verseifung intermediär gebildete Pheophytin wurde zum Mg-freien Chlorophyllid.
Der langkettige lipophile Bauteil Phytol, ein reiner Kohlenwasserstoff, der unsichtbar in der Benzinphase verbleibt, dominiert jedoch das lipophile Verhalten des Chlorophyll-Gesamtmoleküls und leistet im Wesentlichen seine Verankerung in der Lipiddoppelschicht der Thylakoidmembran sowie die Zusammenführung zu den Lichtsammelkomplexen der Photosysteme, während die Ringstruktur die Moleküle auf der hydrophilen Membranaußenseite (= Stromaseite) des Chloroplasten positioniert.
Die ebenfalls in der lipophilen Oberphase versammelten Carotenoide, die von der methanolischen KOH nicht verändert wurden, geben einen ersten Eindruck von den in normal grünen Blättern enthaltenen Mengen an Gelbpigmenten. Sie werden in weiteren Versuchen näher analysiert.

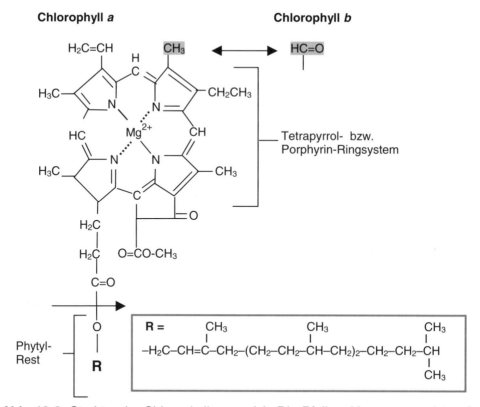

Abb. 12-2. Struktur der Chlorophylle *a* und *b*. Die Pfeilmarkierung verweist auf die Stelle, an der der lipophile Kohlenwasserstoff Phytol bei der Verseifung der Esterbindung abgetrennt wird.

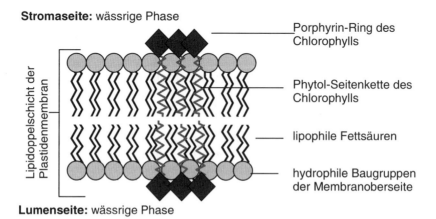

Abb. 12-3. Vereinfachtes Modell zur Verankerung der Chlorophylle in der Chloroplastenmembran.

Entsorgung: Die Versuchsansätze werden nach Auswertung in den Sammelbehälter für organische Lösemittel gegeben.

12.3 Papierchromatographische Trennung lipophiler Blattpigmente

Fragestellung: Bereits beim Abfiltrieren von Blattrohextrakten (vgl. Versuch 12.1) zeigen sich am Faltenfilter unterschiedliche Farbsäume, die darauf schließen lassen, dass der Pigmentextrakt aus verschiedenen Komponenten besteht. Im folgenden Versuch werden die in den Blättern enthaltenen Pigmente der Photosysteme papierchromatographisch getrennt.

- **Geräte**
    - Stativmaterial
    - großes Reagenzglas (50 mL) mit Korkstopfen und hakenförmig aufgebogener Büroklammer
    - Chromatographie-Papier (oder SCHLEICHER & SCHÜLL 2043b Mgl oder WHATMAN No. 1), auf Streifen von ca. 12 × 1,5 cm zugeschnitten
    - Becherglas (10 mL)

- **Chemikalien**
    - Rohextrakt grüner Blätter aus Versuch 12.1
    - Trenngemisch (Laufmittel): Petrolether (Siedebereich 40–60 °C) – Petrol-ether (Siedebereich 50–70 °C) – Aceton (100%ig) = 8:2:1,6

Durchführung: Das große RG befestigt man an einem Stativ und hängt den fertig zugeschnittenen Streifen Chromatographie-Papier mit Hilfe einer passend aufgebogenen Büroklammer an einem Korkstopfen auf. Am RG markiert man mit Filzschreiber einen Füllstrich etwa 3 mm oberhalb der Papierunterkante – bis zu dieser Markierung füllt man nach Entnahme des Papierstreifens das benannte Trenngemisch ein.
Den in Versuch 12.1 hergestellten Blattrohextrakt füllt man nun in ein kleines Becherglas (10 mL) um. Das Chromatographie-Papier taucht man kurz in diese Pigmentlösung, so dass eine etwa 10 mm breite Startzone entsteht. Nach kurzer Zwischentrocknung wird dieser Vorgang eventuell mehrmals wiederholt.
Der völlig trockene (!), pigmentbeladene Papierstreifen wird nun vorsichtig und ohne Kontakt zur Gefäßwand so in das mit Trenngemisch beschickte RG gehängt, dass die Startzone nur mit ihren unteren 2–3 mm in das Laufmittel reicht (vgl. Abbildung 12-4).

Beobachtung: Synchron mit dem raschen Laufmittelaufstieg im Papierstreifen setzt die unmittelbar zu verfolgende Trennung des Blattextraktes ein. Diese benötigt nur wenige Minuten. Die Reihenfolge der deutlich erkennbaren Farbzonen wird im Versuchsprotokoll notiert.

Erklärung: Wie die deutlich getrennten Farbzonen auf dem Papierstreifen zu erkennen geben, sind im Rohextrakt der Blätter verschiedene Pigmentgruppen enthalten. Das hier gewählte Trennsystem sortiert sie auf dem Chromatographiepapier nach dem Grad ihrer Lipophilie: Reine Kohlenwasserstoffe wie das in geringen Mengen immer vorhandene β-Caroten (gelegentlich auch β-Carotin genannt) laufen mit der Laufmittelfront; es zeigt sich als schmaler, tief orangeroter Strich. In deutlichem Abstand folgen die sauerstoffhaltigen Carotenoide (= Xanthophylle, darunter Lutein, Zeaxanthin, Violaxanthin u.a.), die in diesem System nicht weiter zu trennen sind. Die Trennbarkeit der beiden farblich unterschiedlichen Chlorophylle (blaugrünes Chlorophyll *a* und gelb-grünes Chlorophyll *b*) beruht nur auf einem einzigen Sauerstoffatom in einer funktionellen Gruppe am Ring I. Etwaige im Extrakt vorhandene hydrophile Blattfarbstoffe wie die Anthocyane verharren jeweils in der Startzone.

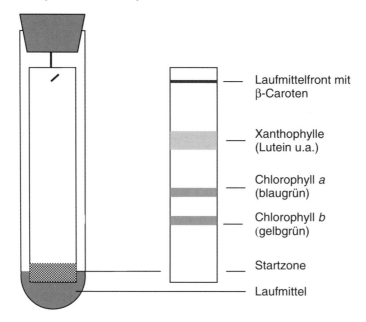

Abb. 12-4. Trennung von Blattpigmenten am Papierstreifen im Reagenzglas

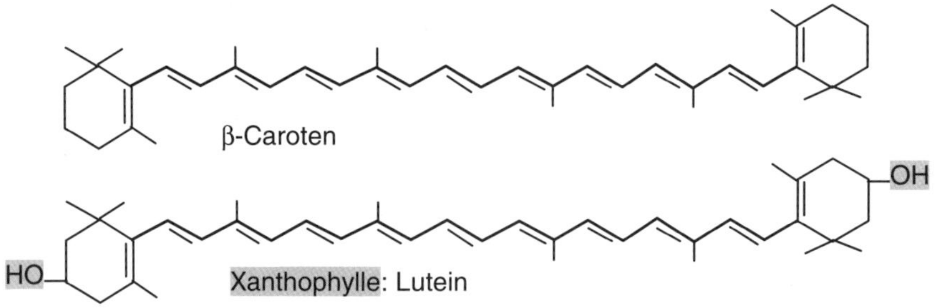

Abb. 12-5. Formelbilder wichtiger Carotenoide aus den Chloroplasten

Entsorgung: Das Laufmittel wird nach Auswertung in den Sammelbehälter für organische Lösemittel gegeben.

12.4 Dünnschichtchromatographie lipophiler Blattpigmente

Fragestellung: Im präparativen Umfang, beispielsweise für etwaige photometrische Anschlussanalysen, sind größere Mengen von Blattpigmenten scharfbandiger und reiner mit den Möglichkeiten der Dünnschichtchromatographie zu trennen.

- **Geräte**
  - Trennkammer für DC-Platten 20 × 20 cm oder 5 x 20 cm
  - Glaskapillaren oder Pipettenspitzen aus Kunststoff
  - DC-Platten (mit Kieselgel beschichtet, z. B. MERCK Nr. 105721 oder FLUKA Nr. 99571), 20 × 20 oder 5 × 20 cm

- **Chemikalien**
  - Rohextrakt grüner Blätter aus Versuch 12.1
  - Laufmittel: Benzin (= Petrol-ether, Siedebereich 100–140 °C) – 2-Propanol – Chloroform – H_2O = 90:10:70:0,3
  (2-Propanol und H_2O zuerst mischen!)

Durchführung: Die Blattrohextrakte von Versuch 12-1 werden in 2 cm Abstand vom unteren Plattenrand mit einer Mikropipette oder Kapillare streifenförmig aufgetragen, ohne dass die Sorptionsschicht dabei nennenswert zerstört wird. Für den Direktvergleich von Pigmentextrakten aus unterschiedlichem Pflanzenmaterial wählt man besser strichförmige Auftragungen von etwa 3–5 cm Breite.
Die Trenndauer der Kieselgel-Platten im beschriebenen Laufmittelsystem nimmt etwa 60 min in Anspruch.

Beobachtung: Die mit klarem Abstand zueinander aufgetrennten Farbstoffzonen lassen sich den benannten Pigmentklassen aus Versuch 12-3 zuordnen, wobei in diesem Fall zusätzlich eine Unterscheidung verschiedener Xanthophylle (allerdings ohne weitere Detailcharakterisierung der einzelnen Banden) möglich ist.
Dieses Verfahren eignet sich hervorragend zur scharfbandigen Auftrennung von Farbstoffen auch aus Blüten- oder Früchten, die häufig zahlreiche Carotenoide bzw. ihre Derivate (Glykoside, Carotenoid-Ester) enthalten.

Erklärung: siehe Versuch 12.3

Zusatzversuch: Als besonders eindrucksvoll erweisen sich die so genannten Sekundärcarotenoide in Aceton-Extrakten aus küchenüblichem Paprikapulver oder getrockneten Tomaten. Ferner kann man die beschriebenen Trennungen im Halbmikromaßstab auch an Objektträgern durchführen, die mit Kieselgel G (z. B. Merck Nr. 7736) nach dem Eintauchverfahren beschichtet wurden.

Entsorgung: Das Laufmittel wird nach Versuchsabschluss in den Sammelbehälter für organische Lösemittel gegeben.

12.5 Säulenchromatographie im kleinen Stil: Tafelkreide und Glasstab

Fragestellung: In der präparativen Naturstoffchemie ist die Säulenchromatographie ein oft verwendetes Trenn- und Reinigungsverfahren. Dabei werden die zu trennenden Substanzgemische mit Hilfe von Trennmitteln (Lösemittelgemische, mobile Phase) durch ca. 50 cm lange und 3–5 cm breite, mit bestimmten Sorbentien befüllte Glasrohre (stationäre Phase) eluiert.
Für qualitatives Arbeiten oder für die hier im Vordergrund stehenden Demonstrationszwecke lässt sich der Materialaufwand dieser Technik beträchtlich reduzieren, indem man die Stofftrennung an gewöhnlicher Tafelkreide oder an beschichteten Glasstäben als modifizierten Trennsäulen vornimmt. Als Substanzgemisch verwenden wir einen ethanolischen Blattextrakt (vgl. Versuch 12.1).

- **Geräte**
  - Glasstäbe, ca. 5–10 mm Durchmesser und etwa 10–20 cm lang, mit Sorptionsmittel (Cellulose) beschichtet (s.u.)
  - durchbohrte Stopfen, passend zum gewählten Glasstabkaliber
  - Bechergläser (10, 25, 100, 250 mL)
  - großes Reagenzglas oder Messzylinder (50 mL)
  - Stativmaterial, Rührstab

- **Chemikalien**
  - ethanolischer Blattextrakt (Rohextrakt) aus Versuch 12.1
  - Tafelkreide (aus $CaSO_4$ und/oder $CaCO_3$ mit weiteren Beimischungen) zuvor im Trockenschrank (oder Backofen) auf ca. 100 °C erhitzt und unter Verschluss aufbewahrt
  - Cellulose-Pulver (z.B. MACHEREY & NAGEL, M 816250)
  - Laufmittel aus Versuch 12.3

Durchführung: Die für die modifizierte Säulendünnschicht-Trennung vorgesehenen Glasstäbe werden folgendermaßen vorbereitet: Glasstäbe in 96%igem Ethanol oder Aceton gründlich entfetten. Cellulosepulver (etwa 2 g in 10 mL H_2O) mit einem Rührstab in einem großen Reagenzglas verquirlen. Entfettete Glasstäbe in die nicht allzu dünnflüssige Cellulosepulver-Suspension eintauchen, langsam heraus ziehen und an Stativklammern o.ä. über Nacht trocknen lassen.
Etwa 3–5 mL eines nach Versuch 12.1 hergestellten Blattextraktes mit lipophilen Blattpigmenten gibt man in ein kleines Becherglas und taucht die Kreide-

stücke bzw. beschichteten Glasstäbe darin so ein, dass eine etwa 10 mm hohe Startzone entsteht. Nach dem gründlichen Trocknen des Pigmentextraktes werden die jeweiligen Chromatogramme entsprechend Abbildung 12-6 entwickelt. Über den Ansatz mit dem Kreidestück stülpt man ein genügend großes Becher- oder Konfitürenglas, um eine Trennung in lösemittelgesättigter Atmosphäre zu ge-währleisten. Bei den üblichen Trennverfahren entsteht eine gesättigte Kammer-atmosphäre durch die rundum geschlossenen Chromatographiegefäße.

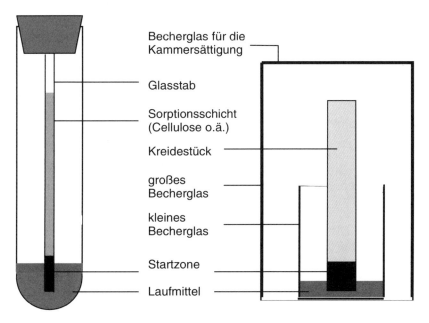

Abb. 12-6. Trennung von Blattpigmenten am beschichteten Glasstab oder an Tafelkreidestücken analog der im größeren Maßstab üblichen Säulenchromatographie

Beobachtung: Die Glasstabtechnik ergibt überraschend scharfbandige Substanztrennungen. Sie eignet sich somit insbesondere für sehr kleine Probenmengen. Bei der Tafelkreide-Methode ist eher eine qualitative Voreinschätzung der Pigmentzusammensetzung des Rohextraktes zu erwarten.

Erklärung: siehe Versuch 12.3

Entsorgung: Das Laufmittel wird nach Versuchsabschluss in den Sammelbehälter für organische Lösemittel gegeben.

12.6 Dünnschichtchromatographie hydrophiler Blattpigmente

Fragestellung: In den Organen höherer Pflanzen kommen außer den plastidengebundenen Carotenoiden und Chlorophyllen auch zahlreiche Vakuolenfarbstoffe vor, die allesamt hydrophil und deswegen im Zellsaftraum gelöst sind. Vor allem Blüten und Früchte, fallweise aber auch kräftig verfärbtes Herbstlaub, verdanken diesen Pigmenten ihre besondere Signalwirkung. Eine Trennung dieser Stoffgruppen ist vor allem mit der Dünnschichtchromatographie möglich.

- **Geräte**
    - DC-Platten, mit Cellulose beschichtet (vgl. Versuch 8.17)
    - übrige Materialien wie Versuch 8.17 oder 10.11

- **Chemikalien**
    - Extraktionslösung für Pflanzenmaterial: Mischung aus Methanol (40 mL), H_2O (12 mL) und 2–3 Tropfen Salzsäure HCl (25%ig)
    - Laufmittel: n-Butanol – Essigsäure – H_2O = 90:15:30

- **Versuchsobjekte**
    - Blüten: Stiefmütterchen, Rose, Petunie, Dahlie, Primel, Rittersporn, Akelei, Stockrose
    - Früchte: Brombeere, Heidelbeere, Schwarzer Holunder, Schwarze Johannisbeere, Schwarzkirsche, Ligusterbeeren, Felsenbirne, Rotwein
    - Blätter: Rotkohl, Bluthasel, Blutbuche, Blutpflaume, Buntnessel

Durchführung: Die aus der Vorreinigung eines Gesamtextraktes durch Zweiphasen-Gemische (aus Versuch 12.1) gewonnene Fraktion der Vakuolenfarbstoffe oder eigens durch Zerreiben in der benannten Extraktionslösung hergestellten Blüten- bzw. Fruchtextrakte wird in 2 cm Abstand vom unteren DC-Plattenrand mit einer Mikropipette oder Kapillare streifenförmig auftragen. Nach Antrocknung der aufgetragenen Pigmentextrakte stellt man die DC-Platte in das angegebene Laufmittelgemisch. Die Trenndauer in diesem System nimmt etwa 1-2 h in Anspruch.

Beobachtung: Die hydrophilen Blatt- oder Fruchtpigmente trennen sich je nach Herkunft in mehrere Farbstoffzonen, aber häufig mit nur einer Hauptkomponente auf, deren genauere Charakterisierung im Rahmen dieser Versuchsvorschläge keine Rolle spielt. Ebenso bleiben hier die eventuell vorhandenen gelblichen Anthoxanthine unberücksichtigt. Im Rohextrakt vorhandene lipophile Pigmente verbleiben auf der Startzone.

Erklärung: Sollten Blätter von Pflanzen mit der Betalain-Alternative der Vakuolenbeladung ausgewählt worden sein (z. B. Blattstiele bzw. Blatthauptrippen der Rote Bete; vgl. Versuch 12.8) ist mit diesem DC-Verfahren auch eine zuverlässige Unterscheidung zu den Anthocyanen möglich: Während die Flavonoide durchweg größere R_f-Werte aufweisen und auf der DC-Platte weit aufsteigen, bewegen sich die ional geladenen Betalaine nur wenige Millimeter von der Startzone weg. Unter den heimischen oder häufig angepflanzten Gehölzen finden sich allerdings keine Arten, die in ihren Laubblättern Betalaine führen.

Zusatzversuch: Man entnimmt eine oder mehrere Banden mit Carotenoiden durch Abschaben, löst die Farbstoffe in Aceton und lässt einen Teil dieser Lösung auf einem Uhrglas verdampfen. Den Rückstand versetzt man mit 0,5 mL konzentrierter Schwefelsäure (Vorsicht: Stark ätzend!). Sofort verfärben sich die Carotenoide charakteristisch tintenblau.

Entsorgung: Das Laufmittel wird nach Versuchsabschluss in den Sammelbehälter für organische Lösemittel gegeben.

12.7 Papierchromatische Trennung von Blüten- und Fruchtpigmenten

Fragestellung: Für einen Schnelltest, der die Auftrennung von Vakuolenfarbstoffen aus Blüten und/oder Früchten eher qualitativ demonstriert, eignet sich hervorragend das Trennverfahren, bei dem die stationäre Phase (= Chromatographiepapier) horizontal zwischen zwei Petrischalenhälften liegt. Dieses Verfahren wurde bereits zur orientierenden Trennung von Aminosäuren eingesetzt Technik (vgl. Versuch 9.12) und kann für die rasche Kennzeichnung der hydrophilen Pflanzenpigmente ebenfalls verwendet werden.

- **Geräte**
  wie Versuch 12.6
    - eventuell zusätzlich kleiner Exsikkator (15–20 cm Durchmesser)

- **Chemikalien**
    - Blüten- bzw. Fruchtextrakte wie Versuch 12.6
    - Laufmittel: n-Butanol – Eisessig – Wasser = 6:1:3 (obere Phase)

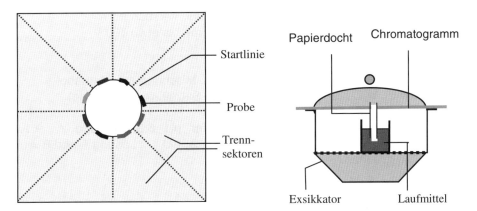

Abb. 12-7. Beladungsschema und Trennvorrichtung für die Papierchromatographie von Blüten- und Fruchtpigmenten

Durchführung: Die Extrakte werden mit einer Kapillare oder Pipettenspitze auf dem Chromatographiepapier (ca. 10 × 10 cm Kantenlänge oder größer je nach Trenngefäß) auf einem zuvor markierten Kreis von ca. 3 cm Durchmesser in gleichem Abstand aufgetragen. Über einen Docht wird der Kontakt zum Laufmittel im Bodenteil der Petrischale bzw. in einem Becherglas in Exsikkator hergestellt (vgl. Abbildung 12-7). Das Trennereignis ist unmittelbar zu verfolgen.

Beobachtung: Die meisten Blüten- und Fruchtextrakte enthalten neben einer Hauptkomponente eventuell viele weitere Vertreter der Flavonoide, deren genauere Identifikation mit einfachen Mitteln nicht möglich ist. Die verschiedenen Anthocyanidine (vgl. Versuch 12.8) verteilen sich entsprechend ihrer R_f-Werte im angegebenen Laufmittel etwa in der Reihung Delphinidin (0,42), Petunidin (0,52), Malvidin (0,58), Hirsutidin (0,62), Cyanidin (0,68), Paeonidin (0, 71) und Pelargonidin (0,80).

Entsorgung: Das Laufmittel wird nach Auswertung in den Sammelbehälter für organische Lösemittel gegeben.

12.8 Elektrophoretische Trennung von Anthocyanen und Betalainen

Fragestellung: Die im Zellsaft der höheren Pflanzen gelösten (hydrophilen, chymochromen) Pigmente gehören überwiegend der Stoffklasse Flavonoide (Anthocyane) an, können aber auch zu den gänzlich andersartig strukturierten Betalainen gehören. Mit den Mitteln der Dünnschicht-Elektrophorese ist eine Unterscheidung der Vertreter beider Stoffklassen leicht möglich.

- **Geräte**
    - Elektrophoresekammer für DC-Platten 20 × 20 cm oder 5 × 20 cm, Selbstbau nach Abbildung 12-9 oder eventuell Gerät aus dem Fachhandel
    - DC-Platten, mit Cellulose beschichtet, vgl. Versuch 8.17
    - Spannungsquelle (Gleichstrom-Netzgerät, bis etwa 500 V)

- **Chemikalien**
    - Extraktionslösung für Pflanzenmaterial: Mischung aus Methanol (40 mL), H_2O (12 mL) und 2-3 Tropfen Salzsäure HCl (25%ig)
    - Seesand oder Quarzsand
    - Elektrophorese-Puffer (Phosphat-Puffer pH 6,3); Lösung A: 9,1 g KH_2PO_4 L^{-1}; Lösung B: 11,9 $Na_2HPO_4 \cdot 2\ H_2O$ L^{-1}; Lösung A und B = 80:20 mischen

- **Versuchsobjekte**
    - Rose, Nelke, Rote Bete (Knolle oder Blattstiel), Kornblume, Stiefmütterchen, Rittersporn, Kakteenblüten, Garten-Fuchsschwanz (Blüten), Mit-

tagsblume und vergleichbare kräftig pigmentierte Blüten, Blätter oder andere Pflanzenteile

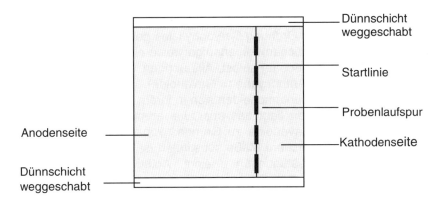

Abb. 12-8. Vorbereitung der DC-Platte zur Pigment-Elektrophorese

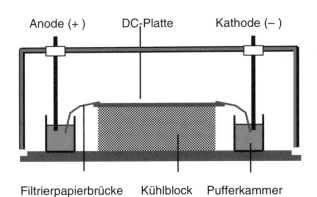

Abb. 12-9. Schema einer Selbstbau-Elektrophoresevorrichtung. Die Spannung (ca. 500 V) liefert ein Netzgerät.

Durchführung: Die nach Versuch 12.6 gewonnenen Extrakte von Blättern, Früchten oder anderen Pflanzenteilen werden nach Abbildung 12-8 in der Mitte einer DC-Platte strichförmig aufgetragen. Nach dem Auftrocknen der Pigment-Lösungen wird die DC-Platte mit Puffer-Lösung eingesprüht. Dann stellt man mit puffergetränkten Filtrierpapierstreifen die Kontakte zu den Elektrodenkammern (Pufferkammern) (vgl. Abbildung 12-9) her, schließt den Sicherheitsdeckel und trennt für 60-90 min mit etwa 500 V Gleichspannung. Die Wanderung der Pigmente im elektrischen Feld ist unmittelbar zu verfolgen. Wegen der während der Trennung auftretenden Wärmeentwicklung sollte die DC-Platte auf einem zuvor gut gekühlten Metallblock (Messing o.ä.) von gleicher Grundflächenabmessung liegen.

Erklärung: Betalaine (bläuliche Betacyane und gelbe Betaxanthine) kommen nur in Pflanzen vor, die zur Ordnung Caryophyllales gehören (u.a. Chenopodiaceae, Cactaceae, Nyctaginaceae), eigenartigerweise nicht dagegen in den Nelkengewächsen (Caryophyllaceae) selbst. Alle übrigen Verwandtschaftsgruppen der Blütenpflanzen führen Anthocyane (= Flavonoide).
Anthocyane und Betalaine unterscheiden sich in ihrem molekularen Aufbau beträchtlich. Den Anthocyanen liegt das aus zwei aromatischen Ringen bestehende Grundgerüst der Flavonoide zu Grunde, wobei der rechts außen stehende Ring in unterschiedlichem Maße substituiert ist und somit unterschiedliche Farbnuancen bzw. -sättigungen erreicht. Anthocyane enthalten immer glykosidisch gebundene Zucker. Die zuckerfreie Komponente (= Aglykon) nennt man Anthocyanidin. Die Ringsysteme der Betalaine lassen ihre Herkunft aus dem Stoffwechsel der aromatischen Aminosäuren (vor allem Phenylalanin und Tyrosin) erkennen. Nur die bläulich-roten, zumeist auch sehr kräftig gefärbten Betacyane tragen glykosidisch gebundene Zucker, die gelblichen Betaxanthine dagegen nicht.

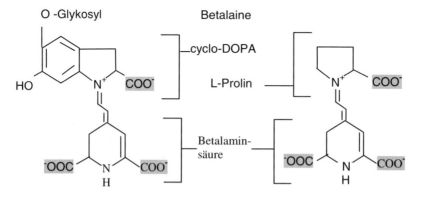

Abb. 12-10. Anthocyane und Betalaine im Formelbild

12.9 Anthocyane sind pH- und Redox-Indikatoren

Fragestellung: Heidelbeeren nennt man auch Blaubeeren, obwohl ihr Fruchtfleisch einen roten Saft enthält. Auch bei den in der Reife schwarz erscheinenden Brombeeren ist er kräftig rot. Nach dem Verzehr von Blaubeerkompott oder Brombeerkonfitüre färbt sich dagegen die Zunge blau, ebenso übrigens nach einem Glas Rotwein. Offenbar haben die beteiligten Pigmente abhängig vom pH-Wert des Milieus einen Farbumschlag nach Art der Indikatorfarbstoffe vollzogen. Dieser Effekt bildet den Hintergrund zum folgenden Versuch.

- **Geräte**
    - Reibschale (Mörser) mit Pistill
    - Reagenzgläser (RG), Reagenzglasständer
    - Pipetten (1, 2 mL)
    - verschließbare Glasflasche (100, 250 mL)
    - Trichter mit Faltenfilter

- **Chemikalien**
    - Sand
    - 5%ige Lösung von Zitronensäure oder frisch gepresster Zitronensaft
    - gesättigte Lösung von Natrium-hydrogencarbonat (Natron) $NaHCO_3$
    - gesättigte Lösung von Soda (Natrium-carbonat) Na_2CO_3
    - gesättigte Lösung von Natrium-dithionit $Na_2S_2O_4$

- **Versuchsobjekte**
    - Rotkohlblatt, Blätter von Bluthasel oder Blutpflaume

Durchführung: Etwa 40 g Blattsubstanz werden mit der Schere zerkleinert, in der Reibschale mit Sand zerrieben und mit etwa 20 mL H_2O überschichtet. Den Extrakt verrührt man alle 2–3 min gründlich und filtriert ihn nach etwa 15 min über ein Faltenfilter in eine Glasflasche. Den Extraktionsvorgang wiederholt man noch 2-3 mal. Vom Rotkohlblatt verwendet man nur die Blattgewebe zwischen den weitgehend farblosen Blattrippen.
Im RG versetzt man die Lösungen von Zitronensäure, $NaHCO_3$, Na_2CO_3 und $Na_2S_2O_4$ mit so viel rotem Blattextrakt, dass der Ansatz deutlich gefärbt ist.

Beobachtung: Der ursprünglich rot gefärbte wässrige Blattextrakt verändert abhängig vom pH-Wert seine Farbe. Mit Zitronensäure oder -saft wird er kräftig rot. Bei Zugabe von Natron schlägt er nach blau um, mit Soda verfärbt er sich grün. Na-dithionit verfärbt ihn in ein sehr helles Gelb.

Erklärung: Die in den wässrigen Blattextrakten enthaltenen Anthocyane nehmen abhängig vom pH-Wert unterschiedliche molekulare Strukturen an und eignen sich daher als Indikatoren (vgl. Abbildung 12-11). Sie zeigen außerdem die Wirkung von Reduktions- und Oxidationsmitteln an und sind daher Redox-Indikatoren. Ähnliche Versuche zur pH-Abhängigkeit kann man auch mit Rotwein oder Saft der Schwarzen Johannisbeere durchführen. Rotkohlsaft ist für Versuchs-zwecke allerdings deswegen besonders geeignet, weil er nur ein Anthocyan (= Rubrobrassicin) enthält.

Diese Eigenschaft der hydrophilen Blattpigmente entdeckte der Baseler Goldschmied LEONHARD THURNEYSSER ZUM THURN bereits um 1570 bei der Behandlung von Veilchenextrakt mit Schwefelsäure. Erst 1914 gelang RICHARD WILLSTÄTTER (Nobelpreis 1915) die Strukturaufklärung der Anthocyane.

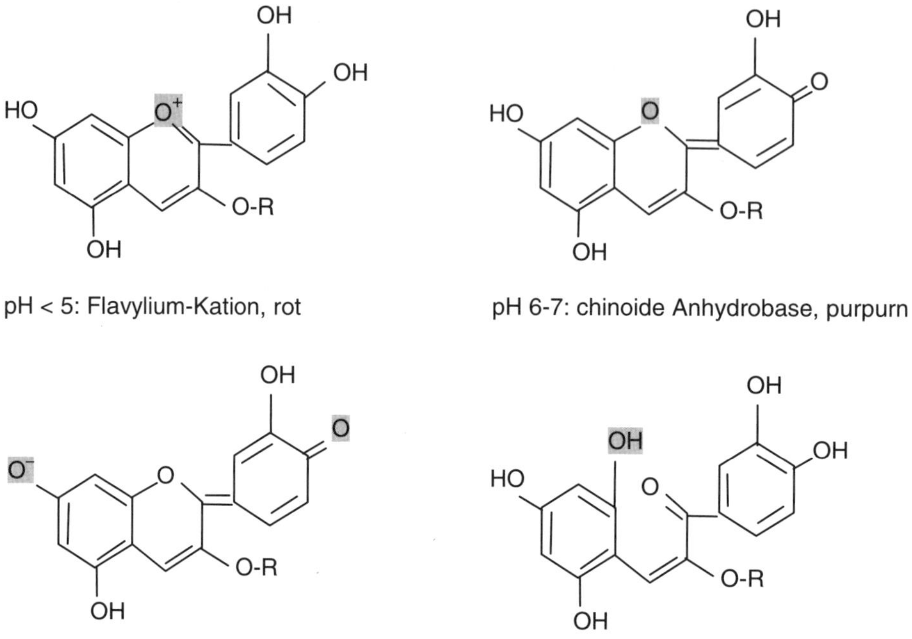

pH < 5: Flavylium-Kation, rot

pH 6-7: chinoide Anhydrobase, purpurn

pH 7-8: ionische Anhydrobase, blau

pH > 10: Chalkon, gelb

Abb. 12-11. pH-abhängige Molekülstruktur von Anthocyanen

Entsorgung: Die Ansätze aus diesem Versuch werden nach Auswertung (unter fließendem Wasser) in das Abwasser gegeben.

12.10 Chromatographische Trennung ätherischer Öle

Fragestellung: Im Sekundärstoffspektrum höherer Pflanzen spielen unter anderem die ätherischen Öle eine besondere Rolle. Es sind flüchtige Verbindungen von charakteristischen geruchlichen oder geschmacklichen Eigenschaften von Pflanzen(teilen). Alle Aroma- bzw. Gewürzpflanzen aus den Familien Apiaceae (Doldenblütengewächse, beispielsweise Anis, Kümmel, Dill, Fenchel) oder Lamiaceae (Lippenblütengewächse, u.a. Salbei, Rosmarin, Thymian, Lavendel) enthalten in besonderen Drüsenkomplexen (Apiaceae) oder Drüsenhaaren (Lamiaceae) ätherische Öle mit jeweils typischen Komponenten. Diese sind nach chromatographischer Trennung sichtbar zu machen. Als Beispiel wählen wir hier das charakteristische Stoffspektrum in Petersilienfrüchten.

- **Geräte**
  - Trennkammer für DC-Platten 20 × 20 cm oder 5 × 20 cm
  - DC-Platten (mit Kieselgel beschichtet, Kieselgel-60, MERCK 5721 oder 5724)
  - Pasteurpipetten
  - Bunsen- oder Teclubrenner
  - Trockenschrank (oder Backofen)
  - Sprühvorrichtung

- **Chemikalien**
  - Laufmittel: Benzol
    Vorsicht: Dämpfe nicht einatmen! Nur unter dem Abzug arbeiten!
  - Nachweismittel für Komponenten der ätherischen Öle: Molybdato-phosphorsäure 20%ig in Ethanol

- **Versuchsobjekte**
  - Früchte der Garten-Petersilie (*Petroselinum crispum*), vorzugsweise von Sorten der Blattpetersilie (var. *foliosum*) und der Wurzelpetersilie (var. *tuberosum*) aus dem Gartenfachhandel

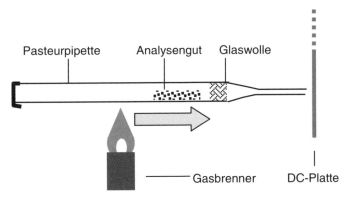

Abb. 12-12. Beladung einer DC-Platte mit Analysenmengen von ätherischem Öl

Beobachtung: Die aufgetrennten Substanzen zeigen sich als schwarzblaue Flecken auf zitronengelbem Hintergrund.

Erklärung: Das ätherische Öl der Umbelliferenfrüchte besteht immer aus mehreren Komponenten, unter denen anhand der relativen Fleckengröße auf der DC-Platte jedoch meist eine Hauptkomponente auszumachen ist (Abbildung 12-13). Danach unterscheidet man eine Myristicin-Rasse (Blattpetersilie) von der

Apiol-Rasse (Wurzelpetersilie). Die Allyltetramethoxybenzol-Rasse ist nur relativ selten anzutreffen.

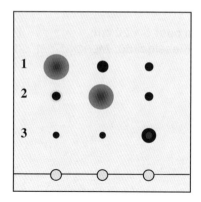

Abb. 12-13. Bestandteile des ätherischen Öls von Petersilienfrüchten und deren Lage auf der entwickelten DC-Platte: 1 Myristicin, 2 Apiol, 3 Allyl-tetramethoxy-benzol

Entsorgung: Das Laufmittel der DC-Trennung wird nach Gebrauch in den Sammelbehälter für organische Lösemittel gegeben.

12.11 Papierchromatographische Trennung von Alkaloiden

Fragestellung: Zu den besonders typenreichen Sekundärstoffen vor allem der Pflanzen (und nur vergleichsweise weniger Mikroorganismen und Tiere) gehören die Alkaloide – basisch reagierende Verbindungen, deren Biosynthese aus bestimmten Aminosäuren erfolgt. Nach ihren Synthesewegen kann man sie in mehrere Hauptgruppen einteilen mit jeweils einer großen Anzahl Untergruppen. Im folgenden eher qualitativ angelegten Versuch untersuchen wir beispielhaft und stellvertretend das Alkaloidspektrum aus dem gelben Milchsaft des Schöllkrauts.

- **Geräte**
  - Pasteurpipetten
  - Becherglas (10 mL)
  - Reibschale (Mörser mit Pistill
  - Seesand
  - großes Reagenzglas mit Stopfen und Büroklammer (vgl. Versuch 12-3)
  - Chromatographiepapier
  - UV-Analysenlampe

- **Chemikalien**
  - 80%iges Ethanol zur Extraktion und zur Chromatographie
  - DRAGENDORFF-Reagenz: 2,6 g Bismut-carbonat (früher Wismut-carbonat) $Bi(CO_3)_2$ + 7 g Natrium-iodid NaI in 25 mL Eisessig lösen und zum Sieden erhitzen, nach dem langsamen Abkühlen abfiltrieren; 20 mL Filtrat mit Essigsäure-ethylester (Ethylacetat) auf 100 mL auffüllen (haltbare Stammlösung). Zum Nachweis 2 mL Stammlösung + 5 mL Eisessig + 12 mL Ethyl-acetat mischen

- **Versuchsobjekt**
  - Gereinigte, in H_2O abgespülte Wurzeln vom Schöllkraut (*Chelidonium majus*).

Durchführung: Die zerschnittene Schöllkrautwurzel wird in der Reibschale mit etwas Sand zerrieben und mit warmem 80%igem Ethanol extrahiert. Der dunkelbraune Extrakt wird filtriert. Das Filtrat in ein kleines Becherglas (10 mL) geben und einen Streifen Chromatographiepapier (vgl. Versuch 12-3) eintauchen, so dass eine etwa 1 cm hohe Startzone entsteht. Beladung nach gründlicher Zwischentrocknung eventuell wiederholen. Chromatogramm in 80%igem Ethanol entwickeln.

Beobachtung: Im Licht der UV-Analysenlampe leuchten die auf dem Papierstreifen getrennten Alkaloide durch Fluoreszenz hell auf. Mit dem relativ unspezifischen DRAGENDORFF-Reagenz ergeben sie dunkle Banden.

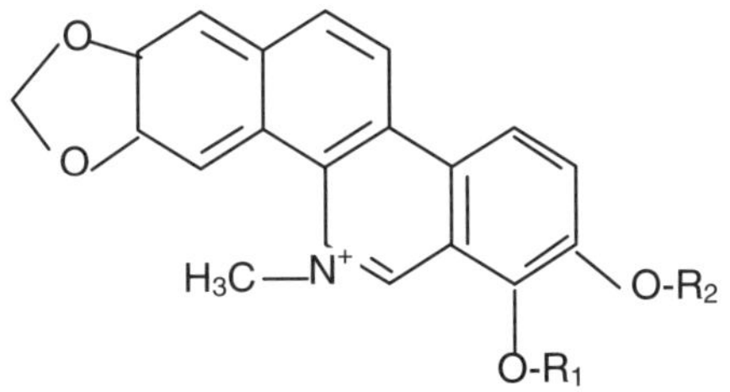

Abb. 12-14. Benzophenanthridin-Grundgerüst der Schöllkraut-Alkaloide

Erklärung: Die Schöllkraut-Alkaloide gehören nach ihrer Molekülstruktur den Benzophen-anthridinen innerhalb der Isochinolin-Gruppe an. Auf dem Chromatogramm fluoresziert das unten liegende Berberin zitronengelb, darüber das Chelerythrin goldgelb und oben das Sanguinarin karminrot.

Entsorgung: Das Laufmittel wird nach Auswertung in den Sammelbehälter für organische Lösemittel gegeben.

12.12 Mikrosublimation von Coffein

Fragestellung: Das pflanzliche Alkaloid Coffein aus der Gruppe der Purin-Alkaloide ist in zahlreichen Genussmitteln enthalten. Die Nachweistechnik des folgenden Versuchs verwendet seine Eigenart, sich nach Trockendestillation in Gestalt feiner Kristallnadeln niederzuschlagen.

- **Geräte**
  - Becherglas (25 mL)
  - Objektträger
  - Heizplatte oder Teelicht, kleine Ceran-Platte und Dreifuß
  - Mikroskop

- **Versuchsobjekte**
  - Kaffeepulver
  - schwach entölter Kakao
  - Fein geraspelte Bitterschokolade
  - Cola-Getränk
  - Schwarzer Tee (*Camellia sinensis*)
  - Mate-Tee (*Ilex paraguariensis*, eventuell aus der Apotheke)

Durchführung: Man bedeckt den Boden des Becherglases mit dem Analysengut, stellt es auf eine Heizplatte und deckt mit einem Objektträger ab. Auf dem Objektträger platziert man einen großen Tropfen von eiskaltem Wasser. Der Objektträger wird unter dem Mikroskop betrachtet, nachdem sich darauf ein feiner Belag niedergeschlagen hat.

Beobachtung: Nachdem aus dem Analysengut die Feuchtigkeit als Wasserdampf vertrieben wurde und sich an den Wänden des Becherglases niedergeschlagen hat, wird nach weiterem Erhitzen auf der Unterseite des aufgelegten Objektträgers ein feiner glitzernder Belag erkennbar.

Erklärung: Die mikroskopische Kontrolle zeigt schon bei mittlerer Vergrößerung die charakteristisch schlanken, nadelförmigen monoklinen Kristalle von reinem Coffein. In den Proben ist es zunächst noch an Chlorogensäure gebunden, geht aber ab etwa 178 °C in die Gasphase über und kondensiert an kühlen Oberflächen sofort zu Kristallen, ohne sich verflüssigt zu haben. Der Übergang aus dem gebundenen sofort in den gasförmigen Zustand nennt man Sublimation. Kaffee enthält bis zu 2% Coffein, Schwarzer Tee bis 5%.

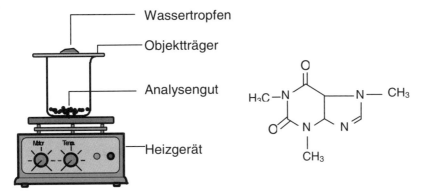

Abb. 12-15. Versuchsaufbau zur Mikrosublimation und Formelbild von Coffein

12.13 Nachweis von Vitamin C

Fragestellung: Vitamine sind essenzielle Nahrungsbestandteile. Sie dienen allerdings nicht als Energielieferanten, sondern stellen wichtige Wirkstoffe für zahlreiche Stoffwechselprozesse dar. Ihre Bezeichnung erhielten sie, weil man früher annahm, sie seien lebenswichtige Amine. Aus der Gruppe der wasserlöslichen Vitamine greifen wir hier die L-Ascorbinsäure heraus, deren Namen sich von **A**nti**Scorb**ut ableitet, nachdem man bereits im 18. Jahrhundert entdeckte, dass damit die damals bei Seefahrern häufige Mangelkrankheit Skorbut zu beheben ist. In diesem Versuch wird L-Ascorbinsäure titrimetrisch bestimmt.

- **Geräte**
  - Reibschale (Mörser mit Pistill
  - Quarz- oder Seesand
  - Messpipette (2, 5, 10 mL)
  - Becherglas (100 mL)
  - Bürette
  - Stativmaterial
  - Rostfreies Edelstahlmesser
  - Trichter, Faltenfilter

- **Chemikalien**
  - 20%ige Metaphosphorsäure; Vorsicht beim Umgang!
  - 2%ige Oxalsäure (alternativ zur Meta-phosphorsäure)
  - 0,01%ige Lösung von 2,6-Dichlorophenol-indophenol (DCPIP; z.B. MERCK Nr. 103028, TILLMANNS Reagenz; eventuell aus der Apotheke)
  - Vitamin C-Tabletten

- **Versuchsmaterial**
  - Blätter von Laub- oder Nadelbäumen
  - Hagebutten, Äpfel
  - frisch gepresster Saft von Citrus-Früchten

Durchführung: Etwa 5 g Pflanzenmaterial werden mit rostfreiem Schneidegerät zerkleinert und in der Reibschale mit Quarzsand in 5 mL Meta-phosphorsäure zerrieben. Den Gewebebrei nimmt man in 90 mL H_2O auf und rührt gründlich etwa 5 min lang um. Dann filtriert man ab. Das Filtrat dient als Vorlage für die Titration. In die Bürette füllt man 20 mL TILLMANNS Reagenz und titriert die Vorlage solange, bis beim Einfallen des letzten Tropfens keine sofortige komplette Entfärbung mehr eintritt bzw. höchstens 10 s lang eine Rosafärbung zu beobachten ist.

Erklärung: Physiologisch ist das starke Reduktionsmittel L-Ascorbinsäure ein Vitamin, wobei die 2,3-Endiol-Struktur für die sauren Eigenschaften verantwortlich ist (vgl. Abbildung 12-17). Die Aufgabe im Zellstoffwechsel besteht in der Eliminierung reaktiver Sauerstoff-Spezies (Antioxidans). Chemisch gehört die Verbindung zu den Kohlenhydraten, wobei sie stärker dehydriert ist als eine gewöhnlicher Hexose. Biosynthetisch leitet sie sich von der Glucose ab, wobei der letzte Reaktionsschritt die Dehydrierung von Gulonolacton durch das Enzym Gulonolacton-Oxidase umfasst. Die meisten Vögel und die Primaten sind hinsichtlich dieses Enzyms Defektmutanten – sie können die Biosynthese also nicht zu Ende führen und müssen Vitamin C folglich mit der Nahrung aufnehmen.

Entsorgung: Die Lösemittel und Reaktionsansätze aus diesem Versuch werden nach Gebrauch wird in den Sammelbehälter für Säuren gegeben.

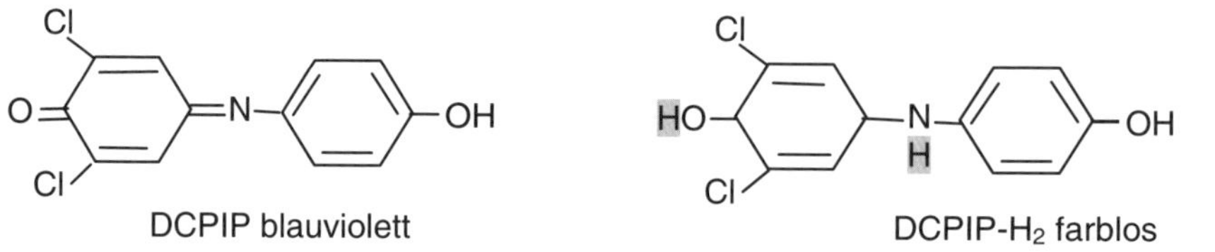

DCPIP blauviolett   DCPIP-H_2 farblos

Abb. 12-16. Zustandsformen des Redoxindikators Dichlorophenol-indophenol

12.14 Vitamin C in Brausetabletten

Fragestellung: Die Redox-Eigenschaften von Ascorbinsäure (Vitamin C; vgl. Abbildung 12-17) lassen sich im folgenden einfachen Experiment auch mit Hilfe von Eisen-Ionen darstellen.

- **Geräte**
  - Reibschale (Mörser mit Pistill)
  - Reagenzglas (RG), Reagenzglasständer
  - Messpipette (1 mL)

- **Chemikalien**
  - Vitamin C-Brausetablette
  - 5%ige Lösung von Eisen(III)-chlorid $FeCl_3$
  - Fehling-Lösungen (aus Versuch 8.10)

Durchführung: Man löst ein Viertel (oder weniger) einer Brausetablette in Wasser auf, gibt etwa 5 mL davon in ein RG und tropft aus der Pipette $FeCl_3$-Lösung hinzu.
Mit einer weiteren Lösung eines Teils einer Brausetablette führt man den FEHLING-Test durch (Versuch 8-10).

Beobachtung: Beim Eintropfen der $FeCl_3$-Lösung bildet sich eine grüne bis schwärzliche Verfärbung. Beim weiteren Zufügen von $FeCl_3$-Lösung bleibt der Ansatz kurzzeitig grün, bevor wieder eine spontane Entfärbung erfolgt. Der FEHLING-Test oder ein anderer Test auf reduzierende Kohlenhydrate (vgl. Versuche 8.10ff) fällt positiv aus.

Erklärung: Über komplexe Zwischenreaktionen wird die Ascorbinsäure aus der Vitamin C-Tablette zu Dehydro-ascorbinsäure oxidiert und das Fe^{3+}-Ion zum Fe^{2+}-Ion reduziert. Ascorbinsäure zeigt sich auch im FEHLING-Test als reduzierende Verbindung.

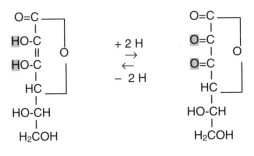

Abb. 12-17. Das 2,3-Endiol-System der Ascorbinsäure

13 Enzyme und Enzymwirkungen

Proteine, die als Biokatalysatoren (= Enzyme) im Stoffwechsel aller Organismen eine unentbehrliche Rolle spielen, kann man mit besonderen Präparationsgängen isolieren und im zellfreien System testen. Mit Hilfe spezieller Enzymtests lassen sich einzelne Stoffwechselreaktionen so im Detail untersuchen und im Reagenzglas (*in vitro*) nachvollziehen. Der für Enzymuntersuchungen erforderliche apparative Aufwand ist meist ziemlich groß. Manche Enzymproteine sind außerdem recht empfindlich und außerhalb ihres eigentlichen Wirkortes Zelle so instabil, dass sie nach Isolierung aus den intakten Kompartimenten ihre katalytischen Eigenschaften nur während kurzer Zeit behalten. Eine Reihe anderer Enzyme ist dagegen erstaunlich stabil. Gerade sie eignen sich daher besonders für Praktikums- oder Schulversuche. Mit den nachfolgend vorgestellten Enzymversuchen werden einige wichtige enzymatische Reaktionen nachvollzogen und die Abhängigkeit der Enzymwirkung von äußeren Parametern überprüft. Fast alle Versuche können vielfach abgewandelt und beispielsweise zur Ermittlung bestimmter enzymkinetischer Größen eingesetzt werden.

Grundsätzlich stehen für einen Enzymnachweis mehrere Möglichkeiten zur Verfügung, die man aus dem allgemeinen Reaktionsablauf einer enzymkatalysierten Umsetzung ableiten kann. Die Enzyme selbst kann man dabei nur sehr schlecht messen. Man erkennt sie vielmehr an ihren typischen Wirkungen, den spezifischen Veränderungen auf der Substrat- oder Produktseite der Reaktionen. Hier setzt jeweils die spezielle Analyse von Enzymreaktionen an:

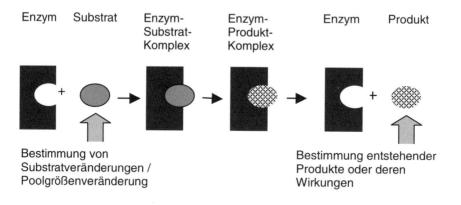

Abb. 13-1. Möglichkeiten der experimentellen Überprüfung spezifischer Enzymkatalysen

Die nachfolgend angeregten Versuche verwenden als Mess- bzw. Nachweisprinzipien sowohl visualisierbare Effekte auf der Substratseite wie auch auf der Produktseite.

13.1 Proteinnatur der Enzyme

Fragestellung: Enzyme sind funktionsspezialisierte Proteine, die mit ihren bemerkenswerten katalytischen Fähigkeiten in allen Organismen lebenswichtige Prozesse in Gang halten. Der folgende Versuch orientiert darüber, dass die Enzyme tatsächlich Proteine (Peptide) sind. Basis der zu Grunde liegenden Nachweisreaktionen sind einige qualitative Versuche aus Kapitel 9.

- **Geräte**
    - Reagenzgläser (RG), Reagenzglasständer
    - Messpipetten (1, 2, 5 mL)

- **Chemikalien**
    - Enzyme, beispielsweise aufgelöstes Waschpulver mit Waschenzymen, oder Katalase-Lösung (vgl. Versuch 13.2), Pepsin-Lösung (vgl. Versuch 13.4), Pankreatin-Lösung (vgl. Versuch 13.10) oder Urease-Lösung (vgl. Versuch 13.11).

Durchführung: Überprüfen Sie die Enzym-Lösungen mit der Biuret-Reaktion (Versuch 9.3) oder dem COOMASSIE-Test (Versuch 9.4).

Beobachtung: Mit den benannten Testverfahren sind in den Enzym-Lösungen Peptid-Bindungen nachweisbar.

Entsorgung: Die Testansätze werden wie bei den benannten Versuchen angegeben behandelt.

13.2 Katalase-Aktivität in Pflanzengewebe (*in vivo*-Test)

Fragestellung: Das Enzym Katalase ist in der Lage, in einer einfachen Reaktion Wasserstoff-peroxid H_2O_2 zu zerlegen. H_2O_2 entsteht bei verschiedenen Stoffwechselreaktionen und ist als starkes Oxidationsmittel gleichzeitig ein beachtliches Zellgift. Aus diesem Grund muss es in der Zelle sofort zerlegt werden. Katalase ist in lebenden Geweben daher weit verbreitet. Das Enzym ist unter anderem auch im Blutserum enthalten.

- **Geräte**
    - Reagenzgläser (RG), Reagenzglasständer
    - Petrischale
    - Glasstab zum Rühren

- **Chemikalien**
    - Wasserstoff-peroxid (H_2O_2), 3%ige Lösung (Perhydrol, MERCK Nr. 822287)

- **Versuchsobjekte**
  - Kartoffel, Zwiebel, Apfel oder sonstige pflanzliche Gewebe

Durchführung: Etwas zerriebener, frischer Kartoffelbrei wird in ein RG gefüllt und anschließend mit etwa 0,1 mL H_2O_2-Lösung versetzt.
Alternativ kann man etwa die gleiche Menge H_2O_2-Lösung auch auf eine frische Kartoffel-, Zwiebel- oder Apfelscheibe pipettieren.

Beobachtung: Die heftig einsetzende Schaumbildung in oder auf den Versuchsansätzen ist ein Anzeichen für rasche O_2-Entwicklung durch zell- bzw. gewebeeigene Katalase-Aktivität.

Erklärung: Wie das Reaktionsschema in Abbildung 13-2 zeigt, zerlegt die Katalase ihr Substrat in einer Zweistufenreaktion: H_2O_2 oxidiert zunächst die eisenhaltige prosthetische Gruppe der Katalase (A-Fe^{3+}-OH) und wird dabei selbst zum H_2O reduziert. Die oxidierte prosthetische Gruppe (A-O=Fe^{3+}-OH) oxidiert darauf ein zweites Molekül H_2O_2 und geht ihrerseits unter Freisetzung von molekularem Sauerstoff in den Grundzustand zurück. Bei der ersten Teilreaktion ist H_2O_2 Elektronen-Akzeptor (Oxidationsmittel), bei der zweiten dagegen Elektronen-Donator (Reduktionsmittel). Die Gesamtreaktion ist damit eine typische Disproportionierung, da je-weils ein weniger (H_2O) und ein stärker (O_2) oxidiertes Produkt entsteht. Bei der Reaktion findet im Unterschied zum Elektronentransport bei der Photosynthese oder Atmungskette kein Valenzwechsel der beteiligten Fe-Ionen statt:

$$H_2O_2 + A\text{-}Fe^{3+}\text{-}OH \rightarrow H_2O + A\text{-}O=Fe^{3+}\text{-}OH$$
$$H_2O_2 + A\text{-}O=Fe^{3+}\text{-}OH \rightarrow H_2O + O_2 + A\text{-}Fe^{3+}\text{-}OH$$

Gesamtreaktion: $2\ H_2O_2 \rightarrow 2\ H_2O + O_2$

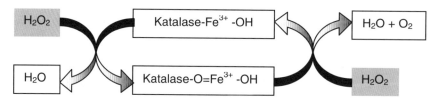

Abb. 13-2. Einzelschritte der Katalase-Reaktion

13.3 Nachweis pflanzlicher Phenoloxidasen (Mikro-Nachweis)

Fragestellung: Etliche gut fassbare Enzymreaktionen lassen sich nicht nur im isolierten System (*in vitro*) messen oder darstellen, sondern auch im Halbmikro- oder gar im Mikromaßstab (Tüpfelprobe). Ein Beispiel dafür ist die im Mikromaßstab arbeitende Nachweistechnik des vorliegenden Versuches, die mit minimalen Mengen auskommt.

- **Geräte**
  - Petrischalen
  - Filtrierpapier (Rundfilter, 8 cm Durchmesser)
  - Glaskapillare, Pasteurpipette oder Automatikpipette (z.B. EPPENDORF-Pipette)

- **Chemikalien**
  - 10%ige Brenzkatechin-Lösung (z.B. MERCK Nr. 822261)
    Vorsicht mit Brenzkatechin! Nicht einatmen! Haut schützen!
  - 2%ige Prolin-Lösung

- **Versuchsobjekte**
  - Kartoffel, Apfel, Birne, Banane, Tomate oder andere Pflanzen

Durchführung: Mit einer Kapillare oder einer Pipettenspitze entnimmt man etwas frischen Press-Saft aus dem Pflanzenmaterial und gibt davon wenige Tropfen auf eine Filtrierpapierscheibe in der Petrischale. Anschließend werden je ein Tropfen Brenzkatechin-Lösung als Enzymsubstrat sowie Prolin-Lösung zugegeben.

Beobachtung: Sofern im Gewebeextrakt (Press-Saft) aktive Phenoloxidasen vorhanden sind, färbt sich die Auftropfzone auf dem Filtrierpapier nach kurzer Zeit intensiv braunrot. Das entstehende Pigment geht nach einiger Zeit in violette bzw. bräunliche Färbungen über. Der beobachteten Farbstoffbildung *in vitro* liegen die folgenden Umsetzungen zu Grunde:

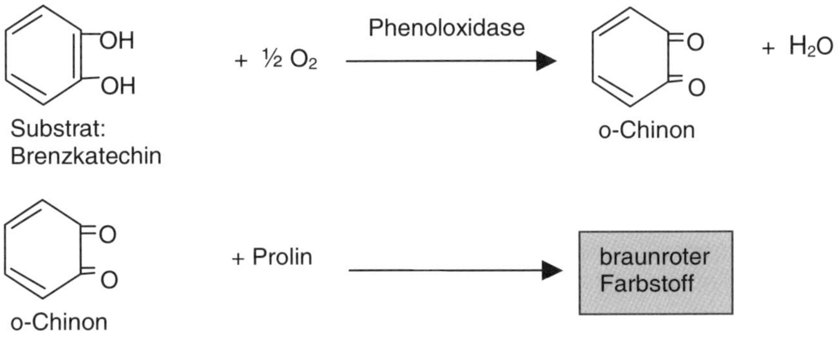

$$\text{Brenzkatechin} + \tfrac{1}{2}\,O_2 \xrightarrow{\text{Phenoloxidase}} \text{o-Chinon} + H_2O$$

Substrat: Brenzkatechin

$$\text{o-Chinon} + \text{Prolin} \longrightarrow \text{braunroter Farbstoff}$$

Abb. 13-3. Ablauf der Brenzkatechin-Reaktion

Erklärung: Pflanzliche Phenoloxidasen setzen Mono- oder Diphenole unter Verbrauch von molekularem O_2 aus der Atmosphäre zu Chinonen um, die über eine Reihe weiterer Zwischenschritte (vor allem mit Polymerisationen) braune oder schwärzliche bis tiefschwarze Pigmente (Melanine) bilden. Die auffällige Braun- oder Schwarzfärbung von Pilzen oder verletztem Gewebe von Bananen, Kartoffeln, Äpfeln oder anderer Pflanzenmaterialien beruht auf diesen Reaktionen. Ascorbinsäure verhindert als Elektronen-Donator eines beteiligten

Enzyms (Chinonreduktase) die Polymerisation zu Melaninen und damit die Dunkelfärbung. Die physiologische Funktion der beteiligten Enzyme ist noch nicht abschließend geklärt, doch scheinen sie an verschiedenen Stellen des Sekundärstoffwechsels beteiligt zu sein.

13.4 Pepsin verdaut Protein

Fragestellung: Proteine sind wichtige Nahrungsbestandteile von Tier und Mensch, die im Verdauungstrakt abgebaut und dann entweder als Bausteine dem Intermediärstoffwechsel zugeführt werden oder dem kompletten oxidativen Abbau unterliegen. Für die Zerlegung der in der Nahrung enthaltenen Proteine verfügt der heterotrophe Organismus über besondere Proteasen (= proteolytische Enzyme). Am Beispiel des Pepsins, das bereits im Magensaft wirksam ist, lässt sich die Proteolyse auch in vitro demonstrieren.

- **Geräte**
    - Reagenzgläser (RG), Reagenzglasständer
    - Messpipetten (1, 2, 5 mL)
    - Filtrierpapier

- **Chemikalien**
    - 10%ige Pepsin-Lösung oder Pepsin-Pulver (aus der Apotheke)
    - 5%ige Salzsäure HCl; Vorsicht: Stark ätzend!
    - Ninhydrin-Reagenz zum Nachweis von Aminosäuren (vgl. dazu auch Versuch 9.2)
    - Milchpulver oder Casein (bzw. Speisequark)

Durchführung: Man gibt eine Spatelspitze Milchpulver oder Casein mit 10 mL 5%iger HCl in ein RG und verrührt gründlich. Dann beschickt man das RG zusätzlich mit einer Spatelspitze Pepsin-Pulver oder 2 mL 10%iger Pepsin-Lösung und stellt den Ansatz in ein Wasserbad bei 40 °C.
Nach 10-15 min und weiter im Abstand von 5 min entnimmt man mit der Pipette eine kleine Menge aus dem Ansatz und weist die frei gesetzten Aminosäuren mit Hilfe der Ninhydrin-Probe (vgl. Versuch 9.2) nach.

Beobachtung: Zeitabhängig nimmt die Menge der frei gesetzten Aminosäuren in den Ansätzen zu.

Erklärung: Pepsin ist ein Enzym mit Wirkoptimum im stärker sauren Bereich.

Fragen zum Versuch:
1. Überlegen Sie sich eine Versuchsalternative, die mit den in (manchen) Waschmitteln enthaltenen proteolytischen Enzymen arbeitet.
2. Warum verdauen sich proteolytische Enzyme nicht gegenseitig?

13.5 Protease-Aktivität in Waschpulver

Fragestellung: Nicht nur im lebenden Organismus, sondern auch bei vielen biotechnologischen Prozessen spielen Enzyme eine bedeutende Rolle. Der folgende Versuch demonstriert die Wirkung von Protein abbauenden Enzymen (Proteasen) in Basis- oder Vollwaschmitteln.

- **Geräte**
    - Reagenzgläser (RG), Reagenzglasständer
    - Messpipetten (2, 5 mL)
    - Becherglas (250 mL)
    - Spatel

- **Chemikalien**
    - Speisegelatine (gemahlen)
    - Vollwaschmittelpulver mit Proteasen (vgl. Packungsaufschrift)
    - Vollwaschmittelpulver ohne Proteasen (vgl. Packungsaufschrift)

Durchführung: Etwa 1 Esslöffel gemahlene Speisegelatine wird im Becherglas in heißem Wasser gelöst. Je etwa 5-10 mL werden auf 3 RG verteilt. RG 1 erhält keine weiteren Zusätze, RG 2 eine Spatelspitze Waschpulver mit Protease, RG 3 eine Spatelspitze Waschpulver ohne Protease. Die noch warmen und flüssigen Ansätze der RG 2 und 3 werden zur Verteilung des Waschpulvers kräftig geschüttelt. Anschließend lässt man die RG stehen, bis sich der Inhalt von RG 1 verfestigt hat.

Beobachtung: In RG 1 und RG 3 verfestigt sich die Gelatine, in RG 2 bleibt sie zähflüssig.

Erklärung: Gelatine besteht aus dem denaturierten Strukturprotein Kollagen. Bei Erwärmung bis etwa 60 °C löst sie sich unter Quellung auf und bildet bei genügender Konzentration (ab etwa 3%) nach dem Abkühlen durch erneute Vernetzung der langen Polypeptidketten eine steife Gallerte. Sofern die Ketten durch Proteasen in kürzere Fragmente zerlegt wurden, geht die Fähigkeit zum Gelieren verloren – der Ansatz wird allenfalls viskos. Die aus Bakterien stammenden und biotechnologisch gewonnenen Waschmittel-Proteasen sind gewöhnlich auch noch bei höheren Temperaturen aktiv.

Zusatzversuch 1: Pflanzliche Proteasen sind unter anderem auch in Früchten wie Ananas oder Papaya enthalten. Isoliert und aufgereinigt dienen sie vielfach zur Vorbehandlung von Steaks ("meat tenderizer"). Die oben beschriebene Versuchstechnik lässt sich zum Nachweis von Frucht-Proteasen folgendermaßen abwandeln: In die nur noch handwarme, aber noch flüssige Gelatine rührt man 1-2 mL frischen Press-Saft einer Ananas oder einer Papaya und lässt die Ansätze über Nacht stehen. Die proteolytische Wirkung der Fruchtsäfte zeigt sich im Vergleich einer Kontrolle ohne Saftzusatz.

Zusatzversuch 2: Als Demonstrationsversuch ist auch der folgende Ansatz empfehlenswert: Je ein rotes Gummibärchen gibt man in ein RG, versetzt es a) in RG 1 mit Wasser sowie b) in RG2 mit einer konzentrierten Lösung eines prote-asehaltigen Feinwaschmittels und lässt über Nacht stehen. Bei a) ist das Gummibärchen am nächsten Tag stark aufgequollen, bei b) findet sich lediglich eine milchig getrübte und entfärbte Masse. Bei b) konnten die Waschmittel-Proteasen die Gummibärchen-Gelatine angreifen.

13.6 Enzymatischer Nachweis von Glucose: GOD-Test

Fragestellung: Viele Schnelltests der medizinischen Diagnostik verwenden spezifische Enzymreaktionen. Dazu gehört auch die in diesem Versuch verwendete GOD-Methode, mit der sich auch sehr kleine Zuckermengen feststellen lassen.

- **Geräte**
    - Reagenzgläser, Reagenzglasständer
    - Messpipetten (2 und 5 mL)

- **Chemikalien**
    - Glucose-Teststäbchen (Teststreifen) aus der Apotheke, z.B. BOEHRINGER Nr. 647659
    - ca. 0,1 mol L^{-1} (etwa 2%ige) Lösungen von Glucose, Fructose, Saccharose und Lactose

Durchführung: Man taucht je ein Teststäbchen kurz in die jeweilige Zucker-Lösung und liest nach einigen Minuten die rasch einsetzende Farbreaktion ab.

Beobachtung: Blaufärbung der Teststäbchenfelder zeigt die Anwesenheit von Glucose an.

Erklärung: Auf den Teststäbchen befinden sich gefriergetrocknet die beiden Enzyme Glucose-Oxidase und Peroxidase. Glucose-Oxidase (GOD) zerlegt Glucose in Gluconolacton und H_2O_2. Über Peroxidase (ein der Katalase analoges Enzym) erfolgt die Zerlegung zu H_2O und die H-Übertragung auf einen oxidierten Akzeptor, der unter Reduktion in den blauen Farbstoff Tolidin übergeht (vgl. Versuch 8.16 und Abbildung 8-10).

Auswertung: Stellen Sie fest, inwiefern der GOD-Test substratspezifisch arbeitet. Testen Sie die verschiedenen Zucker auch mit längeren Einwirkzeiten.

Zusatzversuch: Stellen Sie durch Herstellen einer Zucker-Verdünnungsreihe (1:2, 1:5, 1:10. 1:20, 1:30, 1: 40, 1:50, 1:100) die mit dem GOD-Test zuverlässig erfassbare Grenzkonzentration fest.

13.7 Bestimmung der Wechselzahl am Beispiel der Katalase

Fragestellung: Die Wechselzahl bietet ein quantitatives Maß für die Leistungsfähigkeit eines Enzyms. Sie gibt die Anzahl der Substratmoleküle an, die pro Zeiteinheit (meist in s, fallweise aber auch in min angegeben) von einem Enzymmolekül umgesetzt werden. Die Katalase-Reaktion, die Sie in 13.2 kennen gelernt haben, verwenden wir hier zur Bestimmung der Wechselzahl der Katalase.

- **Geräte**
  - Saugflasche
  - Kolbenprober (50 mL)
  - Stativmaterial
  - Injektionsspritze (5 oder 10 mL)
  - Gummistopfen für Saugflasche
  - Schlauchverbindung
  - Stoppuhr

- **Chemikalien**
  - 1%ige H_2O_2-Lösung
  - Pilz-Katalase (0,1%ig), z.B. SERVA Nr. 26905
  - Pyrogallol-Lösung für den Sauerstoffnachweis: Eine Spatelspitze Pyrogallol in RG mit Paraffinöl überschichten und 2 mL abgekochte 2 mol L^{-1} NaOH zugeben
    Vorsicht beim Kochen von NaOH! Schutzbrille tragen!

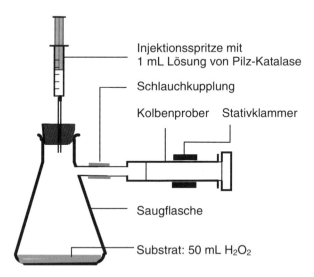

Abb. 13-4. Versuchsaufbau zur Bestimmung der Wechselzahl

Durchführung: Stellen Sie den in Abbildung 13-4 dargestellten Versuchsaufbau zusammen. Mit der Injektionsspritze wird die Enzym-Lösung bekannter Menge und Konzentration in die Substratvorlage (Saugflasche) gegeben. Den Ansatz während der Reaktion ständig umschütteln und die O_2-Entwicklung am Kolbenprober ablesen
- entweder nach 5 min
- oder Zeit nehmen, wenn 50 mL O_2 aus der Katalase-Reaktion im Kolbenprober enthalten sind.

Halten Sie die Messergebnisse in mL O_2 min^{-1} fest. Nach Versuchsende den Gummistopfen unbedingt aus der Saugflasche nehmen, um unkontrollierten Überdruck zu vermeiden.

Auswertung: Zur Berechnung der Wechselzahl muss die Molekularmasse des eingesetzten Enzyms und die Substratmenge [S] zur Versuchszeit t bekannt sein. Da [S] in diesem Fall im laufenden Versuch jedoch nicht zu bestimmen ist, rechnen wir mit der Menge des gebildeten Produktes [P], dem Sauerstoff, zumal [S] und [P] nach der Reaktionsgleichung in einem ganzzahligen Verhältnis zueinanderstehen.

Mess- und Rechengrößen sind:
- Molekulare Masse der Katalase: MG (Katalase) = ca. 250 000 g mol^{-1}
- eingesetzte Enzym-Menge: 1 mL 0,01%ige Enzym-Lösung, das sind 0,01 g Enzym in 100 ml; 1 mL davon enthält somit 0,0001 g Enzym
- gemessene Volumina an frei gesetztem Sauerstoff.

Wenn 0,0001 g Enzym in der Zeiteinheit x mL O_2 min^{-1} freisetzen, dann bildet 1 mol Enzym = 250 000 g   y mol O_2 min^{-1}. Unter Berücksichtigung der AVOGADRO-Zahl (6,02 x 10^{23}) ist ferner der Schluss erlaubt, dass 1 Molekül Katalase z Moleküle O_2 min^{-1} freisetzt. Bei der Berechnung ist zu beachten, dass in der vorliegenden Reaktion nach der Reaktionsgleichung (Abbildung 13-2) jeweils 2 mol Substrat (H_2O_2) umzusetzen sind, um 1 mol Produkt (O_2) zu erhalten.

Die Enzymaktivität gibt man häufig auch in der Bezeichnung Internationale Einheit (IE) oder unit (U) an: 1 IE = 1 U = 1 µmol Substratumsatz min^{-1}. Unter Spezifischer Aktivität A_S versteht man die Aktivität pro Menge Enzymprotein (in mg): A_S = µmol min^{-1} mg^{-1} = IE mg^{-1} = U mg^{-1}. Berechnen Sie anhand der im obigen Versuch erhaltenen Wechselzahl die Größen IE und A_S der Katalase.

Zusatzversuch: Das bei dieser Reaktion entwickelte Gas, welches sich im Kolbenprober befindet, drückt man über eine angeschlossene Pasteurpipette in das Reagenzglas mit Pyrogallol-Lösung: Eine auffällige Verfärbung nach dunkelbraun zeigt die O_2-abhängige Oxidation des Pyrogallols an.

Entsorgung: Die Reaktionsansätze dieses Versuches können stark verdünnt (mit fließendem Wasser) in das Abwasser gegeben werden.

13.8 Enzymkinetik: Substratsättigung der Katalase

Fragestellung: Die mit relativ wenig Aufwand durchführbare Katalase-Reaktion bietet sich dazu an, auch enzymkinetische Sachverhalte experimentell zu erkunden und beispielsweise der Frage nachzugehen, wie die angebotene Substratkonzentration [S] die Reaktionsgeschwindigkeit V einer Enzymreaktion beeinflusst.

- **Geräte**
  gleicher Versuchsaufbau wie in Versuch 13.7

- **Chemikalien**
  - H_2O_2-Lösung: 0,1-, 0,2-, 0,3-, 0,4-, 0,5, 0,75 und 1%ig in H_2O
  - Pilz-Katalse (0,1%ig), z.B. SERVA Nr. 26905

Durchführung: Stellen Sie nach dem in Versuch 13.7 beschriebenen Ablauf fest, wie viele mL O_2 die eingesetzte Katalase in 5 min frei setzt.

Auswertung: Stellen Sie die ermittelten Messwerte in einem Koordinatensystem graphisch dar: Die Ordinate ist die Reaktionsgeschwindigkeit V (in mL O_2 min^{-1}), die Abzisse das Substratangebot [S] (Konzentration der H_2O_2-Lösung in %). Aus der erhaltenen Kurve ist die Michaelis-Konstante K_M graphisch zu ermitteln.

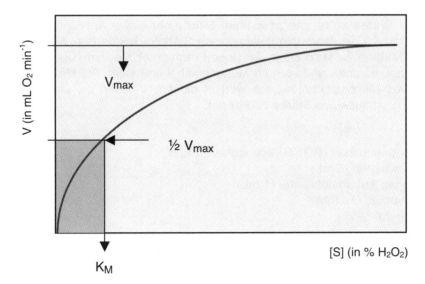

Abb. 13-5. MICHAELIS-MENTEN-Kinetik (K_M-Bestimmung) der Katalase

Erklärung: Im unteren Konzentrationsbereich ist die Reaktionsgeschwindigkeit von der eingesetzten Substratkonzentration linear abhängig. Bei weiterer Erhöhung von [S] sind die vorhandenen Enzymmoleküle jedoch zunehmend

gesättigt, d.h. jeweils alle mit Substratumsetzungen beschäftigt, so dass keine weitere Steigerung von V erfolgt.
Bei welcher Substratkonzentration die maximale Reaktionsgeschwindigekit V_{max} erreicht wird, lässt sich wegen des asymptotischen Verlaufs der Sättigungskurve allerdings nicht punktgenau bestimmen. Nach einem Vorschlag der amerikanischen Biochemiker LEONOR MICHAELIS und MAUD MENTEN nimmt man daher die halbmaximale Reaktionsgeschwindigkeit ($V_{max}/2$). Der ihr zugeordnete Wert von [S] auf der x-Achse ist die MICHAELIS-Konstante K_M. Je kleiner ihr Wert, um so höher ist die Affinität eines speziellen Enzyms zu seinem Substrat. Mit dem K_M-Wert kann man daher ebenso wie mit der Wechselzahl (vgl. Versuch 13.7) die Enzymleistung kennzeichnen.

13.9 Amylasen bauen pflanzliche Stärke enzymatisch ab

Fragestellung: Pflanzliche Stärke (vgl. Versuch 8.20) ist einer der wichtigsten Nährstoffe, mit dem u.a. der enorme Glucose-Bedarf des Gehirns sichergestellt wird. Dazu muss das Makromolekül in seine Monomeren zerlegt werden, wozu der tierische und menschliche Organismus spezielle Enzyme, die Amylasen (benannt nach ihrem Substrat Amylose/Amylopektin), einsetzt. Sie bauen die Stärkemoleküle entweder vom Ende her ab oder spalten auch mittenständige Glykosid-Bindungen.
Der Abbau durch die Amylasen verläuft hydrolytisch – die Glykosid-Bindungen werden unter Wasseraufnahme gespalten. Eine recht aktive Amylase (älterer Name: Ptyalin), die die schraubig gewundenen Stärkemoleküle (vgl. Abbildung 8-14) über Dextrine (= kurzkettige Amylose-Fragmente) bis zum Disaccharid Maltose abbaut, ist unter anderem im Mundspeichel enthalten. Als Maß für die Aktivität dieses Mundspeichelenzyms wird in diesem Versuch die Nachweisbarkeit des Enzymsubstrats Stärke verwendet.

- **Geräte**
  - 5 Reagenzgläser (RG), Reagenzglasständer
  - Messpipetten (5 mL)
  - optional: Automatikpipette (1 mL)
  - Becherglas (10 mL)
  - Stoppuhr

- **Chemikalien**
  - 1%ige Stärke-Lösung (lösliche Stärke, z.B. MERCK Nr. 1.01553)
  - LUGOLsche Lösung
  - Mundspeichel, ca. 1:2 mit Leitungswasser verdünnt

Durchführung: Mundspeichel – benötigt werden etwa 5 mL – wird in einem kleinen Becherglas mit Leitungswasser im Verhältnis 1:2 (gegebenenfalls auch 1:3, 1:4 oder 1:5) verdünnt. Anschließend werden 5 saubere RG mit je 1 mL der verdünnten Speichellösung beschickt.

Der Start der Enzymreaktion erfolgt zeitgleich durch Zugabe des Substrats (Stärke-Lösung). Nach jeweils 1, 2, 3, 4 und 5 min wird mit ethanolischer Iodtinktur auf (noch) vorhandene Stärke geprüft. Da diese Lösung alkoholisch ist, bricht sie die Enzymreaktion gleichzeitig ab. Hinweis: Keine LUGOLsche Lösung verwenden, da diese im Allgemeinen nur wässrig hergestellt ist. Sofern nur LUGOLsche Lösung verfügbar ist, gibt man nach den jeweiligen Versuchszeiten zusätzlich 1 mL 70%iges Ethanol in den Testansatz.

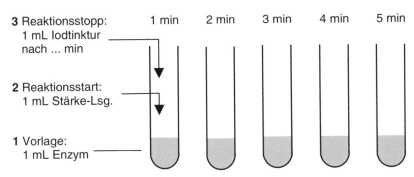

Abb. 13-6. Testansätze und Testablauf zum Stärkeabbau mit Amylase

Auswertung: Notieren Sie die Färbung der verschiedenen Testansätze nach unterschiedlichen Versuchszeiten. Ist bereits nach 1 oder 2 min Reaktionszeit der gesamte vorgegebene Stärkevorrat im Ansatz abgebaut worden, wiederholt man den Versuch mit einer entsprechend stärker verdünnten Enzym-Lösung.

Erklärung: Stärke-Lösung ergibt mit einer alkoholischen Iodidkali-Lösung (= LUGOLsche Lösung) eine charakteristische schwarzviolette/blauviolette Färbung (vgl. Versuch 9.19). Je weiter die Molekülketten der Stärke durch die Wirkung der Amylasen abgebaut wurden, desto schwächer fällt die typische Stärkereaktion gegen Iodtinktur aus. Nach vollständigem Abbau des Substrats bleibt sie völlig aus – im RG ist nur noch das Gelbbraun der verdünnten Iodtinktur zu sehen. Die kürzeren Dextrine geben je nach Kettenlänge mit nur braunrote oder gelbbraune Farbtöne. LUGOLsche Lösung hat den gleichen Effekt, bricht aber die Enzymaktivität nicht durch Denaturierung ab.

13.10 Abhängigkeit der Amylase-Aktivität vom pH-Wert

Fragestellung: Die Arbeit der Enzyme vollzieht sich nicht unabhängig von den äußeren Rahmenbedingungen (Versuchsparametern). Eine der wirksamsten Einflussgrößen auf die Enzymaktivität sind Veränderungen des pH-Wertes. Dieser Sachverhalt wird in diesem Versuch nachgewiesen.

- **Geräte**
  wie Versuch 13.9

- **Chemikalien**
  wie Versuch 13.9, zusätzlich
  - Puffer-Lösungen pH 2–10 (z.B. MERCK Nr. 9433–9438)

Durchführung: In diesem Versuch verwenden wir eine Enzymkonzentration, die nach den Ergebnissen von Versuch 13.5 innerhalb von 3-4 min die gesamte Stärkevorlage abbaut. Die Beschickung der RG mit Puffer-Lösung und Enzym zeigt Abbildung 13-7. Der Reaktionsstart erfolgt wiederum durch Zugabe des Substrates (Stärke), der Abbruch der Reaktion durch Zufügen des Nachweisreagenz Iodtinktur. Zur Verwendbarkeit von LUGOLscher Lösung siehe Versuch 13.8.

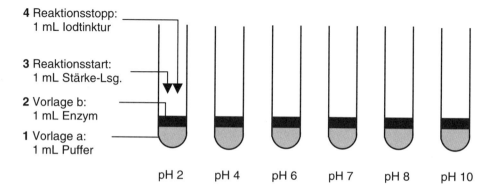

Abb. 13-7. Testansätze zur pH-Abhängigkeit des Stärkeabbaus mit Amylase

Auswertung: Notieren Sie im Versuchsprotokoll die beobachteten Farbreaktionen der Versuchsansätze.

Erklärung: Enzymreaktionen werden in lebenden Systemen ebenso wie auch unter *in vitro*-Bedingungen von verschiedenen Parametern beeinflusst. Zu den wichtigen Stellgrößen gehören neben der Temperatur der pH-Wert im Reaktionsansatz und auch im Zellmilieu. Die Ionenstärke des Reaktionsmediums verändert die Konformation der Enzymproteine und damit die Zugänglichkeit der Reaktionszentren. Über diese Größe kann in gewissem Umfang sogar eine Regulation der Enzymaktivität erfolgen.

Entsorgung: Die Reaktionsansätze dieses Versuches können stark verdünnt (mit fließendem Wasser) in das Abwasser gegeben werden.

Fragen zum Versuch
1. Wo liegt das pH-Optimum der Amylase-Reaktion?
2. Wie könnte man das Ergebnis graphisch darstellen?
3. Kennen Sie Enzyme mit deutlich abweichendem pH-Optimum?

13.11 Amylase-Aktivität in Getreidekeimlingen

Fragestellung: Getreidekörner (Karyopsen) sind für die tierische und menschliche Ernährung unter anderem wegen ihrer energiereichen Speicherstoffe bedeutsam. Wichtigstes Reservekohlenhydrat ist die Stärke (Amylose/Amylopektin), die in den Amyloplasten des Endosperms abgelagert ist. Im folgenden Versuch werden die Amylasen von Keimlingen nachgewiesen, die ihre Binnenvorräte abbauen.

- **Geräte**
    - 5 Reagenzgläser (RG), Reagenzglasständer
    - Petrischalen
    - Fließpapier (Zellstoff)
    - Reibschale mit Pistill
    - Trockenschrank (oder Backofen)
    - Wasserbad (40 °C)

- **Chemikalien**
    - Nachweisreagenzien für den FEHLING-Test (vgl. Versuch 8.10), BENEDICT-Probe (Versuch 8.11) oder TROMMERsche Probe (Versuch 8.12)
    - Braumalz
    - Stärke-Lösung aus Versuch 13.9

- **Versuchsorganismen**
    - 20-50 Karyopsen von Weizen, Gerste oder Roggen

Durchführung: Die Getreidekörner lässt man für 2-3 Tage auf feuchtem Fließpapier in einer Petrischale oder einem vergleichbaren Gefäß keimen und trocknet sie, wenn die Keimlinge mindestens 1 cm lang sind, im Trockenschrank oder Backofen bei etwa 50 °C. Die getrockneten Keimlinge werden in der Reibschale gepulvert. Anstelle der Keimlinge kann man auch fertiges Braumalz verwenden und ebenfalls in der Reibschale bis zur Pulverkonsistenz zerkleinern.
Das Pulver löst man in etwa 5 mL Wasser auf und stellt es für ca. 30 min in das vorgewärmte Wasserbad (40 °C). Von der so erhaltenen Lösung gibt man 1 mL zusammen mit ca. 5 mL Stärke-Lösung in ein sauberes RG, inkubiert im Wasserbad erneut für etwa 30 min und prüft dann mit den oben angegebenen Tests auf reduzierende Zucker (vgl. Kapitel 8).

Beobachtung: Die Extrakte aus getrockneten Keimlingen und aus Braumalz weisen Amylase-Aktivität auf, wie die Anwesenheit reduzierender Zucker zeigt.

Erklärung: Bei der Keimung werden die Stärkemoleküle durch die Amylasen des Keimlings abgebaut und für die Energie- bzw. Metabolitgewinnung verwendet (vgl. Kapitel 15).

Zusatzversuch: Auch Bienenhonig enthält aktive Amylasen: Man gibt 10 mL Honig (mit Wasser so verdünnt, dass er pipettiert werden kann) und 1 mL Stärke-Lösung in ein RG und inkubiert für etwa 30 min im Wasserbad bei 40 °C. Anschließend überprüft man mit LUGOLscher Lösung auf die Präsenz von Stärke (vgl. Versuch 8.20).

13.12 Carboanhydrase: Die Katalyse beschleunigt beträchtlich

Fragestellung: Die Carboanhydrase (= Carboanhydratase oder Kohlensäurehydratase) katalysiert in Wasser die Gleichgewichtseinstellung zwischen Kohlenstoffdioxid CO_2 und H_2CO_3. Bei erhöhtem CO_2-Angebot wird die Bildung von Kohlensäure, bei vermehrter Kohlensäureanlieferung die Freisetzung von CO_2 begünstigt. Besondere Bedeutung kommt der weit verbreiteten Carboanhydrase bei der CO_2-Regulation des Blutes (Blutgaskontrolle, CO_2-Abgabe über die Lunge) und auch bei der Photosynthese zu. Fast alle atmenden Organismen enthalten dieses offenbar sehr wichtige Enzym. Es hat die höchste bisher aufgefundene Wechsel- oder Umsatzzahl: Sie liegt in der Größenordnung von $3{,}6 \times 10^7$ CO_2-Molekülen in der Minute pro Enzymmolekül.

CO_2-Quelle ist in diesem Versuch gewöhnliches CO_2-haltiges Mineralwasser. Das Enzym wird aus Rohextrakten von Hefezellen, Kartoffel- oder Apfelgewebe bestimmt. Die sehr rasche Enzymwirkung wird durch Pufferzugabe und niedrige Temperatur soweit abgebremst, dass sie gut ablesbar ist.

- **Geräte**
    - 10 Reagenzgläser, Reagenzglasständer
    - Messpipetten (5, 10 mL) oder Automatikpipette (1 mL)

- **Chemikalien**
    - CO_2-haltiges Mineralwasser
    - Standardpuffer pH 7,6 (Phosphat-Puffer, z.B. MERCK Nr.) mit Indikator: 5 mg Bromthymolblau (MERCK Nr. 103026) hinzugeben
    - Enzym-Extrakt aus 1 g Hefe oder 10 g Apfel- bzw. Kartoffelgewebe in Standardpuffer

Durchführung:
a) ohne Enzym: Stellen Sie die Reaktionsansätze entsprechend den Vorgaben von Abbildung 13-8 zusammen und messen Sie die Reaktionsgeschwindigkeit

der unkatalysierten (spontanen) Reaktion. Das Maß ist die Zeit bis zum Farbumschlag des BTB-Indikators von blau (alkalisch) zu gelb (sauer).

b) mit Enzym: Ermitteln Sie nun die Reaktionsgeschwindigkeit gemäß den Vorgaben von Abbildung 13-9 die Versuchszeit unter Beteiligung des Enzyms aus Pilz (Hefe) oder Pflanzengewebe.

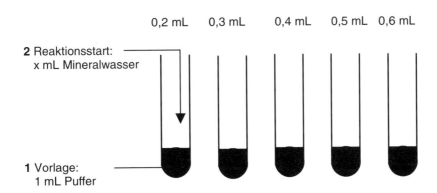

Abb. 13-8. Versuchsplan zur Bestimmung der Reaktionsgeschwindigkeit ohne Enzym

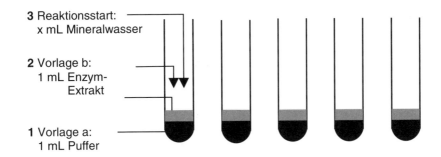

Abb. 13-9. Versuchsplan zur Bestimmung der Reaktionsgeschwindigkeit mit Enzym-Extrakt

Entsorgung: Die Reaktionsansätze dieses Versuches können stark verdünnt (mit fließendem Wasser) in das Abwasser gegeben werden.

13.13 Spaltung von Milchfett durch Pankreas-Lipase

Fragestellung: Fette sind Ester des dreiwertigen Alkohols Glycerin (Propantriol) mit langkettigen Monocarbonsäuren (= Fettsäuren, vgl. Kapitel 10). Die

Spaltung der Esterbindung in Fetten wird Verseifung genannt. Sie kann durch Erhitzen in stark alkalischen Lösungen oder durch Einwirkung eines geeigneten Enzyms, zum Beispiel einer Pankreas-Lipase, eingeleitet werden. Als Maß für die Aktivität des Enzyms Lipase wird in diesem Fall die Tatsache genutzt, dass die durch Enzymkatalyse aus den Fettmolekülen abgespaltenen Fettsäuren nach Dissoziation von H^+-Ionen aus den Carboxyl-Gruppen den pH-Wert des Reaktionsansatzes erniedrigen (Ansäuerung durch Produkt). Diese Veränderung des pH-Wertes kann mit dem Indikator Phenolphthalein (alkalisch: karminrot, neutral und sauer: farblos) leicht erfasst werden.

- **Geräte**
    - 6 Reagenzgläser (RG), Reagenzglasständer
    - Messpipetten (2, 5, 20 mL)
    - Wasserbad (40 °C)
    - Eisbad (5–10 °C)
    - Stoppuhr

- **Chemikalien**
    - 1-, 3- und 5%ige Lipase-Lösung (z.B. MERCK Nr. 107133)
    - 8%ige Soda-Lösung (Natrium-carbonat, Na_2CO_3)
    - Phenolphthalein (Indikator-Lösung), 0,1%ig in Ethanol
    - Kondensmilch (10% Fettgehalt)

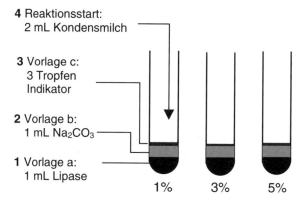

Abb. 13-10. Testansätze zur zur Bestimmung der Temperaturabhängigkeit der Lipase-Aktivität

Durchführung: Je 3 RG mit 3 mL einer 1-, 3- oder 5%igen Lipase-Lösung werden entsprechend dem Beladungsschema von Abbildung 13-10 mit 1 mL Na_2CO_3-Lösung und mit 2 Tropfen Phenolphthalein versetzt (Rotfärbung: Der pH-Wert-Indikator befindet sich wegen des Zusatzes von Na_2CO_3 im alkalischen Bereich). Anschließend werden 2 mL Kondensmilch zugegeben: Rasch und gründlich vermischen und auf die verschiedenen Inkubatoren (Eisbad bei ca. 0 °C, Raumtemperatur bei ca. 20 °C und Wasserbad bei 40 °C) verteilen.

Messen Sie die Zeit, die jede Probe bis zur völligen Entfärbung benötigt. Der sich einstellende Farbwert entspricht in etwa wieder dem Cremeweiß der verwendeten Kondensmilch.

Auswertung: Vergleichen und interpretieren Sie die unterschiedlichen Reaktionszeiten in den einzelnen Ansätzen. Lässt sich anhand der erhaltenen Daten das Temperaturprofil der Lipase erkennen?

Erklärung: Nach der VAN'T HOFFschen Regel (auch Reaktionsgeschwindigkeits-Temperatur-Regel oder RGT-Regel genannt) laufen biochemische und daher auch physiologische Prozesse bei höherer Temperatur rascher ab. Zur Kennzeichnung der Reaktionsbeschleunigung verwendet man den so genannten Q_{10}-Wert. Er gibt den Faktor an, um den eine Reaktion bei einer Temperaturerhöhung um 10 °C rascher abläuft. Die Regel hat für Enzymaktivitäten meist nur im Rahmen physiologischer Temperaturen Gültigkeit, da oberhalb einer kritischen Temperatur sehr rasch eine Denaturierung eintritt. Zu berücksichtigen ist allerdings, dass die Temperaturprofile im Einzelfall (beispielsweise bei hyperthermophilen Mikroorganismen) erheblich von der Norm abweichen können.

Entsorgung: Die Reaktionsansätze dieses Versuches können stark verdünnt (mit fließendem Wasser) in das Abwasser gegeben werden.

13.14 Enzymhemmung und Enzymspezifität: Harnstoffabbau durch Urease

Fragestellung: Das Enzym Urease (= Harnstoff-Amidohydrolase) katalysiert den hydrolytischen Abbau von Harnstoff (= Diamid der Kohlensäure, H_2N-CO-NH_2) durch Spaltung in Kohlenstoffdioxid (CO_2) und Ammoniak (NH_3):

$$H_2N\text{-}CO\text{-}NH_2 + H_2O \rightarrow 2\,NH_3 + CO_2$$
$$NH_3 + H_2O \rightarrow NH_4OH \rightarrow NH_4^+ + OH^-$$
$$CO_2 + H_2O \rightarrow H_2CO_3 \rightarrow HCO_3^- + H^+$$

Harnstoff ergibt in wässriger Lösung einen Ansatz mit einem pH-Wert im Neutralbereich. Durch die Anhäufung des Spaltprodukts NH_3 wird der pH-Wert jedoch allmählich in den alkalischen Bereich angehoben – die gleichzeitig entstehende Kohlensäure durch Lösung von CO_2 in H_2O kann man wegen ihrer geringfügigen Wirkung vernachlässigen. Diese Verschiebung lässt sich mit dem Indikator Phenolphthalein verfolgen (unterhalb pH 8: farblos; oberhalb pH 8: karminrot).

Dieses einfache Testsystem wird in diesem Versuch dazu verwendet, den Einfluss bestimmter Schwermetall-Ionen auf die Enzymreaktion sowie den Effekt einiger dem Substrat chemisch nahe verwandter Verbindungen wie Thioharnstoff und Guanidin zu prüfen.

- **Geräte**
  - 7 Reagenzgläser, Reagenzglasständer
  - Messpipetten (1, 2, 5 mL)

- **Chemikalien**
  - 2%ige Kupfersulfat-Lösung ($CuSO_4$)
  - 1%ige Cystein-Lösung
  - 2%ige Silbernitrat-Lösung ($AgNO_3$)
  - 30%ige Formalin-Lösung (Methanal, Formaldehyd)
  - 20%ige Harnstoff-Lösung
  - 10%ige Thioharnstoff-Lösung (z.B. MERCK Nr. 107978)
  - 10%ige Guanidin-Lösung (z.B. MERCK Nr. 104219)
  - Phenolphthalein-Indikator oder Bromthymolblau (BTB), 0,1%ig in Ethanol
  - 0,5%ige Urease-Lösung (z.B. MERCK Nr. 108489)

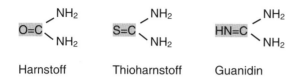

Harnstoff   Thioharnstoff   Guanidin

Durchführung: Beschicken Sie 7 saubere RG nach dem Versuchsplan gemäß Abbildung 13-11 und Tabelle 13-1 mit den verschiedenen Testreagenzien und halten Sie die Ergebnisse tabellarisch fest.

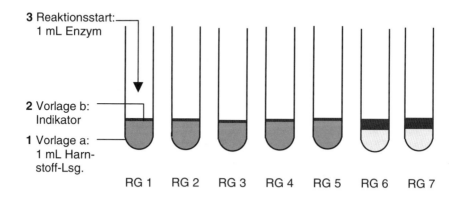

Abb. 13-11. Testansätze zur zur Bestimmung der Beeinflussbarkeit der Urease-Aktivität

Beobachtung: Nur in den Ansätzen 2 und 5 läuft die Enzym-Reaktion wie erwartet ab.

Erklärung: Schwermetall-Ionen und Formaldehyd verändern die Konformation der Enzym-Proteine und wirken daher giftig. Thioharnstoff und Guanidin sind dem Harnstoff strukturähnlich und scheitern an der Substratspezifität der Urease.

Auswertung: Diskutieren Sie die erhaltenen Ergebnisse im Hinblick auf ihre spezifischen oder unspezifischen Effekte auf die Enzymaktivität (Proteinkonformation), auch unter dem besonderen Aspekt, dass einige der zugesetzten Stoffe in größerer Menge umweltrelevante Gifte darstellen.

Tabelle 13-1. Beladungsplan der Testansätze 1-7

RG-Nr	Standardbeschickung	weitere Zusätze
1	2 mL 10%ige Harnstoff-Lsg. 2 Tropfen Phenolphthalein-Lösung	1 Tropfen 2%iges $CuSO_4$
2		1 Tropfen 2%iges $CuSO_4$ 0,5 mL 1%iges Cystein
3		1 mL 2%iges $AgNO_3$
4		1 mL 30%iges Formalin
5		1 mL H_2O (Kontrolle)
6	1 mL Thioharnstoff-Lösung 2 Tropfen Phenolphthalein-Lösung	
7	1 mL Guanidin-Lösung 2 Tropfen Phenolphthalein-Lösung	

Zusatzversuch: Geben Sie nach Auswertung der Befunde in die RG 6 und 7 einige mL Harnstoff-Lösung. Wie sind die beobachteten Effekte zu erklären?

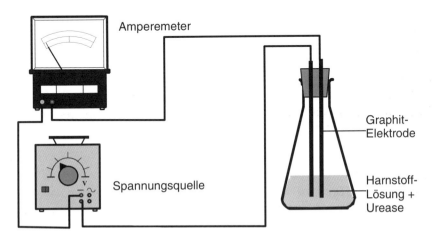

Abb. 13-12. Versuchsanordnung zur Bestimmung der Urease-Aktivität durch Leitfähigkeitsmessung

Versuchsalternative: Da bei der katalytischen Zerlegung der Neutralsubstanz Harnstoff Ionen entstehen, kann man den Zeitablauf der Urease-Reaktion auch durch eine Leitfähigkeitsmessung erfassen. Dazu steckt man zwei Graphitelektroden in einem durchbohrten Gummistopfen in den Reaktionsansatz, legt eine Gleichstromspannung an (20 V) und misst den zunehmenden Stromfluss mit einem Amperemeter (vgl. Abbildung 13-12).

Entsorgung: Die Reaktionsansätze dieses Versuches können stark verdünnt (mit fließendem Wasser) in das Abwasser gegeben werden.

13.15 Exoenzyme: Carnivore Pflanzen verdauen Filme

Fragestellung: Die als „Fleisch fressende" (= carnivore) Pflanzen bezeichneten Arten nutzen die Biomasse gefangener Kleintiere, um ihre Importbilanz an reduzierten Stickstoffverbindungen aufzubessern. Zum Abbau der tierischen Proteine verwenden die betreffenden Pflanzenarten proteolytische Enzyme, die von besonderen Drüsen sezerniert werden und wegen ihres Wirkortes außerhalb des pflanzlichen Gewebes als Exoenzyme bezeichnet werden. Das hier beschriebene Experiment nach HEINRICH ist zur Demonstration dieser Enzyme denkbar einfach: Es verwendet zum Nachweis der proteolytischen Enzymaktivitäten kleine Abschnitte von Diafilmen, die normalerweise als Abfall weggeworfen werden.

- **Geräte**
  - belichtete (helle) oder unbelichtete (dunkle) entwickelte Endabschnitte von Diafilmen (= Filmtypen mit der Bezeichnung -chrom der verschiedenen Anbieter), ca. 10-20 mm lang
  - Klebestreifen
  - Objektträger
  - Overheadfolie
  - Mikroskop (optional mit Interferenzkontrast-Einrichtung)

- **Chemikalien**
  - Ninhydrin-Fertigreagenz zum Aminosäurenachweis (vgl. Versuch 9.2)
  - lösliche Stärke und Agar zum Nachweis Kohlenhydrat abbauender Enzyme (Amylasen) (vgl. Versuch 13.8)
  - LUGOLsche Lösung

- **Versuchsobjekte**
  - Kap-Sonnentau (*Drosera capensis*), Fettkraut-Arten (*Pinguicula* spp.), Kannenpflanze (*Nepenthes* spp.), Venusfliegenfalle (*Dionaea muscipula*) oder andere Arten aus dem Gartenfachhandel

Durchführung: Die Filmstreifenabschnitte legt man mit der Schichtseite (ein Wassertropfen bringt deren Gelatine zum Quellen) auf beide Seiten des zu untersuchenden Pflanzenteils (zum Beispiel ein Blatt des Fettkrautes *Pinguicula*) und fixiert sie mit vorsichtigem Druck mit Hilfe von Plastikklammern (Büroklammern aus Metall rosten!). Der Druck sollte nicht zu stark sein, damit er den betreffenden Pflanzenteil nicht schädigt.

Nach einer Expositionszeit von 30 min bis 72 h werden die Filmstreifen untersucht. Dazu presst man sie zwischen zwei Objektträger, die durch Klebestreifen oder Etiketten zusammengehalten werden. Die Beobachtung der Filmstreifenabschnitte erfolgt unter dem Mikroskop. Vor allem mit dem Interferenzkontrastverfahren nach NOMARSKI kann man deutlich feststellen, wo und wie die Gelatineschicht eines belichteten Filmstreifens enzymatisch angegriffen wurde. Mit hellen Filmstreifenabschnitten lassen sich verschiedene Reaktionen durchführen, zum Beispiel der Nachweis der beim proteolytischen Abbau der Gelatineschicht frei gesetzten Aminosäuren mit Hilfe der bekannten Ninhydrin-Reaktion.

Zum Nachweis von Stärke abbauenden Enzymen (Amylasen) in den Sekreten der Versuchspflanzen kann man sich verwendbare Schichten leicht selbst herstellen. Dazu werden 1 g lösliche Stärke und 1 g Agar in 50 ml Wasser gegeben und anschließend erhitzt. Stücke von Overheadfolien werden in diese Lösung eingetaucht. Nach Trocknung liegen homogene Schichten vor. Nach Eintauchen in Iodkaliumiodid-Lösung (LUGOLsche Lösung) heben sich die Stellen, an denen Amylasen eingewirkt haben, hell von der anfangs bläulichen Umgebung ab.

Beobachtung: Sofern die Expositionszeit richtig gewählt wurde, sind die sezernierenden Pflanzendrüsen nun deutlich zu erkennen – als hellere, eventuell nur monochrome Flecken oder als überraschend farbenprächtige Spuren.

Erklärung: Gelatine besteht aus kurz- und langkettigen Peptiden und wird folglich von Proteasen angegriffen und zerlegt. Diesen Umstand nutzt die hier angeregte Filmstreifentechnik aus.

Farbfilme bieten im Vergleich mit Schwarzweißfilmen neben eindrucksvollen Farbeffekten zusätzliche Informationen, zum Beispiel darüber, wie weit die Proteasen in die Filmschicht eingedrungen sind.

Farbfilme sind technische Kunstwerke. In der Filmgießerei werden Emulsions-, Filter- und Trennschichten meist gleichzeitig auf einen Träger aufgetragen; 16 verschiedene Schichten weist zum Beispiel der Agfachrome CT 64 bei einer Schichtdicke von nur 20 μm auf. Bei einem Farbfilm sind drei Halogenid-Silber-Emulsionen durch Schutzschichten voneinander getrennt. Die Schichten müssen jeweils für die Farben Blau, Grün und Rot sensibilisiert werden, da Silberhalogenid-Kristalle nur Licht aus dem blauen Bereich des Farbspektrums absorbieren. Die optische Sensibilisierung erfolgt mit speziellen Farbstoffen, die an die Oberflächen der Silberhalogenid-Kristalle angelagert sind.

Entsorgung: Die Ansätze aus diesem Versuch werden als normaler Abfall entsorgt.

13.16 Succinat-Dehydrogenase: Kompetitive Hemmung

Fragestellung: Die Succinat-Dehydrogenase ist Bestandteil des Citrat-Zyklus und setzt streng substratspezifisch Succinat in Fumarat um, wobei cosubstratgebundener Wasserstoff übertragen wird.
Man kann nun diese Wasserstoffübertragung durch Zugabe von Malonat *in vitro* hemmen. Dieses Substrat kann sich zwar an das Enzym anlagern, dann aber nicht umgesetzt werden, weil es als kompetitiver Inhibitor die aktive Enzymseite gleichsam "verstopft" – dabei unterliegt das Succinat im Wettbewerb um das aktive Zentrum.

- **Geräte**
    - 4 Reagenzgläser (RG), Reagenzglasständer
    - Homogenisator (Küchenmixer) oder Reibschale/Mörser mit Pistill
    - Bechergläser (250 mL)
    - Erlenmeyerkolben (100 oder 250 mL)
    - Messpipetten (2 mL)
    - Verbandmull oder großes Faltenfilter
    - Glastrichter
    - Eis und Eisbehälter (Eisbad)
    - Wasserbad (40 °C)
    - Stoppuhr

- **Chemikalien**
    - DCPIP-Lösung: 0,05%iges Dichloro-phenol-indophenol; 10 mL), SERVA Nr. 19354 oder MERCK Nr. 103028
    - Phosphatpuffer pH 6: A: 100 mL KH_2PO_4 (0,15 mol L^{-1}) und B: 100 mL $Na_2HPO_4 \cdot 2\ H_2O$ (0,15 mol L^{-1}); 8,8 Volumenteile A und 1,2 Volumenteile B mischen;
    pH 6,0 mit pH-Meter kontrollieren
    - Na-Succinat (0,1 mol L^{-1}; 10 mL), SERVA Nr. 14972 oder MERCK Nr. 818601, in Phosphatpuffer lösen
    - Malonsäure (0,3 mol L^{-1}; 10 ml), in Phosphatpuffer lösen
    - K_2HPO_4-Lösung (1%ig, 100 ml)
    - Paraffinöl

- **Versuchsorganismus**
    - Sellerieknolle

Durchführung: Etwa 50 g Gewebe einer Sellerieknolle werden mit der Reibschale oder im Küchenmixer in der Kälte homogenisiert. Den erhaltenen Gewebebrei gibt man zusammen mit 100 mL kalter K_2HPO_4-Lösung (Eisbad!) in ein Becherglas, verrührt und filtriert über Faltenfilter (oder mehreren Lagen Verbandmull) in einen Erlenmeyerkolben ab. Das Filtrat wird sofort auf Eis gestellt. Anschließend sind die Ansätze entsprechend Tabelle 13-2 herzustellen. Die fertig beschickten RG stellt man ins Wasserbad bei 40 °C.

Tabelle 13-2. Versuchsplan zur Bestimmung der Succinat-Dehydrogenase. Alle Angaben in mL

Komponenten	RG 1	RG 2	RG 3	RG 4
Sellerie-Extrakt	1,5			
DCPIP	0,3			
Na-Succinat	0,5	1,0		0,5
Malonat	0,5			
H_2O			1,0	
Phosphatpuffer			0,5	1,0

Beobachtung: Notieren Sie für jeden Ansatz die Zeit bis zur Entfärbung bzw. zum Farbumschlag und diskutieren Sie das Ergebnis anhand der jeweiligen Probenzusammensetzung.

Erklärung: Die Succinat-Dehydrogenase ist ein Flavoproteid, das FAD als prosthetische Gruppe zur Aufnahme von Wasserstoff aufweist. Dieses Protein ist ferner in die Atmungskette integriert, wo es mit weiteren Redoxproteinen funktionell eng verbunden ist. Der physiologische Akzeptor für den FAD-Wasserstoff ist ein Chinon, das hydriert wird und seinerseits ein Cytochrom aus dem nachgeschalteten Cytochrom-Komplex reduzieren kann. Anstelle der physiologischen Akzeptoren können auch künstliche verwendet werden, z.B. die Redoxindikatoren Methylenblau oder DCPIP (2,6-Dichloro-phenol-indophenol). In beiden Fällen kann die Wasserstoffaufnahme über die dabei stattfindende Entfärbung durch Reduktion verfolgt werden (vgl. Versuch 8.14).

Entsorgung: Die Reaktionsansätze dieses Versuches können stark verdünnt (mit fließendem Wasser) in das Abwasser gegeben werden.

13.17 Nachweis der Malat-Dehydrogenase: Optischer Test

Fragestellung: Die Umsetzung von Oxal-essigsäure bzw. Oxal-acetat zu Äpfelsäure bzw. Malat durch das NADH-abhängige Enzym Malat-Dehydrogenase (MDH) ist die Rückreaktion eines sehr wichtigen Stoffwechselschritts aus dem oxidativen Stoffabbau über den Citrat-Zyklus (vgl. Kapitel 15). Im vorliegenden Versuch stehen die Gewinnung eines aktiven Enzyms, die Testtechnik sowie Aussagen zur Enzymaktivität im Vordergrund. Dem Test liegt die in Abbildung 13-13 dargestellte Enzymreaktion zu Grunde.

- **Geräte**
    - Laborzentrifuge

- Spektralphotometer
- Verbandmull
- Messküvetten (Schichtdicke 1 cm)
- Pipetten (1, 2, 5 mL)
- Stoppuhr

- **Chemikalien**
  - Extraktions- und Messpuffer: = 0,3 mol L^{-1} TRIS/HCl-Puffer (3,7 g TRIS in 100 mL H$_2$O, z.B. MERCK Nr. 108382, mit HCl auf pH 7,5 titrieren
  - 102 mg MgCl$_2$ in 10 mL H$_2$O lösen
  - 7,8 mg NADH (Dinatriumsalz, z.B. BOEHRINGER Nr. 128015) in 5 mL H$_2$O lösen
  - Oxal-essigsäure (Oxal-acetat): 5,3 mg in 100 mL H$_2$O lösen

- **Versuchsobjekt**
  - frische Kartoffelstücke

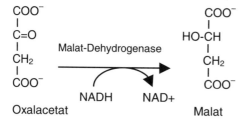

Abb. 13-13. Reaktionsschema der reduktiven Umsetzung von Oxal-acetat zu Malat durch das Enzym Malat-Dehydrogenase

Durchführung: Kartoffelstücke werden im Mörser mit H$_2$O oder Puffer zerkleinert und durch einige Lagen Mull abgepresst. Den erhaltenen Extrakt klärt man durch Zentrifugation. Alternativ kann man auch frisch gepressten Orangen- oder Ananassaft verwenden (partikelfrei durch Zentrifugation).

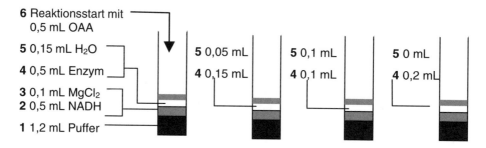

Abb. 13-14. Versuchsplan zur Bestimmung der MDH-Aktivität

Beschicken Sie die Photometerküvetten 1-4 nach der in Abbildung 13-14 angegebenen Reihenfolge. Der Reaktionsstart erfolgt durch Zugabe des Substrates Oxalessigsäure (OAA). Lesen Sie am Photometer die jeweilige Extinktion bei 340 bzw. 366 nm nach 1, 3 und 5 min ab und tragen Sie die Messwerte in eine Ergebnistabelle ein.

Beobachtung: Durch laufenden Verbrauch von NADH bei der in Abbildung 13-13 dargestellten Reaktion nehmen die gemessenen Exktinktionswerte ab.

Erklärung: Das Wasserstoff liefernde Nicotinamid-adenin-dinucleotid (= Cosubstrat der MDH) absorbiert in seiner reduzierten Form (= NADH) bei 340 bzw. 366 nm besonders stark, im oxidierten Zustand (= NAD^+) dagegen bei 340 nm fast gar nicht mehr. Dieser beträchtliche Unterschied eröffnet eine sehr bequeme und gleichzeitig zuverlässige Möglichkeit, enzymbedingten NADH-Verbrauch im Spektralphotometer durch Messung der Extinktionsabnahme direkt zu verfolgen und als Maß der Enzymaktivität zu verwenden.

Auswertung: Prüfen Sie anhand der erhaltenen Messwerte, ob die gemessene Enzymreaktion innerhalb der angegebenen Versuchszeiten die folgenden Anforderungen erfüllt:
- *Linearität*: unveränderte Zeitabhängigkeit oder Beschleunigung bzw. Verlangsamung der Reaktion?
- *Proportionalität*: Ist die Reaktionsgeschwindigkeit linear steigerungsfähig, wenn man das Substratangebot entsprechend erhöht?

Anmerkung: In der analytischen Biochemie werden Enzymaktivitäten möglichst nicht aus dem Rohextrakt, sondern nach vielschrittiger, technisch und zeitlich jedoch recht aufwändiger Reinigung gemessen. Die in den Versuchen 13.10 oder 13.11 eingesetzten Reinenzyme (Lipase, Urease) sind auf solchem Wege gewonnene Präparate. Enzymatische Bestimmungen aus einem Rohextrakt können naturgemäß nur vorläufige Daten liefern.

Entsorgung: Die Reaktionsansätze dieses Versuches können verdünnt (mit fließendem Wasser) in das Abwasser gegeben werden.

13.18 Kinetik der Alkohol-Dehydrogenase

Fragestellung: Die Alkohol-Dehydrogenase (ADH) katalysiert mit Hilfe des Coenzyms (Cosubstrates) NAD^+ Ethanol zu Acet-aldehyd – diese Umsetzung entspricht der Rückreaktion der ethanolischen Gärung (vgl. Kapitel 16). Wegen der charakteristischen Absorptionsunterschiede von oxidiertem NAD und reduziertem NAD (= NADH) lässt sich diese Reaktion ebenso wie im Fall der Malatdehydrogenase (Versuch 13.14) sehr einfach am Photometer verfolgen. An diesem Beispiel soll die Substratsättigung des Enzyms ermittelt werden.

- **Geräte**
  - Spektralphotometer
  - Photometerküvetten (Schichtdicke 1 cm)
  - Reagenzgläser
  - kleine Rührstäbchen (Plümper)
  - Messpipetten (0,5, 1, 2 ml)
  - Stoppuhr

- **Chemikalien**
  - Alkoholdehydrogenase (ADH), 0,2 mg Enzym mL^{-1}, BOEHRINGER Nr. 102709
  - NAD$^+$-Lösung (Dinatriumsalz), SERVA Nr. 30311, 7,8 mg in 5 mL H$_2$O lösen
  - Ethanol, 0,5 mol L^{-1} in destilliertem Wasser (= 1,85 mL in 100 mL H$_2$O, verdünnen 1:10 auf 0,05 mol L^{-1} sowie 1:100 auf 0,005 mol L^{-1})
  - Phosphat-Puffer, 0,1 mol L^{-1}, pH 8,2; Lösung A: 9,08 g KH$_2$PO$_4$ L^{-1}; Lösung B: 11,88 g Na$_2$HPO$_4 \cdot$ 2 H$_2$O L^{-1}; 3,3 mL A und 96,7 mL B mischen

Tabelle 13-3. Beschickungsplan für die Bestimmung der Substratsättigung der Alkohol-Dehydrogenase. Alle Mengenangaben für die Küvetten in mL

Komponente	Küvette 1	Küvette 2	Küvette 3	Küvette 4
NAD-Lösung	0,5			
Phosphat-Puffer	1,0			
Ethanol 0,005 mol L^{-1}	0,3			
Ethanol 0,05 mol L^{-1}		0,5		
Ethanol 0,5 mol L^{-1}			0,2	
H$_2$O	1,7	1,5	1,8	1,9
Reaktionsstart mit Enzym-Lösung	0,1			

Durchführung: Zur Bestimmung des Einflusses der verschiedenen Substratkonzentrationen auf die Enzymkatalyse werden die in Tabelle 13-3 empfohlenen Ansätze zusammengestellt.

Lesen Sie die Extinktionswerte ab, sobald die Reaktion zum Stillstand gekommen ist (Endpunktbestimmung). Da die Umsetzung – Bildung von NADH bei gleichzeitigem äquimolarem Verbrauch von Ethanol – im Verhältnis 1:1 steht, kann man die am Photometer zu verfolgende Exktinktionsänderung direkt als Maß der Reaktionsgeschwindigkeit verwenden.

Auswertung: Stellen Sie die erhaltenen Messwerte als MICHAELIS-MENTEN-Diagramm (vgl. Versuch 13.7) dar und ermitteln Sie den K_M-Wert des Enzympräparats für das Substrat Ethanol. Alternativ bietet sich auch eine Darstellung nach LINEWEAVER-BURK an. Tragen Sie hierzu die reziproken Werte der Reaktionsgeschwindigkeit V und der Substratkonzentration [S] in ein Koordinatensystem ein. Der Wert $-1/K_M$ ist dann an der Schnittstelle mit der Abszisse ablesbar:

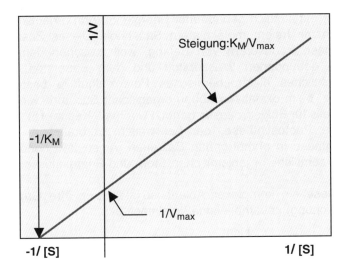

Abb. 13-15. Ermittlung der Michaelis-Konstanten nach LINEWEAVER-BURK

14 Photosynthese

Die gesamte von biologischen Systemen für den Bau- und Erhaltungsstoffwechsel benötigte freie Energie stammt von der Sonne und wird von den grünen Pflanzen durch die Photosynthese gebunden. Diese pflanzliche Stoffwechselleistung ist der mit Abstand wichtigste organismische Prozess, denn er versorgt die Komponenten auf der individuellen und der ökosystemaren Ebene nicht nur mit stofflich gebundener Energie in Form organischer Moleküle, sondern auch mit freiem molekularem Sauerstoff. Dieses Zusatzprodukt der Photosynthese ist insofern von Belang, weil zwischen dem in organischen Molekülen gebundenen Wasserstoff und dem Sauerstoff der Atmosphäre ein beträchtliches elektrochemisches Potenzialgefälle besteht, dessen Energie-differenz beim oxidativen Abbau organischer Substanz wieder frei gesetzt und großenteils für Folgeprozesse genutzt wird (vgl. Kapitel 15). Die oxigene, O_2 anliefernde Photosynthese, der bei weitem verbreitetste Typ lichtgetriebener Stoffsynthese in phototrophen Bakterien, Algen und höheren Pflanzen, hält demnach sämtliche organismischen Stoff- und Energieflüsse der Biosphäre in Gang.

Obwohl die Photosynthese ein komplexer Ablauf ist, stellt sich ihre Grundgleichung (VAN-NIEL-Gleichung) unverhältnismäßig einfach dar:

$$H_2O + CO_2 \xrightarrow{\text{Licht}} [CH_2O] + O_2$$

Darin steht $[CH_2O]$ für Kohlenhydrate vom Typ der Glucose (Traubenzucker) oder Saccharose (Haushaltszucker). Bereits aus dieser einfachen Version der Reaktionsgleichung ist zu entnehmen, dass die Photosynthese ein Redoxprozess ist, wenn man sich die Oxidationszahlen der beteiligten Komponenten der Photosynthese betrachtet: Im CO_2 weist der Kohlenstoff die Oxidationsstufe +IV auf, im Kohlenhydrat dagegen ±0. Folglich ist er beträchtlich reduziert worden. Auf der anderen Seite wird der Sauerstoff aus dem Elektronenlieferanten H_2O von der Oxidationsstufe –II zu den Stufen +I und –I (±0) im Photosyntheseprodukt O_2 oxidiert. Mit den Redoxvorgängen in der Photosynthese (Assimilation) sind die entsprechenden antagonistisch organisierten Abläufe der Atmung bzw. Gärung (Dissimilation) in der Zelle oder in den Ökosystemen gekoppelt. In diesem Prozess bewegen sich die Stoffe auf Kreisrouten, die Energien jedoch immer nur auf Einbahnstraßen.

Die folgenden Versuche greifen besondere Sachverhalte aus dem Komplexablauf der Photosynthese auf und stellen einzelne Facetten heraus. Dabei geht es einerseits um die Licht absorbierenden Systeme (Photosynthesepigmente) dazu die entsprechenden Versuche in Kapitel 12), andererseits aber auch um die biochemischen Teilreaktionen und die Photosynthese als Gesamtprozess.

Zur Messung der Photosyntheseraten grüner Pflanzen stehen verschiedene Bestimmungsverfahren zur Verfügung, wobei der experimentelle Zugriff entweder auf der Seite der Ausgangsmaterialien oder bei den Photosyntheseprodukten erfolgen kann. Das folgende Schema verdeutlicht die verschiedenen

Messprinzipien am Beispiel der allgemeinen, jetzt auf ein komplettes Kohlenhydrat $C_6H_{12}O_6$ bezogenen Reaktionsgleichung:

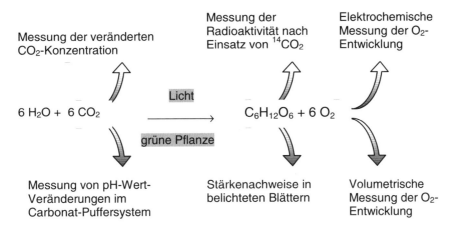

Abb. 14-1. Häufig eingesetzte Nachweis- und Bestimmungsverfahren zur qualitativen und quantitativen Kennzeichnung der Photosynthese

14.1 Blattpigmente absorbieren Licht

Fragestellung: Photosynthese ist die in grünen Pflanzenorganen stattfindende Umwandlung der Energie der Lichtwellen in die gebundene chemische Energie der Photosyntheseprodukte. In diesem qualitativen Versuch geht es darum, die Absorption von Sonnenlicht durch Blätter zu erkunden und der Frage nachzugehen, wie sich die Eigenfärbung der Blatt(grün)pigmente erklärt.

- **Geräte**
    - Reagenzgläser (RG), Reagenzglasgestell
    - Diaprojektor (mit Halogenleuchte)
    - Kantenprisma zur Spektralzerlegung von Licht
    - dünne Glasküvette mit planparallelen Wänden, eventuell Selbstbau aus Diagläsern und Kunststoff (vgl. Abbildung 14-2)
    - Auffangschirm aus weißem Karton
    - Stativmaterial

- **Chemikalien**
    - Blattrohextrakte aus Versuch 12.1

Durchführung: Mit Hilfe eines Diaprojektors und eines Prismas wird auf einem Auffangschirm ein Spektrum des sichtbaren Lichtes (der Projektorlampe) erzeugt. In den Strahlengang bringt man eine Küvette mit verdünnter ethanolischer Pigmentlösung aus Versuch 12-1.

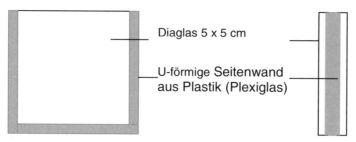

Abb. 14-2. Selbstbauküvette aus Diagläsern und Kunstoff-Zwischenwand

Beobachtung: Stellen Sie durch Vergleich mit dem unveränderten Lampenspektrum fest, welche Anteile davon vom Blattextrakt absorbiert werden.

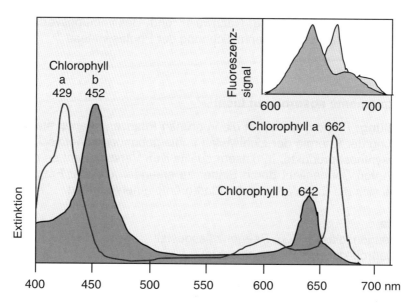

Abb. 14-3. Absorptionsspektren von Chlorophyll *a* und Chlorophyll *b*. Insert rechts oben: Spektraleigenschaften des Fluoreszenzsignals nach Anregung durch blaue Quanten.

Erklärung: Sichtbares Weißlicht ist eine Mischung mehrerer Spektralfarben, die man mit Hilfe eines Beugungsgitters oder eines Prismas wieder in seine einzelnen spektralen Anteile zerlegen kann. Organische Moleküle mit vielen konjugierten Doppelbindungen haben die Fähigkeit, das Licht bestimmter Spektralbereiche zu absorbieren. Die dabei verbleibenden, nicht absorbierten Anteile bestimmen jeweils die Eigenfärbung der betreffenden Verbindungen. Abbildung 14-3 zeigt das Absorptionsverhalten der beiden Chlorophylle im sichtbaren Spektrum (ca. 400–700 nm).

Zusatzversuch: Das hier dargestellte Verfahren vermittelt nur eine erste Vorstellung vom Absorptionsverhalten der Blattpigmente. Eine etwas genauere Abschätzung erhält man, wenn man die Einzelbanden dünnschichtchromatographisch vorgetrennter Blattextrakte (Versuch 12.4) mit Benzin aus dem Sorptionsmittel (Celluloseschicht abkratzen) löst und im Lampenspektrum betrachtet. Besonders aufschlussreich wäre natürlich auch die Aufnahme eines Absorptionsspektrums in einem Spektralphotometer.

Entsorgung: Die in diesem Versuch verwendeten Ansätze werden nach Abschluss in den Sammelbehälter für organische Lösemittel gegeben.

14.2 Chlorophylle und ihre Rotfluoreszenz

Fragestellung: Kann man die Absorption von Anregungsenergie aus Photonen unmittelbar nachweisen bzw. visualisieren?

- **Geräte**
  wie Versuch 14.1, zusätzlich eine UV-Analysenlampe

- **Chemikalien**
  - Blattrohextrakte aus Versuch 12.1

Durchführung: Etwa 2–3 mL der Pigment-Rohlösung aus Versuch 12.1 werden in ein sauberes und trockenes RG gegeben und eventuell mit 96%igem Ethanol soweit verdünnt, dass sie kräftig grün erscheinen.

Beobachtung: Im Strahlengang eines Diaprojektors (Anregungslicht) ist bei seitlicher Betrachtung eine eindrucksvolle Rotfluoreszenz der Chlorophylle zu erkennen – die Pigmentlösung erscheint blutrot.

Erklärung: Wenn man die Chlorophylle im Blattextrakt mit kurzwelligem Blaulicht oder mit blaunahem UV-Licht bestrahlt, tritt unter bestimmten Bedingungen Rot-Fluoreszenz auf. Diese Fluoreszenz hält nur so lange an, wie die Anregungsstrahlung einwirkt – ein Nachleuchten wie bei der Phosphoreszenz liegt nicht vor.
Auch im Extrakt absorbieren die Chlorophyll-Moleküle die Anregungsstrahlung und damit deren Energie, wodurch ihre π-Elektronen auf ein höheres Energieniveau gelangen. Die absorbierte Energie können sie jedoch *in vitro* im Extrakt nicht mehr auf die Folgesysteme der 1. Lichtreaktion der Photosynthese weiter reichen. Die im Licht erreichten Anregungszustände (2. und 3. Singulettzustand) sind nun äußerst instabil und gehen schon nach etwa 10-12 s in

den 1. Singulettzustand über. Die Energiedifferenz geht als Wärme verloren. Erst der Übergang in den Grundzustand gibt die Energie als Photon (= Fluoreszenzstrahlung) ab. Das Emissionsmaximum liegt bei 685 nm (vgl. Abbildung 14-3). Dieser Effekt fällt so stark aus, dass man damit noch sehr geringe Chlorophyllmengen – beispielsweise für kriminaltechnische Fragestellungen – nachweisen kann.

Zusatzversuch: Wenn man in die im Projektorlicht intensiv fluoreszierende Pigmentlösung wenige mL H_2O gibt, wird der Effekt sofort gelöscht (quenching-Effekt). Der Effekt kommt folgendermaßen zu Stande: Die Chlorophylle gehen unter dem Einfluss von H_2O aus der echten Lösung (in Ethanol/Benzin) zu einer kolloidalen Verteilung über, wobei sich jeweils mehrere Chlorophyllmoleküle zu kreisförmigen Micellen zusammenschließen – die hydrophilen Porphyrin-Ringe nach außen, die lipophilen Phytol-Seitenketten nach innen. In diesen Molekülaggregaten ist die Energieübertragung auf die jeweiligen Nachbarn und damit die Freisetzung von Wärme erleichtert.

Fragen zum Versuch
1. Wie verhalten sich die absorbierten Spektralbereiche zur Eigenfarbe von Chlorophyll?
2. Kann man mit Grünlicht die Fluoreszenz von Chlorophyll anregen?
3. Welche Spektralbereiche könnten für die beobachteten Effekte in Frage kommen?

Entsorgung: Die in diesem Versuch verwendeten Ansätze werden nach Abschluss in den Sammelbehälter für organische Lösemittel gegeben.

14.3 Vom Licht angeregtes Chlorophyll reduziert Farbstoffe

Fragestellung: In den Chloroplasten wirkt das nach Strahlungsabsorption angeregte Chlorophyll der beiden Photosysteme I und II als Elektronen-Donator (Reduktionsmittel). Dieser Elektronenübergang wird im folgenden Modellversuch mit einem künstlichen Elektronen-Akzeptor, dem Farbstoff Methylrot, experimentell nachvollzogen:

- **Geräte**
    - 5 Reagenzgläser (RG), Reagenzglasständer
    - Messkolben (100 mL)
    - 2 Becherngläser (25 mL)
    - Messpipetten (1, 2, 5, 10 mL)
    - Lichtquelle (Diaprojektor, Studioscheinwerfer)
    - große Glasküvette als Wärmefilter

- **Chemikalien**
    - Methylrot-Lösung: 10 mg in einem Messkolben in 100 mL 96%igem

Ethanol lösen (längere Zeit haltbar)
- 10 mg Ascorbinsäure abwiegen und erst unmittelbar vor dem Einsatz im Versuch in 10 mL Wasser lösen
- 25 mg Natrium-dithionit $Na_2S_2O_4$ abwiegen und ebenfalls erst unmittelbar vor dem Versuchseinsatz in 2 mL Wasser lösen
Vorsicht: Kontakt mit Haut und Augen unbedingt vermeiden!
- ethanolischer Blattpigmentextrakt wie in Versuch 12-1

Durchführung: Stellen Sie die in Tabelle 14-1 aufgelisteten Versuchsansätze zusammen und mischen Sie diese gründlich durch. Die RG werden etwa 30-45 cm vor der Lichtquelle platziert und 15 min lang belichtet. Ein Wärmefilter (Glasküvette mit Wasser) steht unmittelbar vor der Lampe.

Beobachtungen:
- RG 1: Nach der vorgesehenen Belichtungszeit ist keine Farbveränderung eingetreten.
- RG 2: Bereits nach kurzer Zeit entfärbt sich der bräunlichrote Ansatz, und es stellt sich wieder die Färbung der Chlorophyll-Rohextraktes ein.
- RG 3: Nach der vorgesehenen Belichtungszeit ist keine Entfärbung eingetreten.
- RG 4: Nach der vorgesehenen Belichtungszeit ist keine Entfärbung eingetreten.
- RG 5: nach Zugabe von $Na_2S_2O_4$ entfärbt sich der Ansatz sofort.

Tabelle 14-1. Versuchsplan zum Nachweis lichtgetriebener Elektronenübergänge vom Chlorophyll. Alle Mengenangaben in mL

RG	Methylrot-Lsg.	Chlorophyll-extrakt	Ascorbat-Lsg.	H_2O	Ethanol	$Na_2S_2O_4$	Licht
1			2				
2		2					einschalten
3	5			2			
4			2		2		
5						2	

Erklärung: Methylrot (aus der Gruppe der Azofarbstoffe) wird durch Reduktion (= Elektronenaufnahme) entfärbt. Dazu ist ein stark negativer Elektronen-Donator wie das Natrium-dithionit $Na_2S_2O_4$ in RG 5 erforderlich. Mit seinem Redoxpotenzial von $E_o' = -1,99$ V kann es Elektronen unmittelbar auf Methylrot übertragen und dieses momentan entfärben. Das Chlorophyll in RG 3 und die Ascorbinsäure (mit $E_o' = -0,06$ V) in RG 4 können dies alleine nicht leisten – nur beide zusammen bringen die Entfärbung zu Stande (RG 2). Die Abhängigkeit vom photochemisch angeregten Chlorophyll zeigt die Dunkelkontrolle in RG 1.

Zusatzversuch: Man gibt in ein 250 mL Becherglas 100 mL einer 0,2 mmol L^{-1} Thionin-Lösung sowie 50 mL einer 10 mmol L^{-1} FeSO$_4$-Lösung und stellt den Ansatz mit einem Rührfisch auf einen Magnetrührer. Sofort nach Einschalten einer Lichtquelle wird die blaue Lösung durch Elektronenaufnahme entfärbt. Im Dunkeln färbt sie sich innerhalb von etwa 1 min wieder blau.

Erklärung: Auch diesem Effekt liegt eine vom Licht induzierte Reduktion eines Farbstoffs zu Grunde.

Entsorgung: Die in diesem Versuch verwendeten Ansätze werden nach Versuchsabschluss verdünnt (unter fließendem Wasser) in das Abwasser gegeben.

14.4 Photosynthese setzt Sauerstoff frei: Indigoblau-Nachweis

Fragestellung: In der ersten Lichtreaktion der Photosynthese erzeugt das beteiligte Photosystem über die Thylakoidmembranen der Chloroplasten einen Protonengradienten, dessen protonenmotorische Kraft für die Synthese von ATP aus ADP und P$_i$ verwendet wird. Die Elektronen und Protonen stammen aus der Photolyse des Wassers. Aus der photolytischen Zerlegung von H$_2$O verbleiben ungeladene OH$^\cdot$-Radikale, die sofort zu molekularem Sauerstoff O$_2$ reagieren. Diesen photosynthetisch frei gesetzten O$_2$ zeigt dieses qualitative Experiment. Für den O$_2$-Nachweis in wässriger Lösung steht eine sehr empfindliche Methode zur Verfügung. Sie beruht auf der O$_2$-abhängigen Oxidation von gelblichem Indigoweiß zu farbigem Indigoblau.

- **Geräte**
  - Erlenmeyerkolben (100 mL) oder große Reagenzgläser (50 mL)
  - Reagenzglasständer
  - passende Gummistopfen oder Parafilm
  - Messpipetten (1, 2, 5 mL)

- **Chemikalien**
  - Paraffinöl oder Siliconöl
  - Indigo-sulfonsäure (= Indigocarmin, z.B. VWR Nr. 104724), 50 mg in 1 L 1%iger NaHCO$_3$-Lösung
  - warme 10%ige Gelatine- oder 1%ige Agar-Lösung
  - 1%ige Lösung von Natrium-dithionit Na$_2$S$_2$O$_4$ in H$_2$O

Durchführung: Etwa 100 mL einer warmen Gelatine- oder Agar-Lösung werden zur Erhöhung der Viskosität in 1 L der kornblumenblauen Indigo-sulfonsäure-Lösung eingerührt. Anschließend wird der intensiv blau gefärbte Ansatz mit einer wässrigen Lösung von Natrium-dithionit durch tropfenweises Zugeben bis zum Umschlag nach Gelb (= Reduktion zu Indigoweiß) versetzt. Nach dem Abfüllen in 50 mL-Erlenmeyerkolben wird luftdicht mit einer Schicht Silicon- oder Paraffinöl und Parafilm verschlossen.

In das auf diese Weise vorbereitete Reaktionsgefäß gibt man ein oder zwei Sprossspitzenstücke der Wasserpest (*Elodea densa* oder *Elodea canadensis*, (auch andere submers lebende Aquarienpflanzen sind geeignet) und stellt den Ansatz anschließend etwa 1–2 h lang ins helle Licht (Fensterbank). Eine Dunkelkontrolle stellt man gleichzeitig in einen Schrank.

Beobachtung: Unter dem Einfluss von photosynthetisch frei gesetztem O_2 wird die gelbliche Reaktionslösung wieder zu Indigoblau oxidiert. Durch Verwendung von Gelatine oder Agar im Ansatz, die die Viskosität des Reaktionsmediums erhöhen, kann man beobachten, wie sich die ersten Indigoblau-Schlieren vor allem im Bereich der Blätter bilden. Dem O_2-abhängigen Redoxvorgang liegen folgende Veränderungen am Molekül zu Grunde:

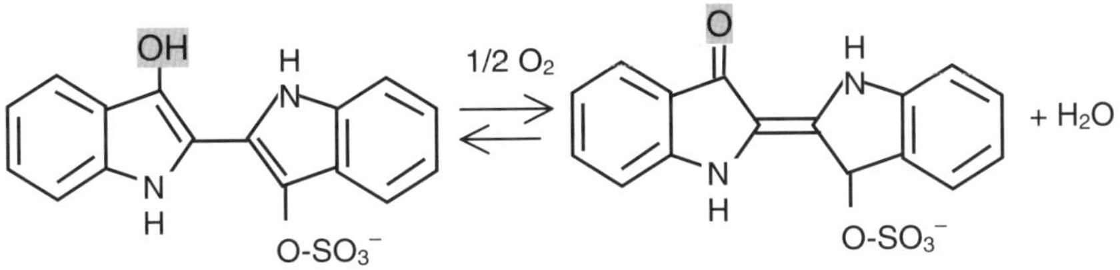

Indigoweißsulfonat (gelblich) ⇌ Indigosulfonat (blau) + H_2O (mit $1/2\ O_2$)

Abb. 14-4. Zustandsformen des Redox-Indikators Indigo-sulfonat (= Indigocarmin)

Entsorgung: Die in diesem Versuch verwendeten Ansätze werden nach Abschluss verdünnt (unter fließendem Wasser) in das Abwasser gegeben.

14.5 Photosynthese im Wasser: Sauerstoffnachweis mit Pyrogallol

Fragestellung: Die in Versuch 14.3 angewandte Methode mit Indigoblau (Indigocarmin) eignet sich grundsätzlich auch zum Nachweis des von Wasserpflanzen wie Wasserpest (*Elodea*), Wassermoos (*Fontinalis antipyretica*), grünen Fadenalgen oder vergleichbaren Arten photosynthetisch frei gesetzten Sauerstoffs. Eine ebenso einfache Nachweistechnik nutzt die Farbreaktion durch komplexe Oxidation von farblosem Pyrogallol zum dunkelbraunen Purpurogallin.

- **Geräte**
    - große Reagenzgläser (50 mL)
    - Reagenzglasständer
    - passende Gummistopfen oder Parafilm
    - Messpipetten (1, 2, 5 mL)

- **Chemikalien**
  - Paraffinöl oder Siliconöl
  - frisch zubereitete 10%ige Lösung von Pyrogallol (MERCK Nr. 822302)
  - KOH-Plätzchen
  - 1%ige $NaHCO_3$-Lösung in abgekochtem und daher O_2-freien H_2O

- **Versuchsobjekte**
  - Sprossstücke der Wasserpest (*Elodea* spp.) oder einer vergleichbaren Wasserpflanze aus dem Aquarienfachhandel

Durchführung: Die als Inkubatoren vorgesehenen Reagenzgläser beschickt man mit $NaHCO_3$-Lösung, steckt jeweils ein Sprossstück einer Wasserpflanze hinein und verschließt mit Paraffin- bzw. Siliconöl, um O_2-Diffusion aus der Atmosphäre zu verhindern. Die Pflanzen werden für ca. 30-60 min auf der hellen Fensterbank oder im Licht eines Diaprojektors belichtet.
Nach dieser Inkubationszeit gibt man mit einer Pipette durch die Ölsperrschicht je 1 mL der frischen Pyrogallol-Lösung. Dessen Oxidation kann nur im alkalischen Milieu stattfinden; daher setzt man jedem RG außerdem ein KOH-Plätzchen zu. Vorsicht: KOH ist ätzend!

Tabelle 14-2. Versuchsplan zum qualitativen Nachweis von photosynthetisch frei gesetztem Sauerstoff

Komponenten	Gefäß 1	Gefäß 2	Gefäß 3	Gefäß 4	Gefäß 5
$NaHCO_3$-Lsg.	+	+			+
Licht	+		+		+
Dunkelheit		+		+	
Grüne Pflanze	+	+	+	+	

Beobachtung: Der Grad der Braunfärbung der Reaktionslösung liefert ein Maß für die photosynthetische O_2-Entwicklung.

Erklärung: Nur die ausreichend mit gelöstem CO_2 versorgte grüne Pflanze kann im Licht Sauerstoff abgeben. Dieser setzt das Nachweisreagenz Pyrogallol in das rötliche Purpurogallin (= 2,3,4,6-Tetrahydroxy-5H-benzo-(7)annulen-5-on) um.

Versuchsergänzung: Die Versuche 14.3 und 14.4 lassen sich unter verschiedenen Bedingungen (Tabelle 14-2) durchführen, um die Abhängigkeit der Photosynthese von einzelnen Parametern zu demonstrieren.

Entsorgung: Die in diesem Versuch verwendeten Ansätze werden nach Abschluss verdünnt (unter fließendem Wasser) in das Abwasser gegeben.

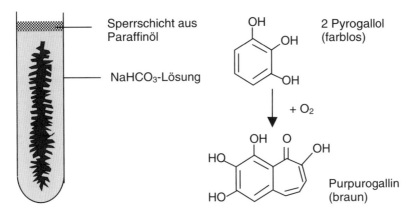

Abb. 14-4. Sauerstoffnachweis mit der Pyrogallol-Methode

14.6 Sauerstoff erleichtert: Die Bojen-Methode

Fragestellung: Das Mesophyll in den Blättern der Landpflanzen ist insbesondere im Schwammparenchym von einem ausgedehnten, gasgefüllten Interzellularensystem durchzogen, das über die Spaltöffnungen direkt mit der Außenwelt in Verbindung steht. Die photosynthetische O_2-Entwicklung und Abgabe in den Interzellularraum ist die Basis dieses Versuchs.

- **Geräte**
    - Saugreagenzglas (vgl. Abbildung 14-5) mit durchbohrtem Stopfen und Glasrohr
    - Wasserstrahlpumpe
    - Petrischale, Kristallisierschale oder Becherglas (250 mL)
    - Korkbohrer, ca. 6-10 mm Durchmesser
    - Lichtquelle (Diaprojektor, Overheadprojektor)

- **Chemikalien**
    - 1%ige $NaHCO_3$-Lösung

- **Versuchsobjekte**
    - möglichst glatte, unbehaarte und nicht allzu dicke Blätter, beispielsweise von Rot-Buche, Gartenbohne, Zimmerlinde, Kapuzinerkresse u.ä.

Durchführung: Aus den frisch geernteten Blättern stanzt man mit dem Korkbohrer auf einer nachgiebigen Unterlage (z.B. Styropor) ca. 25 Scheibchen aus, möglichst aus den Intercostalfeldern unter Aussparung der größeren Blattrippen. Die Stanzscheibchen werden im Saugreagenzglas mit NaHCO$_3$-Lösung infiltriert, indem man bei laufender Wasserstrahlpumpe den Daumen 30 s auf die Stopfenöffnung hält und dann wieder wegnimmt (schlagartige Druckentlastung). Nach wenigen Manövern werden die Stanzscheibchen auf den Boden des Saugreagenzglases abgesunken sein – die Interzellularen sind gasfrei und mit NaHCO$_3$-Lösung gefüllt.

Die Scheibchen gibt man nun mit NaHCO$_3$-Lösung in ein Becherglas oder eine Kristallisierschale und stellt sie in den Wirkbereich einer starken Lichtquelle (Projektor).

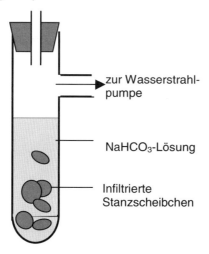

Abb. 14-5. Infiltration von Blattstanzscheibchen mit NaHCO$_3$-Lösung

Beobachtung und Erklärung: Schon nach kurzer Zeit steigen die ersten Stanzscheibchen nach dem Bojenprinzip vom Boden des Versuchsgefäßes auf, weil sich die Interzellularen nach Photosynthese mit Sauerstoff befüllen und somit Auftrieb geben.

Auswertung: Messen Sie die Reaktionszeiten, in der a) die Hälfte und b) alle Stanzscheibchen aufgestiegen sind.

14.7 Photochemisch aktive Chloroplasten: Die HILL-Reaktion

Fragestellung: Der nach ihrem Entdecker benannten HILL-Reaktion liegt die lichtabhängige Sauerstoffentwicklung isolierter Chloroplasten zu Grunde, mit der seinerzeit der Nachweis geführt wurde, dass der photosynthetisch frei gesetzte O$_2$ aus der Photolyse des Wassers und nicht aus dem CO$_2$ stammt. Die Isolierung intakter Chloroplasten ist relativ zeit- und geräteaufwändig. Für den qualitativen Befund genügt daher ein stark vereinfachtes Vorgehen:

- **Geräte**
  - Schere
  - Reagenzgläser, Reagenzglasgestell
  - Verbandmull (Gaze)
  - Alu-Folie
  - Reibschale (Mörser) mit Pistill
  - Glasplatte (ca. 10 x 10 cm)
  - Diaprojektor
  - Messpipetten (1 mL)

- **Chemikalien**
  - 1%ige Lösung von Kalium-hexacyano-ferrat(III) $K_3[Fe(CN)_6]$ (= Kaliumferricyanid, Rotes Blutlaugensalz)
  - 1%ige Lösung von Kalium-hexacyano-ferrat(II) $K_4[Fe(CN)_6]$ (= Kaliumferrocyanid, Gelbes Blutlaugensalz)
    0,1%ige $FeCl_3$-Lösung ($FeCl_3 \cdot 6\,H_2O$)
  - Saccharose

- **Versuchsmaterial**
  - Erntefrische Blätter von Gartenbohne, Erbse, Rot-Buche, Brennnessel, Spinat o.ä.

Durchführung: Etwa 2 g frisches Blattmaterial zerkleinert man mit einer Schere, packt die Stücke in Verbandmull (Gaze) und zerreibt sie im Mörser gründlich in 20 mL Aqua dest. Das dunkelgrün gefärbte Isolat wird mit weiteren 20 mL H_2O verdünnt und auf 2 RG (1 davon mit Alu-Folie verdunkelt) verteilt. Dann gibt man zu jedem Ansatz 1 mL Ferricyanid-Lösung (Rotes Blutlaugensalz) und belichtet einen Ansatz etwa 30 min im Lichtkegel einer starken Lichtquelle (Diaprojektor). Der zweite Ansatz dient als Dunkelkontrolle.
Nach der Belichtung entnimmt man von jedem Ansatz 0,5 mL, gibt ihn in eine kleine Petrischale und versetzt mit der gleichen Menge $FeCl_3$-Lösung.

Beobachtung: In der Probe vom belichteten Ansatz entwickelt sich eine kräftige Blaufärbung.

Erklärung: Kaliumferrocyanid (Gelbes Blutlaugensalz) reagiert mit $FeCl_3$ zu blauem $K[Fe^{III}Fe^{II}(CN)_6]$ und mit weiteren Fe-Ionen zu unlöslichem Berlinerblau. Die Blaufärbung des belichteten Ansatzes zeigt daher, dass das Ferricyanid (Rotes Blutlaugensalz) zu Ferrocyanid (Gelbes Blutlaugensalz) reduziert wurde. Die dafür erforderlichen Elektronen stammen aus dem Wasser (Photolyse) bei der Lichtreaktion der isolierten Chloroplasten:

$$4\,[Fe(CN)_6]^{3-} + 2\,H_2O \xrightarrow[\text{Chloroplasten}]{\text{Licht}} 4\,[Fe(CN)_6]^{4-} + 4\,H^+ + O_2$$

rot   gelb

Eventuell ist auch bei der Dunkelkontrolle eine schwache Blaufärbung zu erkennen, die auf störende spontane Redoxprozesse hindeutet.

Entsorgung: Die in diesem Versuch verwendeten Ansätze werden nach Abschluss verdünnt (unter fließendem Wasser) in das Abwasser gegeben.

14.8 Photosynthese verbraucht CO_2

Fragestellung: Die Versuche 14-3 bzw. 14.4 erfassten die lichtabhängige Entwicklung von molekularem Sauerstoff, der ein wichtiges Nebenprodukt der Photosynthese aus dem photochemischen Reaktionsbereich darstellt. Auch die Aufnahme von CO_2 aus der Luft oder aus einer wässrigen Lösung (beispielsweise aus HCO_3^-) kann mit Hilfe einfacher Versuchsmaterialien qualitativ nachgewiesen werden. Gemessen wird hierbei die Veränderung des pH-Wertes im Wasser (bzw. einer Carbonat-Pufferlösung), in der eine Wasserpflanze intensiv belichtet wird und CO_2 aus HCO_3^- aufnimmt.

- **Geräte**
  - Weithals-Erlenmeyerkolben (250 oder 500 mL)
  - Becherglas, 5 oder 10 mL (hohe Form)
  - Parafilm oder andere luftdicht verschließende Folie

- **Chemikalien**
  - 10^{-3} mol L^{-1} $NaHCO_3$-Lösung (8 mg L^{-1})
  - Bromthymolblau-Indikatorlösung (BTB), konzentrierte Lösung, 1 Spatelspitze in 1 mL 96%igem Ethanol

- **Versuchsobjekte**
  - Wasserpest, Wasserschraube, Efeu, Kapuzinerkresse

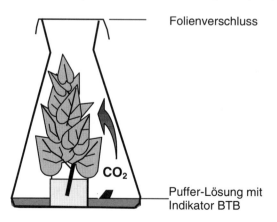

Abb. 14-6. Versuchsaufbau zum Nachweis des photosynthetischen CO_2-Verbrauchs einer Landpflanze

Durchführung: Die Wasserpflanze wird in eine 10^{-3} mol L^{-1} $NaHCO_3$-Lösung gebracht, der ein paar Tropfen Indikatorlösung bis zur deutlichen Gelbfärbung zugesetzt wurden. Das verwendete Reaktionsgefäß (100 mL Erlenmeyerkolben) muss vollständig mit Hydrogencarbonat-Lösung gefüllt und dicht verschlossen sein.
Bei Verwendung einer Landpflanze (z.B. Efeu) wird nur der Boden eines 250- oder 500-mL-Weithals-Erlenmeyerkolbens mit ca. 10 mL einer 10^{-3} mol L^{-1} $NaHCO_3$-Lösung beschickt, dem ein paar Tropfen Bromthymolblau BTB bis zur deutlichen Gelbfärbung zugegeben wurden (Abbildung 14-6). Die Erhaltung der Turgeszenz garantiert eine genügend weite Öffnung der Spaltöffnungen. Die Pflanze selbst wird daher im Erlenmeyerkolben zur Wasserversorgung in ein kleines Becherglas gestellt, das gegebenenfalls am Kolbenboden angeklebt wurde. Je ein Ansatz kommt als Dunkelkontrolle in den Schrank, der andere für 3–5 h in helles Licht.

Beobachtung: BTB ist im sauren Bereich unter pH 6 gelb, im Neutralbereich um pH 7 grünlich und im alkalischen Milieu oberhalb pH 7,6 blau. Nach einigen Stunden Laufzeit ist im Ansatz eine deutliche Farbveränderung des Indikators nach blaugrün zu beobachten, die nur durch CO_2-Entnahme zu erklären ist.

Erklärung: Da sich auch zwischen dem Wasser und dem darüber befindlichen Gasraum ein CO_2-abhängiges Gleichgewicht einstellt, kann das gleiche Verfahren auch zum Nachweis der photosynthetischen CO_2-Aufnahme bei Landpflanzen verwendet werden.
Die beobachteten Effekte beruhen auf dem folgenden Gleichgewicht zwischen CO_2 sowie undissoziierter Kohlensäure (H_2CO_3), Hydrogencarbonat-Anion (HCO_3^-) und Carbonat-Anion (CO_3^{2-}):

$$CO_2 + H_2O \rightleftarrows H_2CO_3 \rightleftarrows H^+ + HCO_3^- \rightleftarrows 2H^+ + CO_3^{2-}$$

Wenn die photosynthetisch aktive Pflanze aus diesem Gleichgewicht CO_2 entnimmt, muss undissoziierte Kohlensäure nachgeliefert werden – die Reaktionen laufen in diesem Fall von rechts nach links ab. Die Lösung verarmt dabei an freien Protonen, und der pH-Wert steigt dadurch zwangsläufig langsam an. Dies gilt auch für die Abschöpfung der CO_2-Vorräte der Luft, weil Atmosphäre und Flüssigkeit vor allem in einem abgeschlossenen Versuchsansatz ihrerseits miteinander im Gleichgewicht stehen. Ein CO_2-Entzug durch die Photosynthese der Pflanzen ist damit immer gleichbedeutend mit einer Entsäuerung (Alkalisierung) des verwendeten Mediums. Solche Änderungen lassen sich mit einem geeigneten Indikator wie BTB leicht nachweisen.

Entsorgung: Die in diesem Versuch verwendeten Ansätze werden nach Abschluss verdünnt (unter fließendem Wasser) in das Abwasser gegeben.

14.9 CO_2-Kompensationspunkte bei C_3- und C_4-Pflanzen

Fragestellung: Führt eine Pflanze unter sättigender Belichtung in einem abgeschlossenen Luftraum Photosynthese durch, so stellt sich nach einiger Zeit ein Fließgleichgewicht zwischen der photosynthetischen CO_2-Aufnahme und der gleichzeitig ablaufenden photorespiratorischen CO_2-Abgabe ein. Die unter diesen Bedingungen im Luftraum resultierende Konzentration von Kohlenstoffdioxid wird als CO_2-Kompensationskonzentration (abgekürzt $[CO_2]_c$) bezeichnet. Sie ist ein Maß für die Effektivität, mit der eine Pflanze das CO_2 der Luft photosynthetisch bindet, und somit ein Kriterium für ihre photosynthetische Leistungsfähigkeit.

In einem einfachen Experiment lässt sich der Unterschied im $[CO_2]_c$-Wert bei C_3- und C_4-Pflanzen eindrucksvoll nachweisen.

- **Geräte**
  wie in Versuch 14.4

- **Chemikalien**
  wie in Versuch 14.4

- **Versuchsobjekte**
  - beblätterte Sprossabschnitte typischer C_3-Pflanzen wie Bohne, Sonnenblume, Efeu oder Weizen sowie von C_4-Pflanzen wie Mais, Zuckerrohr, Chinaschilf, Garten-Fuchsschwanz oder Staudenknöterich.

Durchführung: Der gesamte experimentelle Ablauf entspricht Versuch 14.6.

Beobachtung: Beim Mais (C_4-Pflanze) verfärbt sich der Indikator BTB nach einiger Laufzeit des Experiments tiefblau, bei der Bohne (C_3-Pflanze) dagegen lediglich gelbgrün. Die Dunkelkontrollen zeigen keine Verfärbung.
Der Zeitraum bis zum Erreichen des Gleichgewichtszustandes hängt von Größe (eingesetzter Biomasse) und Pflanzenart, der verfügbaren Menge an Hydrogencarbonat (HCO_3^-) und der Beleuchtungsstärke (Photonenflussdichte) ab. Unter optimalen Bedingungen mit sommerlichem Tageslicht ist der Beginn des Farbumschlags bereits nach 10–20 min zu beobachten und ist nach 60–90 min vollständig. Die Reaktion ist reversibel, wenn man die Kolben eine Weile unter Dunkelbedingungen bringt. Das Experiment kann daher mit den verschlossen gehaltenen Kolben mehrfach wiederholt werden. Der Farbumschlag nach grün bei der Bohne deutet auf einen pH-Wert in der Nähe von 7,0 hin, während der vollständige Umschlag beim Mais (mindestens) pH = 7,6 anzeigt.
Im Dunkeln wird die CO_2-Konzentration im Kolben lediglich durch die Atmung bestimmt – die Konzentration an CO_2 steigt beständig an und führt über die Nachstellung der Gleichgewichte in der Puffer-Lösung zu einer Erniedrigung unter pH 6. Die Lösung wird wieder gelbgrün.

Erklärung: Bei den üblichen C_3-Pflanzen liegt der $[CO_2]_c$-Wert bei etwa 0,005–0,01 Volumen-% und damit bei ungefähr 1/6 bis 1/3 der normalen CO_2-

Konzentration in der Atmosphäre. Die ökologisch spezialisierten C_4-Pflanzen fallen dagegen durch eine wesentlich höhere Photosyntheseleistung auf: Bei ihnen liegt der $[CO_2]_c$-Wert wegen der stark eingeschränkten Photorespiration und der höheren Affinität ihrer photosynthetischen Eingangsenzyme tatsächlich bei weniger als 0,0005 Volumen-% und damit praktisch bei Null. C_4-Pflanzen reißen also das atmosphärische CO_2 besonders gierig an sich und können den CO_2-Vorrat der Luft ungleich besser ausnutzen als C_3-Pflanzen.

Entsorgung: Die in diesem Versuch verwendeten Ansätze werden nach Abschluss verdünnt (unter fließendem Wasser) in das Abwasser gegeben.

14.10 Der Lichtkompensationspunkt der Photosynthese

Fragestellung: In Dunkelheit kann aus nachvollziehbaren Gründen keine Photosynthese stattfinden. Im Schwachlicht findet sie ebenfalls nicht statt, weil die Photosysteme unterhalb einer gewissen Anregungsschwelle nicht ansprechen. Die Beleuchtungsstärke (Photonenflussdichte), bei der die ständig ablaufende CO_2-Freisetzung durch Atmung von der einsetzenden Photosynthese gerade ausgeglichen wird, nennt man den Lichtkompensationspunkt. Er ist für Licht- und Schattenblätter von Bäumen ebenso unterschiedlich wie für licht- und schattenadaptierte Pflanzen. Für die experimentelle Bestimmung dieses Punktes nutzt der folgende Versuch die Tatsache, dass bei einer kritischen Beleuchtungsstärke bilanzmäßig kein CO_2-Gaswechsel stattfindet.

- **Geräte**
  - Reagenzgläser (RG), Reagenzglasständer
  - Erlenmeyerkolben (100 mL)
  - passende Stopfen mit umgebogenen Büroklammern
  - Messpipetten (1, 5, 10 mL)
  - Luxmeter

- **Chemikalien**
  - 10^{-3} mol L^{-1} $NaHCO_3$-Lösung (8,4 mg in 100 mL)
  - 10^{-1} mol L^{-1} KCl-Lösung (0,75 g in 100 mL)
  - 1%ige Indikatorlösung Kresolrot

- **Versuchsobjekte**
  - gleich große oder auf gleiche Flächengröße (ca. 10 cm^2) zugeschnittene Blätter der Rot-Buche o.a.

Durchführung: Je ein Blatt wird an einer umgebogenen Büroklammer in der Unterseite eines Stopfens in einen Erlenmeyerkolben gehängt. Jeder dieser Erlenmeyerkolben wird erst unmittelbar vor Versuchsbeginn mit 2,05 mL $NaHCO_3$-Lösung + 7,95 mL KCl-Lösung + 0,1 mL Kresolrot-Lösung versetzt. Die Erlenmeyerkolben stellt man in unterschiedlicher Entfernung von einer

Lichtquelle (Diaprojektor, Studioscheinwerfer) so auf, dass die Blattflächen im vollen Lichtkegel hängen. Die Ansätze werden 30 min lang belichtet.

Der nach 30 min Belichtung erreichte Farbton in den Erlenmeyerkolben wird mit den Farben in den RG verglichen, die nach folgendem Plan angesetzt werden (Tabelle 14-3).

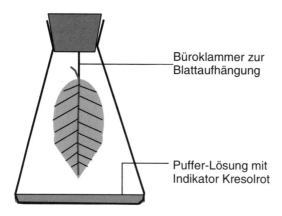

Abb. 14-7. Versuchsansatz zur Bestimmung des Lichkompensationspunktes der Photosynthese

Tabelle 14-3. Pufferansätze für den Farbvergleich der Indikatorlösungen im Blattversuch. Volumenangaben der Lösungen in mL, Konzentrationsangaben für CO_2 in mg L^{-1}.

RG	NaHCO$_3$	KCl	Kresolrot	pH	[CO$_2$]
1	0,75	9,25		7,2	5,08
2	1,10	8,90		7,4	3,20
3	1,50	8,50		7,6	2,02
4	2,05	7,05	0,1	7,8	1,30
5	2,70	7,30		8,0	0,82
6	3,50	6.50		8,2	0,53
7	4,45	5,55		8,4	0,33

Auswertung: Stellen Sie die durch den CO_2-Gaswechsel der belichteten Blätter bedingte Veränderung des pH-Wertes in den Erlenmeyerkolben fest und tragen Sie die erhaltenen Werte auf der Ordinate gegen die Beleuchtungsstärke (Abszisse) auf. Der Schnittpunkt der Kurve mit der x-Achse gibt die Lage des Lichtkompensationspunktes an:

Entsorgung: Die in diesem Versuch verwendeten Ansätze werden nach Abschluss verdünnt (unter fließendem Wasser) in das Abwasser gegeben.

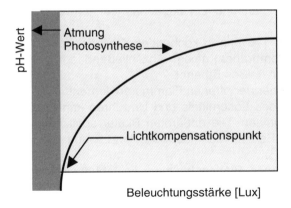

Abb.14-8. Abhängigkeit des CO_2-Gaswechsels und des pH-Wertes von der Beleuchtungsstärke

14.11 Das Blatt bildet im Licht Stärke

Fragestellung: Die Chloroplasten sind der Ort der primären Stärkesynthese. Man nennt die unmittelbar im Blatt synthetisierte Stärke *Assimilationsstärke* oder auch *transitorische Stärke*, weil sie in den Chloroplasten nur vorübergehend gespeichert, dann wieder abgebaut und als Disaccharid zu den Orten des Verbrauchs in der Pflanze transportiert wird. Nur in den Depot-Orten wie Knollen und anderen Reserveorganen wird sie aus Di- resp. Monosacchariden lichtunabhängig synthetisiert. In diesem Versuch geht es um den Nachweis der im Licht gebildeten transitorischen Stärke der Blätter.

- **Geräte**
    - Alu-Folie
    - lichtundurchlässige Schablonen (sw-Negativfilm, auf Overheadfolie kopierte Motive)
    - Kochplatte (elektrisch beheizt)
    - Becherglas (500 mL)
    - Petrischalen

- **Chemikalien**
    - 96%iges Ethanol
    - LUGOLsche Lösung

- **Versuchsobjekte**
    - Blätter von Pelargonie, Bohne, Efeu, Kapuzinerkresse, Rot-Buche o.a.

Durchführung: Am Vorabend des Versuchs wird ein der Sonne zugewandtes, voll entwickeltes Laubblatt mit möglichst großflächiger Spreite teilweise oder streifenweise mit dünner Alu-Folie umhüllt. Am Nachmittag des folgenden Tages werden ein verdunkeltes Blatt und ein benachbartes normal belichtetes Blatt abgeschnitten.

Die geernteten Blätter werden 1–5 min in kochendes Wasser (Zerstörung der Zellwände und Öffnung der Membranen) gelegt. Anschließend legt man sie bis zur weitgehenden Entfärbung in heißes Ethanol.

Nur auf der Kochplatte, nicht über der offenen Flamme erwärmen!

Durch mehrmaligen Wechsel des Lösemittels und Umrühren kann man diese Chlorophyllextraktion beschleunigen. Die entfärbten Blätter spült man nun mit Wasser ab und legt sie in eine Petrischale mit LUGOLscher Lösung.

Beobachtung: Die im belichteten Blatt enthaltene, lichtabhängig aufgebaute Assimilationsstärke färbt sich blauviolett, während das verdunkelte Blatt lediglich eine gelbbraune Färbung (Cellulose, Zellproteine) annimmt. Der Vorgang gleicht einer fotografischen Entwicklung.

Um das Versuchsergebnis eindrucksvoller zu gestalten, kann man anstelle einer vollständigen Verdunklung des Blattes Buchstaben oder beliebige Figuren als abdunkelnde Mittel verwenden. Nur an den belichteten Stellen fällt der Stärkenachweis erwartungsgemäß positiv aus, so dass dann nach der "Entwicklung" die aufgelegten Zeichen schwarz auf hellem Grund erscheinen.

Als Schablonen eignen sich auch die kleineren grünen Laubblätter anderer Pflanzen (z.B. Zierefeu) oder fotografische Negative mit kontrastreichen Motiven. Aufgelegte andere Blätter wirken wie lichtundurchlässige Schablonen, da das durchgelassene grüne Licht photosynthetisch unwirksam ist. Auch kann man für diesen Versuch panaschierte Blätter einsetzen, deren Grünmuster zuvor genau notiert werden muss.

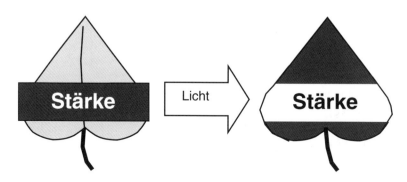

Abb. 14-9. Schablonenversuch zur Stärkebildung im belichteten Blatt (links) nach Stärkenachweis mit LUGOLscher Lösung (rechts)

Erklärung: Transitorische Stärke bildet sich, solange die Nachlieferung von Triosephosphaten im CALVIN-Zyklus, deren weiteren Abfluss ins Cytosol übersteigt. Dies erfolgt vor allem dann, wenn die im Cytoplasma ablaufende Saccharosesynthese das aus dem reduktiven Teil des Zyklus anfallende 3-Phosphoglycerinaldehyd bzw. Dihydroxy-acetonphosphat nicht vollständig umsetzt und auch für die Belieferung der Glycolyse keine genügende Nachfrage herrscht. Unter Starklichtbedingungen ist dies bei vielen Pflanzen vor allem in der zweiten Hälfte der täglichen Lichtperiode regelmäßig der Fall.

Entsorgung: Die in diesem Versuch verwendeten Ansätze werden nach Versuchsabschluss in den Sammelbehälter für organische Lösemittel gegeben.

14.12 Pflanzen benötigen für die Photosynthese Kohlenstoffdioxid

Fragestellung: Durch den folgenden einfachen Demonstrationsversuch lässt sich zeigen, dass Pflanzen für die photosynthetische Stoffproduktion als Edukt (Betriebsmittel) das Kohlenstoffdioxid aus der Atmosphäre verwenden. Im Zweifelsfall ist der innere CO_2-Pool (aus Atmungsprozessen) nicht ausreichend.

- **Geräte**
    - 2 Standzylinder (ca. 5 cm Durchmesser)
    - Glasplatte (ca. 10 x 10 cm)

- **Chemikalien**
    - 10%ige Natronlauge NaOH; Vorsicht: stark ätzend!
    - Vaseline
    - 96%iges Ethanol
    - LUGOLsche Lösung

- **Versuchsobjekte**
    - Pelargonie, Gartenbohne, Zimmerlinde, Efeu, Kapuzinerkresse, Rot-Buche o.a.

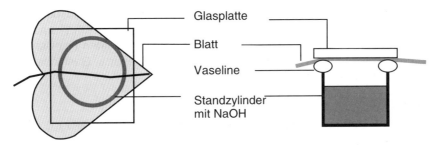

Abb. 14-10. Photosynthese über einem CO_2-freien Raum

Durchführung: Die zu verwendenden nicht abgeschnittenen Blätter dunkelt man mindestens 12 h vor Versuchsbeginn durch Einpacken in Alu-Folie ab, damit sie weitgehend stärkefrei sind. Zum Versuch füllt man in einen der beiden Standzylinder die 10%ige NaOH, in den anderen eine 5%ige $NaHCO_3$-Lösung. Den Rand der Zylinder bestreicht man mit Vaseline, so dass die aufgelegten Blätter damit luftdicht abschließen. Die Spaltöffnungen der Blattunterseite müssen dabei nach unten weisen. Zusätzlich beschwert man die Ansätze mit einer

Glasplatte und stellt den Aufbau auf einer hellen Fensterbank auf. Nach 1 bis 2 Tagen trennt man die Blätter ab und führt den Stärkenachweis durch wie in Versuch 14.7.

Beobachtung: Das über NaOH belichtete Blatt weist im Bereich der von Vaseline eingekitteten Fläche nur einen leicht gelblichen runden Fleck, während die übrigen Blattflächenanteile mit LUGOLscher Lösung eine schwarzviolette Färbung entwickeln. Das Kontrollblatt über der $NaHCO_3$-Lösung ist einheitlich dunkel gefärbt.

Hinweis: Es ist wichtig, dass die Blätter während der Laufzeit des Versuchs nicht von der Pflanze abgetrennt sind. Insofern empfiehlt sich die Auswahl von geeigneten Topfpflanzen.

Erklärung: Natronlauge reagiert als CO_2-Fänger nach

$$NaOH + CO_2 \rightarrow NaHCO_3$$

und lässt demnach kein CO_2 über die eingekittete Blattunterseite in das Mesophyll eindringen. Alle übrigen Blattflächen hatten dagegen Zugang zum atmosphärischen CO_2.

Entsorgung: Die in diesem Versuch verwendeten Ansätze werden nach Versuchsabschluss in den Sammelbehälter für organische Lösemittel gegeben.

14.13 Messung der O_2-Entwicklung: Bläschen-Zählmethode

Fragestellung: Die bei Belichtung einer Wasserpflanze sich entwickelnden und aufsteigenden O_2-Bläschen werden in diesem Versuch über ein besonderes Auffangrohr (= AUDUS-Bürette) einer Messkapillare zugeführt und darin volumetrisch bestimmt. Der Innendurchmesser der verwendeten Kapillare ist so zu wählen, dass eine 10 mm lange darin aufgefangene Gasblase einem Volumen von 0,05 mL entspricht.

- **Geräte**
  - AUDUS-Bürette (ersatzweise Trichter mit angeschlossener 1 mL-Messpipette)
  - Becherglas (1000 mL)
  - Stativmaterial
  - Scheinwerfer (250 W) mit Fassung, Zuleitung und Schalter
  - Injektionsspritze
  - Schlauchklemme
  - Lineal, Millimeterpapier und Geodreieck

- **Chemikalien**
  - 1%ige $NaHCO_3$-Lösung

- **Versuchsobjekte**
  - Wasserpest (*Elodea densa* oder *Elodea canadensis*), Wassermoos (*Fontinalis antipyretica*) o.a. aus dem Aquarienfachhandel

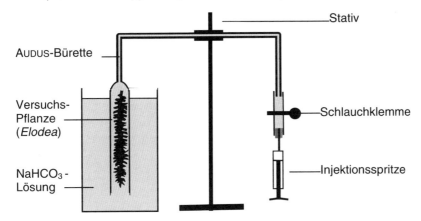

Abb. 14-11. Versuchsaufbau zur volumetrischen Bestimmung des Sauerstoffs aus der Photosynthese von Wasserpflanzen. Die Lichtquelle wird links von der Versuchspflanze installiert.

Durchführung: Stellen Sie nach Abbildung 14-11 Ihre Versuchsapparatur zusammen. Ein Sprossstück von *Elodea* oder einer aderen Wasserpflanze wird mit dem abgeschnittenen Ende nach oben (!) in das Auffangrohr der AUDUS-Bürette gesteckt und darin in das mit Flüssigkeit gefüllte 1L-Becherglas getaucht. Vor Versuchsbeginn wird die angesetzte Kapillare (waagerechter Schenkel der AUDUS-Bürette oder der angesetzten Messpipette) mit Hilfe der Injektionsspritze mit Inkubationslösung ($NaHCO_3$-Lösung) gefüllt und mit der Schlauchklemme verschlossen. Während der gesamten Versuchszeit bleibt die AUDUS-Bürette (bzw. die Messkapillare) mit Flüssigkeit gefüllt. Blasenfrei zapfen!

Die in diesem Versuch verwendete Apparatur gestattet es, die Abhängigkeit der Photosynthesrate (in diesem Fall die O_2-Entwicklung pro Zeiteinheit) einer Wasserpflanze von verschiedenen Umweltfaktoren (= abiotische Parameter) zu messen. Wählen Sie daher für Ihr weiteres Vorgehen eines der folgenden Versuchsprogramme aus:

- Versuchsprogramm 1: Abhängigkeit von der Beleuchtungsstärke:
  Da die Lichtmenge (= Photonenflussdichte), die auf die Versuchspflanze trifft, mit dem Quadrat der Entfernung zwischen Lampe und Objekt abnimmt oder steigt, kann man durch Veränderung des Lampenabstandes die Beleuchtungsstärke beliebig variieren.
  Bestimmen Sie die Photosyntheseleistung (4 Messungen zu je 5–10 min) unter sonst konstanten Versuchsparametern
    - bei 75, 60, 45 und 30 cm Abstand der Wasserpflanze von der Lampe sowie

- in 1%iger NaHCO$_3$-Lösung und
- bei ungefähr 20 °C

- **Versuchsprogramm 2: Abhängigkeit von der Lichtqualität:**
  Die Versuche zur Lichtabsorption zeigten, dass die im Blatt wirksamen Chlorophylle in verschiedenen Spektralbereichen unterschiedlich stark absorbieren. Daher ist zu erwarten, dass sich bei Verwendung verschiedener Wellenbänder auch Unterschiede in den erhaltenen Photosyntheseraten zeigen. In diesem Teilversuch muss aus technischen bzw. apparativen Gründen allerdings darauf verzichtet werden, jeweils die an sich erforderliche gleiche Quantenstromdichte einzustellen.
  Messen Sie die Photosyntheserate in einem blauen, grünen und roten Lichtfeld
  - bei 45 cm Lampenabstand
  - in 1%iger NaHCO$_3$-Lösung und
  - bei ungefähr 20 °C
  - sowie unter Verwendung eines Grün-, Blau- und Rotfilters (Folienfilter)

Zum Abschluss aller Versuchsprogramme wird das Frischgewicht der verwendeten Versuchspflanzen bestimmt.

Auswertung: Messen Sie die Länge der erhaltenen Mengen an O$_2$-Gasbläschen mit einem Streifen Millimeterpapier oder einem kleinen Lineal und rechnen Sie diese Zahlen in eine übliche volumetrische oder andere quantitative Einheit (mL, mol L^{-1} oder mg) um.
Tragen Sie die erhaltenen Messwerte (Ordinate) in Abhängigkeit des untersuchten Parameters (Abszisse) in ein Koordinatensystem ein.

Erklärung: Da der Assimilationskoeffizient CO$_2$/O$_2$ gewöhnlich ungefähr den Wert 1 annimmt, wie man aus der Bruttoformel der Photosynthese ableiten kann, lassen sich die Messergebnisse auf der Ausgangs- und Produktseite unter gewissen Vorbehalten jeweils ineinander umrechnen. Abweichungen vom theoretischen Wert 1,0 des Quotienten CO$_2$/O$_2$ können sich unter anderem durch den Effekt der Lichtatmung (= Photorespiration) ergeben – ein wichtiger und vor allem produktionsbiologisch äußerst relevanter Reaktionsweg, der in diesem Zusammenhang jedoch nicht weiter verfolgt werden soll.
Es ist üblich, die Photosyntheseraten von Versuchspflanzen in standardisierten Einheiten auszudrücken. Dabei wird angegeben, wie viele mol L^{-1} (oder mL oder mg) O$_2$ freigesetzt oder CO$_2$ pro Zeiteinheit (meist h) gebunden (assimiliert) wurden. Außerdem muss in diese Bezeichnung ein nachvollziehbarer Probenparameter wie Frischgewicht, Pigmentgehalt, Oberfläche, Trockengewicht, Proteingehalt o.ä. eingehen.

15 Atmung

Alle Lebewesen benötigen zur Aufrechterhaltung ihrer Lebensvorgänge Energie. Sie können diese nur aus der biologischen Oxidation organischer, energiereicher Verbindungen gewinnen, die unter Aufnahme und Verbrauch von molekularem Sauerstoff (O_2) zu CO_2 und H_2O abgebaut (veratmet) werden. Auch grüne, zur Photosynthese befähigte Pflanzen können nicht auf die biologische Oxidation verzichten, sondern veratmen selbst unter Belichtung bei laufender Photosynthese endogene Reservematerialien ebenso wie alle anderen (heterotrophen) Organismen. Das nicht unbeträchtliche Energiegefälle zwischen den organischen Ausgangsprodukten der Atmung und den Endprodukten CO_2 und H_2O wird in Form von speicherfähigem Energieäquivalent (ATP) und Reduktionsäquivalent (NADH) konserviert. Die nicht in chemisch konvertierbarer Form gebundene Energie geht als Atmungswärme verloren.

Die Summenreaktionsgleichung der Atmung ist praktisch die Umkehrung der VAN-NIEL-Gleichung der Photosynthese. Sie gilt in ähnlicher Form auch für den Fall, dass nicht Kohlenhydrate Gegenstand des Abbaus im Stoffwechsel sind. Beide Prozesse sind somit antagonistisch und hängen auch in der ökosystemaren Dimension strikt voneinander ab.

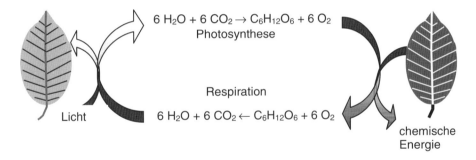

Abb. 15-1. Photosynthese und Respiration sind gegenläufig.

Die biologische Oxidation (= Dunkelatmung, Respiration oder Dissimilation) ist ein komplexer Vorgang mit vielen Einzelreaktionen. Unter äußerer Atmung versteht man üblicherweise den Gasaustausch von O_2 und CO_2 zwischen Organismus und Umwelt. Die Begriffe Zellatmung oder innere Atmung bezeichnen dagegen die eigentlichen stoffwechselphysiologischen Ereignisse. Bei den hier vorgestellten Versuchen wird die Summenwirkung aller beteiligten Einzelreaktionen erfasst. Experimentell sind verschiedene Ansätze zum Nachweis von Atmungsvorgängen möglich: Analog zur Photosynthese (vgl. Abbildung 15-1) kann man qualitative oder quantitative Veränderungen auf der Seite der Edukte $C_6H_{12}O_6$ und O_2 erfassen oder entsprechende Nachweise der Produkte H_2O und CO_2 führen. Die im Folgenden vorgestellten Versuchsanregungen verwenden beide Zugriffsmöglichkeiten.

15.1 Veratmung ist Substanzverlust

Fragestellung: Da beim oxidativen Abbau (Veratmung) stofflicher Reserven Kohlenstoffdioxid als flüchtige Verbindung entsteht, sollte der entstehende Substanzverlust durch Wägung gravimetrisch feststellbar sein.

- **Geräte**
    - Feinwaage
    - Trockenschrank (oder Backofen)
    - Petrischalen
    - Rundfilter

- **Versuchsobjekte**
    - keimende Früchte (Karyopsen) von Getreidearten (Mais, Weizen)

Durchführung: 100 Getreide-Karyopsen werden in Gruppen zu je 10 auf der Feinwaage gewogen, dann 1 Tag lang in Wasser vorgequollen und auf feuchtem Filtrier- oder Fließpapier in Petrischalen ausgelegt. Nach jeweils 1, 2, 3 und 4 weiteren Tagen werden je 10 Früchte im Trockenschrank getrocknet und ihr Gewicht festgestellt.

Auswertung: Stellen Sie die durch die bei der Keimung ablaufende Atmung bedingten Substanzverluste als Funktion der Zeit dar.

15.2 Bei der Atmung entsteht Wärme

Fragestellung: Warmblütige (homoiotherme = endotherme) Organismen wie die Vögel und Säugetiere fahren ihren oxidativen Stoffwechsel so hochtourig, dass in beträchtlichem Maße Abwärme entsteht. Bei den Pflanzen fällt die mit der Atmung gekoppelte Wärmefreisetzung nur in Sonderfällen auf. Lässt sich die Atmungswärme auch in pflanzlichem Gewebe nachweisen?

- **Geräte**
    - 2 Thermosflaschen
    - 2 passende, durchbohrte Kork- oder Gummistopfen
    - 2 Laborthermometer (chemische Thermometer)

- **Versuchsobjekte**
    - keimende Erbsen, Bohnen oder Getreidekörner
      Keimbeginn ca. 36 h vor Versuchsdurchführung

Durchführung: Eine gewöhnliche Thermosflasche wird etwa zur Hälfte mit keimenden Samen gefüllt, die wie alle wachsenden Pflanzenteile einen intensiven Atmungsstoffwechsel aufweisen. Die Thermosflasche wird anschließend mit einem durchbohrten Stopfen verschlossen, durch den ein Thermo-

meter eingeführt wird. Eine zweite Thermosflasche, die nur mit H_2O von Raumtemperatur gefüllt ist, dient als Temperaturkontrolle.
Dieser Versuchsansatz bleibt für mehrere Stunden stehen. In etwa stündlichem Abstand wird die Temperatur kontrolliert und mit der gemessenen Ausgangstemperatur verglichen.

Beobachtung: Im Reaktionsgefäß mit keimenden Samen ist eine Temperaturveränderung festzustellen.

Auswertung: Vergleichen Sie die abgelesenen Innentemperaturen mit den Ausgangswerten und drücken Sie die Ergebnisse in ΔT (°C) aus. Weisen respiratorisch aktive Pflanzen(teile) einen bemerkenswerten Atmungsstoffwechsel auf?

15.3 Elektronenfluss bei Atmungsprozessen

Fragestellung: Die Keimfähigkeit von Samen oder Getreidekörnern (Karyopsen) setzt einen intakten Stoffwechsel mit bestimmten Enzymaktivitäten voraus. Summarisch lassen sich die in der Anfangsphase der Keimung ablaufenden Stoffwechselereignisse mit der Mobilisierung der Reservestoffe und deren Weiterverwendung als der Atmung vorgeschaltete Abläufe beschreiben. Ist es möglich, mit Hilfe einer einfachen Nachweistechnik bereits innerhalb relativ kurzer Versuchsdauer eindeutig zu zeigen, ob die Atmung abläuft und die betreffenden Samen (Früchte oder andere Pflanzenteile) stoffwechselaktiv sind?

- **Geräte**
    - Petrischalen
    - Rundfilter
    - Rasierklinge oder Messer
    -
- **Chemikalien**
    - 1%ige Lösung von 2,3,5-Triphenyl-tetrazolium-chlorid (= TTC, z.B. SERVA Nr. 37130 oder MERCK Nr. 332580)

- **Versuchsobjekte**
    - Lagertrockene Maiskaryopsen (auch Roggen- oder Weizenkörner)

Durchführung: Trockene Karyopsen werden mit einer scharfen Klinge längs halbiert (Vorsoicht!). Dann legt man die Karyopsenhälften mit der Schnittseite auf Filtrierpapier in eine Petrischale und befeuchtet ausreichend mit TTC-Lösung.

Beobachtung: Sobald die Karyopsen (oder andere Pflanzensamen) mit der wässrigen TTC-Lösung in Kontakt kommen, beginnen sie zu quellen und gehen

augenblicklich in die Initialphase der Keimung über. Die damit stoffwechsel-
aktivierten Gewebe sind bereits nach etwa 2–4 h intensiv rot gefärbt. Die Rotfärbung beschränkt sich zunächst nur auf die Gewebe des Embryos und des
Scutellums, mit dem er sich gegen das Nährgewebe (Endosperm) abgrenzt.

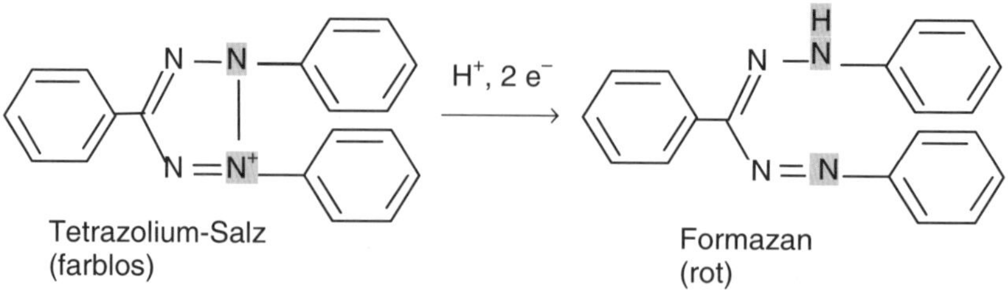

Tetrazolium-Salz (farblos) → [H^+, $2e^-$] → Formazan (rot)

Abb. 15-2. Reduktion des Tetrazolium-Ions zum Formazan

Erklärung: Diesem Nachweis liegt eine Reduktion des farblosen Tetrazolium-
Salzes (TTC) zum intensiv gefärbten Formazan zu Grunde. Die dafür notwen-
digen Elektronen stammen offensichtlich aus der mitochondrialen Atmungs-
kette. TTC ist demnach ein künstlicher Elektronen-Akzeptor.
Im Unterschied zu vielen anderen Nachweissystemen ist bei den
Tetrazoliumverbindungen eigenartigerweise die oxidierte Stufe farblos und die
reduzierte stark gefärbt. Die Bildung des Farbstoffs ist letztlich ein Nachweis für
Reduktionsäquivalente, die beim Atmungsstoffwechsel bereitgestellt werden.
In diesem Kontext wären auch die Ergebnisse und Aussagen des
BAUMANNschen Versuches (vgl. Kapitel 7) zu diskutieren.

Entsorgung: Die in diesem Versuch verwendeten Ansätze werden nach Versuchsabschluss verdünnt (unter fließendem Wasser) in das Abwasser gegeben.

15.4 Unsere Atemluft enthält CO_2

Fragestellung: Wie lässt sich Kohlenstoffdioxid als Stoffwechselendprodukt in
der Atemluft des Menschen (oder anderer Organismen) nachweisen?

- **Geräte**
    - 2 Waschflaschen
    - diverse Schlauchstücke
    - T-Stück, Glasrohr
    - 2 Schlauchklemmen
    - Stativmaterial

- **Chemikalien**
    - 1%ige filtrierte Lösung von $Ba(OH)_2$ (= Barytwasser) oder $Ca(OH)_2$ (= Kalkwasser)
    Vorsicht: Ätzend! Haut und Augen schützen!

Durchführung: Stellen Sie die in Abbildung 15-3 dargestellte Versuchsapparatur zusammen. In jede der beiden von einer Stativklammer gehaltenen Waschflaschen werden 50 mL Barytwasser (oder Kalkwasser) gegeben. Die Zuleitung zu Waschflasche 2 wird bei b mit einer Schlauchklemme abgesperrt. Durch das mittlere Schlauchstück atmet die Versuchsperson nach völligem Ausatmen eine größere Luftmenge durch Waschflasche 1 ein. Dann schließt man bei a mit der Schlauchklemme (siehe Abbildung 15-3) und atmet durch Waschflasche 2 aus.

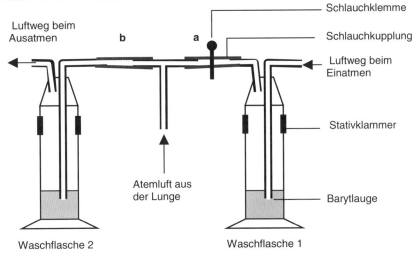

Abb. 15-3. Versuchsaufbau zum CO_2-Nachweis in der Atemluft

Beobachtung: Barytwasser bildet mit gelöstem CO_2 einen schwerlöslichen, milchigen Niederschlag von weißem Barium-carbonat. Diese einfache Reaktion gilt als CO_2-Nachweis. Ihr liegen folgende Reaktionen zu Grunde:

$$CO_2 + H_2O \rightarrow H_2CO_3 \rightarrow H^+ + HCO_3^- \rightarrow 2\,H^+ + CO_3^{2-}$$
$$Ba^{2+} + 2\,OH^- + 2\,H^+ + CO_3^{2-} \rightarrow BaCO_3 \downarrow + 2\,H_2O$$

In ähnlicher Form wurde CO_2 bereits früher mit einer gesättigten Lösung von $Ca(OH)_2$ (Kalkwasser) als $CaCO_3$ nachgewiesen (vgl. Kapitel 5).

Erklärung: Beim Einatmen zeigt sich in Waschflasche 1 eine leichte Trübung, die auf den CO_2-Gehalt der Raumluft (mindestens 0,03% = 300 ppm) zurückgeht. Die aus der Waschflasche in die Lunge gelangte Luft war demnach weitgehend CO_2-frei. Das in Waschflasche 2 als $BaCO_3$ gefällte Kohlenstoffdioxid stammt mithin ausschließlich aus der Atmung der Versuchsperson.

Zusatzversuch: Man spült den Inhalt von Waschflasche 2 in ein Faltenfilter, filtriert die Flüssigkeit ab, trocknet den Rückstand im Trockenschrank und bestimmt auf einer Feinwaage dessen Gewicht. Die Atmungsintensität beurteilt man auf der Basis von

1 g BaCO$_3$ entspricht ~ 223 mg CO$_2$ oder ~ 113 mL CO$_2$

Entsorgung: Die in diesem Versuch verwendeten Ansätze werden nach Versuchsabschluss in den Sammelbehälter für Laugen gegeben.

15.5 CO$_2$ als Atmungsprodukt von Pflanzen, Pilzen oder Mikroorganismen

Fragestellung: Mikroorganismen, Pilze und Pflanzen haben keinen der Lungenventilation vergleichbaren aktiven Gasaustausch. Wie kann man die Freisetzung von Kohlenstoffdioxid auch aus dem Atmungsstoffwechsel von Organismen mit passivem Gasaustausch nachweisen?

- **Geräte**
  - wie Versuch 15.4, zusätzlich Wasserstrahlpumpe

- **Chemikalien**
  - 2 x 10^{-4} mol L^{-1} NaOH-Lösung (2 mL 0,01 mol L^{-1} NaOH in 100 mL)
  - Phenolphthalein-Indikatorlösung, 0,1%ig in Ethanol

- **Versuchsobjekte**
  - Stücke von Kartoffel, Apfel, keimende Erbsen, Pilz (Kulturchampignons) oder gut feuchte, leicht angewärmte Blumentopf-, Garten- bzw. Komposterde

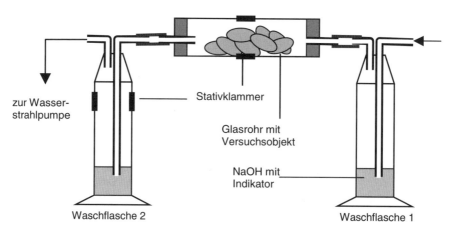

Abb. 15-4. Versuchsaufbau zur Atmung von Pflanzen, Pilzen oder Mikroorganismen

Durchführung: Die beiden Waschflaschen 1 und 2 werden bei diesem Versuch mit je 50 mL einer 2×10^{-4} mol L^{-1} NaOH und 2 Tropfen Phenolphthalein-Lösung beschickt. Der Ansatz färbt sich daraufhin kräftig rot. Waschflasche 1 wird über den kurzen (!) Schenkel an eine Wasserstrahlpumpe angeschlossen. Dann wird das Versuchsmaterial (Kartoffelstücke, Pilzstücke oder beliebiges andere Material) in das Glasrohr gegeben und die Apparatur vollends zusammengesetzt, wie es das Schema zeigt. Das Glasrohr wird mit einer Stativklammer befestigt, ebenso Waschflasche 1. Beim Anstellen der Wasserstrahlpumpe wird Luft durch die Waschflasche 1 nach 2 gesaugt.

Beobachtung: Nach kurzer Zeit tritt in Waschflasche 2 eine deutliche Entfärbung ein.

Erklärung: Die Entfärbung erfolgt über die Ansäuerung des Mediums durch eingeleitetes CO_2 aus der Atmung der im Glasrohr eingeschlossenen Organismen. Solange in der Vorlage noch NaOH vorhanden ist, kann das gelöste CO_2 abgefangen werden. Es gilt dann:

$$2\,Na^+ + 2\,OH^- + 2\,H^+ + CO_3^{2-} \rightarrow Na_2CO_3 + 2\,H_2O$$

Sobald jedoch die Lauge in der Vorlage (Waschflasche) aufgebraucht ist, löst sich CO_2 weiter nach

$$CO_2 + H_2O \rightarrow H_2CO_3 \rightarrow H^+ + HCO_3^- \rightarrow 2\,H^+ + CO_3^{2-}$$

wobei die entstehende Kohlensäure stufenweise dissoziiert, die Zahl der freien Protonen zunimmt und der pH-Wert schließlich sinkt – die Lösung entfärbt sich, da Phenolphthalein unterhalb pH 8,2 farblos ist.

Entsorgung: Die in diesem Versuch verwendeten Ansätze werden nach Versuchsabschluss in den Sammelbehälter für Laugen gegeben.

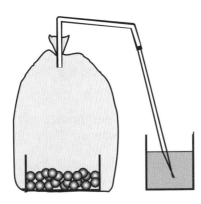

Hinweis: Sofern die in den Versuchen 15.4 und 15.5 benannten Waschflaschen nicht zur Verfügung stehen, geht man folgendermaßen vor: Die Versuchsorganismen atmen in einem genügend großen Gefrierbeutel. Dessen Gasfüllung drückt man anschließend über einen angeschlossenen Schlauch mit Pasteurpipette o.ä. in die Reaktions-Lösung mit Barytlauge oder Kalkwasser.

Abb. 15-5. Atmungsversuch im Gefrierbeutel. Auf vergleichbare Weise lässt sich auch die (geringe) CO_2-Abgabe der Haut nachweisen.

15.6 Atmen in der Petrischale

Fragestellung: Für die Demonstration der Entstehung von Kohlenstoffdioxid bei der Atmung bietet sich ein einfacherer Versuchsansatz an, der jedoch das gleiche Nachweisprinzip wie Versuch 15.5 verwendet.

- **Geräte**
  - 2 Petrischalen, ca. 10 und 5 cm Durchmesser
  - Becherglas (250 mL) oder flache Frühstücksdose
  - Overhead-Projektor

- **Chemikalien**
  - 0,04 mol L^{-1} Ca(OH)$_2$-Lösung (2,96 g in 1 L Wasser)
  - Phenolphthalein-Indikatorlösung, 0,1%ig in Ethanol
  - Vaseline

- **Versuchsobjekt**
  - gelbe Erbsen oder weiße Bohnen

Durchführung: Man keimt gelbe Erbsen oder weiße Bohnen 1-2 Tage lang in einem Becherglas in Leitungswasser an, bis die Keimwurzeln zu sehen sind. Dann füllt man sie nach leichtem Abtrocknen in Papierhandtüchern in eine größere Petrischale um und stellt in deren Mitte eine kleinere Petrischale mit Ca(OH)$_2$-Lösung und einigen Tropfen Phenolphtalein-Lösung. Dann wird mit dem Petrischalendeckel verschlossen. Der Rand des Bodenteils muss zuvor gründlich mit Vaseline bestrichen werden, um die Diffusion von Kohlenstoffdioxid aus der Raumluft zu unterbinden. Ein identischer Ansatz mit lagertrockenen Erbsen dient als Kontrolle. Beide Ansätze stellt man auf einen eingeschalteten Overhead-Projektor (Wärmequelle).

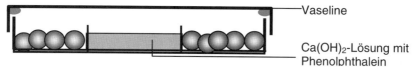

Abb. 15-6. Versuchsansatz zur Demonstration der CO$_2$-Abgabe keimender Samen

Beobachtung: Bereits nach ca. 15 min beginnt sich der Ansatz mit den keimenden Samen zu entfärben. Der Ansatz mit den trockenen Samen bleibt unverändert.

Erklärung: Das von den atmenden Keimlingen abgegebene und respiratorisch frei gesetzte CO$_2$ löst sich in der basischen Ca(OH)$_2$-Lösung unter Bildung von neutralisierendem Calcium-hydrogencarbonat nach

$$2\,CO_2 + Ca^{2+} + 2\,OH^- \rightarrow Ca(HCO_3)_2 \rightarrow Ca^{2+} + 2\,HCO_3^-$$

Die Reaktion sind reversibel und gleichgewichtsabhängig.

15.7 Sauerstoffverbrauch bei der Atmung – der Kerzentest

Fragestellung: JOSEPH PRIESTLEY's klassisches Experiment von 1779, wonach die photosynthetische Sauerstoffproduktion durch eine belichtete Pflanze einer luftdicht eingesperrten Maus das Leben rettet, impliziert die Aussage, dass die Maus durch ihre Atmung den lebensnotwendigen Sauerstoff verbraucht. Diesen Sachverhalt demonstriert der folgende einfache Versuch mit der brennenden Kerze.

- **Geräte**
  - Standzylinder
  - Petrischale oder Glasplatte zum Abdecken
  - Teelicht an Drahtgestell
  - Filtrierpapierschnipsel oder Zellstoff (Papiertaschentücher)

- **Chemikalien**
  - Vaseline

- **Versuchsobjekt**
  - etwa 3 d alte Erbsen-Keimlinge oder anderes atmendes Material

Durchführung: Etwa 50 g Erbsen werden über Nacht in Leitungswasser angequollen und dann in einen Standzylinder auf feuchte Filtrierpapierschnipsel bzw. Zellstofflagen gelegt. Auf den Rand des Standzylinders trägt man eine ausreichend dicke Schicht Vaseline auf, damit nach Verschluss mit einer Glasplatte oder einem Petrischalendeckel kein Sauerstoff von außen nachdiffundieren kann.
Nach 1 Tag führt man nach vorsichtigem Anheben des Deckels eine brennende Kerze in das Gefäß.

Beobachtung: Die Kerzenflamme erlischt augenblicklich.

Erklärung: Das durch die Atmung gebildete CO_2 ist wegen seiner höheren molekularen Masse $M(CO_2) = 44$ g mol^{-1} schwerer als Sauerstoff O_2 mit $M(O_2) = 32$ g mol^{-1} und Stickstoff mit $M(N_2) = 28$ g mol^{-1}. Kohlenstoffdioxid reichert sich daher im unteren Gefäßteil an. Da der Verbrennungsprozess der Kerze sauerstoffabhängig ist, zeigt das Verlöschen Sauerstoffmangel an. Wenn der Versuch genügend lange Vorlaufzeit hat, ist im Standzylinder fast kein freier O_2 mehr enthalten.
Umgekehrt führt man zum Nachweis von freiem O_2 die so genannte Glimmspanprobe durch, bei der ein glimmender Holzspan in (fast) reiner O_2-Atmosphäre rasch entflammt.

Fragen zum Versuch:
1. Welche Auswirkung hat der schwindende O_2-Vorrat auf den Stoffwechsel der Keimlinge?

15.8 Atmen auch grüne Pflanzen?

Fragestellung: Im Licht überlagert der photosynthetische Gaswechsel die gleichzeitig ablaufenden Atmungsprozesse. Die messbare (apparente) Photosyntheseleistung ist der freigesetzte Nettobetrag an Sauerstoff nach Abzug des synchron respiratorisch verbrauchten O_2. Wie lässt sich die auch unter Lichtbedingungen ablaufende Dunkelatmung (nicht mit Photorespiration verwechseln!) nachweisen?

- **Geräte**
    - 4 Erlenmeyerkolben (100 mL)
    - passende Gummistopfen
    - Messpipetten (1 mL)

- **Chemikalien**
    - 1%ige $NaHCO_3$-Lösung
    - 10^{-3} mol L^{-1} Lösung von DCMU (= 3- (3,4-Dichlorophenyl)-1,1 dimethylharnstoff); 12 mg in 5 mL Methanol lösen, dann 1:100 mit Wasser verdünnen
    - Bromthymolblau-Indikatorlösung (BTB), 0,1%ig

- **Versuchsobjekt**
    - Wasserpflanze, z.B. Wasserpest (*Elodea* sp.) oder Wasserschraube (*Vallisneria spiralis*), aus dem Aquarienfachhandel

Durchführung: Beschicken Sie die Erlenmeyerkolben entsprechend dem Versuchsplan von Tabelle 15-1. Die beiden Versuchsansätze 1 und 3 kommen an einen gut belichteten Platz (Fensterbank, Freiland), während Ansatz 2 eine Dunkelkontrolle darstellt.

Tabelle 15-1. Versuchsplan zum Nachweis der Atmung grüner Pflanzen im Licht

Komponenten	Kolben 1	Kolben 2	Kolben 3	Kolben 4
$NaHCO_3$-Lsg.	+	+		
Licht	+		+	
grüne Pflanze	+	+	+	+

Beobachtung: Nur in Versuchsansatz 2 zeigt der verwendete Indikator CO_2-Verbrauch an.

Erklärung: Bei den Versuchen zur Photosynthese haben Sie mit Versuch einen Ansatz kennengelernt, der den CO_2-Gaswechsel bei Wasserpflanzen (z.B. *Elodea*) über Änderungen des pH-Wertes im Inkubationsmedium mit einer geeigneten Indikatorlösung (Bromthymolblau oder Phenolphthalein) erfasst. CO_2-Entnahme führt zu einer Alkalisierung, CO_2-Abgabe zu einer Ansäuerung des Versuchsmediums.

Will man nachweisen, dass grüne Pflanzen auch im Licht atmen und respiratorisch CO_2 abgeben, muss man die Photosynthese als O_2-liefernden bzw. CO_2-verbrauchenden Prozess ausschalten. Dies ist durch spezifisch wirkende Stoffwechselinhibitoren, beispielsweise durch das Herbizid DCMU (= 3- (3,4-Dichloro-phenyl)-1,1-dimethyl-harnstoff), möglich, der die Elektronenübertragung bei den Lichtreaktionen blockiert. Vom experimentellen Einsatz dieses Umwelt-giftes sehen wir hier ab. Die Dunkelatmung (Respiration) wird von diesem Stoffwechselgift nicht beeinflusst. Mögliche Interferenzen mit der Lichtatmung (Photorespiration) sollen nicht weiter diskutiert werden.

15.9 Die Atmung verbraucht O_2: Ein volumetrischer Nachweis

Fragestellung: Wenn ein atmender Organismus laufend O_2 verbraucht, das gleichzeitig abgegebene CO_2 jedoch sofort chemisch gebunden wird, so muss in einem abgeschlossenen System allmählich ein Unterdruck (Gasdefizit) entstehen. Dieser Effekt wird im folgenden Versuch mit einer einfachen Manometervorrichtung demonstriert, in die man eine farbige Sperrflüssigkeit gibt.

- **Geräte**
  - Weithals-Erlenmeyerkolben oder Weithalsflasche (500 oder 1 000 mL)
  - zweifach durchbohrter Gummistopfen mit Zweiwegehahn, Injektionsspritze und Messpipette (2 mL), alternativ S-förmig gebogenes Glasrohr (Manometerrohr)
  - kleines Becherglas (10 mL)
  - Schlauchstücke (für Kupplungen), Schlauchklemme
  - Stoppuhr
  - Drahtbügel versehenes flaches Gefäß (beispielsweise Schraubverschluss) zur Aufnahme von NaOH-Plätzchen oder NaOH-Lösung
  - Stoppuhr
  - Reagenzglasbürste oder längere Drahtöse

- **Chemikalien**
  - NaOH (fest) oder konzentrierte NaOH-Lösung als CO_2-Falle
    Vorsicht: Stark ätzend!
  - Farbige Sperrflüssigkeit für Manometerrohr bzw. Messpipette (beispielsweise Methylenblau- oder $CuSO_4$-Lösung)

- **Versuchsobjekte**
  - keimende gelbe Erbsen oder weiße Bohnen

Durchführung: Die keimenden Versuchsorganismen werden etwa eine Fingerbreite hoch in die nach Abbildung 15-7 vorbereitete Versuchsapparatur gegeben. Anschließend wird mit dem Gummistopfen (am Rande leicht befeuchtet) bei geöffnetem Schliffhahn (Zweiwegehahn) verschlossen. Gehen Sie nun folgendermaßen vor:

- Schliffhahn öffnen und mit der eingebauten Messpipette die farbige Sperrflüssigkeit (Methylenblau o.ä.) bis zur Marke "0" aufziehen.
- Dann die auf der Messpipette aufgesetzte Schlauchklemme schließen, Zweiwegehahn schließen und Apparatur durch leichten Druck auf den Gummistopfen auf Dichtigkeit prüfen.
- Zweiwegehahn geschlossen halten, Schlauchklemmer öffnen.
- Nach 5 min Versuchsdauer Schlauchklemme schließen, Zweiwegehahn öffnen, Gummistopfen heraus ziehen und mit Hilfe einer Drahtschlaufe (Griffende einer Reagenzglasbürste) ein kleines Gefäß in den Kolben bringen, das randvoll mit NaOH-Plätzchen oder mit konzentrierter NaOH-Lösung gefüllt ist (CO_2-Falle).
- Reaktionsgefäß nun, wie eingangs beschrieben, erneut verschließen und Gaswechsel mit CO_2-Falle registrieren.
- Bei Verwendung einer kalibrierten Messpipette ist eine genauere volumetrische Bestimmung für weitere Berechnungen möglich (s. unten).

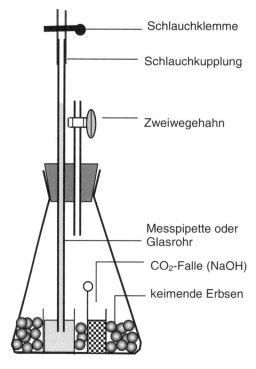

Abb. 15-7. Vorrichtung zur Demonstration des Gaswechsels atmender Erbsen
Beobachtung: Verfolgen und protokollieren Sie den Gaswechsel im Ansatz anhand des Flüssigkeitsstandes in der Pipette (Steigen = Druckanstieg im Gefäß) mit und ohne CO_2-Falle. Diese arbeitet nach folgendem Prinzip:

$$NaOH + CO_2 \rightarrow NaHCO_3$$

Dabei wird gasförmiges CO_2 zum Feststoff Natrium-hydrogencarbonat $NaHCO_3$ und ist somit volumetrisch irrelevant.

Auswertung: Sofern die Volumenveränderungen genau bekannt sind (ablesbar an der Messpipette), lässt sich aus den erhaltenen Daten der Respiratorische Quotient (RQ) errechnen. Darunter versteht man das Volumenverhältnis von produziertem CO_2 zu gleichzeitig verbrauchtem O_2. Da nach der Beziehung von AVOGADRO bei gleichem Druck und gleicher Temperatur die gleichen Volumina verschiedener Gase auch immer die gleiche Anzahl von Molekülen enthalten, können die bei der Veratmung anfallenden Gasvolumina unmittelbar auf molarer Basis umgerechnet oder ausgedrückt werden. Im vorliegenden Fall lässt sich der RQ mit den folgenden volumetrisch ermittelten Größen berechnen:
- Die Messwerte mit CO_2-Falle entsprechen dem aktuell verbrauchten Sauerstoff-Volumen: Bezeichnung $V[O_2]$
- Die Messwerte ohne CO_2-Falle stellen das Volumen an CO_2 ($V[CO_2]$) vermindert um den gleichzeitig verbrauchten O_2 dar; das tatsächlich produzierte CO_2-Volumen $Vp[CO_2]$ ist also um $V[O_2]$ höher: $Vp[CO_2] = V[O_2 + CO_2]$

Erklärung: Ohne CO_2-Falle sollte im Gefäß nur ein geringfügiger oder sogar kein Druckwechsel erfolgen – er wäre ± 0 bei RQ = 1 für den Fall, dass die verwendeten Organismen tatsächlich nur Kohlenhydrate mit einem theoretischen Volumenquotienten $V[CO_2] / V[O_2] = 1$ veratmen (vgl. dazu die allgemeine Atmungsgleichung). Bei Metabolisierung anderer Substrate sind Abweichungen zu erwarten.

Entsorgung: Die in diesem Versuch verwendeten Ansätze für die CO_2-Falle werden nach Versuchsabschluss in den Sammelbehälter für Laugen gegeben.

Fragen zum Versuch:
1. Welche Reservestoffe werden in Leguminosensamen bei der Keimung mobilisiert?
2. Findet eine reine Kohlenhydratveratmung statt?
3. Wie sind möglicherweise stärker auftretende Abweichungen im Gaswechsel der keimenden Samen eventuell durch versuchstechnische Fehler zu erklären?
4. Deuten die Versuchsergebnisse darauf hin, dass eine CO_2-Bildung ohne gleichzeitige O_2-Aufnahme abläuft?
5. Warum wurden für diesen Versuch gelbe Erbsen (bzw. weiße Bohnen) verwendet?

15.10 Quantitative CO_2-Bestimmung in der Atemluft des Menschen

Fragestellung: Ein gegenüber Versuch 15.3 modifizierter Versuchsaufbau wird jetzt dazu verwendet, die mit der Atemluft über die Lunge abgegebene CO_2-Menge quantitativ zu erfassen. Versuchsgrundlage ist die Absorption des eingeleiteten CO_2 in ein geeignetes Absorbens, beispielsweise eine konzentrierte Lauge.

- **Geräte**
  - 2 Kolbenprober (50 mL)
  - Dreiwegehahn (oder T-Stück mit 2 Schlauchklemmen)
  - Schlauchmaterial für Schlauchkupplungen
  - Waschflasche
  - Stativmaterial

- **Chemikalien**
  - 4 mol L^{-1} KOH

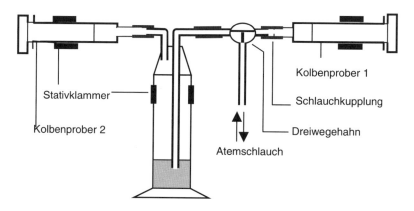

Abb. 15-8. Versuchsaufbau zur quantitativen CO_2-Bestimmung über ein Absorbens in der Waschflasche

Durchführung: Stellen Sie die in Abbildung 15-8 skizzierte Apparatur zusammen und überprüfen Sie die Dichtigkeit. In die Waschflasche gibt man 50 mL einer 4 mol L^{-1} KOH als CO_2-Absorbens. Durch den Atemschlauch wird nun eine definierte Menge verbrauchter (mit CO_2 angereicherter) Atemluft in Kolbenprober 1 gegeben (Atemluft aus normaler Atemtätigkeit).
Nach Umstellen des Dreiwegehahns wird dieses Luftvolumen sehr langsam durch die Waschflasche in Kolbenprober 2 gedrückt.

Beobachtung: In Kolbenprober 2 wird nach der Passage der Atemluft durch das Absorbens in der Waschflasche (bei sonst dichter Versuchsapparatur!) ein gewisser Volumenverlust eintreten.

Erklärung: Der erhaltene Differenzbetrag entspricht der Menge an absorbiertem CO_2.
Wiederholen Sie den Versuch mit einer Atemluftprobe nach angehaltenem Atem (30 s) oder nach körperlicher Belastung (20 Kniebeugen).

Auswertung: Die in je 50 mL Atemluft enthaltene CO_2-Menge wird in Volumen-% ausgedrückt und mit der bekannten Gaszusammensetzung der Atmosphäre verglichen. Da die Konzentration des CO_2-Absorbens bekannt ist, ist auch ein Vergleich auf molarer Basis möglich: Bei 10^{-4} mol L^{-1} Ausgangskonzentration und einer molaren Masse von M(KOH) = 56 g mol^{-1} enthält die Lösung 5,6 mg L^{-1} und in den in der Waschflasche eingesetzten 50 mL folglich 0,28 mg. Ferner ist zu berücksichtigen, dass mit CO_2 eine äquimolare Umsetzung zu Kaliumhydrogencarbonat $KHCO_3$ stattfindet (vgl. Versuch 15.7).

Entsorgung: Die Ansätze aus diesem Versuch werden in den Sammelbehälter für Laugen gegeben.

15.11 Respiratorischer Quotient des Menschen

Fragestellung: Bei der Veratmung endogener Reservestoffe wird O_2 verbraucht und CO_2 abgegeben. Das Verhältnis der beteiligten Gasvolumina bzw. der Molmengen $CO_2:O_2$ wird als respiratorischer Quotient oder Atmungsquotient (= RQ) bezeichnet (vgl. Versuch 15.7). Die zur Berechnung erforderlichen Größen werden im folgenden Versuch mit einer alternativen Technik ermittelt.

- **Geräte**
    - Stativmaterial
    - Kolbenprober (100 mL)
    - Luftballon oder Gefrierbeutel, Dichtungsmaterial (Gummiringe)
    - Dreiwegehahn (oder T-Stück mit Schlauchklemmen)
    - diverse Schlauchstücke für Kupplungen

- **Chemikalien**
    - DRÄGER-Röhrchen "Sauerstoff" (DRÄGER Nr. 6728081)
    - DRÄGER-Röhrchen "Kohlenstoffdioxid" (DRÄGER Nr. 5085-817)

Durchführung: Stellen Sie die in Abbildung 15-9 skizzierte Apparatur zusammen. Die Versuchsperson hält für 30–60 s den Atem an (wodurch der O_2-Gehalt gesenkt, der CO_2-Gehalt erhöht wird) und bläst über den Dreiwegehahn den Ballon bzw. eine Plastiktüte oder einen Gefrierbeutel (mit mindestens 500 mL Luft) auf.
- CO_2-Bestimmung: Das gasdicht mit zwei Schlauchstücken angeschlossene und an den Spitzen geöffnete CO_2-Teströhrchen wird nun durch einen langsamen, gleichmäßigen Zug am Kolbenprober von genau 100 mL

Atemgas aus dem Luftballon durchströmt. Auf der Teströhrchenskala wird die Länge der Verfärbungszone abgelesen – sie gibt den CO_2-Gehalt des durchgepumpten Gases in Volumen-% an.
- O_2-Bestimmung: Entsprechend erfolgt in einem zweiten Ansatz die Bestimmung des O_2-Gehaltes der Raumluft sowie aus der Atemluft der Versuchsperson. Dazu werden die beiden Röhrchen (CO_2-Teströhrchen sowie Verbindungsröhrchen zur Absorption entstehender Dämpfe aus der Reaktion) nach Herstellerangaben miteinander verbunden und an die Apparatur nach 15-9 angeschlossen. Auch in diesem Fall wird mit einem langsamen Zug am Kolbenprober (etwa 2 min) ein Volumen von genau 100 mL aus dem Versuchsraum bzw. aus dem Luftballon entnommen.

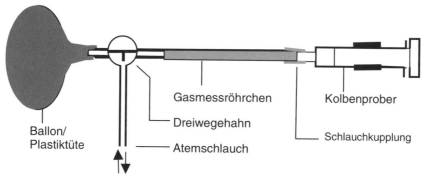

Abb. 15-9. Vorrichtung zur quantitativen Bestimmung von CO_2- bzw. O_2 mit Gasmessröhrchen

Auswertung: Berechnen Sie den RQ der Versuchsperson aus folgenden Angaben (s. Erklärung):
a) CO_2-Gehalt in der ausgeatmeten Luft (365 ppm CO_2-Gehalt in der Luft wird vernachlässigt)
b) Differenz Volumen O_2 Frischluft-Atemluft.

Wiederholen Sie die Bestimmung mit einer Versuchsperson nach körperlicher Anstrengung (100 m-Sprint oder 20 Kniebeugen).

Erklärung: Im Fall der Kohlenhydratveratmung nimmt der RQ den theoretischen Wert 1 an, weil nach der Atmungsgleichung für Kohlenhydrate genau so viele Moleküle O_2 verbraucht werden, wie CO_2-Moleküle anfallen. Aus der allgemeinen Atmungsgleichung ist zu entnehmen, dass die Anzahl der auf der Produktseite entstehenden H_2O-Moleküle immer der halben Anzahl der im Substrat vorhandenen H-Atome entspricht und dass ebenso viele CO_2-Moleküle frei gesetzt werden, wie C-Atome im Ausgangssubstrat enthalten sind. Der Bedarf an O_2-Molekülen kann anhand dieser Beziehungen leicht errechnet werden.

15.12 Respiratorischer Quotient keimender Samen oder Früchte

Fragestellung: Aus dem RQ-Wert lässt sich auf die Natur des zur Hauptsache veratmeten Substrats schließen. Der folgende Versuch dient zur Klärung der Frage, welche endogenen Reserveprodukte in Pflanzenkeimlingen veratmet werden.

- **Geräte**
  - 2 Weithals-Erlenmeyerkolben (500 mL)
  - Gummistopfen mit Zusätzen wie Versuch 15.7
  - oder Material entsprechend Abbildung 15-10

- **Versuchsobjekte**
  - je 50 g keimende Samen (Früchte) von Kohlenhydratveratmern wie Weizen (*Triticum*) oder Garten-Kresse (*Lepidium*) sowie Fettveratmern wie Sonnenblume (*Helianthus*) oder Raps (*Brassica*), jeweils ertwa 2-3 Tage lang vorgekeimt

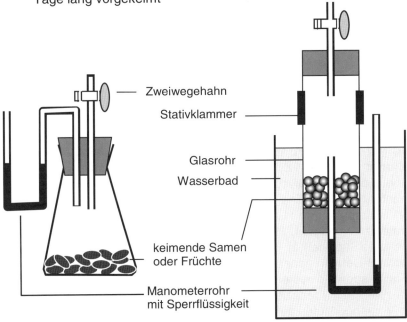

Abb. 15-10. Versuchsanordnung zur Bestimmung des Respiratorischen Quotienten keimender Samen oder Früchte. Am Manometerstand links ist eine Kohlenhydratveratmung dargestellt, rechts eine Fettveratmung.

Durchführung: Die keimenden Weizenkaryopsen und Sonnenblumenkerne (Achänen) bzw. keimenden Samen anderer Pflanzenarten werden jeweils in eine Versuch 15.11 entsprechende Apparatur eingefüllt. Anstelle der Messpipette verwenden wir in diesem Fall als Manometer S-förmig gebogene Glasrohre. Alternativ ist dieser Versuch auch mit der in Abbildung 15-7 gezeigten

Vorrichtung durchführbar. Die Ansätze in den Erlenmeyerkolben stellt man in den Brutschrank bei ca. 30 °C, die Glasrohr-Version in ein entsprechend temperiertes Wasserbad. Die Zweiwegehähne bleiben dabei zunächst offen. Die Ablesung der Manometerrohre kann jeweils wenige Minuten nach Schließen der Zweiwegehähne erfolgen.

Beobachtung: Überprüfen Sie 1-2 min nach Verschließen der Zweiwegehähne den erfolgten Gaswechsel.

Erklärung: Wenn anstelle von Kohlenhydraten etwa Fette (Lipide), beispielsweise Trioleylglycerin (vgl. Kapitel 10) mit der Summenformel $C_{57}H_{104}O_6$, veratmet werden, ergibt sich analog der allgemeinen Atmungsgleichung $C_6H_{12}O_6 + 6\ O_2 \rightarrow 6\ CO_2 + 6\ H_2O$ eine abweichende Atmungsgleichung:

$$C_{57}H_{104}O_6 + 80\ O_2 \rightarrow 57\ CO_2 + 52\ H_2O$$

Die Berechnung erfolgt auf der Basis, dass jedes im Atmungssubstrat vorhandene C-Atom bei Komplettabbau in CO_2 überführt wird und für je 2 H-Atome ein Molekül H_2O mit entsprechendem Sauerstoffbedarf entsteht. Von der Gesamtbilanz ist der im Substrat bereits enthaltene Sauerstoff abzuziehen. Der Respiratorische Quotient RQ beträgt also im vorliegenden Fall

$$RQ = \frac{V\ [CO_2]}{V\ [O_2]} = \frac{57}{80} = 0{,}71$$

15.13 Im Citrat-Zyklus wird Wasserstoff übertragen (Modellversuch)

Fragestellung: Der Citrat-Zyklus (Tricarbonsäure-Zyklus, KREBS-Zyklus) hat die Aufgabe, die aus der Glycolyse oder anderen Stoffabbauwegen anfallenden C_2-Fragmente ("aktivierte Essigsäure") bis zum CO_2 weiter zu zerlegen und die in den Zyklus importierten H-Atome auf Wasserstoff übertragende Coenzyme (Cosubstrate) zu verlagern. Eine dieser Reaktionen ist die Umwandlung der Bernsteinsäure (Succinat) in Fumarsäure (Fumarat) unter Beteiligung des Enzyms Succinat-Dehydrogenase (vgl. Versuch 13.16), dessen prosthetische Gruppe Flavin-adenin-dinucleotid (FAD) ist. FAD übernimmt den Wasserstoff, wird dabei zum $FADH_2$ reduziert und speist ihn unmittelbar in die Atmungskette ein. Diese Vorgänge laufen auf der inneren Mitochondrienmembran ab.

Im folgenden Modellversuch wird ein künstlicher Wasserstoffakzeptor (Methylenblau) verwendet, der unter Reduktion in seine farblose Leuko-Form übergeht.

- **Geräte**
  - 2 Reagenzgläser (RG), Reagenzglasständer
  - Messpipetten (5, 10 mL)
  - Wasserbad (35 °C)
  - Stoppuhr

- **Chemikalien**
  - 0,005%ige Methylenblau-Lösung (5 mg in 100 mL Aqua dest.)
  - 0,4 mol L^{-1} Natriumsuccinat-Lösung (5,2 g in 100 mL)
  - Silicon- oder Paraffinöl

- **Versuchsobjekt**
  - Frische Brau- oder Bäckerhefe (*Saccharomyces cerevisiae* bzw. *S. carlsbergensis*) (Trockenhefe eignet sich nicht), Suspension von 10 g Hefe in 50 mL H_2O

Durchführung: Zu je 5 mL Hefe-Suspension gibt man je 2 mL Methylenblau-Lösung in 2 RG. Wegen der Trübung durch die Hefezellen erscheint die Suspension jetzt etwas grünlich. RG 1 versetzt man zusätzlich mit 5 mL Natriumsuccinat-Lösung; zu RG 2 (Kontrolle) pipettiert man 5 mL Wasser und überschichtet mit Siliconöl.
Beide Ansätze stellt man in das auf 35 °C vorgewärmte Wasserbad.

Beobachtung: Nach wenigen Minuten hat sich der grünlich-blaue Ansatz in RG1 entfärbt, während in RG2 keine Farbveränderung eintritt oder nur nach sehr langer Inkubationszeit erfolgt

Erklärung: Dem Effekt liegt die folgende Reaktion der Succinat-Dehydrogenase in den Hefezellen zu Grunde:

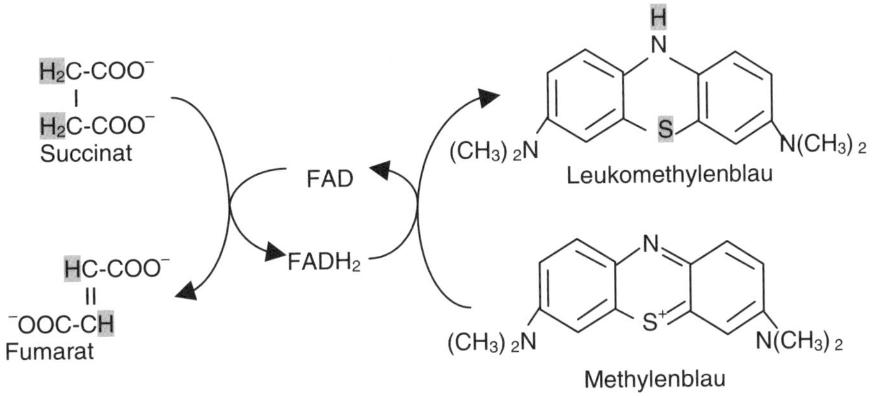

Abb. 15-11. Reaktionsschema zur Oxidation von Succinat zum Fumarat

Hinweis: Als Modell für die Elektronenübergänge in Citrat-Zyklus und Atmungskette kann man auch den BAUMANNschen Versuch (vgl. Kapitel 7) einsetzen.

Entsorgung: Die in diesem Versuch verwendeten Ansätze werden nach Versuchsabschluss verdünnt (unter fließendem Wasser) in das Abwasser gegeben.

15.14 Chromatographie von Carbonsäuren aus dem Citrat-Zyklus

Fragestellung: Einige Zwischenverbindungen (Intermediate) des Citrat-Zyklus werden in manchen Pflanzenteilen (z.B. Früchten) in beachtlichen Konzentrationen angereichert ("Fruchtsäuren"). Sie sind mitunter in solchen Mengen vorhanden, dass sie aus Rohextrakten (Säften) ohne weitere Extraktions- und Reinigungsschritte direkt nachzuweisen sind. Als besonders empfindliche und zudem technisch wenig aufwändige Methode zur Trennung und zum Nachweis einzelner KREBS-Cyclus-Intermediate eignet sich wiederum die Dünnschichtchromatographie.

- **Geräte**
  - Cellulosebeschichtete DC-Platte (20 × 20 cm), z.B. MERCK Nr. 105716 oder selbst hergestellt
  - Trennkammer für 20 × 20 cm-Platten
  - Kapillaren zum Auftragen

- **Chemikalien**
  - Vergleichlösungen (5%ig in H_2O) von Citrat, Malat, 2-Oxoglutarat (= α-Ketoglutarat), Succinat und Fumarat
  - Trenngemisch (Laufmittel): Ameisensäure-butylester – Ameisensäure – H_2O = 100:40:10 oder Essigsäure-ethylester – Ameisensäure – Wasser = 10:2:3; dem Trenngemisch werden 30 mg Bromphenolblau (Indikator) sowie 75 mg Natrium-formiat zugesetzt.
  - Nachweismittel (sofern nicht Bromphenolblau im Laufmittel verwendet wird): 0,05%ige Lösung von Bromphenolgrün in Ethanol (zum Aufsprühen).
  - Saft aus Zitrone, Orange, Grapefruit, Apfel etc. als Probelösung

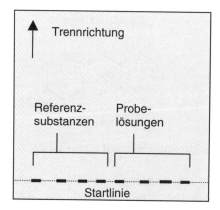

Referenzsubstanzen z.B.
- Citrat
- Malat
- Oxoglutarat
- Succinat

Probelösungen z.B.
- Apfelsaft
- Orangensaft
- Grapefruitsaft
- Traubensaft

Abb. 15-12. Beladungsschema für die DC-Trennung von Citrat-Zyklus-Intermediaten

Durchführung: Die DC-Platte im Format 20 × 20 cm wird nach dem üblichen Beladungsschema (vgl. Versuche 8.17 und 9.11) mit verschiedenen Probe-

lösungen (Saft von beliebigen Früchten, eventuell auch Citrus-Limonaden) sowie mit Lösungen authentischer Vergleichssubstanzen beschickt.
Die Trennung der Substanzen auf der Dünnschicht (= Entwicklung der DC-Platte) benötigt etwa 2–3 h. Dem Laufmittel (ca. 200 mL) setzt man 0,05 g des Indikators Bromthymolblau (BTB) sowie 0,075 g Natrium-formiat zu.
Unter dem Abzug arbeiten!

Beobachtung: Da das Laufmittel den Indikatorfarbstoff BTB (neutraler/basischer Bereich: blau, saurer Bereich: gelb) enthält, erscheinen die chromatographisch getrennten Säuren nach gründlichem Trocknen der DC-Platte als hellgelbe Flecke auf blauem Hintergrund. Ein gesonderter Nachweis durch Ansprühen wie im Fall der Zucker und Aminosäuren ist also nicht erforderlich.

Auswertung: Protokollieren Sie die Lage der getrennten Säuren und stellen Sie durch Vergleich fest, welche Verbindungen in den aufgetragenen Probelösungen enthalten sind und deren Säurebild bestimmen.
Die in fast allen Früchten enthaltene Äpfelsäure wäre rein sprachlich korrekter als Apfelsäure zu bezeichnen. Die Benennung Äpfelsäure stammt von dem Hessen JUSTUS VON LIEBIG (vgl. Apfelwein vs. Äbbelwoi...).

Entsorgung: Das in diesem Versuch verwendete Laufmittel wird nach Versuchsabschluss in den Sammelbehälter für organische Lösemittel gegeben.

15.15 Rhythmisch sauer – die CAM-Pflanzen

Fragestellung: Zahlreiche Wüstenpflanzen, darunter vor allem die sukkulenten Arten, haben eine besondere Anpassungen ihres Stoffwechsels entwickelt. Damit können sie an trocken-heißen Standorten überleben: Sie bauen das Kohlenstoffdioxid der Atmosphäre vor allem nachts in organische Verbindungen ein, wenn die Wasserverluste bei offenen Spaltöffnungen minimal sind. Tagsüber können sie ihre Stomata geschlossen halten. Der Einbau des CO_2 erfolgt mit Hilfe des Enzyms Phosphoenolpyruvat-Carboxylase. Dabei wird Phosphoenolpyruvat (PEP) durch die PEP-Carboxylase zu Oxalessigsäure (Oxalacetat) carboxyliert. Diese Verbindung ist eine wichtige Station im Citrat-Zyklus, und so ist es kaum erstaunlich, dass auch die Folgereaktionen Zwischenstationen dieses Zyklus darstellen oder unmittelbare Anschlussreaktionen einschließen. Eine dieser Reaktionen betrifft die Reduktion von Oxal-essigsäure (Oxal-acetat) zu Äpfelsäure (Malat) durch das Enzym Malatdehydrogenase (MDH).
Die Pflanzen dieses speziellen Stoffwechselweges legen also in der Dunkelheit gebundenes CO_2 zunächst in Säure (vor allem Äpfelsäure) fest, zerlegen diese Verbindung in der Lichtphase wieder und binden das dabei frei gesetzte CO_2 regulär über die Reaktionen des CALVIN-Zyklus. Die nächtliche Anhäufung von Äpfelsäure und den tagsüber im Licht erfolgenden Malat-Abbau bezeichnet man als diurnalen Säurerhythmus. Da dieses Phänomen an Vertretern der Dickblattgewächse (Crassulaceae) entdeckt wurde, spricht man auch von

crassulacean acid metabolism oder – mit den Akronymen – vom CAM-Phänomen. Erstmals beobachtet hat diesen Effekt 1804 der schweizerische Naturforscher HORACE DE SAUSSURE. Besonders bekannt wurde er aber erst nach 1815, als der Engländer JOHN HEYNE herausfand, dass bestimmte seiner Zimmerpflanzen am frühen Morgen ausgesprochen sauer schmeckten. Er hatte nämlich die Angewohnheit, ab und zu ein Blatt beispielsweise einer *Kalanchoe* (*Bryophyllum*) zu verspeisen. Von einem Verständnis dieser Zusammenhänge war man aber bis in die zweite Hälfte des 20. Jahrhunderts noch weit entfernt. Der biochemisch wie ökologisch faszinierende diurnale Säurerhythmus der Crassulaceen und vergleichbarer sukkulenter Pflanzen ist mit einfachen analytischen Mitteln per Dünnschichtchromatographie zu visualisieren.

- **Geräte**
    - Reagenzgläser (RG), Reagenzglasständer
    - Zentrifuge und Zentrifugengläser oder Faltenfilter und Trichter
    - übrige Geräte wie Versuch 15.15

- **Chemikalien**
    - Quarz- oder Seesand
    - 0,05%ige Bromkresolgrün-Lösung
    - übrige wie Versuch 15.15

- **Versuchsobjekte**
    - Flammendes Kätchen (*Kalanchoe blossfeldiana*), Brutblatt (*Kalanchoe* = *Bryophyllum*-Arten wie *K.daigremontiana*, *K. tubiflora* oder *K. pinnata*, die als Fensterbankpflanzen weit verbreitet sind

Durchführung: Von einer kräftigen *Kalanchoe*-Pflanze entnimmt man beginnend um 19 h abends in 2-stündigem Abstand bis ca. 18 h des Folgetages jeweils ein Blatt vergleichbarer Größe und friert es in Alu-Folie im Gefrierschrank ein. Die gesammelten Blätter werden nach dem Auftauen in RG mit einem Glasstab und etwas Quarzsand zerquetscht und zur Gewinnung des Press-Saftes entweder abzentrifugiert oder abfiltriert.
Von jedem Press-Saft trägt man gleiche Mengen auf eine mit Cellulose beschichte Dünnschichtplatte auf und entwickelt das Chromatogramm in einem der in Versuch 15.15 angegebenen Laufmittel. Sofern man dem Trennmittelgemisch Bromtyhmolblau zugegeben hat, zeigen sich die organischen Säuren nach Trocknen der DC-Platte als gelbe Flecken auf blauem Grund. Eventuell kann man die noch leicht feuchte Platte unter dem Abzug über eine geöffnete Flasche mit Ammoniak NH_3 halten. Vergleichbare Ergebnisse liefert das Ansprühen mit Bromkresolgrün-Lösung (Abzug!).

Beobachtung: Die entwickelte DC-Platte zeigt eine Zeitserie der in 2-stündigem Rhythmus entnommenen Blätter und ihrer jeweiligen Säurepools. Während der Zitronensäure-Spiegel nahezu unverändert bleibt, verschwindet der Äpfelsäure-Fleck bei den tagsüber entnommenen Blattproben nahezu vollständig, um mit Beginn der Dunkelperiode wieder aufzutauchen.

Entsorgung: Das in diesem Versuch verwendete Laufmittel wird nach Versuchsabschluss in den Sammelbehälter für organische Lösemittel gegeben.

15.16 Redoxzustände mitochondrialer Cytochrome

Fragestellung: Die Cytochrome sind die Endglieder der mitochondrialen Atmungskette. Als hochspezialisierte Redoxproteine enthalten sie das Porphyrin-Ringsystem, das demjenigen der Chlorophylle und des roten Blutfarb-stoffs Hämoglobin sehr ähnlich ist. Es führt Eisen in ionaler Form im Zentrum, das jedoch (anders als beim Hämoglobin) zum Valenzwechsel befähigt ist. Dieser Wechsel der Oxidationsstufe von Fe^{3+} zu Fe^{2+} und umgekehrt ermöglicht den Elektronentransport.

Durch Aufnahme bzw. Abgabe von Elektronen ändern sich die Lichtabsorptionseigenschaften der Cytochrome. Reduzierte Cytochrome weisen gegenüber dem oxidierten Zustand drei zusätzliche Absorptionsbanden (α, β, δ) und ein verstärktes, leicht verschobenes Hauptmaximum (γ) auf. Mit Ausnahme des Cytochrom c sind die verschiedenen Redoxproteine als Bestandteile der inneren Mitochondrienmembran schlecht zu isolieren. Man arbeitet daher *in vitro* vorzugsweise mit isolierten Mitochondrien oder mit suspendierten Hefezellen, die bis zu 20 mal soviel Cytochrome enthalten können wie die Zellen höherer Pflanzen.

Der hier vorgeschlagene Versuch ist die stark vereinfachte Version eines aufwändigeren Standardexperiments, bei dem der Wechsel der Redoxzustände in den Cytochromen mit Hilfe eines Spektralphotometers registriert wird.

- **Geräte**
    - Diaprojektor
    - Kantenprisma
    - Schlitzblende (schwarzer Karton mit ca. 2 mm breitem Spalt)
    - Planparallele Glasküvette
    - Projektionsschirm (weißer Karton o.ä.)

- **Chemikalien**
    - 30%ige H_2O_2-Lösung (Perhydrol)
    - 10^{-2} mol L^{-1} Natrium-hydrogensulfit $NaHSO_3$ (104 mg in 100 mL)
    - Natrium-succinat (pulverförmig)
    - Cytochrom c-Lösung, 100 mg in 100 mL (SERVA Nr. 18022 oder BOEHRINGER Nr. 103861)

- **Versuchsobjekt**
    - 10 g frische Bäcker- oder Brauhefe (*Saccharomyces cerevisiae*) in 200 mL Wasser suspendieren

Durchführung: Stellen Sie die im Schema (Abbildung 15-13) dargestellte Versuchsanordnung zusammen. Die Glasküvette wird mit der Hefesuspension befüllt und in den Strahlengang gebracht. Das Spektrum auf dem Auffangschirm sollte in einem abgedunkelten Raum betrachtet werden.

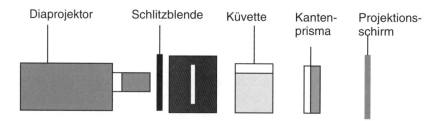

Abb. 15-13. Versuchsanordnung zur Beobachtung der Redoxzustände von Cytochrom in einer Hefesuspension

Die Zugabe von NaHSO$_3$-Lösung reduziert die Cytochrome, während die Zugabe von 1 mL konzentriertem H$_2$O$_2$ diese oxidiert. Nach dem Einrühren einer Spatelspitze Natrium-succinat (vgl. Versuch 15.14) setzt eine erneute Reduktion ein.
Zum Vergleich bzw. zur besseren Erkennbarkeit kann man die Reduktion und Oxidation auch mit der angegebenen Cytochrom-Lösung durchführen.

Auswertung: Kennzeichnen Sie die Veränderung der Absorptionsbanden der reduzierten und der oxidierten Cytochrome in *vivo* und *in vitro*.

Entsorgung: Die in diesem Versuch verwendeten Ansätze werden nach Versuchsabschluss verdünnt (unter fließendem Wasser) in das Abwasser gegeben.

16 Gärung

Bei der biologischen Oxidation werden Kohlenhydrate und andere organische Verbindungen über Zwischenstufen mit Hilfe von Luftsauerstoff vollständig zu CO_2 und H_2O abgebaut. Dieser Stoffwechselweg umfasst den aeroben Abbau. Andere Formen des Abbaus verlaufen dagegen ohne Beteiligung von Sauerstoff, d.h. anaerob, und werden daher Gärungen genannt. Ihr Entdecker LOUIS PASTEUR (1822–1895) hat sie als *vie sans l'air* (Leben ohne Luft) bezeichnet. Die ersten Umsetzungen des Substrats auf dem Wege der Glycolyse werden allerdings von fast allen Abbauwegen gemeinsam betrieben.

Biochemisch zählen zu den Gärungen streng genommen nur solche Prozesse der zellulären Energiegewinnung, bei denen der aus dem abzubauenden Substrat abgespaltene Wasserstoff terminal ausschließlich auf organische H-Akzeptoren übertragen wird. Sauerstoff als terminaler H-Akzeptor wie bei der Atmung ist an Gärungsprozessen nicht beteiligt. Bei Gärungsprozessen ist daher je nach Gärform allenfalls mit einer CO_2-Produktion durch Decarboxylierungen, nicht dagegen mit einer O_2-Aufnahme (O_2-Verbrauch wie bei der Respiration) zu rechnen.

16.1 Auf dem Weg zur Gärung: Glycolytischer Hexose-Abbau

Fragestellung: Gärende Hefezellen bauen den angebotenen Zucker (Gärsubstrat) zunächst über die Reaktionsfolge der Glycolyse bis zum C_3-Körper Brenztraubensäure (Pyruvat) ab. Bei der oxidativen Umwandlung der aus der Hexose-Spaltung anfallenden C_3-Fragmente (Triosephosphate: 3-Phosphoglycerinaldehyd und Dihydroxyacetonphosphat) zur Monocarbonsäure 3-Phosphoglycerinsäure wird Wasserstoff auf den oxidierten Akzeptor NAD^+ übertragen. Bilanzmäßig fallen auf dem Weg bis zum Pyruvat je abgebauter Hexose zwei reduzierte Äquivalente NADH an. Durch Verwendung eines geeigneten künstlichen Wasserstoff- bzw. Elektronen-Akzeptors kann NADH wieder reoxidiert und anhand einer Farbreaktion visualisiert werden.

- **Geräte**
    - Reagenzgläser (RG), Reagenzglasständer
    - Wasserbad (35 °C)
    - Messpipetten (1, 5, 10 mL)

- **Chemikalien**
    - 10%ige Glucose-Lösung
    - 5%ige Lösung von 2,6-Dichlorophenol-indophenol (DCPIP, z. B. MERCK Nr. 103028)

- **Versuchsobjekt**
    - Hefe-Suspension: 1 g Brau- oder Bäckerhefe (*Saccharomyces cerevisiae*) in 20 mL der 10%igen Glucose-Lösung

Durchführung: Geben Sie 5 mL der Hefe-Suspension in 1 RG und inkubieren Sie den Ansatz für 10-15 min im Wasserbad (bei 35 °C), bis anhand der bald einsetzenden Blasenbildung eine deutliche Gäraktivität der Zellen erkennbar wird. Dann gibt man 1 mL der blauen DCPIP-Lösung hinzu.

Beobachtung: Schon nach kurzer Zeit entfärbt sich der bläuliche Ansatz.

Erklärung: Der oxidiert blaue Wasserstoffakzeptor übernimmt in den glycolytisch aktiven Hefezellen den Wasserstoff vom reduzierten Überträger NADH und geht dabei in seine farblose Leuko-Form über:

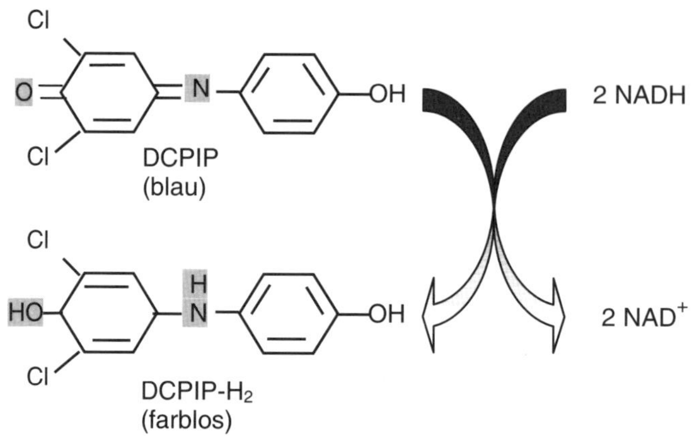

Abb. 16-1. Reduktion des Redoxindikators Dichlorophenol-indophenol

Im normalen Gärablauf wird das ständig anfallende NADH dagegen vom Acetaldehyd (Ethanal) übernommen, das durch Decarboxylierung von Pyruvat entsteht. Ethanal wird dadurch unter NADH-Verbrauch zum Ethanol reduziert. Damit steht NAD als regenerierter Akzeptor erneut für die Wasserstoffaufnahme im weiteren Hexose-Abbau zur Verfügung. Diese Wasserstoffübertragung auf einen organischen terminalen Akzeptor macht das Wesen der Gärungen aus:

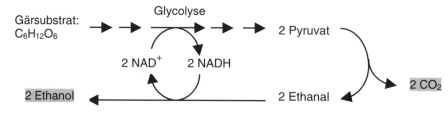

Abb. 16-2. Ablauf der ethanolischen (alkoholischen) Gärung

Entsorgung: Der Reaktionsansatz aus diesem Versuch kann in das Abwasser entsorgt werden.

16.2 CO_2-Abgabe bei der ethanolischen Gärung

Fragestellung: Bei Gärformen, die mit einem C_2-Produkt enden wie die ethanolische (alkoholische) Gärung mit Ethanol H_3C-CH_2OH, muss nach dem Abschluss der Glycolyse eine Abspaltung von CO_2 (Decarboxylierung) aus der angelieferten Brenztraubensäure (Pyruvat) erfolgen. Dieses Reaktionsprodukt ist analog dem frei gesetzten CO_2 aus dem Atmungsstoffwechsel mit einfachen Methoden nachweisbar.

Wenn bei der Gärung kein O_2 aufgenommen, dagegen CO_2 abgegeben wird, müsste sich die Kohlenstoffdioxid-Produktion allein mit einer einfachen Manometervorrichtung an einem Gärgefäß als Überdruck zeigen lassen. Mit der gleichen Apparatur kann man auch nachweisen, dass bei Gärungen außer CO_2 kein weiteres Gas frei gesetzt wird. Dazu wird das frei werdende CO_2 durch NaOH oder KOH abgefangen.

- **Geräte**
    - 3 Weithals-Erlenmeyer oder Weithalsflasche (wie Versuch 15.9)
    - Gummistopfen mit Manometer, Zweiwegehahn (wie Versuch 15.9)
    - Göraufsatz: handelsübliche Version oder Selbstbau (s.u.)
    - Schraubdeckel o.a. mit Drahtbügel zur Aufnahme von NaOH-Plätzchen

- **Chemikalien**
    - 10%ige Glucose-Lösung
    - NaOH (fest) oder konzentrierte Lösung
    - Barytlauge (gesättigte Lösung von $Ba(OH)_2$ (vgl. Versuch 15.4)
    - farbige Sperrflüssgkeit (z. B. Eosin, Methylenblau o.ä.)
    Vorsicht beim Umgang mit Laugen: ätzend!

- **Versuchsobjekt**
    - Suspension von 10 g Bäckerhefe (*Saccharomyces cerevisiae*) in 100 mL 10%iger Glucose-Lösung

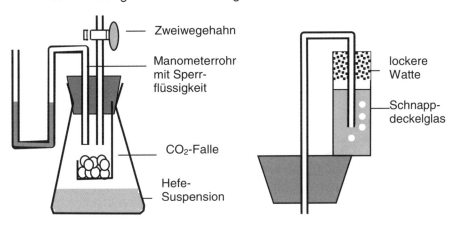

Abb. 16-3. Gärkolben mit Hefe und Selbstbau-Gäraufsatz

Durchführung: 3 Erlenmeyerkolben werden mit jeweils 50 mL Hefe-Suspension in 10%iger Glucose-Lösung beschickt. Kolben 1 und 2 werden mit einem Stopfen mit Manometerrohr verschlossen. In Kolben 2 wird eine CO_2-Falle mit NaOH-Plätzchen aufgehängt (vgl. Abbildung 16-3). Kolben 3 erhält einen mit Barytlauge befüllten Gäraufsatz.

Beobachtung: Registrieren Sie die Druckveränderungen an der Sperrflüssigkeit von Kolben 1 und 2 nach etwa 5–10 min Versuchszeit und interpretieren Sie die erhaltenen Ergebnisse auf dem Hintergrund der in den Hefezellen mutmaßlich ablaufenden Stoffwechselprozesse. Im Gäraufsatz stellt sich nach einiger Zeit eine charakteristische Trübung ein.

Erklärung: Wenn die CO_2-Falle in Kolben effizient arbeitet, sollte am Manometer keine Druckveränderung abzulesen sein. Damit ist der Nachweis erbracht, dass die in Kolben 1 beobachtete Druckzunahme auf CO_2-Abgabe zurückzuführen ist. Die Trübung im Gäraufsatz ist ausgefälltes Barium-carbonat $BaCO_3$ (vgl. Versuch 15.4).

Entsorgung: Der Reaktionsansatz aus diesem Versuch kann in das Abwasser entsorgt werden. Die Füllung der CO_2-Falle wird in den Sammelbehälter für Laugen gegeben.

16.3 Umschalten können – der PASTEUR-Effekt

Fragestellung: Gärungen sind nicht auf bestimmte Mikroorganismen wie Bakterien oder Hefen beschränkt, sondern kommen auch in Zellen und Geweben höherer Organismen vor, beispielsweise in der Muskulatur. Voraussetzung dafür sind anaerobe Bedingungen: Nur unter O_2-Ausschluss wird der Stoffabbau auf Gärung umgestellt. Unter normalen aeroben Bedingungen schaltet der Stoffwechsel sofort wieder auf Atmung mit O_2-Aufnahme um, weil die Energiebilanz erheblich günstiger ausfällt. Dieser Versuch zeigt am Beispiel sprossender Hefe die Möglichkeit, kurzfristig zwischen aerobem und anaeroben Betrieb umzustellen.

- **Geräte**
  - wie Versuch 16.2

- **Chemikalien**
  - Stickstoff (N_2) aus der Labor-Druckflasche
  - Sauerstoff (O_2) aus der Labor-Druckflasche
  - Barytlauge: gesättigte Lösung von $Ba(OH)_2$ (vgl. Versuch 15.4)
  - farbige Sperrflüssgkeit (z. B. Eosin, Methylenblau o.ä.)
  - 10%ige Glucose-Lösung

- **Versuchsobjekt**
  - Suspension von 5 g Bäckerhefe (*Saccharomyces cerevisiae*) in 100 mL 10%iger Glucose-Lösung

Durchführung: Zwei Erlenmeyerkolben werden mit je 100 mL Hefesuspension beschickt. Kolben 1 erhält ein Manometerrohr mit Sperrflüssigkeit, Kolben 2 stattdessen einen mit frischer Barytlauge beschickten Gäraufsatz. Nach dem losen Aufsetzen des Gummistopfens bei geöffnetem Zweiwegehahn werden beide Kolben durch Einleiten eines Schlauches gründlich mit N_2 aus der Druckflasche durchgespült, damit kein O_2 im Reaktionsraum verbleibt. Nach dem Festdrücken des Stopfens wird der Zweiwegehahn verschlossen. Beobachten und protokollieren Sie nun mögliche Druckveränderungen.
Öffnen Sie nach ca. 15-30 min den Gummistopfen (vorher Zweiwegehahn öffnen!) und leiten Sie nun aus der Druckflasche reinen Sauerstoff in den Reaktionsraum ein. Verfolgen Sie anschließend den Gaswechsel unter den veränderten Bedingungen.

Beobachtung: In der anaeroben N_2-Atmosphäre kann kein respiratorischer Stoffabbau stattfinden. Dennoch erfolgt eine Druckzunahme. Das ausgefällte $BaCO_3$ an Kolben 2 dient als CO_2-Nachweis.

Erklärung: Nur unter anaeroben Bedingungen gehen Hefezellen zur Gärung über. Bei guter O_2-Versorgung bauen sie ihre Substrate eher oxidativ ab. Dahinter steckt eine komplexe Regulation. Bei rasch ablaufender Atmung mit hohem ATP-Aufkommen wird die Glycolyse gehemmt. Adresse dieser Produkthemmung durch ATP ist das Enzym Phosphofructokinase. Die Hemmung der Glycolyse durch die Atmung hat erstmals LOUIS PASTEUR bemerkt. Nach ihm hat man diesen Regulationsleistung als PASTEUR-Effekt bezeichnet. Im weiteren Sinne meint dieser Effekt auch den Wechsel zwischen aerobem und anaerobem Abbau.

Entsorgung: Der Reaktionsansatz aus diesem Versuch kann in das Abwasser entsorgt werden. Die Füllung der CO_2-Falle wird in den Sammelbehälter für Laugen gegeben.

16.4 Vergärbarkeit verschiedener Substrate

Fragestellung: Versuch 16.2 zeigte bereits, dass Bäckerhefe Glucose als Gärsubstrat verwenden kann. Bei der Herstellung von alkoholischen Getränken (Bier, Wein) werden außer Glucose auch noch andere Kohlenhydrate als Ausgangssubstanzen verwendet. Daraus ergibt sich die Frage, ob Hefe unterschiedlos alle Kohlenhydrate durch Gärung umsetzen kann.
Zur Klärung dieses Problems verwendet man Gärröhrchen (Gärsaccharometer), mit denen sich die Vergärbarkeit verschiedener Zucker oder sonstiger Substrate qualitativ und quantitativ bestimmen lässt.

- **Geräte**
  - Reagenzgläser (RG), Reagenzglasständer, eventuell kleine RG (5 mL)
  - mehrere Gärsaccharometer nach EICHHORN
  - Messpipetten (10 mL)
  - Becherglas (50 und 100 mL)
  - Wärmeschrank (35 °C)

- **Chemikalien**
  - 10%ige Lösungen von Fructose, Glucose, Mannitol, Glucose, Maltose, Saccharose, Lactose und Stärke sowie von zuckerhaltiger Limonade und deren "light"-Versionen

- **Versuchsobjekt**
  - Aufschlämmung von 10 g Bäckerhefe in 100 mL H_2O

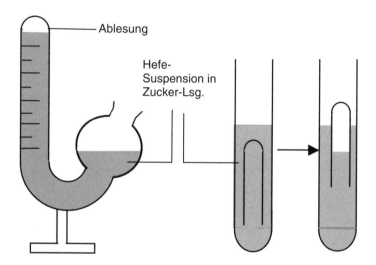

Abb. 16-4. Gärsaccharometer nach EICHHORN und vereinfachte Vorrichtung mit unterschiedlich großen Reagenzgläsern zum Testen der Vergärbarkeit verschiedener Kohlenhydrate

Durchführung: Für den Gärtest werden je 5 mL Hefe-Suspension und 10 mL Kohlenhydrat-Testlösung in einem Reagenzglas gemischt und in die Gärsaccharometer eingefüllt. Dazu wird das geschlossene Ende so geneigt, dass beim Füllen die Luft entweichen kann und der gerade Schenkel beim Wiederaufrichten vollständig gefüllt ist. Die Gärsaccharometer werden in einem Wärmeschrank (Brutschrank mit Thermostat) für etwa 30–60 min bei 35 °C inkubiert.

Falls keine Gärsaccharometer zur Verfügung stehen, kann man nach einer alternativen Versuchstechnik verfahren: Kleine Reagenzgläser (5 mL) werden mit Hefe-Testlösung-Gemisch beschickt und mit der Öffnung nach unten in größere Reagenzgläser eingestellt (vgl. Abbildung 16-4). Diese werden zunächst mit dicht schließenden Gummistopfen verschlossen, zum Austreiben restlicher Luft umgedreht und nach dem Wiederaufrichten mit einem Wattebausch in ein Wasserbad (35–40 °C) gestellt.

Beobachtung: Nach Ablauf der Inkubationszeit wird in den Gärsaccharometern die CO_2-Entwicklung in mL abgelesen und tabellarisch festgehalten. Dabei zeigt sich, dass nicht alle angebotenen Substrate umgesetzt wurden.

Erklärung: Nach Ausweis der CO_2-Entwicklung in den verschiedenen Ansätzen können die Hefezellen tatsächlich nur Glucose, Fructose, Saccharose und (in geringerem Maße) Maltose verarbeiten. Saccharose wird vor der glycolytischen Zerlegung enzymtisch gespalten (vgl. Versuche 8.19 und 16.6). Für die Spaltung des ernährungsphysiologisch wichtigen Zuckers Lactose fehlt jedoch das erforderliche Enzym β-Galactosidase. Der Zuckerersatzstoff Mannitol und die Süßstoffe Aspartam (vgl. Versuch 9.3), Saccharin und Cyclamat passen ebenfalls nicht auf das in Hefezellen verfügbare Enzymbesteck.

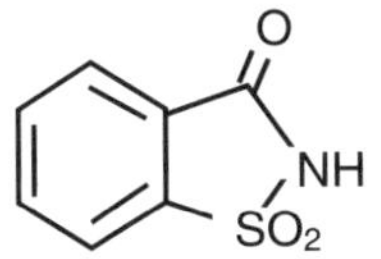

Saccharin
o-Sulfobenzoesäureamid

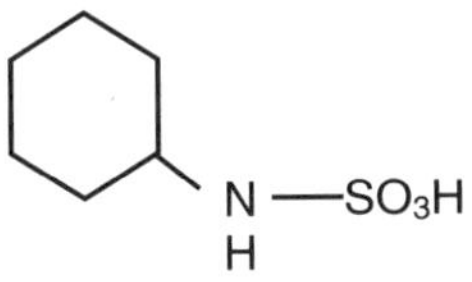

Cyclamat
Cyclohexyl-
sulfaminsäure

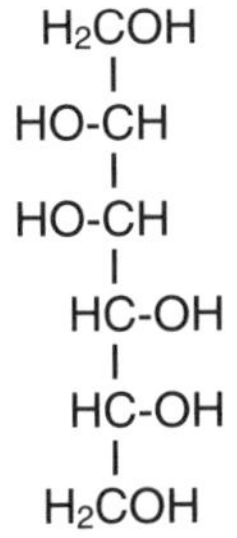

D-Mannit(ol)

Abb. 16-5. Süßstoffe (Saccharin, Cyclamat) und Zuckerersatzstoff Mannitol

Entsorgung: Die Ansätze aus diesem Versuch können in das Abwasser entsorgt werden.

16.5 Induktion der Glucose-Epimerase

Fragestellung: Viele Hefen können – wie die Ergebnisse von Versuch 16.4 zeigten – nur bestimmte Zucker abbauen. Fehlen diese jedoch in einer Nährlösung, sind die Hefen eventuell dennoch in der Lage, sich auf andere vorhandene Substrate umzustellen. Die Stoffwechselumschaltung setzt allerdings die Bildung neuer Enzyme voraus, die den betreffenden Katabolismus bewerkstelligen. Dies wiederum ist aber nur dann möglich, wenn die genetische Information für gerade benötigten Enzyme vorhanden ist.
Ein molekularbiologisch interessantes und sehr gut untersuchtes Beispiel ist die Hefe *Saccharomyces cerevisiae*, die normalerweise keine Galactose verwerten

kann (vgl. Versuch 16.4). Wird diese Hefe nun ohne eine andere C-Quelle für längere Zeit in einem Galactose-Medium gehalten, entwickelt sie adaptiv die Fähigkeit der Galactoseverwertung. Dies lässt sich über die CO_2-Bildung im Gärsaccharometer oder im Gäraufsatz (vgl. Versuch 16.4) leicht nachweisen. Galactose und Glucose unterscheiden sich im Molekülaufbau lediglich an der Stellung einer OH-Gruppe am C-4 – sie stellen epimere Hexosen dar.
Sobald die Hefezelle über das Enzym Glucose-4-Epimerase verfügt, kann sie sozusagen den Unterschied rasch beseitigen und die Galactose zu Glucose isomerisieren, die normal vergärbar ist.

- **Geräte**
  - Reagenzgläser (RG), Reagenzglasständer
  - Laborzentrifuge
  - Zentrifugengläser (10–50 mL)
  - Erlenmeyerkolben (500 mL)
  - Schlauchmaterial
  - Wärmeschrank (35 °C)

- **Chemikalien**
  - Nährlösung: 30 g Galactose, 150 mg Ammonium-phosphat $(NH_4)_3PO_4$ und 150 mg Ammonium-sulfat $(NH_4)_2SO_4$, in 300 mL H_2O lösen

- **Versuchsobjekt**
  - 10 g Bäckerhefe in 100 mL Nährlösung suspendieren

Durchführung: Die in Nährmedium aufgeschwemmte Hefe füllt man in einen größeren Erlenmeyerkolben und belüftet die Kultur mit einer Aquarienpumpe. Nach 24 h wird die Hefe-Suspension zentrifugiert. Die Hefezellen resuspendiert man erneut in 80 mL (frischer) Nährlösung und wiederholt diesen Arbeitsgang nach weiteren 24 h Belüftung. Nach Zentrifugation gibt man etwa 2 g dieser Hefekultur in 20 mL Nährmedium, beschickt damit 2 Gärröhrchen und inkubiert im Wärmeschrank bei 35 °C. Nach 60–120 min kann das Ergebnis abgelesen werden.

Beobachtung: Am Gärröhrchen ist die Bildung von Kohlenstoffdioxid abzulesen.

Erklärung: Adaptierte Hefe kann – im Unterschied zu den Ergebnissen von Versuch 16.4 – das angebotene Substrat Galactose durchaus abbauen, wie am entwickelten CO_2 abzulesen ist.
Überprüfen Sie in einer Kontrolle, ob die auf Galactose adaptierte Hefe die angebotene Glucose ebenso rasch oder schneller abbaut.

Hinweis: Beim Bakterium *Escherichia coli* ist das Enzym β-Galactosidase für den Lactose-Abbau induzierbar. *E. coli*-Mutanten, denen das Enzym fehlt, waren der Ausgangspunkt für die 1961 gelungene Entdeckung von Regulatorgenen durch FRANÇOIS JACOB und JAQUES MONOD.

Entsorgung: Die Ansätze aus diesem Versuch können in das Abwasser entsorgt werden.

16.6 Hefe spaltet Saccharose

Fragestellung: Wenn Disaccharide in die den Gärungen vorgeschaltete Glycolyse eingeschleust werden sollen, müssen sie zuvor in geeignete Monosaccharide umgewandelt bzw. gespalten werden. Hefe kann die angebotene Saccharose nicht unmittelbar vergären, sondern setzt dazu zunächst einmal ein spezifisches Enzym (Saccharase, früher Invertase genannt) zur Spaltung ein. Die Spaltung findet außerhalb der Zellen durch ein Exoenzym statt. Erst die Monosaccharide werden in die Zellen aufgenommen und im Cytoplasma enzymatisch angegriffen.

- **Geräte**
    - Reagenzgläser (RG), Reagenzglasständer, Reagenzglashalter
    - Messpipetten (2, 5 mL)
    - Bunsen- oder Teclubrenner
    - Wasserbad oder Wärmeschrank (35 °C)

- **Geräte**
    - 2%ige Saccharose-Lösung
    - FEHLINGsche Lösungen I und II (Versuch 8.10)
    - konzentrierte Salzsäure HCl (Vorsicht beim Umgang!)

- **Versuchsobjekt**
    - Hefe-Suspension: 10 g Bäckerhefe in 100 mL H_2O

Durchführung: Bei diesem Versuch kommt es auf sehr rasches Arbeiten an. Stellen Sie daher alle benötigten Materialien und Reagenzien bereit und gehen Sie folgendermaßen vor:
- Mischen Sie je 2 mL der Fertiglösungen FEHLING I und FEHLING II. Geben Sie zu diesem Testreagenz auf reduzierende Zucker eine Mischung von 2 mL 2%iger Saccharose und 2 mL Hefesuspension. Prüfen Sie diesen Ansatz sofort (!) nach Vermischen auf reduzierende Zucker.
- Wiederholen Sie diesen Teilversuch mit einem neuen Hefe-/Saccharose-Gemisch, das jedoch 2–5 min bei 35 °C im Wasserbad gestanden hat oder mit der Hand angewärmt wurde.
- Wiederholen Sie den letzten Teilversuch mit einer Hefesuspension, die vor dem Zumischen von Saccharose-Lösung über der Bunsenbrennerflamme kurzzeitig erhitzt oder mit HCl versetzt wurde.

Beobachtung und Erklärung: Nur im zweiten Teilversuch sind – rasches Arbeiten vorausgesetzt – reduzierend wirkende Zucker (Glucose und Fructose) aus der enzymatischen Spaltung von Saccharose nachweisbar.

Entsorgung: Die Ansätze aus diesem Versuch werden in den Sammelbehälter für metallhaltige Lösungen gegeben.

16.7 Ethanal ist Zwischenverbindung der ethanolischen Gärung

Fragestellung: Ethanol als Hauptprodukt der alkoholischen Gärung ist bereits seit dem Altertum bekannt – der Begriff Alkohol stammt bezeichnenderweise aus dem arabischen Sprachraum. Das in Versuch 16.2 nachgewiesene CO_2 wurde allerdings erst durch die Untersuchungen von GAY-LUSSAC um 1815 als Gärprodukt erkannt. Weitere Zwischenprodukte, die bei der Gärung anfallen wie das in diesem Versuch näher untersuchte Ethanal (Acetaldehyd), wurden erst in den ersten Jahrzehnten des 20. Jahrhunderts näher charakterisiert, als nach und nach die biochemische Aufklärung der Gärprozesse gelang.

- **Geräte**
    - Reagenzgläser (RG), Reagenzglasständer
    - Pasteurpipetten
    - Erlenmeyerkolben (250 mL)
    - Faltenfilter
    - Glastrichter
    - Spatel

- **Chemikalien**
    - 1 g wasserfreies Calcium-chlorid $CaCl_2$
    - 5 g Natrium-sulfit Na_2SO_3
    - 10%ige Glucose-Lösung (30 mL)
    - Natrium-pentacyano-nitrosyl-ferrat(III), $Na_2Fe(CN)_5NO$ = Nitroprussid-natrium (NPN), 5%ige Lösung, z.B. MERCK Nr. 106541
    - Piperidin (Vorsicht: Nur unter dem Abzug verwenden!)

- **Versuchsobjekt**
    - Suspension von 5 g Bäckerhefe (*Saccharomyces cerevisiae*) in 100 mL 10%iger Glucose-Lösung

Durchführung: Zuerst die angegebenen Mengen Calcium-chlorid und Natrium-sulfit in je 50 mL H_2O lösen und beide Lösungen anschließend zusammengießen. Der entstandene Niederschlag von frisch gefälltem Calcium-sulfit ($CaSO_3$) wird über ein Faltenfilter abgetrennt.
Das frisch gefällte $CaSO_3$ wird mit 10 mL Hefe-Suspension in 10%iger Glucose-Lösung gemischt und in ein Wasserbad bei 35 °C eingestellt (Ansatz a). Als Bedingungskontrolle dient je ein Reagenzglas mit

- 5 mL Saccharose-Lösung ohne Hefe (b)
- 5 mL Hefe-Suspension ohne Substrat (c)
- $CaSO_3$ in H_2O (d)

Nach etwa 30 min Gärzeit werden die Ansätze mit 1 mL Natrium-pentacyano-nitrosyl-ferrat(III) und einigen Tropfen Piperidin versetzt. Die sofort einsetzende Blaufärbung zeigt die Anwesenheit von Ethanal in den Ansätzen an.

Erklärung: In Ansatz (a) reagiert der von den Hefezellen gebildete Acetaldehyd mit dem aus $CaSO_3$ über eine Gleichgewichtsreaktion frei gesetzten SO_3^{2-} zu einer Zwischenverbindung. Beim Zusatz von Nitroprussid-natrium und Pipe-ridin entsteht daraus wieder Acetaldehyd (Ethanal) und bildet den blauen Farbkomplex (RIMINI-Reaktion). Die Zusatzansätze (b) bis (d) zeigen dagegen keine Reaktionen, da hier weder Ethanal enthalten ist noch Sulfit-Anionen für die Farbstoffbildung zur Verfügung stehen:

$$\underset{\text{Ethanal}}{\underset{|}{\overset{HC=O}{\underset{CH_3}{}}}} + SO_3^{2-} + H_2O \longrightarrow \underset{\text{Zwischenprodukt}}{\underset{|}{\overset{SO_3^-}{\underset{CH_3}{\underset{|}{H\text{-}C\text{-}OH}}}}} + OH^-$$

Die vorübergehende Bindung von Sulfit-Anionen an Ethanal hat für den Gärstoffwechsel der Hefezellen zur Folge, dass sie den gebundenen Wasserstoff von NADH auf Dihydroxy-acetonphosphat verlagern, wobei Glycerin-3-phosphat entsteht. Daraus lässt sich durch Dephosphorylierung leicht Glycerin gewinnen. Diese Reaktion hat man zeitweilig für die industrielle Produktion von Glycerin eingesetzt. Wegen der damit verbundenen Kanalisierung des gebundenen Wasserstoffs auf Dihydroxy-acetonphosphat nennt man den Prozess auch Gärumlenkung.

Entsorgung: Die Ansätze aus diesem Versuch werden in den Sammelbehälter für metallhaltige Lösungen gegeben.

16.8 Destillation von Ethanol

Fragestellung: Die ethanolische (alkoholische) Gärung endet mit dem Gärprodukt Ethanol. Nachdem in Versuch 16.7 Ethanal (Acetaldehyd) als Zwischenprodukt dieses kurzen Reaktionsweges nachgewiesen wurde, soll jetzt in einfachen Nachweisreaktionen das Endprodukt erfasst werden. Dazu bietet sich zunächst die Abtrennung durch Destillation an.

- **Geräte**
    - Rundkolben (500 mL) mit seitlichem Ablaufrohr
    - passender Gummistopfen mit Thermometer in der Zentralbohrung

- LIEBIG-Kühler oder nasse (kaltes Wasser!) Papierhandtücher
- Bunsenbrenner
- Reagenzgläser (RG), Reagenzglasständer
- Stativmaterial

- **Chemikalien**
  - Gäransätze aus den Versuchen 16.2 – 16.4 oder Neuansätze

Durchführung: Die Gärflüssigkeit der benannten Versuche oder der Neuansätze wird in einen Rundkolben mit seitlich ansitzendem Ablaufrohr gefüllt. An das Ablaufrohr setzt man einen LIEBIG-Kühler an oder umwickelt das untere Rohrende mit nassen Papierhandtüchern, damit die Ethanoldämpfe hier um so eher kondensieren. Nach Verschluss des Rundkolbens mit Gummistopfen und chemischem Thermometer wird vorsichtig mit der Bunsenbrennerflamme erhitzt. Ab etwa 78 °C geht Ethanol aus der vergorenen Vorlage in die Gasphase über und gelangt von dort in das Ablaufrohr. Von hier wird der Vorlauf in einem Reagenz-glas aufgefangen.
Ein Überkochen des Rundkolbeninhalts in den Ablaufstutzen muss unbedingt vermieden werden – daher nicht zu stark erhitzen!

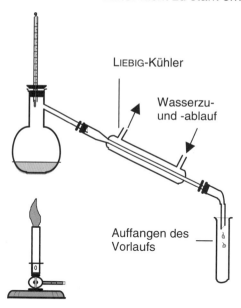

Abb. 16-7. Vorrichtung zum Abdestillieren von Ethanol aus den Gäransätzen

Beobachtung: Nach wenigen Minuten hat sich im Auffangglas eine kleine Menge Destillat von charakteristischem Hefegeruch angesammelt. Diese noch stark wässrige Lösung enthält neben vielen Geruchsstoffen auch das durch Gärung entstandene Ethanol.

Hinweis: Bei der professionellen Weingeist-Destillation wird jeweils der Vorlauf ("tête") und der Nachlauf ("queue") verworfen und nur die mittlere Fraktion ("coeur") weiter verwendet. Höhere Ethanol-Gehalte erhält man nicht in einem Arbeitsgang, sondern durch Rektifikation per mehrstufiger Destillation.

Entsorgung: Die Gäransätze dieses Versuchs werden nach der Destillation verdünnt (unter fließendem Wasser) in das Abwasser gegeben.

16.9 Nachweis von Ethanol: Iodoform-Probe

Fragestellung: Die Iodoform-Probe ist eine einfach durchzuführende Nachweismethode für Ethanol. Wichtig ist, dass dabei eine LUGOLsche Lösung eingesetzt wird, die im Gegensatz zur käuflichen Iodtinktur nicht alkoholisch angesetzt wurde!

- **Geräte**
    - Reagenzglas mit dem Destillat aus Versuch 16.8
    - Messpipette (5 mL)

- **Chemikalien**
    - 10%ige KOH (Vorsicht beim Umgang!)
    - LUGOLsche Lösung
    - Iodoform (Pulver, nur zum Geruchsvergleich!)

Durchführung: Ein Teil des erhaltenen Destillats wird mit 3 mL einer 10%igen KOH und 2 mL LUGOLscher Lösung versetzt.

Beobachtung: Durch Umsetzung mit dem im Destillat enthaltenen Ethanol entsteht das sehr charakteristisch riechende Iodoform CHI_3 (riecht nach "Zahnarzt-Praxis"; Geruchsvergleich mit käuflichem Iodoform). Dem liegt folgende Reaktion zu Grunde:

$$CH_3CH_2OH + 4\ I_2 + KOH \rightarrow CHI_3 + HCOOK + 5\ HI$$

Neben dem Geruchsstoff Iodoform entstehen dabei ferner Kalium-formiat (HCOOK) und Iodwasserstoff (HI). Letzterer reagiert allerdings sofort mit KOH zu KI und Wasser nach

$$HI + KOH \rightarrow KI + H_2O$$

Entsorgung: Die Ansätze dieses Versuchs werden nach Versuchsabschluss in den Sammelbehälter für Laugen gegeben.

16.10 Ethanol ist brennbar

Fragestellung: Ethanol ist ein energiereiches und daher noch weiter oxidierbares Produkt, da Gärungen generell eine geringere Energieausbeute liefern als die aerob verlaufenden Abbauvorgänge. Als qualitativen Hinweis auf den noch beachtlichen Energieinhalt des Gärproduktes Ethanol kann man eine Brennprobe durchführen.

- **Geräte**
    - Reagenzgläser (RG), Reagenzglasständer
    - Pilzheizhaube
    - Erlenmeyerkolben (100 mL)
    - Steigrohr aus Glas, ca. 50 cm lang, in durchbohrtem Gummistopfen
    - Stativmaterial

- **Chemikalien**
    - Gäransatz aus den Versuchen 16.2 – 16.4 oder Neuansatz
    - hochprozentiges alkoholisches Getränk (für Kontrollversuch, z.B. Doppelkorn oder Rum))
    - Laboralkohol, mind. 60%ig, oder Brennspiritus (für Kontrollversuch)
    - 10%ige Lösung von Borsäure $B(OH)_3$
    - konzentrierte Schwefelsäure H_2SO_4
      Vorsicht beim Umgang: Stark ätzend!

Durchführung: Auf einen Erlenmeyerkolben mit vergorenem Inhalt aus dem benannten Versuch setzt man ein Steigrohr mit durchbohrtem Gummistopfen und erwärmt mit der Heizhaube oder mit der Bunsenbrennerflamme.
Für die Kontrollversuche gibt man in einen Erlenmeyerkolben 20 mL des verfügbaren Alkoholgetränks oder Brennspiritus, 5 mL Borsäure-Lösung und 0,5 mL konzentrierte H_2SO_4. Auch auf diese Ansätze setzt man ein Steigrohr und erwärmt mit Heizhaube oder Bunsenbrennerflamme.

Beobachtung: Sobald der Kolben stärker erwärmt wurde, kann der entweichende Alkohol an der Spitze des Steigrohres angezündet werden – er brennt mit charakteristisch bläulicher, schwach lodernder Flamme ("Flambiereffekt").
Mit den Zusätzen von Borsäure und Schwefelsäure reagiert Ethanol zu Borsäureethylester:

$$3\ CH_3CH_2OH + B(OH)_3 \rightarrow B(O\text{-}CH_2CH_3)_3 + 3\ H_2O$$

Diese Verbindung verbrennt mit eindrucksvoller grün umsäumter Flamme. Diese stellt sich etwa 1 min nach Entzünden des Gemisches ein, wobei das verbliebene Ethanol zuerst und dann der Ester verbrennt.

Entsorgung: Die Ansätze dieses Versuchs werden nach Versuchsabschluss in den Sammelbehälter für Säuren gegeben.

16.11 Ethanol-Nachweis mit Chromverbindungen

Fragestellung: Dichromate (z.B. Kaliumdichromat, $K_2Cr_2O_7$) sind starke Oxidationsmittel. Sie können Ethanol zum homologen Acet-aldehyd oder sogar zur Essigsäure oxidieren. Damit ist ein Farbwechsel von Orange (Dichromat) nach Grün (Chrom-Ionen) verbunden, der hier zum Nachweis von Ethanol dient.

- **Geräte**
  - wie Versuch 16.10
  - Wasserbad (50 °C)

- **Chemikalien**
  - 0,5%ige Lösung von Kalium-dichromat $K_2Cr_2O_7$
  - konzentrierte Schwefelsäure H_2SO_4; Vorsicht beim Umgang!
  - Destillat aus Versuch 16.8, Laboralkohol oder hochprozentiges alkoholisches Getränk

Durchführung: Zu je 2 mL oranger Kaliumdichromat-Lösung und 2 mL konzentrierte Schwefelsäure gibt man etwa 1 mL des Destillats aus Versuch 16.8 oder 2 mL Laboralkohol, Brennspiritus oder Schnaps. Die Ansätze werden im Wasserbad (bei 50 °C; nicht über der Bunsenbrennerflamme!) erwärmt.

Beobachtung: Die Färbung der Proben schlägt bei Wärmebehandlung rasch in ein intensives bläuliches Grün um.

Erklärung: Bei dieser Umsetzung wird das 6-wertige Cr^{6+} im Dichromat zu 3-wertigem Cr^{3+} reduziert. Die zu Grunde liegende Reaktion lautet:

$$3\ CH_3CH_2OH + Cr_2O_7^{2-} + 8\ H^+ \rightarrow 3\ CH_3CHO + 2\ Cr^{3+} + 7\ H_2O$$

wobei die eingesetzte dissoziierte Schwefelsäure die notwendigen Protonen liefert.
Auf dieser Reaktion beruht der Alkohol-Schnelltest mit Pusteröhrchen (Alcotest-Röhrchen), wie er bis vor wenigen Jahren bei polizeilichen Verkehrskontrollen verwendet wurde. Die moderne Nachweistechnik arbeitet auf physikalischer Basis und nutzt als Messprinzip die Absorption von Infrarotstrahlung durch Ethanol-Moleküle in der Atemluft.

Entsorgung: Die Ansätze dieses Versuchs werden nach Versuchsabschluss in den Sammelbehälter für metallhaltige Lösungen gegeben.

16.12 Milchsäure-Gärung

Fragestellung: Die bisherigen Versuche galten vor allem der experimentell am leichtesten zugänglichen alkoholischen (ethanolischen) Gärung. Von ähnlich praktischer Bedeutung ist die Milchsäure-Gärung, die vor allem von Bakterien der Gattungen *Lactobacillus* durchgeführt wird. Sie findet weite Anwendung in der Lebensmitteltechnologie, von der Milchwirtschaft bis zur Herstellung von Sauergemüse (Gurken, Sauerkraut u.a.).

Für das Gärprodukt Milchsäure (2-Hydroxy-propansäure) gibt es kein relativ ungiftiges bzw. einfach zu handhabendes chemisches Nachweisverfahren. Wir beschränken uns daher auf zwei einfache indirekte Nachweise.

- **Geräte**
    - Erlenmeyerkolben (100 mL)
    - Mess- oder Pasteurpipetten
    - Wasserbad (35 °C)
    - Stativmaterial
    - Selbstbau-Polarimeter (vgl. Versuch 8.18)
    - Mikroskop
    -

- **Chemikalien**
    - Rohmilch
    - Indikatorpapier
    - 0,5%ige Methylenblau-Lösung für die Mikroskopie (blaue Füllertinte)

Durchführung: 50 mL Rohmilch werden in den Erlenmeyerkolben gefüllt und ohne Verschluss in den Inkubator (Wasserbad, 35 °C) gestellt. Gegebenenfalls reicht es auch, den Ansatz bei Raumtemperatur offen stehen zu lassen. Die Besiedlung mit Lactobacillen oder vergleichbaren Bakterien erfolgt spontan. Meist sind entsprechende Bakterien bereits in der Frischmilch enthalten.

Nachdem sich die Milchproteine (Casein) im Kolben abgesetzt haben, entnimmt man mit einer Pipette den klaren Überstand und stellt mit Indikatorpapier oder Universalindikator den pH-Wert fest. Ferner fertigt man von einer Tüpfelprobe auf einem Objektträger einen Ausstrich mit Methylenblau-Lösung an und betrachtet das Ergebnis unter dem Mikroskop.

Beobachtung: Wenn Milch sauer und daher ungenießbar wird, hat meist eine Mischgärung durch verschiedene Bakterien stattgefunden. In der Lebensmitteltechnologie arbeitet man dagegen mit Reinzuchtstämmen, beispielsweise mit der Mischung *Lactobacillus bulgaricus* und *Streptococcus thermophilus*. Die fermentative Wirkung der Bakterien reichert im Medium das Endprodukt Milchsäure an, wodurch der pH-Wert sinkt und die Proteine ausgefällt werden (vgl. Versuch 9.19).

Die mikroskopische Kontrolle zeigt zahlreiche Bakterien vom Bacillus-Typ (Stäbchenform) neben anderen Formtypen. Mit Methylenblau färben sich Bakterien tief dunkelblau bis schwarz.

Die Untersuchung im Polarimeter belegt die optische Aktivität der Milchsäure, die ein asymmetrisch substituiertes C-Atom aufweist. Von den beiden Isomeren entsteht bei der Milchsäuregärung jeweils die linksdrehende D(-)-Milchsäure.

Erklärung: Die Milchsäuregärung geht entweder direkt von der Glucose aus oder – wie im Fall der Milch – vom Milchzucker [Lactose, 4-O-(β-D-Galactopyranosyl)-D-glucopyranose] aus. Zu dessen Spaltung ist das Enzym β-Galactosidase erforderlich. Milchsäure entsteht in einem Reaktionsschritt aus Pyruvat, das bei der Milchsäuregärung der organische H-Akzeptor zur Regeneration des NAD^+-Pools ist:

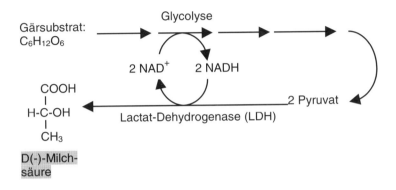

Abb. 16-7. Ablauf der Milchsäure-Gärung

16.13. Betont anrüchig: Die Buttersäure-Gärung

Fragestellung: Auch für die mikrobiologisch ebenso wie biochemisch interessante, praktisch allerdings weniger relevante Buttersäure-Gärung gibt es für den hier angesteuerten Rahmen keinen mit vertretbarem Aufwand durchführbaren Schnellnachweis. Neben den bereits bei der Milchsäure-Gärung angeregten Kontrollen mit einer Bestimmung des pH-Wertes im Reaktionsmedium und einer mikroskopischen Überprüfung verrät sich die Buttersäure allerdings durch einen bemerkenswert üblen Geruch, der deutliche Assoziationen an eine von Fußschweiß gut durchfeuchtete Socke aufweist.

- **Geräte**
  - Schraubdeckelglas
  - Pasteurpipette
  - Messer
  - Mikroskop

- **Chemikalien**
  - Indikatorpapier oder Universalindikator

- **Versuchsobjekt**
  - Kartoffelknolle

Durchführung: Eine möglichst erntefrische kleinere Kartoffel wird mit einem Messer, das mit Kompost- oder Gartenerde beschmutzt ist, mehrfach angestochen und in einem Schraubdeckelglas in Wasser inkubiert. Der Schraubdeckel sollte nicht absolut dicht sitzen, so dass sich kein Überdruck aufbauen kann.

Beobachtung: Bereits nach wenigen Tagen zeigt sich im zunehmend trüben Ansatz eine kräftige Blasenbildung, wobei sich das Kartoffelgewebe schleimig auflöst. Die Geruchsprobe zeigt unverkennbar die Bildung von Buttersäure an, die mikroskopische Kontrolle die an der Gärung beteiligten Bakterien (Gattung *Clostridium*).

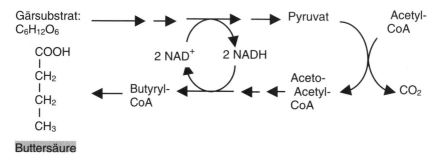

Abb. 16-8. Ablauf der Buttersäure-Gärung

Erklärung: Der Bildung der Buttersäure (n-Butansäure, $H_3C-CH_2-CH_2-COOH$) aus Hexosen, die aus dem Abbau der Kartoffelstärke stammen, liegt ein etwas komplexerer Reaktionsweg zu Grunde, der im Schema von Abbildung 16-8 stark abgekürzt wiedergegeben ist.

Hinweis: Außer den harmlosen Buttersäure-Gärern könnten im Ansatz auch andere aus dem Boden stammende und gefährlichere Vertreter der Clostridien (Anaerobier) vertreten sein! Vor allem beim Mikroskopieren direkten Hautkontakt mit der Suspension vermeiden und Schutzhandschuhe tragen!

Entsorgung: Der Ansatz wird im verschlossenen Schraubdeckelglas in den Restmüll entsorgt.

16.14 Energetik der alkoholischen Gärung

Fragestellung: Die alkoholische Gärung schließt sich unmittelbar an die Glycolyse an und endet mit dem immer noch energiereichen Gärprodukt Ethanol. Da die Energie liefernden Stationen des Citrat-Zyklus und der Atmungskette (Endoxidation) nicht durchlaufen werden, stellt sich die Energiebilanz der

Gärungen im Vergleich zum kompletten oxidativen Abbau bemerkenswert mager dar. Der folgende Versuch vermittelt dazu einige experimentelle Daten.

- **Geräte**
  - Erlenmeyerkolben (250 mL)
  - Isolierummantelung (Styroporbox o.ä.)
  - Gäraufsatz (vgl.Versuch 16.2), nur mit Wasser gefüllt
  - Digitalwaage (Genauigkeit bis 0,01 g)
  - Wasserbad (35 °C)

- **Versuchsobjekt**
  - Hefe-Suspension: 10 g Bier- oder Brauhefe (Frischhefe) in 100 mL 20%iger Glucose-Lösung

Durchführung: Der Gäransatz im Erlenmeyerkolben wird zunächst in das vortemperierte Wasserbad gestellt, bis die Blasenbildung im wassergefüllten Gäraufsatz eine intensive Gäraktivität anzeigt. Dann wird der Erlenmeyerkolben entnommen, gründlich abgetrocknet und in einer isolierenden Umkleidung (z.B. eine passende Styroporbox) auf eine eingeschaltete Digitalwaage gestellt. Während der nächsten 10 min wird der Masseverlust der gärenden Hefe-Suspension gravimetrisch ermittelt und tabellarisch festgehalten.

Auswertung: Stellen Sie den Masseverlust durch entweichendes CO_2 in einer Graphik dar und beurteilen Sie, ob (angenäherte) Linearität vorliegt. Bestimmen Sie dann den Durchschnittswert (Mittelwert) M_D der Masseverluste je min aus den Einzelmesswerten M_1, M_2, M_3 usw. Auf der Basis des Durchschnittswertes lässt sich folgende Rechnung anstellen:
- $M_D = 0{,}02$ g min^{-1} Verlust an CO_2
- molare Masse von $M(CO_2) = 44$ g mol^{-1}
- Verlustmasse $M_D = 0{,}02$ g CO_2 = x mol min^{-1}; x = 0,02 : 44 mol min^{-1} = 0,0004545 mol min^{-1} = $4{,}545 \times 10^{-4}$ mol min^{-1}; $\Rightarrow M_D = 4{,}545 \times 10^{-4}$ mol CO_2 min^{-1}.

Die Bruttogleichung der ethanolischen Gärung:

$$C_6H_{12}O_6 + 2\,ADP + 2\,P_i \rightarrow 2\,C_2H_5OH + 2\,ATP + 2\,CO_2 + 2\,H_2O$$

zeigt, dass die molare Masse des ATP-Gewinns dem des CO_2-Verlustes entspricht. Da 1 mol ATP (unter Standardbedingungen, hier vernachlässigbar) eine Energie von 35 kJ darstellt, verbucht die Hefe-Suspension je mol frei gesetzten CO_2 einen Energiegewinn von
- $35 \times 4{,}545 \times 10^{-4}$ kJ min^{-1} = 159×10^{-4} kJ min^{-1} = 0,0159 kJ min^{-1}
- Da doppelt so viele mol CO_2 entstehen wie mol Glucose abgebaut werden, beträgt der tatsächliche Glucose-Verbrauch:
- $0{,}5 \times 4{,}545 \times 10^{-4}$ mol min^{-1} = $2{,}273 \times 10^{-4}$ mol min^{-1}.

1 mol Glucose repräsentiert eine freie Energie von 2872 kJ. Dem tatsächlichen Glucoseverbrauch je min entspricht demnach ein Verlust an freier Energie von

- 2,273 × 10^{-4} × 2872 kJ = 0,652 kJ.

Die für den Zellstoffwechsel der Hefe gewonnene Energie von 0,652 kJ macht demnach nur rund 4,8 % der in der verbrauchten Glucose steckenden freien Energie aus. Gärende Organismen überleben daher nur mit einem beträchtlichen Substratdurchsatz.

Zum Weiterlesen

ALBERTS, B., BRAY, D., HOPKINS, K.: Lehrbuch der molekularen Zellbiologie. Wiley-VCH, Weinheim 2005.
ARNI, A.: Grundkurs Chemie 1. Wiley-VCH, Weinheim 2003.
ARNI, A.: Grundkurs Chemie 2. Wiley-VCH, Weinheim 2005.
ATKINS, P. W.: Einführung in die Physikalische Chemie. Ein Lehrbuch für alle Naturwissenschaftler. VCH, Weinheim 1993.
BANNWARTH, H., KREMER, B. P., MASSING, D.: Stoffe und Stoffwechsel. Grundlagen, Abläufe, Experimente. Biologische Arbeitsbücher Band 51. Quelle & Meyer Verlag, Wiesbaden 1996.
BANNWARTH, H., KREMER, B. P., SCHULZ, A.: Vom Atom bis zur Atmung. Naturwissenschaftliche Grundlagen der Lebenswissenschaften. Springer Verlag, Heidelberg 2007.
Barker, K.: Das Cold Spring Harbor Laborhandbuch für Einsteiger. Spektrum Akademischer Verlag, Heidelberg 2006.
BERG, J. M., TYMOCZKO, J. L., STRYER, L.: Biochemie. 5. Aufl., Spektrum Akademischer Verlag, Heidelberg 2003.
BEYER, H., WALTER, W.: Lehrbuch der organischen Chemie. 23. Aufl., S. Hirzel Verlag, Stuttgart 2004.
BINDER, H. M.: Lexikon der chemischen Elemente. Das Periodensystem in Fakten, Zahlen und Daten. S. Hirzel Verlag, Stuttgart 1999.
BRANDL, H.: Oszillierende chemische Reaktionen und Strukturbildungsprozesse. Praxis Schriftenreihe Chemie. Aulis Verlag, Köln 1987.
BRINKMANN, H.: Rechnen mit Größen in der Chemie. Diesterweg, Salle, Sauerländer, Frankfurt 1980.
CAMPBELL, J. A.: Allgemeine Chemie. Energetik, Dynamik und Struktur chemischer Systeme. VCH, Weinheim 1985.
CHALMERS, A. F. (2001) Wege der Wissenschaft. Einführung in die Wissenschaftstheorie. Springer Verlag, Heidelberg.
CYPIONKA, H.: Grundlagen der Mikrobiologie. 3. Aufl., Springer Verlag, Heidelberg, Berlin 2006.
DICKERSON, R. E., GRAY, H.B., DARENSBOURG, M. Y., DARENSBOURG, D. J.: Prinzipien der Chemie. 2. Aufl., Walter de Gruyter, Berlin, New York 1988.
FOLLMANN, H.: Biochemie. Grundlagen und Experimente. Teubner Verlag, Stuttgart 2001.
GIERER, A.: Die gedachte Natur. Ursprung, Geschichte, Sinn und Grenzen der Naturwissenschaft. Piper, München 1991.
HARBORNE, J.B.: Ökologische Biochemie. Spektrum Akademischer Verlag, Heidelberg 1995.
HELDT, H. W.: Pflanzenbiochemie. 3. Aufl., Spektrum Akademischer Verlag, Heidelberg 2003.
HOLLEMANN, A. F., WIBERG, E.: Lehrbuch der Anorganischen Chemie. 101. Aufl., Walter de Gruyter Verlag, Berlin 2003.

KAIM, W., SCHWEDERKSI, B.: Bioanorganische Chemie. Zur Funktion chemischer Elemente in Lebensprozessen. 4. Aufl., Teubner Verlag, Wiesbaden 2005.

KARP, G.: Molekulare Zellbiologie. Springer Verlag, Heidelberg, Berlin 2005.

KEIL, M. KREMER, B. P. (Hrsg.): Wenn Monster munter werden. Einfache Experimente aus der Biologie. Wiley-VCH, Weinheim 2004.

KINZEL, H.: Stoffwechsel der Zelle. UTB Große Reihe, Ulmer, Stuttgart 1989.

KLAUTKE, S.: Das biologische Experiment - Didaktik und Praxis in der Lehrerausbildung. In: W. KILLERMANN, S. KLAUTKE (Hrsg.): Fachdidaktisches Studium in der Lehrerbildung / Biologie. R. Oldenbourg Verlag, München 1978.

KLEIN, K., OETTINGER, U.: Experimentelle Ernährungslehre. Versuche zur Ernährung: Theorie und Praxis, Bd. 1., Schneider Verlag Hohengehren, Baltmannsweiler 1999.

KLEINIG, H., MAYER, U.: Zellbiologie. Ein Lehrbuch. 4. Aufl., Gustav Fischer, Stuttgart 1999.

KREMER, B. P.: Das Große Kosmos-Buch der Mikroskopie. Franckh'sche Verlagshandlung, Stuttgart 2002.

KREMER, B. P.: Vom Referat bis zur Examensarbeit. Naturwissenschaftliche Texte perfekt verfassen und gestalten. 2. Aufl., Springer Verlag, Heidelberg 2006.

KREMER, B. P., KEIL, M. (Hrsg.): Experimente aus der Biologie. VCH Verlagsgesellschaft, Weinheim 1993.

KUHN, K., PROBST, W.: Biologisches Grundpraktikum. Bd. I, Gustav Fischer Verlag, Stuttgart 1983.

LATSCHA, H. P., KAZMEIER, U., KLEIN, H. A.: Chemie für Biologen. Springer Verlag, Heidelberg, Berlin 2002.

MADIGAN, M. T., MARTINKO, J. M., PARKER, J.: Brock Mikrobiologie. Spektrum Akademischer Verlag, Heidelberg 2001.

METZNER, H.: Pflanzenphysiologische Versuche. Gustav Fischer Verlag, Stuttgart 1982.

NELSON, D. L., COX, M. M.: Lehninger Biochemie. Springer Verlag, Heidelberg 2001.

NEUBAUER, D.: Demokrit läßt grüßen. Eine andere Einführung in die Anorganische Chemie. Rowohlt, Reinbek 1999.

OETTINGER, U., KLEIN, K.: Experimentelle Ernährungslehre. Versuche zur Ernährung: Theorie und Praxis, Bd. 2., Schneider Verlag Hohengehren, Baltmannsweiler 1999.

PINGOUD, A., URBANKE, C., HOGETT, J., JELTSCH, A.: Biochemical Methods. Wiley-VCH, Weinheim 2002.

SCHNEIDER, H. A. W.: Hypothese, Experiment, Theorie. Zum Selbstverständnis der Naturwissenschaft. Walter de Gruyter, Berlin 1978.

SCHWARCZ, J.: Meerjungfrauen, Schwarzlicht und andere optische Aufheller. Vom Leben auf Molekülbasis. Rowohlt, Reinbek 2002.

SCHWEDT, G.: Lebensmittel- und Umweltanalytik mit Teststäbchen. Aulis Verlag, Köln 1997.

SCHWEDT, G.: Experimente mit Supermarktprodukten. Eine chemische Warenkunde. Wiley-VCH, Weinheim 2003.

SCHWEDT, G.: Noch mehr Experimente mit Supermarktprodukten. Das Periodensystem als Wegweiser. Wiley-VCH, Weinheim 2003.

SCHWEDT, G.: Chemieexperimente rund ums Kochen, Braten, Backen. Wiley-VCH, Weinheim 2004.

SCHWEDT, G.: Was ist wirklich drin? Produkte aus dem Supermarkt. Wiley-VCH, Weinheim 2006.

STRÄHLE, J., SCHWEDA, E.: Jander/Blasius Lehrbuch der analytischen und präparativen anorganischen Chemie. 15. Aufl., S. Hirzel Verlag, Stuttgart 2005.

TAIZ, L., ZEIGER, E.: Physiologie der Pflanzen. Spektrum Akademischer Verlag, Heidelberg 2000.

TEUSCHER, E. LINDEQUIST, U.: Biogene Gifte. Biologie, Chemie, Pharmakologie. Gustav Fischer Verlag, Stuttgart 1994

TRUEB, L.: Die chemischen Elemente. Ein Streifzug durch das Periodensystem. S. Hirzel Verlag, Stuttgart 1996.

VOET, D., VOET, J. G.: Biochemie. Wiley-VCH, Weinheim 2002.

VOLLMER, G.: Stichwort Experiment, in: Lexikon der Biologie, Band 5, Spektrum Akademischer Verlag, Heidelberg 2000.

WIESER, W.: Bioenergetik. Energietransformationen bei Organismen. Georg Thieme Verlag, Stuttgart 1986.

WILD, A.: Pflanzenphysiologische Versuche in der Schule. Quelle & Meyer Verlag, Wiebelsheim 1999.

WISKAMP, V., PROSKE, W.: Umweltbewußtes Experimentieren im Chemieunterricht. VCH, Weinheim 1996.

Register

Abbau
  - aerober 279
  - oxidativer 256
  - proteolytischer 209
Absorptionsmaximum 70
Absorptionsspektrum
  Blattpigmente 234
Abstoßung 40
Abwärme 256
Acrolein-Probe 161
Acylglyceride 160
Additionsreaktion 165
Adhäsion 27
Aggregatzustände 41
Aktivität
  - optische 122
  - spezifische 212
Alcotest-Röhrchen 293
Aldehyd-Gruppen 175, 176
Aldehyd-Nachweis 162
Aldotriose 103
Alkaloide, Chromatographie 198
Alkohol-Dehydrogenase,
  Kinetik 229
Amino-ethan-sulfonsäure 133
Amino-Gruppen, Nachweis 132
Aminosäure, Titration 148
Aminosäuren 129
Aminosäuren, aromatische 135
Aminosäuren,
  Dünnschichtchromatographie 140
Aminosäuren,
  Papierchromatographie 144
Aminosäuren, pH-Werte 145
Aminosäuren, proteinogene 129
Aminosäuren,
  schwefelhaltige 138, 139
Aminosäurespektrum 140
Amylase 214
Amylase, pH-Abhängigkeit 215
Amylase-Aktivität Keimlinge 218
Amyloplasten 125

Anabiose 25
Analysator 123
Anionen 55
Anode 59, 60
Anregungszustand 235
Anthocyane 192
Anthocyane,
  Redox-Indikatoren 195
Anthoxanthine 182
Anziehung 40
apolar 159
Äquivalent-Konzentration 31
Äquivalenzpunkt 148
Arginin-Nachweis 139
Aromapflanzen 163
Ascorbinsäure 202, 203
Aspartam 134
Assimilationsstärke 249
Ätherische Öle 163, 196
Atomkern 34
Atomschalen 35
Atmung 17, 255
Atmung grüner Pflanzen 264
Atmung im Gefrierbeutel 261
Atmung in der Petrischale 262
Atmung, Nachweis mit TTC 257
Atmungskette 258
Atmungsprodukt CO_2 260
Atmungswärme 256
Atom 33
Atom-Bindung 55
Atomgewicht 12
Atomkern 33
Atommasse 11
Atomtheroie 55
Ausfällung 152
AVOGADROsche Konstante 12

Bäckerhefe 171
Bakterien, phototrophe 232
BARFOED-Test 116
Barrierewirkung 21
Base, schwache 92
Base, starke 92
Basen 65

Baserest-Ion 66
Basiseinheiten 10
Basisprozesse des Lebens 15
Baugruppe, hydrophile 184
BAUMANN-Versuch 85
Beladungsschema
    DC-Platte 120, 142
Beleuchtungsstärke 247, 249, 253
BELOUSOV-ZHABOTINSKII-
    Reaktion 89
BENEDICT-Probe 113
Benetzbarkeit 29
Bestimmung, titrimetrische 99
Betacyane 194
Betalaine 192
Betaxanthine 194
Bewegung 13
Bewegung, BROWNsche 55
BIAL-Test 107
Bindung, chemische 55
Bindung, heteropolare 55
Bindung, homöopolare 55
Bindungstheorie 55
Bioindikatoren 87
Bionik 30
Biuret-Reaktion 133
Biuret-Verfahren, quantitativ 151
Bläschenzählmethode 252
Blattfall 180
Blattfarnstoffe 186, 190
Blattlipide, Chromatographie 168
Blattpigmente, hydrophile 190
Blattpigmente, Lichtabsorption 233
Blattpigmente, lipophile 185, 187
Blattpigmente,
    Zweiphasensystem 180
Bleiacetat-Papier 71, 130, 139
Bleiacetat-Test 139
Blutlaugensalz 243
Boden-pH 98
Bodenproben 74
Bojen-Methode 241
Brenzkatechin-Reaktion 207
BRØNSTEDT 65
Brennprobe 292
BROWNsche Bewegung 55

Buttersäure-Gärung 295

Calvin-Zyklus 250
CAM-Pflanzen 275
Carboanhydrase 218
Carbonat 70
Carbonsäuren,
    Chromatographie 274
Carbondisäuren 129
Carbonmonosäuren 129
Carbonyl-Gruppe 103, 112
Carboxyl-Gruppe 129
Carnivore 224
Carotenoide 186
Cellulose 127, 128
Chalkogen-Wasserstoffe 45
Chlorophyll a 184, 234
Chlorophyll b 184, 234
Chlorophyll, Anregung 236
Chlorophyll, Verseifung 182
Chlorophyllfluoreszenz 235
Chloroplasten, HILL-Reaktion 242
Chloroplastenmembran 184
Chromat-/Dichromat-System 81
Chromatographie
    - Aminosäuren 140
    - Anthocyane 191
    - Betalaine 191
    - Alkaloide 198
    - ätherische Öle 196
    - Blattpigmente 185, 187, 190
    - Blütenpigmente 187, 190
    - Carbonsäuren 274
    - DNA-Basen 177
    - Fruchtpigmente 191
    - Membranlipide 167
    - zweidimensionale 143
Chromverbindungen 293
Citrat-Zyklus, Modellversuch 272
Cochromatographie 119
CO_2-Abgabe Gärung 281
CO_2-Nachweis Atemluft 258
CO_2-Verbrauch
    Photosynthese 244, 251
Coffein 200, 201
Cola 105, 119

COOMASSIE-Reagenz 134
COULOMB 62
Crassulaceen-Säurerhythmus 275
Cyclamat 285
Cytochrome, Redoxzustände 277

Dalton 34
DCMU 265
DC-Platte 120, 140, 191, 274
DC-Trennung
   - Aminosäuren 140
   - Anthocyane 191
   - Betalaine 191
   - Alkaloide 198
   - ätherische Öle 196
   - Blattpigmente 185, 187, 190
   - Blütenpigmente 187, 190
   - Carbonsäuren 274
   - DNA-Basen 177
   - Fruchtpigmente 191
   - Membranlipide 167
   - zweidimensionale 143
Dehydratisierung 50
Deduktion 8
Depotpolysaccharid 128
Desoxyribonucleinsäure 170
Desoxyribonucleotide 179
Desoxyribose 108
Desoxyribose, Nachweis 175
Dephosphorylierung 289
Destillation Ethanol 289
Dextrine 125
Diabetes 117
Diafilm-Verdauung 224
Dichlorophenol-indophenol 227, 280
Diffusion 22
Diffusionsgeschwindigkeit 20
Dipol 39
Disaccharide 104, 116
DISCHE-Reaktion 108
Dissimilation 232
Dissoziation 48, 96
Disulfid-Brücke 138
DNA 170
   DNA, Isolierung aus
   Küchenzwiebel 172

DNA, Nachweis 175
DNA-Basen, Chromatographie 177
DNA-Nucleobasen 177
Doppelbindungen, konjugierte 234
Doppelhelix 176
DRAGENDORFF-Reagenz 199
Duftöl 163
Dunkelatmung 255
Dünnschichtchromatographie
   - Aminosäuren 140
   - Anthocyane 191
   - Betalaine 191
   - Alkaloide 198
   - ätherische Öle 196
   - Blattpigmente 185, 187, 190
   - Blütenpigmente 187, 190
   - Carbonsäuren 274
   - DNA-Basen 177
   - Fruchtpigmente 191
   - Membranlipide 167
   - zweidimensionale 143

Edelgase 33
Einfachzucker 103
Einheit, Internationale 212
Einheiten 10, 11
Einheitenzeichen 10
Einschlussverbindung 124
Elektrolyse 58, 81
Elektronen-Akzeptor 236
elektronegativ 39
Elektronenbewegung 37
Elektronen-Donator 236
Elektronenfluss
   Atmungsprozesse 257
Elektronenmangel 84
Elektronenpaarbindung 55
Elektronenüberschuss 84
Elektronenverbrauch 84
Elektrophorese, Papier- 155
Elektrophorese Blütenpigmente 192
Elementaranalyse 103, 129, 160
Elemente 33
Emulsion 33, 159
Enantiomer 122
Endiol-System Ascorbinsäure 203

Endiol-Tautomerie 111
endotherm 49
Endoxidation 296
Endpunktbestimmung 230
Energie 18, 30, 104
Energieäquivalent 255
Energy Drink 132
Entfärbung 30
Entkalkung, biogene 73
Entropie-Gesetz 28
Entsorgungshinweise 9
Enzyme 204
Enzymhemmung 221
Enzym-Induktion 285
Enzymkinetik 213
Enzymspezifität 221
Enzymwirkungen 204
Erkenntnisgewinnung 7
Erstarrungspunkt 45
Erstarrungswärme 41, 42
Erythrose 122
Esterbildung 163
Ethanal, Zwischenverbindung 288
Ethanol, Brennbarkeit 292
Ethanol, Destillation 289
Ethanol-Nachweis
   mit Chromverbindungen 293
Ethanol-Nachweis Iodoform 291
Exoenzyme 224
exotherm 49
Experimentieren 7
Extinktion 77

Fällungsreaktion 69, 152
FARADAY-Konstante 60
FARADAY-TYNDALL-Effekt 150
Farbreaktion 69
Farbstoffe
   - chymochrome 180
   - lipochrome 180
Farnsporangien 29
FEHLING-Test 111
Feld, elektrisches 39
Fermentation 279
Feststoff 43
Fettabbau, enzymatisch 219

Fettsäuren 157
   - Nachweis 164
   - ungesättigte 164
Fettverdauung, Modellversuch 166
FEULGEN-Reaktion 175
Film-Verdauung 224
Fingerabdrücke 132
FISCHER-Projektion,
   Aminosäuren 129
FISKE-SUBBAROW-Nachweis 174
Flambiereffekt 292
Flavone 182
Flavonoide 192, 194
Flavonole 182
Fleischzartmacher 173
Fließgleichgewicht 50, 85
Fluoreszenzsignal 234
FOLIN-CIOCALTEU-Reaktion 136
Fruchtpigmente 191
Fruchtsaft 105, 116, 209, 274
Fructofuranose 110
Fußschweiß 295

Gärkolben 281
Gärsaccharometer 284
Gärprodukt 288
Gärsubstrat 279
Gärung 279
Gärung
   - Buttersäure- 295
   - Energetik 296
   - ethanolische 281, 286
   - Milchsäure- 293
Gallensäuren 166
Gasaustausch 24, 260
Gaswechselmessungen 266
Gefahrstoffe 9
Gemische 33
Gerüstsubstanzen 127
Gesamtladung 154
Gesetz, Entropie- 28
Gesetze, Elektrostatische 35
Gewässerverschmutzung 72
Gewichtsveränderung 19
Gitterenergie 49
Glasstab, DC-Chromatographie 187

Gleichgewichtsreaktionen 79
Glucopyranose 110, 112
Glucose-Epimeras 285
Glucose-Nachweis 117, 118
Glucose-Oxidase 118
Glykosidbindung 103
Glykosidbindung,
    Säurehydrolyse 123, 126
GOD-Test 117, 210
Gravimetrie 78
Größen 9
Gruppen, funktionelle 27
Gummibärchen 210

Halobakterien 18
Harnstoffabbau, enzymatisch 221
Harnstoff-Dimer 133
Haushaltszucker 103
HELLERsche Probe 153
Hemmung, kompetitive 226
Herbstfärbung 182
Hexose-Abbau,
    glycolytischer 279
HILL-Reaktion 242
HOFMANNscher Zersetzungs-
    apparat 58
homoiotherm 256
HOPKINS-COLE-Test 137
Hydrat 49
Hydratationswärme 49
Hydrathülle, Proteine 153
Hydratisierung 50
Hydratwasser 49
Hydrolyse-Gleichung 96
Hydronium-Ion 65, 96
hydrophil 158
hydrophob 158
Hydroxid-Ionen 65

Iminosäure 142
Indigoblau-Nachweis 238
Indigocarmin 239
Induktion 8
Infiltration 242
Influenz 38
Interzellularraum 241

Invertase-Reaktion 287
Iod, elementar 124
Iodoform-Probe 291
Iod-Zahl 165
Ionen 33, 56
Ionenaustauscher 98
Ionenbindung 55
Ionengitter 66
Ionen-Nachweis 56
Ionen-Nachweis 56, 66
IUPAC-Empfehlung 9
Ionen-Wertigkeit 60
Isoelektrischer Punkt 146
Isomere, spiegelbildliche 122

Kaffee 202
Kalium-ferricyanid 77
Kalk, Fällung 70
Kalk, kohlensaurer 70
Kalkgehalt 74
Kalkseife 164
Kalkwasser 73
Karyopsen 256
Katalase-Aktivität 205
Kathode 59, 60
Kationen 55
Keimung 256
Kerzentest O_2-Verbrauch 263
Keto-Derivate 103
Ketohexosen 109, 110
Ketotriose 103
K_M-Wert 213
Knallgasreaktion 60
Koagulation 152
Kohäsion 27, 40
Kohlenhydrate 103
Kohlenhydratveratmung 270
Kohlensäurehydratase 219
Kohlenstoffdioxid 244, 260, 262
Kohlenwasserstoffe 186
Kokosfett 165
Kolloidcharakter 150
Kolloide 150
Kompartimentierung 85
Komplexbildner 112
Kondensationswärme 41, 42

Konformation 152
Konzentrationsbestimmung 77
Konzentrationsgefälle 65
Kräfte, zwischenmolekulare 43
KREBS-Zyklus, Modellversuch 272
Kristallgitter 41, 66
Kristallwasser 104
Kunststoffstab 35, 38
Kupfer-Tetrammin-Komplex 70

Lactat-Dehydrogenase 295
Lactose 116
Ladung, elektrische 34, 60
Ladungsträger 38
Ladungswolke 39
LAMBERT-BEERsches Gesetz 77, 149
LANDOLTscher Zeitversuch 87
Laubblätter 168, 181, 183, 241, 250
Lebewesen, Systemvergleich 87
LE CHATELIER-Prinzip 79
Lebensvorgänge 15
Leitfähigkeitsmessung 221, 223
Lentizellen 16
Leukomethylenblau 273
LEWIS 65
LEWIS-Theorie 55
Licht, polarisiertes 119
Lichtabsorption 233
Lichtatmung 254
Lichtkompensationspunkt 247
Lichtreaktion 235
Limonade 105, 116, 119
Linearität 229, 297
LINEWEAVER-BURK-Diagramm 231
Lipase 166
Lipase-Aktivität 219
Lipiddoppelschicht 183
Lipide 157
lipophil 158
Lipophil 49
lipophob 158
Lipophob 54
LOSCHMIDTsche Zahl 12
Lösemittel, organisch 159
Lösemittelwelten 158
Lösevorgang 52

Löslichkeit 51
Löslichkeit, Sauerstoff- 53
Lösung
 - gesättigte 51
 - hypertonisch 20
 - hypotonisch 20
 - LUGOLsche 124, 216
Lösungen 41
Lösungen, gesättigte 51
Lotus-Effekt 29
LOWRY-Test 152
LUGOLsche Lösung 124, 216
Lumenseite 184
Lutein 186

Makropeptide 129
Malat-Dehydrogenase 227, 275
Maltose 112
Mannitol 285
Margarine 165
Maßanalyse 99
Maßangaben 10
Masse 11
Massenwirkungsgesetz 79
meat tenderizer 209. 216
Mehrfachzucker 103
Melanine 207
Membran, biologische 157
Membranlipide,
 Chromatographie 167
Mengen 11
Metall, Leitfähigkeit 37
Metall-Ion 55
Methylenblau 115, 116, 273
Methylenblau, Leuko-Form 116
MICHAELIS-Konstante 213, 231
MICHAELIS-MENTEN-Kinetik 213
Mikroskop 200, 224
Mikrosublimation 200
Milchfett-Abbau, enzymatisch 219
Milchsäure-Gärung 293
Milchzucker 116
Mineralbestand 98
Mineralwasser 70
Modell-Versuch 87
Mol 11

Molekül 33
Molekulargewicht 12
Moleküllänge 47
MOLISCH-Test 105
MOLISCH-Test, Empfindlichkeit 106
Monosaccharide 103, 116

Nachweis CO_2 Atemluft 258, 268
Naturstoffe 180
Neutralfette 157, 160, 161
Neutralisation 66, 75, 99
Neutronen 33
Nichtleiter 37, 39
Ninhydrin-Reagenz 132
Nitrierung 136
Nomenklatur, Genfer 9
NPN-Test 138
Nucleinsäuren 170
Nucleinsäuren, Löslichkeit 170
Nucleobasen, DNA- 178
Nucleonen 33
Nucleoside 170
Nucleotide 170

O$_2$-Entwicklung 252
O_2-Verbrauch Atmung 263, 266
Öl, ätherisches 162, 163
Öl, fettes 162
Öle, ätherische, Chromatographie 196
Oligosaccharide 103
Oszillation, biologische 89
Oxidanten 91
Oxidationsmittel 91, 100
Oxidationsstufe 91
Oligopeptide 129
Omega-Fettsäure 158
Oxidation, biologische 255
Oxidationsmittel 100
Osmose 19, 20

Pankreas-Lipase 166
Papierchromatographie 144
Papierchromatographie
  Blattpigmente 185
Papierchromatographie
  Fruchtpigmente 191

Papier-Elektrophorese 155
Paprikapulver 187
PASTEUR-Effekt 282
PC-Trennung Aminosäuren 144
PC-Trennung Blattpigmente 185
PC-Trennung Fruchtpigmente 191
PC-Trennung Proteine 155
Pentosen 107, 108
Pepsin 208
Peptid-Bindung 133
Peptid-Bindung, Nachweis 132
Peptide 129
Permeation 20
Peroxidase 118
Pflanzen, carnivore 224
Pflanzenfette
  - Gewinnung 159
  - Verseifung 163
Pflanzenöl 165
Pflanzenstoffe, sekundäre 180
Phase
  - mobile 120, 142
  - stationäre 120, 142
Phasengrenze 107
Phasentrennung 181
Phenoloxidasen, pflanzliche 206
Pheophytin 183
Phosphodiester-Bindung 174
Phosphorsäure, Nachweis 174
Photonen 235
Photometrie 77
Photorespiration 254
Photosynthese 17, 232
  - apparente 264
  - Kennzeichnung 233
  - Nachweis mit BTB 245
  - O_2-Entwicklung 252
  - oxigene 232
Photosyntheserate 254
Photosysteme 236
pH-Abhängigkeit Enzyme 215
pH-Wert 95
pH-Wert Bodenproben 97
Physiologie 13
Phytol 184
Phytyl-Rest 184

Pigmente 180
Pigment-Elektrophores 193
Pigmentklassen 187
Plasmolyse 20
Plastidenfarbstoffe 182
polar 159
Polarimeter 122, 123
Polarisator 123
Polyalkohole 103
Polyethylenglcol 48
Polypeptide 129
Polysaccharide 103
Porphyrin-Ringsystem 184
Potenzial 94
Potenzial, elektrisches 93
Potenzialgefälle 232
Primärstoffwechsel 180
Prinzip von LE CHATELIER 79
Proportionalität 229
Protease-Aktivität Waschpulver 209
Proteine, Ladung 154
Proteine, Papierchromatographie 155
Proteinfällung 152
Protein-Nachweis 134
Proteinnatur Enzyme 205
Proteinverdauung 208
Proteolytischer Abbau 209
Protonen 33
Protonen-Akzeptor 65
Protonen-Donator 65
Protonentransport 18
Ptyalin 214
Puffersysteme 101
Pufferung 101
Punkt, Isoelektrischer 146
Purin-Basen, Nachweis 177
Pyrimidin-Basen 178
Pyrogallol-Nachweis 239

Q_{10}-Wert 221
Quellung 25
quenching-Effekt 236
Quotient, respiratorischer 269, 271

Rassen, chemische 198
Rauch 76

Reagenz, DRAGENDORFF- 199
Reaktion, exergonische 50
Reaktionsgeschwindigkeit 87, 219
Redox-Reaktion 91, 92
Redox-Wertigkeit 100
Reduktionsäquivalent 255, 279
Reduktanten 91
Reduktionsmittel 91, 100
Reibung 35, 36
Reinstoffe 33
Reizbarkeit 13
Reservekohlenhydrat 217
Respiration 255
respiratorischer Quotient 269, 271
Resublimation 46
R_f-Wert 121
RGT-Regel 221
Ribonucleotide 179
Ribose, Nachweis 175
Ringsystem
   - Porphyrin- 184
   - Tetrapyrrol- 184
Risikosätze (R-Sätze) 9
RNA, Isolierung aus Hefe 171
RNA-Spezies 170
Rohextrakt 181
Rotfluoreszenz 234, 235
RQ 269, 271
R-Sätze 9
Rundfilterverfahren 144

Saccharase 287
Saccharin 285
Saccharose 123
Saccharose-Spaltung 287
SAKAGUCHI-Test 139
Salmiak 95
Salze 65
Samenquellung 24
Sauerstoff-Nachweis 238, 239
Säulenchromatographie
   von Blattpigmenten 188
Säure, schwache 92
Säure, starke 92
Säure/Base-Paar, konjugiertes 66
Säure/Base-Reaktion 91, 92

Säure-Basen-Indikatoren 67
Säurebegriff 65
Säurehydrolyse 123
Säuren 65
Säurerest-Ion 55, 65
Schablonenversuch
   Stärkebildung 249
Schafwollfärbung 154
SCHIFFs Reagenz 161, 162, 175
Schließzelle 25
Schloss-Schlüssel-Prinzip 204
Schmelzflusselektrolyse 42
Schmelzpunkt 42
Schmelzwärme 41, 42
Schöllkraut-Alkaloide 199
Schütteltrennung Blattpigmente 180
Schwammparenchym 241
SELIWANOFF-Test 109
semipermeabel 19
semiselektiv 19
SH-Gruppen, freie 139
SI-Einheiten 10
SI-Basisgrößen 10
Sicherheitsaspekte 9
Sicherheitsratschläge (S-Sätze) 9
Sieden 44
Siedepunkt 45
Siedesteinchen 44
Silberspiegel-Probe 115, 162
Silberspiegel-Test 114
Soda 73
Sonne 18
Spaltöffnung 241, 251
Spannung 37
Spannung, elektrische 38, 83, 92
Spannungsmessung 93
Spannungsreihe 92, 94
Spektralfarben 234
Spektralphotometrie 77, 149
Sprengkraft 24
Spurenanalytik 131
S-Sätze 9
Stärke
   - pflanzliche 124
   - Säurehydrolyse 126
   - transitorische 249

Stärkeabbau, enzymatisch 214
Stärkebildung, Nachweis 249
Stärkenachweis 124
Stärkesynthese im Licht 249
Steinproben 74
Stickstoffnachweis Aminosäure 129
Stoffarten 33
Stoffmenge 11
Stoffmengenkonzentration 12
Stoffportion 11
Stoffwechsel 79
Strom 37
Stromstärke 62
Stromaseite 184
Strukturformel 103
Strukturpolysaccharid 128
Styropor 35, 38
Sublimation 46
Substanznamen 9
Substanzverlust 256
Substratkonzentration 214, 231
Substratsättigung 213
Substratspezifität 223
Succinat-Dehydrogenase 226
Summenformel 103
Süßstoff 134
Süßstoffe 285
System, offenes 87
Systemvergleich 87

Tafelkreide 188
Taurin 133
Tautomerie 111
Teilchen 33
Temperaturabhängigkeit 220
Test, optischer 227
Teststäbchen 117
Teststreifen, Zucker- 117
Tetrapyrrol-Ringsystem 184
Tetrose 122
Thylakoidmembran 167
Tierversuche 9
TILLMANNS Reagenz 201
Titer 99
Titration 99
TOLLENS-Test 108

Transpiration 24, 28
Transpirationsstrom 24
Trehalose 112
Trennkammer 118, 121
Triacyl-glycerin 157
Tricarbonsäure-Zyklus 272
Triosephosphate 279
Triton X-100 48
Trocknungsmittel 104
TROMMERsche Probe 107
Tryptophan-Nachweis 137
TTC-Methode 257
Turgorbewegung 15
TYNDALL-Effekt 150
Tyrosin, Photometrie 149
Tyrosin-Nachweis 136

Uhrzeigersinn 122
Umbelliferenfrüchte 197
Umkehrbarkeit 79
Umsatzzahl 218
unterschichten 22
Urease-Aktivität 221
UV-Absorption 178
UV-Fluoreszenz 178

Vakuolenpigmente 182
VAN-DER-WAALS-Kräfte 43
VAN-NIEL-Gleichung 232, 255
VAN'T-HOFF sche Regel 212
Veratmung 256
Verbindung 33, 55
Verbindungsnamen, Schreibweise 9
Verbrennung 30
Verbrennungsvorgang 104
Verdampfungswärme 41, 42
Verdünnungsreihe 77
Verdunstung 24
Vergärbarkeit 283
Verhüttung 55
Verseifung, Pflanzenfette 163
Versuchsauswahl 8
Vielfache, dezimale 11
Vielfachzucker 103
Viskosität 47

Vitalitätstest 20
Vitamin C, Brausetabletten 202
Vitamin C, Nachweis 201
Vitamin F 158
Volumenzunahme 24, 44
Volumetrie 265

Wärmefreisetzung 256
Wärmeprozesse 41
Wärmetheorie, kinetische 41
Waschpulver-Protasen 209
Wasserdampf 41, 42
Wasserpflanze 244, 252
Wasserproben 71
Wasserstoffbrückenbindung 42, 45
Wasserstrahlpumpe 242
Wechselzahl 211
Wein 105, 119
Wertigkeit 60
Wertigkeit, Redox- 100
Wollfarbstoff 135
Wollfärbung 154

Xanthophylle 186
Xanthoprotein-Probe 135

Zähflüssigkeit 47
Zahl, Iod- 165
Zahl, LOSCHMIDTsche 12
Zeigerpflanzen 97
Zeitungspapier 128
Zeitversuch, LANDOLTscher 87
Zellatmung 255
ZEREWITINOW-Test 110
Zucker 103
Zucker,
    Dünnschichtchromatographie 118
Zuckerersatzstoff 285
Zucker, reduzierende 111, 113, 114, 115
Zucker-Teststreifen 117
Zucker-Vergärung 283
Zustandsänderung 44
Zwang, kleinster 83
Zwang, Prinzip vom kleinsten 79
Zweiphasensystem 180

Periodensystem der Elemente

1 I A	2 II A	3 III A		4 IV B	5 V B	6 VI B	7 VIII B	8 VIII B	9 VIII B
1 1,008 **H** Wasserstoff									
3 6,941 **Li** Lithium	4 9,012 **Be** Beryllium								
11 22,999 **Na** Natrium	12 24,305 **Mg** Magnesium								
19 39,096 **K** ~~Magnesium~~ Kalium	20 40,078 **Ca** Calcium	21 44,956 **Sc** Scandium		22 47,880 **Ti** Titan	23 50,941 **V** Vanadium	24 51,996 **Cr** Chrom	25 54,938 **Mn** Mangan	26 55,845 **Fe** ~~Mangan~~ Eisen	25 58,933 **Co** Cobalt
37 85,467 **Rb** Rubidium	38 87,602 **Sr** Strontium	39 88,905 **Y** Yttrium	40 91,224 **Zr** Zirconium	41 92,906 **Nb** Niob	42 95,940 **Mo** Molybdän	43 96,906 **Tc** Technetium	44 101,070 **Ru** Ruthenium	45 102,905 **Rh** Rhodium	
55 132,905 **Cs** Caesium	56 137,327 **Ba** Barium	57 138,905 **La** Lanthan	58-71 Lanthanoide	72 178,490 **Hf** Hafnium	73 180,947 **Ta** Tantal	74 183,940 **W** Wolfram	75 186,207 **Re** Rhenium	76 190,230 **Os** Osmium	77 192,217 **Ir** Iridium
87 223,019 **Fr** Francium	88 223,019 **Ra** Radium	89 227,028 **Ac** Actinium	90-103 Actinoide	104 (261) **Rf** Rutherfordium	105 (262) **Ha** Hahnium	106 (263) **Sg** Seaborgium	107 (264) **Ns** Nielsbohrium	108 (265) **Hs** Hassium	109 (266) **Mt** Meitnerium

Protonenzahl p (Ordnungszahl) — 25 / 58,933 — relative Atommasse u
Elementsymbol — **Am** — radioaktives Element
Name — Americium — künstliches Element

■ Metall ▢ Halbmetall □ Nichtmetall
f Element bei Zimmertemperatur flüssig
g Element bei Zimmertemperatur gasförmig

→ Metalle bilden Basen

58-71 Lanthanoide	58 140,115 **Ce** Cer	59 140,907 **Pr** Prasodym	60 144,240 **Nd** Neodym	61 146,915 **Pm** Promethium	62 150,360 **Sm** Samarium	63 151,965 **Eu** Europium	64 157,250 **Gd** Gadolinium
90-103 Actinoide	90 232,038 **Th** Thorium	91 231,035 **Pa** Protactinium	92 238,269 **U** Uran	93 237,048 **Np** Neptunium	94 244,061 **Pu** Plutonium	95 243,061 ~~Th~~ **Am** Americium	96 247,070 **Cm** Curium